全国高职高专院校“十三五”医疗器械规划教材

电子技术应用

（供医疗器械类专业使用）

主　编　郭永新　钟伟雄

副主编　余会娟　张　慧　魏国勇　吴道明

编　者（以姓氏笔画为序）

马　超（辽宁医药职业学院）

马乐萍（山西药科职业学院）

邓巧平（湖北科技学院）

石丽婷［山东第一医科大学（山东省医学科学院）］

刘庆臻（江苏省徐州医药高等职业学校）

杜十杰（济南护理职业学院）

吴道明（毕节医学高等专科学校）

余会娟（安徽医学高等专科学校）

张　慧（江苏医药职业学院）

陈丽霞（天津医学高等专科学校）

陈利昕（福建工程学院）

钟伟雄（福建卫生职业技术学院）

郭永新［山东第一医科大学（山东省医学科学院）］

黎　希（重庆医药高等专科学校）

魏国勇（山东药品食品职业学院）

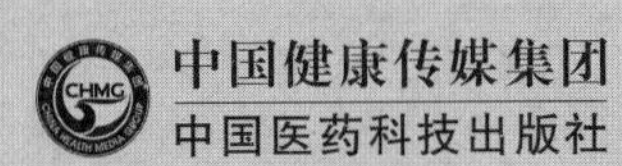

中国健康传媒集团

中国医药科技出版社

内容提要

本教材是“全国高职高专院校‘十三五’医疗器械规划教材”之一，系根据高等职业教育医疗器械类专业教学大纲的基本要求和课程特点编写而成。内容涵盖常用半导体器件、基本放大电路、医疗器械中的放大电路、振荡电路、直流电源、逻辑代数基础、门电路和组合逻辑电路、时序逻辑电路、波形的产生与整形电路以及电子工艺学简介等；具有“实际、实用、实践”等特点。本教材为书网融合教材，即纸质教材有机融合电子教材、教学配套资源（PPT、微课、视频、图片等）、题库系统、数字化教学服务（在线教学、在线作业、在线考试），使教学资源更加多样化、立体化。

本教材主要供高职高专院校医疗器械类专业教学使用，也可供其他相关专业人员参考用书。

图书在版编目（CIP）数据

电子技术应用 / 郭永新，钟伟雄主编 .— 北京：中国医药科技出版社，2020.6（2025.1重印）

全国高职高专院校“十三五”医疗器械规划教材

ISBN 978-7-5214-1830-9

Ⅰ.①电… Ⅱ.①郭… ②钟… Ⅲ.①电子技术—高等职业教育—教材 Ⅳ.①TN

中国版本图书馆 CIP 数据核字（2020）第 084675 号

美术编辑 陈君杞

版式设计 南博文化

出版 **中国健康传媒集团**｜中国医药科技出版社

地址 北京市海淀区文慧园北路甲 22 号

邮编 100082

电话 发行：010-62227427 邮购：010-62236938

网址 www.cmstp.com

规格 889×1194mm $^{1}/_{16}$

印张 16 $^{1}/_{2}$

字数 403 千字

版次 2020 年 6 月第 1 版

印次 2025 年 1 月第 3 次印刷

印刷 三河市万龙印装有限公司

经销 全国各地新华书店

书号 ISBN 978-7-5214-1830-9

定价 48.00 元

全国高职高专院校“十三五”医疗器械规划教材

出版说明

为深入贯彻落实《国家职业教育改革实施方案》和《关于推进高等职业教育改革创新引领职业教育科学发展的若干意见》等文件精神，不断推动职业教育教学改革，推进信息技术与职业教育融合，规范和提高我国高职高专院校医疗器械类专业教学质量，满足行业人才培养需求，在教育部、国家药品监督管理局的领导和支持下，在全国食品药品职业教育教学指导委员会医疗器械专业委员会主任委员、上海健康医学院唐红梅等专家的指导和顶层设计下，中国医药科技出版社组织全国70余所高职高专院校及其附属医疗机构150余名专家、教师精心编撰了全国高职高专院校“十三五”医疗器械规划教材，该套教材即将付梓出版。

本套教材包括高职高专院校医疗器械类专业理论课程主干教材共计10门，主要供医疗器械相关专业教学使用。

本套教材定位清晰、特色鲜明，主要体现在以下方面。

一、编写定位准确，体现职教特色

教材编写专业定位准确，职教特色鲜明，突出高职教材的应用性、适用性、指导性和创造性。教材编写以高职高专医疗器械类专业的人才培养目标为导向，以职业能力的培养为根本，融传授知识、培养能力、提高素质为一体，突出了“能力本位”和“就业导向”的特色，重视培养学生创新、获取信息及终身学习的能力，满足培养高素质技术技能型人才的需要。

二、坚持产教融合，校企双元开发

强化行业指导、企业参与，广泛调动社会力量参与教材建设，鼓励“双元”合作开发教材，注重吸收行业企业技术人员、能工巧匠等深入参与教材编写。教材内容紧密结合行业发展新趋势和新时代行业用人需求，及时吸收产业发展的新技术、新工艺、新规范，满足医疗器械行业岗位培养需求，对接行业岗位技能要求，为学生后续发展奠定必要的基础。

三、遵循教材规律，注重“三基”“五性”

遵循教材编写的规律，坚持理论知识“必需、够用”为度的原则，体现“三基”“五性”“三特定”的特征。结合高职高专教育模式发展中的多样性，在充分体现科学性、思想性、先进性的基础上，教材建设考虑了其全国范围的代表性和适用性，兼顾不同院校学生的需求，满足多数院校的教学需要。

四、创新编写模式，强化实践技能

在保持教材主体完整的基础上，设置“知识目标”“能力目标”“案例导入”“拓展阅读”“习题”等模块，以培养学生的自学能力、分析能力、实践能力、综合应用能力和创新能力，增强教材的实用性和可读性。教材内容真正体现医疗器械临床应用实际，紧跟学科和临床发展步伐，凸显科学性和先进性。

五、配套增值服务，丰富教学资源

全套教材为书网融合教材，即纸质教材有机融合数字教材、教学配套资源、题库系统、数字化教学服务。通过“一书一码”的强关联，为读者提供全免费增值服务。按教材封底的提示激活教材后，读者可通过电脑、手机阅读电子教材和配套课程资源（PPT、微课、视频、图片等），并可在线进行同步练习，实时获取答案和解析。同时，读者也可以直接扫描书中二维码，阅读与教材内容相关联的课程资源，从而丰富学习体验，使学习更便捷。教师可通过电脑在线创建课程，与学生互动，开展布置和批改作业、在线组织考试、讨论与答疑等教学活动，学生通过电脑、手机均可实现在线作业、在线考试，提升学习效率，使教与学更轻松。

编写出版本套高质量的全国高职高专院校医疗器械类专业规划教材，得到了行业知名专家的精心指导和各有关院校领导与编者的大力支持，在此一并表示衷心感谢！2020年新型冠状病毒肺炎疫情突如其来，本套教材很多编委都奋战在抗疫一线，在这种情况下，他们克服重重困难，按时保质保量完稿，在此我们再次向他们表达深深的敬意和谢意！

希望本套教材的出版，能受到广大师生的欢迎，并在教学中积极使用和提出宝贵意见，以便修订完善，共同打造精品教材，为促进我国高职高专院校医疗器械类专业教育教学改革和人才培养做出积极贡献。

全国高职高专院校“十三五”医疗器械规划教材

建设指导委员会

张洪运（山东药品食品职业学院）
陈文山（福建卫生职业技术学院）
周雪峻［江苏联合职业技术学院南京卫生分院（南京卫生学校）］
胡亚荣（广东食品药品职业学院）
胡良惠（湖南食品药品职业学院）
钟伟雄（福建卫生职业技术学院）
郭永新［山东第一医科大学（山东省医学科学院）］
唐　睿（山东药品食品职业学院）
阎华国（山东药品食品职业学院）
彭胜华（广东食品药品职业学院）
蒋冬贵（湖南食品药品职业学院）
翟树林（山东医药技师学院）

数字化教材编委会

主　编　郭永新　钟伟雄

副主编　吴道明　余会娟　魏国勇

编　者　（以姓氏笔画为序）

马　超（辽宁医药职业学院）

马乐萍（山西药科职业学院）

邓巧平（湖北科技学院）

石丽婷［山东第一医科大学（山东省医学科学院）］

刘庆臻（江苏省徐州医药高等职业学校）

杜十杰（济南护理职业学院）

吴道明（毕节医学高等专科学校）

余会娟（安徽医学高等专科学校）

张　慧（江苏医药职业学院）

陈丽霞（天津医学高等专科学校）

陈利昕（福建工程学院）

钟伟雄（福建卫生职业技术学院）

郭永新［山东第一医科大学（山东省医学科学院）］

黎　希（重庆医药高等专科学校）

魏国勇（山东药品食品职业学院）

前言 <<<

QIANYAN

本教材是“全国高职高专院校‘十三五’医疗器械规划教材”之一。电子技术应用是高等职业教育医疗器械专业的专业基础课。本教材在编写时力求遵循“三基、五性、三特定”的基本规律；以培养高等技术应用型专门人才作为教学编写的根本任务；以培养技术应用能力作为教材编写主线；以“工学结合”作为教材编写切入点；以适应社会需求作为教材的编写目标；以“必需、够用”作为教材编写内容的基本原则。

本教材在编写时着力体现“实际、实用、实践”之特点。根据高职高专教育的基本需求，努力做到既紧密联系医疗器械电路实际，又兼顾电子技术这门课程的基本要求，同时适当引进电子技术中的新器件、新技术、新方法。通过本教材的学习，使学生在具备电子技术理论知识的基础上，重点掌握从事医疗器械领域实际工作的基本技能；具备较快适应医疗器械岗位需要的实际工作能力；突出应用性和针对性，为学生后续课程的学习打下基础，并使学生获得较强的可持续发展能力。

本教材在每章开始给出本章的知识目标和能力目标，以使读者对本章的重点内容提前有所了解，以便于培养学生的分析、归纳能力以及综合运用知识的能力，并考查学生对所学知识的掌握情况。为体现高职高专教育的特点，适应高职高专教育要求，本教材部分章节编写采用了从电路到原理的形式，对教学进行了有益的尝试。

本教材共分为十章。第一章至第五章为模拟电子技术，包括常用半导体器件、基本放大电路、医疗器械中的放大电路、振荡电路和直流电源等内容；第六章至第九章为数字电子技术，包括逻辑代数基础、门电路和组合逻辑电路、时序逻辑电路、波形的产生与整形电路等内容；第十章介绍了电子工艺学的基本知识。

本教材由郭永新、钟伟雄担任主编，具体编写分工如下：第一章由马超、黎希编写；第二章由陈利昕、魏国勇、邓巧平编写；第三章由石丽婷、吴道明编写；第四章、第五章由钟伟雄编写；第六章由郭永新编写；第七章由陈丽霞、杜十杰编写；第八章由张慧、刘庆臻编写；第九章由余会娟编写；第十章及附录由马乐萍编写。

本教材在编写过程中得到了编者单位的大力支持，石丽婷老师同时作为本教材的编写秘书为本教材的编写做了大量工作，在此一并致谢。

本教材在全体编委的共同努力下，克服种种困难，圆满完成了编写任务，但是限于编者水平所限，书中不妥和疏漏之处在所难免，恳请广大读者不吝赐教，以便再版时改进。

编　者

2020年4月

目录

MULU

第一章　常用半导体器件

知识目标

1.掌握　PN结的单向导电性；晶体二极管的伏安特性曲线；双极型晶体管的工作原理和主要参数；单极型晶体管的结构和工作原理。

2.熟悉　PN结的形成过程；双极型晶体管的伏安特性曲线、小信号模型和三种工作状态的判断方法；不同类型单极型晶体管的导通条件。

3.了解　晶体二极管的典型应用电路；双极型晶体管各极的判断方法；单极型晶体管的伏安特性曲线和主要参数。

电子电路中的信号均为电信号，简称信号。电信号通常是指随着时间变化的电压或电流，数学描述上可将电信号表示为时间函数，可以画出对应的波形。因为非电物理量可以通过各种传感器较容易地转换成电信号，并且电信号又容易传送和控制，所以电信号的应用非常广泛。

电信号的形式多种多样，可以从不同的角度进行分类。根据信号的随机性可以分为确定信号和随机信号；根据信号的周期性可分为周期信号和非周期信号；根据信号的连续性可以分为模拟信号和数字信号。模拟信号是时间和数值上都是连续变化的信号，比如工频交流电的电压信号。数字信号是时间和数值上都不是连续变化的信号，比如二进制数码。因为二进制数码具有受噪声影响小、易于数字电路处理的特点，所以得到了广泛的应用。

电子技术研究的是电子器件及以电子器件为核心的组成电路在生产实践中的应用，其中半导体器件是构成各种分立、集成电子电路最基本的元器件。随着电子技术的飞速发展，各种新型半导体器件层出不穷。现代电力电子技术的发展方向，是从以低频技术处理问题为主的传统电力电子学，向以高频技术处理问题为主的现代电力电子学方向转变。

电子电路是指由电子器件组成的电路，包括放大、振荡、整流、检波、调制、频率变换、波形变换等电路。按照处理信号形式的不同，通常可将电子电路分为模拟电路和数字电路两大类。模拟电路用于传递和处理模拟信号，侧重研究信号的放大、信噪比、工作频率等问题，常见的模拟电路包括放大电路、运算电路、滤波电路等。数字电路是对数字信号进行传递、处理的电子电路，广泛应用于数字电子计算机、数字通信系统、数字控制装置等领域，能够实现数字信号的传输、逻辑运算、计数、寄存、显示及脉冲信号的产生和转换等功能。常见的数字电路包括译码器、比较器、计数器、寄存器等电路。

PPT

第一节　半导体基础知识

一、导体、半导体与绝缘体

自然界的物质按照导电能力强弱可分为导体、半导体和绝缘体三大类。例如金、银、铜、

铁、铝等金属属于导体。它们的最外层电子极易脱离原子核的束缚成为自由电子，所以其导电能力强。而橡胶、陶瓷、塑料、石英、云母等属于绝缘体。即使对绝缘体施加很高的电压，也很难在其内部检测到电流。半导体是一种导电能力介于导体和绝缘体之间的物质，比如硅、锗、硒等物质。很多半导体的导电能力会随着条件的改变产生很大的差异，有些半导体对温度反应灵敏，随着环境温度升高导电能力增强；有些半导体对光照强度反应灵敏，当光照加强时导电能力增强；有些纯净的半导体掺入少量的其他元素，导电特性会得到明显改善，利用这一特性可制成晶体二极管、双极型晶体管、单极型晶体管等不同性能、不同用途的半导体器件。

二、本征半导体与杂质半导体

根据是否在半导体中掺入少量的其他元素，半导体通常分为本征半导体和杂质半导体两种类型。

（一）本征半导体

常用的半导体材料硅（Si）和锗（Ge）都是4价元素，每个原子的最外电子层有四个电子（也称价电子）。将硅或锗等半导体材料提纯可以形成晶体结构，所有原子基本上整齐排列，原子之间的距离不仅很小，而且是相等的。这种提纯后纯净的、不含杂质的具有晶体结构的半导体称为本征半导体。

在本征半导体的晶体结构中，每一个原子与相邻的四个原子结合。原子最外层的四个价电子不仅受自身原子核束缚，还受与其相邻的四个原子核吸引，相邻两个原子之间共用一对价电子，构成共价键的结构。图1-1是本征硅的共价键结构示意图。

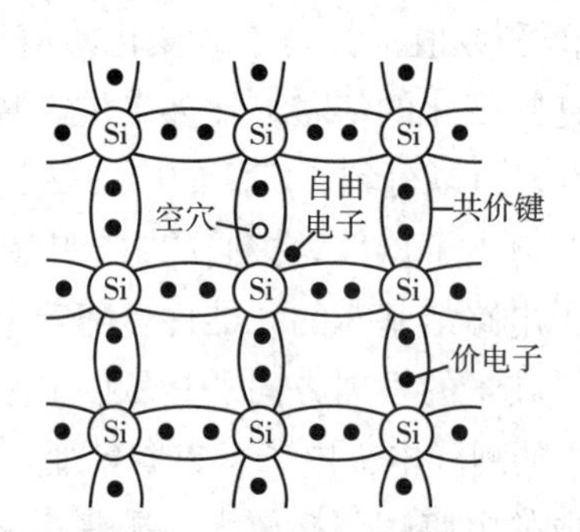

图1-1　本征硅共价键结构示意图

在本征半导体的共价键结构中，每个原子最外层具有八个电子，处于相对稳定的状态。但是它们的最外层电子不如绝缘体的最外层电子束缚得那样紧，当温度升高或受到光线照射时，少数共价键电子在获得足够的能量后，会挣脱共价键的束缚成为自由电子，因此在原共价键上就会留下一个空位置，称为“空穴”。这种半导体获得能量后产生自由电子和空穴的现象称为本征激发，也称热激发。本征激发中的自由电子和空穴总是成对产生，称为热激发产生的自由电子空穴对。在外电场的作用下，自由电子逆着电场方向运动形成电子电流，含有空穴的原子因带正电吸引相邻原子的价电子填补空穴，相邻原子则形成了新的空穴。在外电场作用下，价电子填补空穴的现象会在相邻原子间进行，相当于空穴顺电场方向运动形成空穴电流，这种具有运载电荷能力的自由电子和空穴称为载流子，载流子浓度越高，半导体导电能力越强。本征半导体中的自由电子和空穴是因本征激发获得能量挣脱共价键束缚而形成的，一旦能量降低，自由电子有可能返回共价键中填补空穴而再次成为束缚电子，这种现象称为复合。当温度保持一定时，本征激发与复合时刻在进行，达到一种动态平衡，本征半导体中的自由电子和空穴维持在一定数目。随着温度的升

高，载流子的数目越多，导电性能也越好。但是在常温下，本征半导体中的载流子浓度很低，此时本征半导体的导电能力很弱。

（二）杂质半导体

在本征半导体中掺入某些特定的微量杂质元素，可以使其导电性能显著提升，掺入杂质以后的半导体称为杂质半导体。根据掺入杂质的不同，杂质半导体可分为P型半导体和N型半导体。

1.P型半导体　在本征半导体（以硅为例）中掺入少量的3价元素（如硼、铝、铟等）杂质后，因为硼原子等3价元素原子的最外层只有三个电子，当其与硅原子结合时会因为缺少一个价电子而形成一个空穴。这样，每掺入一个硼原子就会产生一个空穴，造成空穴数量增加，自由电子数量则相对减少。一般把空穴称为这种杂质半导体中的多数载流子，简称多子；自由电子称为少数载流子，简称少子。这种多子为空穴的杂质半导体称为P型半导体，其主要依靠空穴导电，图1-2是P型半导体结构。

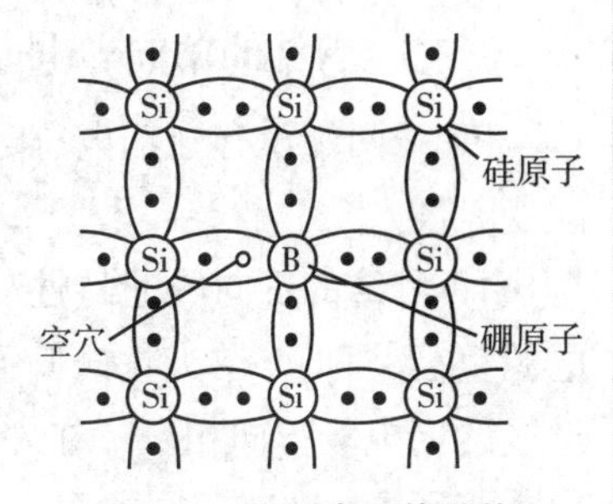

图1-2　P型半导体结构

2.N型半导体　在本征半导体中掺入少量的5价元素（如磷、砷、锑、铋等）杂质后，因为磷原子等5价元素原子的最外层有五个电子，其中四个价电子与相邻硅原子的最外层价电子组成共价键形成稳定结构，多余的一个价电子很容易受激发成为自由电子。与P型半导体形成的原理相似，每掺入一个磷原子就会产生一个自由电子，最终自由电子会成为多子，空穴会成为少子，这种杂质半导体称为N型半导体，其主要依靠电子导电，图1-3是N型半导体结构。

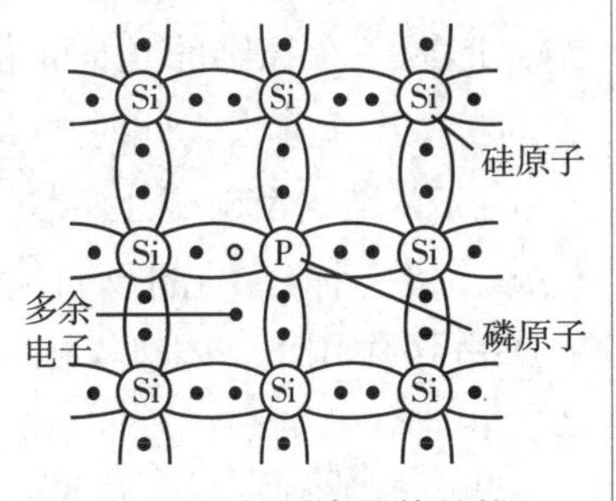

图1-3　N型半导体结构

杂质半导体中多数载流子的浓度主要受掺杂的种类和浓度影响，少数载流子主要与本征激发有关，因此控制掺杂浓度可有效改变杂质半导体导电性能。

三、PN结及其单向导电性

在同一块半导体上采用特殊的掺杂工艺将P型半导体和N型半导体结合起来，在交界面处形成一个特殊的结构就是PN结。PN结是构成各种半导体器件的基础，图1-4是PN结中多子扩散示意图。

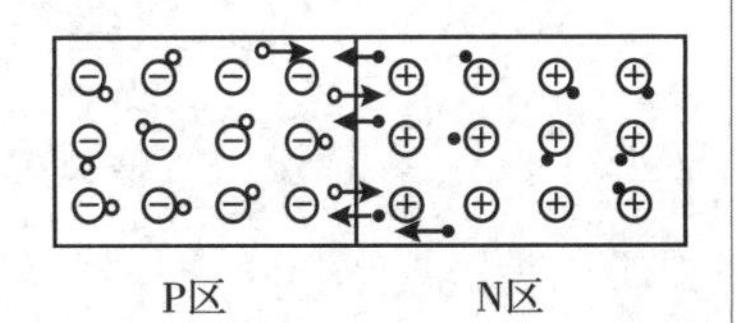

图1-4　PN结中多子扩散示意图

（一）PN结的形成

如图1-4所示，在P型半导体和N型半导体的交界面两端，由于半导体的种类不同，存在电子和空穴的浓度差。P区的多数载流子是空穴，少数载流子是电子；N区的多数载流子是电子，少数载流子是空穴。当P区和N区结合以后，由于浓度的差别，交界面两端的多子都要向对方区域扩散，扩散的结果是N区失去电子产生正离子，而P区得到电子与本身空穴结合后产生负离子，这一现象在P区和N区的交界面处尤为明显，这一区域形成了大量不能移动的正、负离子区间，这个区间称为空间电荷区，也就是PN结，如图1-5所示。在空间电荷区里，多子往往在运动过程中复合或者扩散对方的区域，故空间电荷区又称为耗尽层。耗尽层内存在一个方向由N区

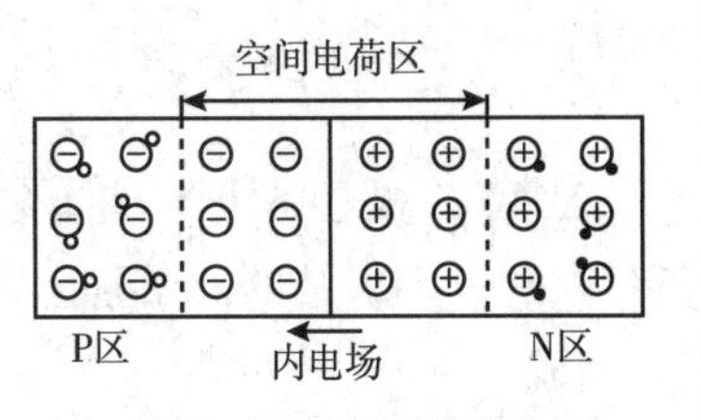

图1-5　PN结的形成

指向P区的内电场，内电场对多子的扩散运动起到阻碍作用。随着内电场的增强，多子的扩散运动逐步减弱，最终达到平衡，在交界面处形成稳定的空间电荷区。需要说明的是，由于PN结两侧的P区和N区中存在着少数载流子，内电场的存在恰好能推动它们越过空间电荷区进入对方的区域，这种少数载流子在内电场作用下的定向移动称为漂移运动。

多子的扩散运动使空间电荷区变宽，有利于少子的漂移运动；而少子的漂移运动又使空间电荷区变窄，有利于多子的扩散运动，二者相互依赖又影响彼此，最终达到动态平衡。

（二）PN结的单向导电性

PN结两端没有施加电压时处于不导电状态，但是如果给PN结两端施加电压，情况将会发生改变。

1.PN结的正向导通特性 当给PN结两端施加正向电压，即PN结的P区接电源正极，N区接电源负极，称PN结为正向偏置，如图1–6（a）所示。此时外接电源所形成的外电场方向与PN结形成的内电场方向相反，在外电场的作用下，PN结内部的扩散与漂移平衡状态被打破。P区的多数载流子空穴与N区的多数载流子电子都向PN结移动，最终的结果使PN结的空间电荷区变窄。空间电荷区的变窄意味着内电场遭到削弱，减小了对多子扩散运动的阻力，大量的多子穿过PN结，形成一个稳定的正向扩散电流。此时PN结相当于一个数值很小的电阻，并且外电场越强，正向扩散电流越大，此时PN结处于正向导通状态。

2.PN结的反向截止特性 当给PN结两端施加反向电压，即PN结的P区接电源负极，N区接电源正极，称PN结的反向偏置，如图1–6（b）所示。此时外电场的方向与内电场的方向相同，在外电场作用下，P区多数载流子空穴与N区的多数载流子电子都背离PN结运动，最终PN结的空间电荷区变宽。P区和N区的多数载流子很难通过PN结，不能形成扩散电流，只存在很小的由少数载流子形成的漂移电流。此时PN结表现为一个很大的电阻，PN结反向截止。

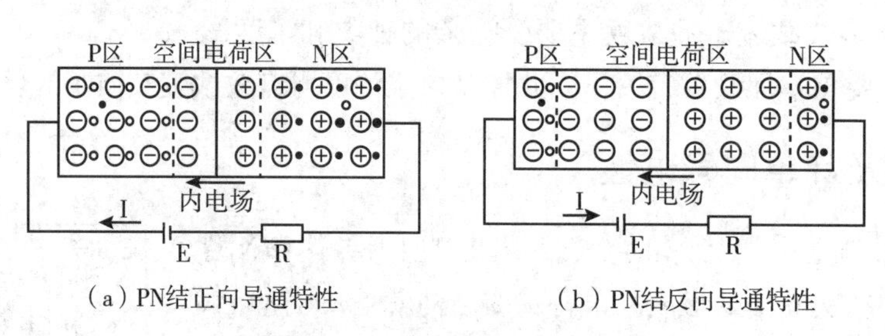

（a）PN结正向导通特性　　（b）PN结反向导通特性

图1–6　PN结的单向导电性

通过以上分析可知，当PN结正向偏置时，PN结处于导通状态，正向电流较大；当PN结反向偏置时，PN结处于截止状态，反向电流近似为零，即PN结具有单向导电性。

PPT

第二节　晶体二极管

一、二极管的基本结构与类型

晶体二极管是由半导体材料制作而成，是一种具有单向导电性的半导体器件，简称二极管。它是在一个PN结的两端加上相应的引出线，外面用管壳进行封装，管壳通常由金属、塑料、玻璃制成。

图1–7是几种常见晶体二极管的外形和晶体二极管的图形符号。其中图形符号中三角箭头表

示PN结正向导通的方向。

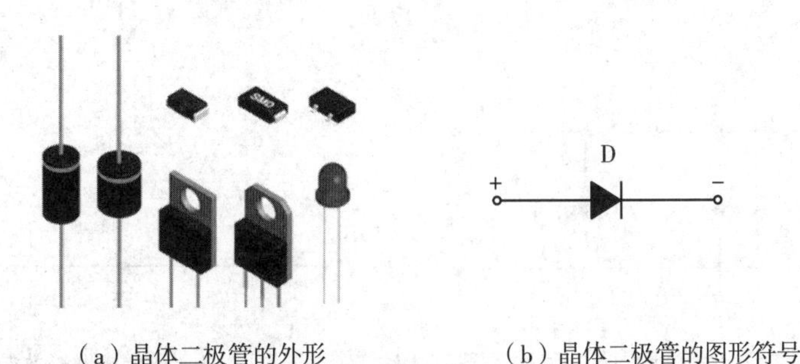

（a）晶体二极管的外形　　　　（b）晶体二极管的图形符号

图1-7　几种常见晶体二极管和晶体二极管的图形符号

晶体二极管的类型很多，按PN结面积的大小划分，晶体二极管可分为点接触型二极管和面接触型（平面型）二极管两种类型。点接触型二极管是由一根很细的金属触丝（如三价元素铝）和一块N型半导体（如锗）的表面接触，然后在正方向通过很大的瞬时电流，使触丝和半导体牢固地熔接在一起，三价金属与锗结合构成PN结，如图1-8（a）所示。点接触型二极管形成的PN结面积很小，只允许流过几十毫安以下的小电流，不能承受大的电流和高的反向电压。但该类型二极管极间电容很小，频率特性好，适用于检波或脉冲等高频电路。例如2AP1是点接触型锗二极管，其最大整流电流为16mA，最高工作频率为150MHz，最高反向工作电压为20V。

面接触型二极管的PN结是用扩散法和合金法制作而成，如图1-8（b）所示。这种二极管的PN结面积很大，可允许流过几百毫安至上千毫安的大电流，但是其极间电容较大。这类二极管适用于整流、稳压等低频电路。例如2CZ53C为面接触型硅二极管，其最大整流为300mA，最大反向工作电压为100V，而最高工作频率只有3kHz。

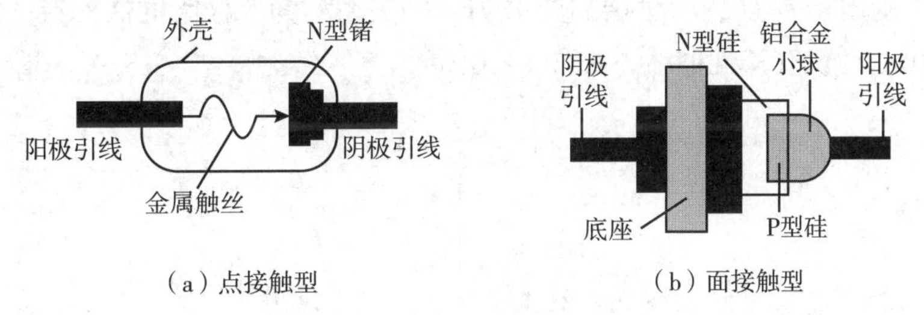

（a）点接触型　　　　（b）面接触型

图1-8　半导体二极管的结构

按半导体材料划分，晶体二极管可分为硅二极管和锗二极管两种类型。硅管的反向电流很小，但正向压降较大，耐热性能好，最高工作温度可达200℃，最大截止电压可达3000V，常用作大功率二极管；锗管的正向压降较小，但反向电流较大，温度特性较差，最高工作温度一般不允许超过100℃，最大截止电压在200V以下，一般作为点接触型二极管用于检波或脉冲等高频电路。

按照用途划分，晶体二极管可分为普通二极管、整流二极管、稳压二极管、功率二极管、发光二极管和光电二极管等。其中普通二极管通常应用于通信技术；电源设备常采用整流二极管和功率二极管；稳压二极管应用于稳压电源；发光二极管和光电二极管常用作信号显示。

二、二极管组成的限幅电路

限幅电路是将某些波形限制在一定输出幅度的电子电路，通常用晶体二极管构成限幅电路，如图1-9所示。

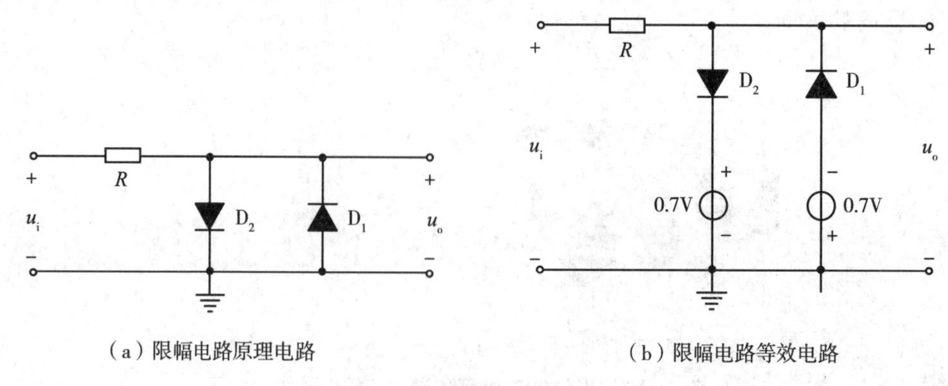

图1-9 限幅电路原理图

图1-9所示的限幅电路采用的是导通压降为0.7V的硅管，输入电压u_i为2V的正弦波信号，由图1-9（b）可以看出，当u_i为正半周期时，其幅值小于0.7V，二极管D_1、D_2均截止，输出电压u_o等于输入电压u_i；当u_i幅值大于0.7V，D_2导通，D_1仍然截止，输出电压u_o等于D_2的导通电压0.7V。当u_i为负半周期时，D_2始终截止，u_i大于-0.7V时，D_1也截止，输出电压u_o等于输入电压u_i；u_i小于-0.7V时，D_1导通，输出电压u_o等于D_1的导通电压-0.7V，实现了输出电压的幅度被限制在±0.7V之间。

二极管可以组成很多单元电路，其具体电路将在随后的章节中详细讲解。

三、二极管的伏安特性与主要参数

（一）二极管的伏安特性

二极管中流过的电流i与二极管两端施加电压u的关系称为二极管的伏安特性，用来描述二极管伏安特性的曲线称为伏安特性曲线，如图1-10所示。

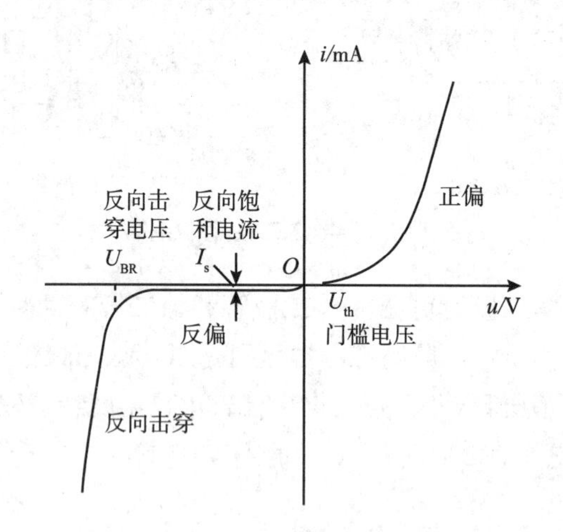

图1-10 二极管的伏安特性曲线

1.正向特性 如图1-10所示，当二极管两端施加正向电压小于U_{th}时，也就是正向特性的起始部分，此时二极管两端的外加电压较小，不足以克服二极管PN结的内电场，此时正向电流近乎为零，二极管呈现较大电阻。只有当外加电压超过某一电压后，正向电流才开始显著增加，此时对应的电压称为门槛电压，也称死区电压，记作U_{th}。该电压与二极管的材料和二极管的工作温度有关。常温下，硅管的死区电压约为0.5V，锗管的死区电压约为0.1V。当外加电压大于死区电压后，二极管的电流随外加电压增加而显著增大，伏安特性曲线呈陡直上升趋势，此时二极管结

电场作用消失，正向电流迅速增加，当正向导通时，硅管的导通压降约为0.7V，锗管的导通压降约为0.3V。

2.反向特性　如图1-10所示，当二极管施加反向电压时，此时少数载流子的漂移运动占主导，形成反向饱和电流，少子的数目很少，形成的反向电流很小。常温下，硅管的反向饱和电流约为0.1μA，锗管的反向饱和电流小于1mA。

3.反向击穿特性　如图1-10所示，当施加在二极管两端的反向电压增加到某一数值后，二极管的反向电流将急剧增加，此时二极管两端的电压未出现明显变化，这种现象称为反向击穿，对应的电压U_{BR}称为反向击穿电压。发生反向击穿后，二极管失去单向导电性，但只要反向电流和反向电压的乘积不超过PN结允许的耗散功率，PN结一般不会损坏。若施加在二极管两端的反向电压下降到击穿电压以下，二极管性能可以恢复到原有状态，这种可逆的击穿称为电击穿。若反向击穿电流过大，超过PN结允许的耗散功率将PN结烧坏，将无法恢复原有状态，这种不可逆的击穿称为热击穿。

（二）二极管的主要参数

二极管的参数是用来描述二极管正常使用条件及二极管性能好坏的重要指标。使用中一般通过查阅器件手册获取二极管相关参数，其主要参数如下。

1.最大整流电流（I_F）　是指二极管长期使用时允许通过的最大正向平均电流。二极管正向导通时，正向电流不可能无限地增大，当正向电流的平均值超过I_F时，电流产生的热量往往会烧坏二极管，一般情况下，硅管允许的I_F可达到几十或几百至上千安培，锗管允许的最大整流电流较小，一般只是毫安至安培级。

2.最高反向工作电压（U_{BR}）　是指允许施加在二极管两端的最大反向电压，通常是反向击穿电压U_{BR}的一半，留一定的余量是为了防止二极管因反向过压而损坏。点接触型二极管的最高反向工作电压约为几十伏，而面接触型二极管的最高反向工作电压可达数百伏甚至上千伏。

3.最大反向电流（I_{RM}）　是指二极管未发生击穿时的最大反向电流值。它会随温度的升高而急剧增加。I_{RM}值越小，二极管的单向导电性能越好。硅管的最大反向电流较小，约为1μA，即使是大功率管，也只有数十微安左右。锗管的反向电流比硅管大，一般可达几十到几百微安。

4.最高工作频率（f_M）　是保证二极管单向导电作用的最高工作频率，此参数主要由PN结的结电容决定。当工作频率超过f_M时，二极管的单向导电性能将会变差，甚至失去单向导电性能。点接触型二极管由于PN结电容很小，最高工作频率可达数百兆赫，而面接触型二极管的最高工作频率只有3kHz。

需要注意的是，由于制造工艺的不同，二极管的参数具有离散性，同一型号的二极管，参数值可能会有较大差别。

四、特殊二极管

根据不同的工作需要将二极管设计制造成具有特殊性能的二极管，常用的有稳压二极管、发光二极管、光电二极管、变容二极管等，现作简要介绍。

（一）稳压二极管

稳压二极管是一种特殊的面接触型硅二极管，工作在伏安特性曲线的反向截止区，其符号和伏安特性曲线如图1-11所示。稳压二极管又被称为齐纳二极管，它的正向特性曲线与普通二极管相似，而反向击穿特性曲线很陡。反向电流在很大的范围内变化时，二极管两端的电压在一定

范围内保持不变，因而具有稳压作用。只要反向电流不超过最大稳定电流，当反向击穿电压消除后，仍能恢复单向导电性。但是如果反向电流超过允许值，稳压管也会发生热击穿损坏。

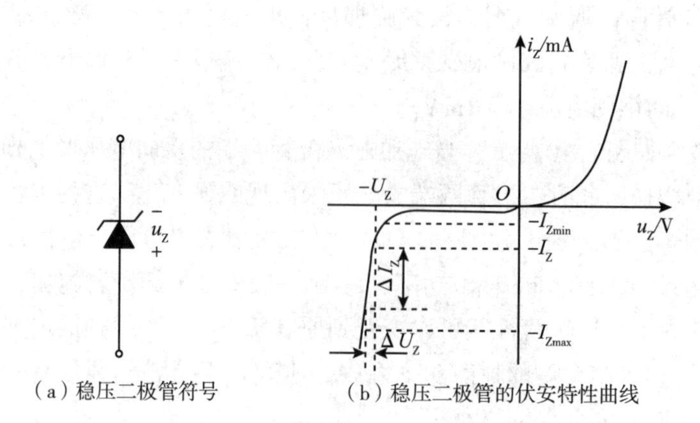

（a）稳压二极管符号　（b）稳压二极管的伏安特性曲线

图1-11　稳压二极管的符号及伏安特性曲线

稳压二极管的主要参数如下。

1.稳定电压（U_Z） 是指稳压二极管正常工作时两端的反向电压值，U_Z与稳压二极管的结构有关，不同的结构可使U_Z在2~200V范围内选择。由于工艺等因素，同一型号稳压二极管的稳定电压允许有一定的范围。

2.稳定电流（I_Z） 是指稳压二极管稳定工作时流过稳压二极管的最小的反向电流值，也可以写成I_{Zmin}，通常是工作电压为U_Z时所对应的电流值。当工作电流小于I_Z时，稳压二极管的稳压效果会变差，丧失稳压作用。

3.动态内阻（r_Z） 稳压管两端的电压变化量与电流变化量之比。即：$r_Z=\dfrac{\Delta U_Z}{\Delta I_Z}$。$r_Z$的值越小，则管子的稳压效果越好。

4.最大耗散功率（P_{ZM}） 是指稳压二极管不被热击穿的极限耗散功率，$P_{ZM}=I_{Zmax}U_Z$，其中I_{Zmax}是最大稳定电流。

稳压管处于正常工作状态时必须反向偏置，使其工作在反向击穿区。

（二）发光二极管

发光二极管（light emitting diode，LED）是一种能将电能转化为光能的特殊二极管，其图形符号如图1-12所示。发光二极管是通过电场或电流激发固体发光材料并使之辐射发光，采用不同的材料可发出红、黄、蓝、绿、橙色光。

与普通二极管相比，发光二极管的正向导通电压比较大，在1.5~3.5V工作电流一般在10mA左右，其发光强度随着正向电流的增大而增强。

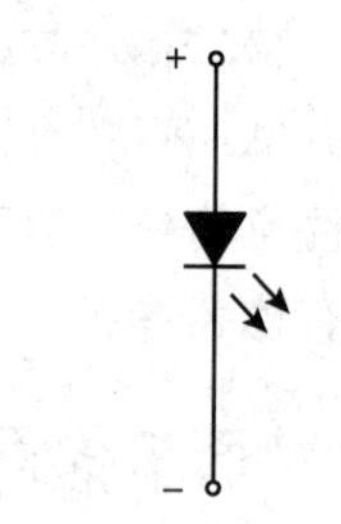

图1-12　发光二极管的图形符号

发光二极管具有成本低、体积小、功耗小、寿命长等优点，常被作为显示器件使用。单个使用时，主要用作电源指示灯、测控电路中的工作状态指示灯；多个使用时，可以被制作成七段数码管，用以显示数字或字符；还能以发光二极管为像素组成矩阵显示器件，比如LED显示屏。

（三）光电二极管

光电二极管是一种能将光信号转化为电信号的器件，其图形符号如图1-13所示。与普通二极管相比，光电二极管的管壳上有一个透光的玻璃窗口，可以使其PN结能够接收外部的光照。光电二极管的PN结工作在反向偏置状态，其反向电流在光照下可迅速增大到几十微安，并且随光照强度的增加而变大，称为光电流。当无光照射时，光电二极管的反向电流很小，称为暗电流，此时与普通二极管并无差别。

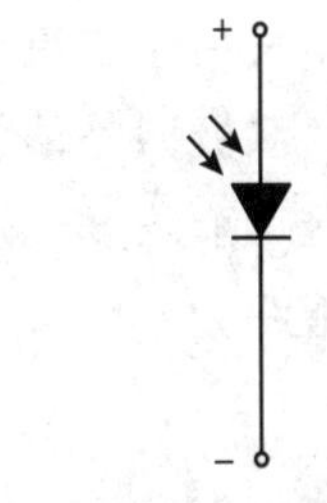

图1-13　光电二极管的图形符号

光电二极管常应用于各类测量仪器、数字电路的控制开关，也可作为能源器件，即光电池。

（四）变容二极管

二极管的PN结具有电容效应，PN结的空间电荷分布随着外加电压的变化而改变，形成电容。当PN结反向偏置时反向电阻很大，此时PN结相当于开路，可构成理想的电容器，并且其容量随着PN结两端的反向电压的增加而减小，利用这种特性制成的二极管称为变容二极管，其图形符号与特性如图1-14所示。

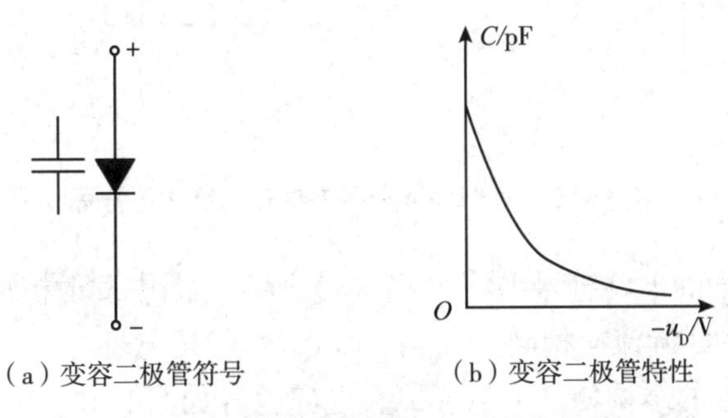

（a）变容二极管符号　（b）变容二极管特性

图1-14　变容二极管的图形符号与特性

变容二极管应用广泛，在高频调谐、通信等电路中作可变电容器使用。

第三节　双极型晶体管

PPT

双极型晶体管在电子电路中起着很重要的作用，因而应用很广泛。双极型晶体管常简称为晶体管或三极管，它有空穴和自由电子两种载流子参与导电，故称之为双极型晶体管。

一、基本结构

双极型晶体管是通过一定的工艺，将两个PN结结合在一起所构成的器件。按照所用半导体材料不同，分为硅管和锗管；按照结构不同，分为PNP型管和NPN型管。

微课

图1-15（a）所示是NPN型双极型晶体管的结构示意图，它由三层半导体制成，中间是一块很薄的P型半导体，称为基区，两边各有一块N型半导体，其中高掺杂的那块（标N^+）称为发射区，另一块称为集电区；从各区所引出的电极相应地称为基极、发射极和集电极，基极用B表示，发射极用E表示，集电极用C表示。当两块不同类型的半导体结合在一起时，其交界处会形成PN结，因此，双极型晶体管有两个PN结。发射区与基区交界处的PN结称为发射结，集电区与基区交界处的PN结称为集电结。图1-15（b）所示为硅平面管管芯结构剖面图，它是在N型硅片氧化膜上光刻一个窗口，进行硼杂质扩散，获得P型基区，经氧化膜掩护后再在P型半导体上光刻一个窗口，进行高浓度的磷扩散，获得N型发射区，然后从各区引出电极引线，最

后在表面生长一层二氧化硅，以保护芯片免受外界污染。一般的NPN型硅双极型晶体管都属于这种结构。双极型晶体管的结构具有以下特点：发射区掺杂浓度很高，基区很薄且掺杂浓度很低，集电区掺杂浓度比发射区低，但其结面积很大。这些特点是双极型晶体管具有电流放大能力的内部条件。

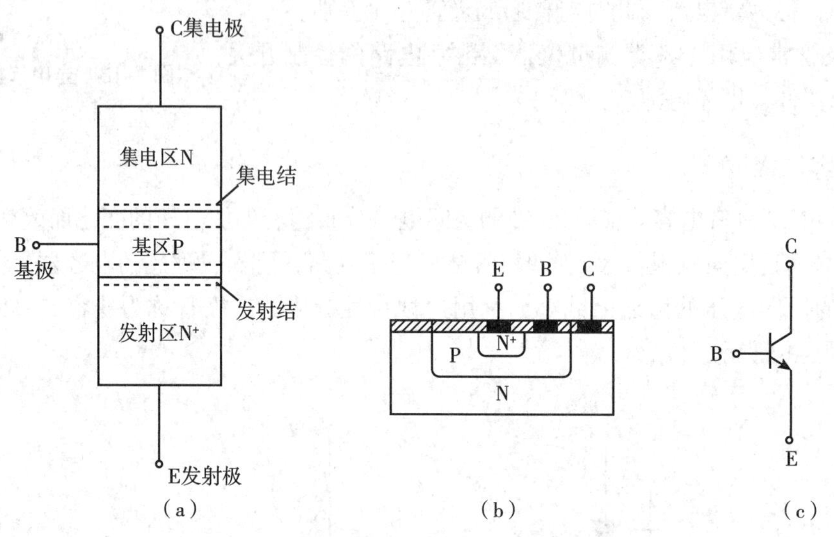

图1-15 NPN型双极型晶体管的结构与符号

NPN型双极型晶体管的电路符号如图1-15（c）所示，图中发射极箭头方向与双极型晶体管放大工作时发射极电流的实际流向相同。

PNP型双极型晶体管的结构如图1-16（a），电路符号如图1-16（b）所示，图中发射极的箭头方向与NPN型双极型晶体管放大工作时发射极电流的实际流向相同。两种双极型晶体管的特性类似，工作原理也类似，下面将以常用的NPN型硅管为例讨论双极型晶体管的工作原理。

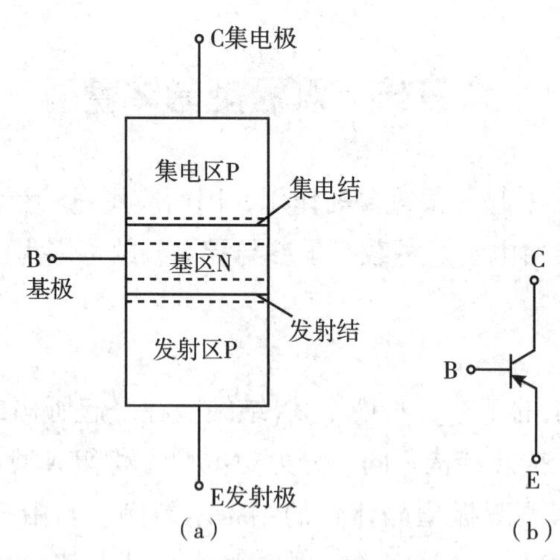

图1-16 PNP型双极型晶体管的结构与符号

二、电流放大原理

从基极B流至发射极E的电流叫作基极电流I_B，从集电极C流至发射极E的电流叫作集电极电流I_C。三极管的放大作用是：集电极电流受基极电流的控制，并且基极电流很小的变化，会引起集电极电流很大的变化，且变化满足一定的比例关系。

双极型晶体管有两个PN结，当发射结正偏、集电结反偏时，称双极型晶体管工作于放大状态；当发射结和集电结均正偏时，称双极型晶体管工作于饱和状态；当发射结和集电结均反偏时，称双极型晶体管工作于截止状态；当发射结反偏、集电结正偏时，称双极型晶体管工作于倒置状态。其中倒置状态一般不用，实际常用的工作状态有三种，即放大、饱和和截止状态。

（一）放大状态

图1–17所示电路中，基极电源V_{BB}通过电阻R_B和发射结形成回路，使基极B和发射极E之间的电压$U_{BE}>0$即给发射结加上正偏电压；集电极电源V_{CC}通过电阻R_C、集电结、发射结形成回路，由于发射结正偏导通后的压降很小，因此V_{CC}主要降落在电阻R_C和集电结两端，可以使集电极C和基极B之间的电压$U_{CB}>0$，即给集电结加上反偏电压。因此，该电路中发射结正偏、集电结反偏，双极型晶体管工作于放大状态。由图1–17可见，发射极E为双极型晶体管输入回路和输出回路的公共端，这种连接方式的电路被称为共发射极电路。

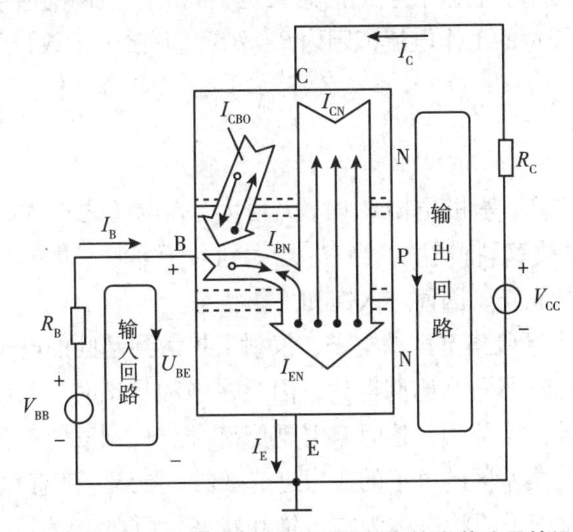

图1–17　放大工作时NPN型双极型晶体管中载流子的运动

由于发射结正偏，故发射结的扩散运动很强，发射区的多子（电子）不断地向基区扩散，形成电流I_{EN}，基区多子（空穴）也要向发射区扩散，但其数量很小（因为基区低掺杂），可忽略，因此发射极电流$I_E \approx I_{EN}$。发射到基区的电子继续向集电结方向扩散，在扩散过程中，部分电子与基区的空穴复合，形成电流I_{BN}，基极电流就由这部分电流决定，即$I_B \approx PI_{EN}$；由于基区很薄且掺杂浓度低，故发射到基区的电子绝大部分都能漂移过集电结，形成电流I_{CN}，集电极流$I_C \approx I_{CN}$。因此，I_B、I_C是流进NPN管的，而I_E则流出NPN管；$I_C \geqslant I_B$，且

$$I_E = I_C + I_B$$

I_C、I_B主要由I_E分配得到，其分配规律由载流子的运动规律确定，通常用参数$\bar{\beta}$来表示这种电流分配关系，$\bar{\beta}$称为双极型晶体管的共发射极直流电流放大系数，定义式为

$$\bar{\beta} = \frac{I_{CN}}{I_{BN}} \approx \frac{I_C}{I_B} \tag{1–1}$$

$$I_C \approx \bar{\beta} I_B \tag{1–2}$$

实际上，流过集电结的电流除了I_C以外还有I_{CBO}，如图1–17所示。I_{CBO}是由集电区的少子（空穴）和基区少子（自由电子）在集电结反偏电压作用下作漂移运动所形成的，为集电结反向饱和

电流。I_{CBO}很小，所以在工程分析时通常可以忽略不计。

在图1–17电路中，若基极电源V_{BB}有一电压增量ΔV_{BB}，则发射结电压将从原来的U_{BE}变为（$U_{BE}+\Delta U_{BE}$）；由PN结特性可知，发射结正偏电压的微小变化会引起发射结电流（即发射极电流）发生很大变化，因此，发射极电流将从原来的I_E变化为（$I_E+\Delta I_E$）；而基极电流和集电极电流是由发射极电流按一定比例分配得到的，它们将从原来的I_B和I_C分别变化为（$I_B+\Delta I_B$）和（$I_C+\Delta I_C$）。把ΔI_C和ΔI_B之比称为双极型晶体管共发射极交流电流放大系数，记作β，即

$$\beta = \frac{\Delta I_C}{\Delta I_B}$$

β值一般很大，说明输出电流信号ΔI_C远大于输入电流信号ΔI_B，双极型晶体管具有电流放大作用。

需注意，$\bar{\beta}$反映了静态（直流工作状态）时集电极电流与基极电流之比，而β则反映了动态（交流工作状态）时的电流放大特性，它们的意义是不同的。它们的值主要是由双极型体管本身的结构决定的。不过，在较宽的工作电流范围内$\bar{\beta}\approx\beta$，且几乎为常数，因此在近似分析中通常不对$\bar{\beta}$和β加以区分。

（二）饱和状态

在图1–17电路中，当减小基极电阻R_B时，I_B增大，I_C也随之增大，由于$U_{CE}=V_{CC}-I_CR_C$，U_{CE}将减小。而$U_{BC}=U_{BE}-U_{CE}$，故U_{BC}将增大，当U_{BC}增大到大于零时，集电结正偏。这时，双极型晶体管由于发射结和集电结均正偏，因而进入饱和工作状态。

集电结正偏不利于集电区收集基区的电子，发射区扩散到基区的电子中较多地在基区复合形成I_B，I_C不再能像放大状态时那样按比例得到，因此在饱和状态时，双极型晶体管失去了I_B对I_C的控制能力，即失去了电流放大能力。这时I_C主要受U_{CE}控制，当U_{CE}变化使集电结从零偏向正偏导通变化过程中，集电区收集基区的电子的能力迅速减弱，导致I_C随着U_{CE}的减小迅速减小。

理论上，把$U_{CE}=U_{BE}$时管子的状态称为临界饱和状态，而在工程上，通常将U_{CE}=0.3V，作为硅管放大和饱和的分界线，即认为当$U_{CE}\leqslant$0.3V时硅管工作于饱和状态，当$U_{CE}\geqslant$0.3V时则工作于放大状态。

（三）截止状态

截止状态是指发射结和集电结均反偏时的工作状态，这时两个PN结都不导通，各极电流I_E、I_B和I_C均近似为零。实际上，当U_{BE}<0.5V，集电结反偏时，集电极电流已很小，当发射结零偏、集电结反偏时就可以认为管子进入截止状态。

三、特性曲线与开关特性

双极型晶体管的伏安特性是指双极型晶体管的极电流与极间电压之间的关系，它反映了双极型晶体管的性能。工程上共发射极电路的输入特性曲线和输出特性曲线使用最多，下面将加以介绍。

（一）输入特性曲线

输入特性曲线是指U_{CE}为某一常数时，双极型晶体管的输入电流I_B与输入电压U_{BE}之间的关系曲线，即

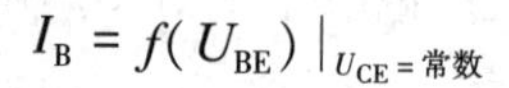

$$I_B = f(U_{BE})\big|_{U_{CE}=\text{常数}}$$

图1-18（a）所示为某NPN型硅双极型晶体管的输入特性曲线，不同的U_{CE}值对应不同的输入曲线，因此输入特性曲线由一簇曲线构成，由曲线可见：

（1）双极型晶体管的输入特性与二极管特性类似，也存在死区电压，导通后发射结电压U_{BE}也近似地具有恒压特性。

（2）当U_{CE}从零增大为1V时，曲线明显右移，而当$U_{CE} \geqslant 1V$后，曲线重合为同一根线。这是因为，当U_{CE}从零增大为1V时，集电结从正偏变化为反偏，集电区收集基区电子的能力从很弱变为很强，在基区复合形成I_B的电子从很多变为很少，因此，相同的U_{BE}作用下，I_B迅速减小，曲线明显右移。当$U_{CE} \geqslant 1V$后，集电区收集电子的能力已足够强，已能把基区的绝大多数电子拉到集电区，以至I_B迅速减小，曲线明显右移。U_{CE}再增大时，对I_B没有明显影响，因此，$U_{CE} \geqslant 1V$后的输入曲线基本上重合。实际放大电路中，由于U_{CE}总是大于1V的，只使用$U_{CE} \geqslant 1V$的那根曲线即可。由该曲线可见：硅管的死区电压约为0.5V，导通电压约为0.7V。对于锗管，则死区电压约为0.1V，导通电压约为0.2V。

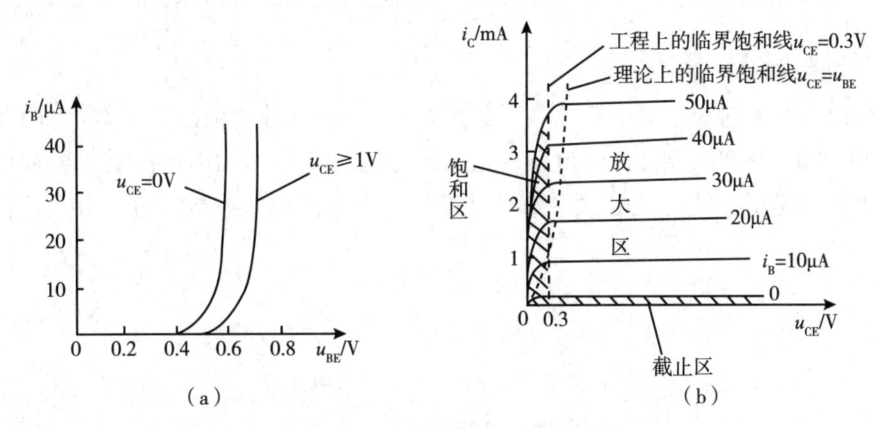

图1-18 NPN型硅双极型晶体管的共发射极接法特性曲线

（二）输出特性曲线

输出特性曲线是指I_B为某一常数时，双极型晶体管的输出电流I_C与输出电压U_{CE}之间的关系曲线，即

$$I_C = f(U_{CE})\,|_{I_B = 常数}$$

不同的I_B值对应不同的输出曲线，因此输出特性曲线也由一簇曲线构成，如图1-18（b）所示。由曲线可见：

（1）在曲线的起始部分，曲线很陡，说明I_C随着U_{CE}的增加很快增加；不同I_B对应的曲线重合，说明I_C基本不受I_B控制。根据饱和状态的工作原理可知，这是双极型晶体管饱和时的特性，即双极型晶体管处于饱和状态，因此称这一区域为饱和区。工程上将$U_{CE} \geqslant 0.3V$的区域划分为饱和区。

（2）当U_{CE}>0.3V以后，特性曲线几乎与横轴平行（略有向上倾斜），这说明此时的I_C基本上与U_{CE}无关，主要由I_B确定。I_C是一个受I_B控制的恒流源，随着I_B的增加而增加。当基极有一微小的电流变化Δi_B时，相应集电极电流会有一个较大的变化Δi_C，二者满足关系式$\Delta i_C=\beta\Delta i_B$，体现了三极管的电流放大作用。此时，双极型晶体管处于放大状态，该区域称为放大区。

（3）当I_B=0时，对应曲线是一条几乎与横轴重合的直线，此时，双极型体管处于截止区。通常将$I_B \leqslant 0$的区域称为截止区，双极型晶体管截止时$I_C \approx 0$。

（三）开关特性

双极型晶体管的开关作用对应于有触点开关的“断开”和“闭合”，当双极型晶体管的发射结和集电结均为反向偏置时，此时双极型晶体管工作在截止状态，只有很小的反向漏电流，这时集电极回路中的集电极和发射极之间近似于开路，相当于开关断开一样。

当发射结和集电结均为正向偏置时，此时双极型晶体管工作在饱和状态，集电极回路中的集电极和发射极之间近似于短路，相当于开关闭合一样。由此可见双极型晶体管在饱和和截止状态之间转换的时候，相当于一个由基极电流所控制的无触点开关。双极型晶体管截止时相当于开关“断开”，而饱和时相当于开关“闭合”。

四、主要参数

双极型晶体管的主要参数有电流放大系数、极间反向电流、极限参数等，其中前两者表示管子性能的优劣，后者表示管子的安全工作范围，它们是选用双极型晶体管的依据。

（一）电流放大系数

前面已介绍了共发射极直流电流放大系数$\bar{\beta}$和共发射极交流电流放大系数β，两者近似相等，数值通常为20~200。当双极型晶体管电路以基极作为输入回路和输出回路的公共端时，称为共基极电路。它也有共基极直流电流放大系数和共基极交流电流放大系数之分，分别记作$\bar{\alpha}$和α，它们的定义为

$$\bar{\alpha}=\frac{I_C}{I_B} \tag{1-3}$$

$$\alpha=\frac{\Delta I_C}{\Delta I_B} \tag{1-4}$$

显然，α表示了共基极电路动态时的电流放大特性。在通常情况下，$\bar{\alpha}$和α也近似相等且基本恒定，因此近似分析时也不予区分。α值一般为0.98~1。

根据α、β的定义和三个极电流之间的关系，可得两者之间的关系为

$$\alpha=\frac{\beta}{\beta+1} \tag{1-5}$$

α和β可以互求，表明它们虽然定义的角度不同，但实际上是相同性质的参数，都表示管子的电流放大能力。

（二）极间反向电流

双极型晶体管的极间反向电流有I_{CBO}和I_{CEO}，它们是反映双极型晶体管温度稳定性的重要参数。

I_{CBO}称为集电极－基极反向饱和电流，它是发射极开路时，流过集电结的反向饱和电流，如图1-19（a）所示，它与单个PN结的反向饱和电流是一样的。室温下，小功率硅管的I_{CBO}小于1μA，锗管约为几微安到几十微安。

I_{CBO}为基极开路时从集电极直通到发射极的电流，如图1-19（b）所示。由于它是从集电区穿过基区流向发射区的电流，所以又叫穿透电流。

I_{CBO}、I_{CBO}均随温度的上升而增大，所以其大小反映了双极型晶体管的温度稳定性，其值越小，受温度的影响越小，双极型晶体管的工作越稳定。

图1-19　极间反向电流测量电路

（三）极限参数

极限参数主要指双极型晶体管允许的最高极间电压、最大工作电流和最大管耗，它们确定了管子的安全工作范围。

1. 集电极最大允许电流（I_{CM}） 当集电极电流I_C较大范围变化时，β值基本不变，只有当I_C的值过大，β将明显下降。一般规定使β值明显下降时的集电极电流为I_{CM}。当$I_C=I_{CM}$时，晶体管的β值将下降为额定值的三分之二。当I_C超过I_{CM}时，晶体管的性能将显著下降，甚至有可能将晶体管损坏。

2. 集电极最大允许功率损耗（P_{CM}） 双极型晶体管的损耗功率通常用集电极损耗功率P_C表示，当$P_C>P_{CM}$时，会使晶体管因温度过高而性能变坏，甚至烧坏。P_{CM}的大小取决于晶体管所允许的结温，硅管的最高允许结温为50~200℃，锗管为75~100℃。

PPT

第四节　单极型晶体管

单极型晶体管因只有多数载流子参与导电而得名，很多教材中也称为场效应管。它有很多与双极型晶体管相似的地方，它们都有三个电极，都具有放大作用，其电路组成方法及分析方法也相似，但是，两者的结构和工作原理不同。与双极型晶体管相比，单极型晶体管具有输入阻抗非常高、噪声低、热稳定性好、抗辐射能力强等优点，而且其制造工艺简单、占用芯片面积小、器件特性便于控制、功耗小，特别适宜大规模集成，在大规模和超大规模集成电路中得到了广泛应用。根据结构的不同，单极型晶体管可分为两大类：结型单极型晶体管和金属-氧化物-半导体单极型晶体管（简称MOSFET）。结型单极型晶体管和MOS单极型晶体管都有N沟道和P沟道之分，MOS单极型晶体管还有增强型和耗尽型之分。本节将重点介绍MOS单极型晶体管的结构和工作原理。

一、概述

N沟道和P沟道MOS单极型晶体管的结构、工作原理类似，本节只介绍N沟道MOS单极型晶体管。

（一）N沟道增强型MOS单极型晶体管

1. 结构与符号 N沟道增强型MOS单极型晶体管简称为N沟道EMOS管，其结构示意图如图1-20（a）所示。它以一块掺杂浓度较低的P型硅片作衬底，在衬底上面的左、右两侧利用扩散的方法形成两个高掺杂的N^+区，并用金属铝引出两个电极，称为源极S和漏极D；然后在硅片表面生长一层很薄的二氧化硅绝缘层，在漏源极之间的绝缘层上再喷一层金属铝作为栅极G；另外，

在衬底引出衬底引线D（它通常已在管内与源极相连）。可见，这种单极型晶体管由金属、氧化物和半导体组成，故简称MOS单极型晶体管。由于栅极与源极、漏极之间均无电的接触，故称为绝缘栅，显然，栅极电流为零。

N沟道EMOS管的电路符号如图1-20（b）所示，图中衬底极的箭头方向是区别沟道类型的标志，若将图1-20（b）中的箭头反向，就成为P沟道EMOS管的符号。单极型晶体管符号中箭头的方向总是从P型半导体指向N型半导体，所以根据箭头方向就可知衬底的类型，从而进一步判知沟道类型。

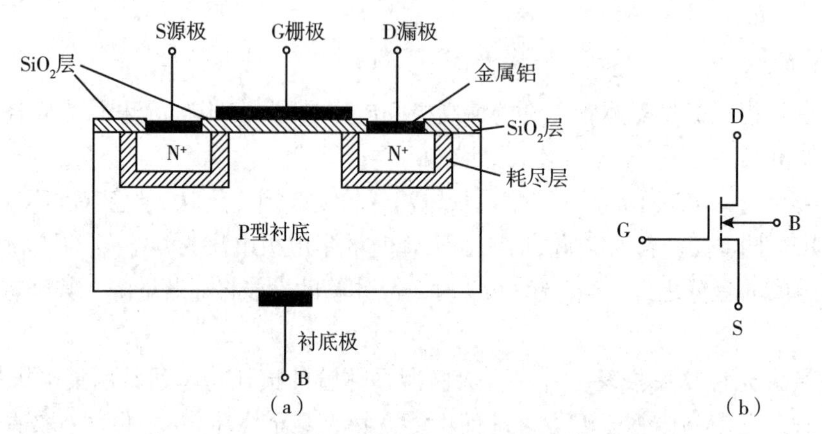

图1-20　N沟道EMOS单极型晶体管的结构与符号

2. 工作原理　U_{GS}对I_D的控制作用由图1-21（a）可见，漏区（N^+型）、衬底（P型）和源区（N^+型）之间形成两个背靠背的PN结，当G、S之间无外加电压时（即U_{GS}=0时），无论在D、S之间加何种极性的电压，总有一个PN结是反偏的，D、S之间无电流通路，所以漏极电流I_D=0。

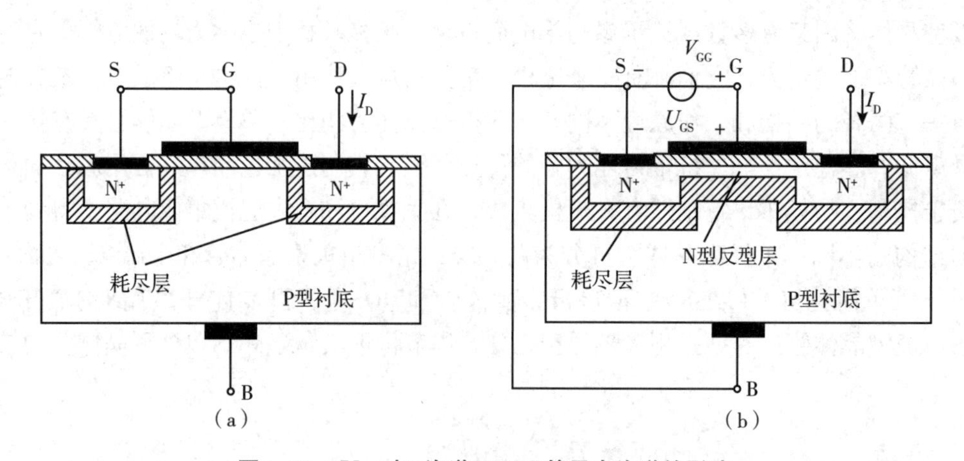

图1-21　U_{GS}对N沟道EMOS管导电沟道的影响

若给G、S间加上正电压（即U_{GS}>0），且源极S与衬底B相连（通常情况下，S、B是相连的），则在正电压U_{GS}的作用下，栅极下的SiO_2绝缘层中将产生一个垂直于半导体表面的电场，其方向由栅极指向P型衬底，如图1-21（b）所示。该电场是排斥空穴而吸引电子的，由于P型衬底中空穴为多子，电子为少子，所以被排斥的空穴很多而吸收到的电子较少，使栅极附近的P型衬底表面层中主要为不能移动的杂质离子，因而形成耗尽层。当U_{GS}足够大时，该电场可吸引足够多的电子，使栅极附近的P型衬底表面形成一个N型薄层。由于它是在P型衬底上形成的N型层，故称为反型层。又因为它是由电场感应产生的，故又称感生沟道。这个N型反型层将两个N^+区连通，这时只要在D、S之间加上正向电压，电子就会沿着反型层由源极向漏极运动，形成漏极电流

I_D，故N型反型层构成了D、S之间的N型导电沟道。

开始形成反型层所需的栅源电压称为开启电压，通常用$U_{GS(th)}$表示，其值由管子的工艺参数确定。由于这种单极型晶体管无原始导电沟道，只有当栅源电压值大于开启电压$U_{GS(th)}$值时，才能产生导电沟道，故称为增强型MOS管。

产生导电沟道以后，若继续增大U_{GS}值，则导电沟道加宽，如图1-22所示。因此，改变U_{GS}值的大小，就可以改变导电沟道的宽窄，从而改变导电沟道电阻的大小，这时若在漏源之间加上正电压，那么漏极电流I_D就受到U_{GS}的控制，因此，单极型晶体管具有用输入电压U_{GS}控制输出电流I_D的作用。

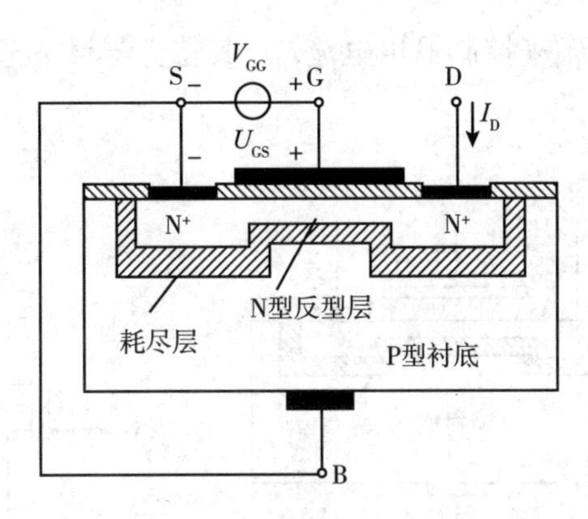

图1-22　U_{GS}对N沟道EMOS管导电沟道的影响

3.U_{DS}对I_D的控制作用　EMOS管产生导电沟道后，若U_{DS}=0，则I_D=0；只有当D、S之间加上电压时，才会产生漏极电流。由于衬底通常与源极相连，为了保证P型区与衬底P区的PN结反偏，D、S之间应加正电压。

加上U_{GS}后，将使沟道变成锥型，如图1-23（a）所示，这是因为：当I_D从漏极经沟道流向源极时，沿沟道产生了电位梯度。设源极为零电位（即设为地），则沟道中离源极越远的点，其电位越高。这样，就使栅极与沟道中各点之间的正电压不一样，离源极越远，该正电压就越小，所产生的反型层就越薄。因此，源极处的沟道最宽，离源极越远，沟道越窄，漏极处的沟道则最窄。

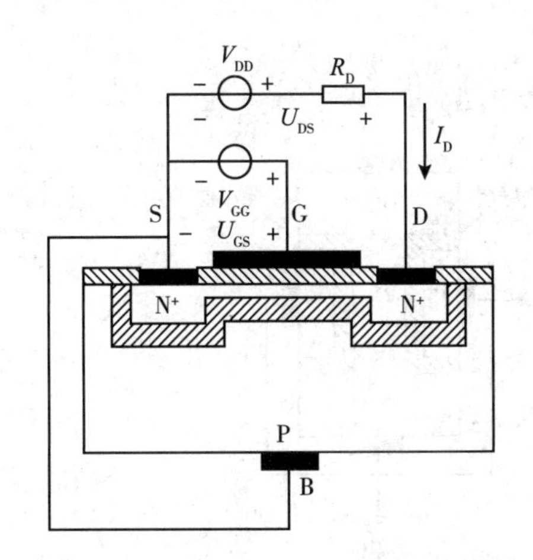

图1-23　U_{DS}对N沟道EMOS管导电沟道的影响

（二）N沟道耗尽型MOS单极型晶体管

N沟道耗尽型MOS单极型晶体管简称N沟道DMOS管，其电路符号如图1-24（b）所示。N沟

道DMOS管的结构与N沟道EMOS管基本相同，但在制造DMOS管时，已设法产生了原始导电沟道。方法之一是在SiO_2绝缘层中掺入大量的正离子，由于正离子的作用，使漏源间的P型衬底表面在$U_{GS(th)}=0$时已感应出N反型层，形成导电沟道，如图1-24（a）所示。因此，在$U_{GS}=0$时，若在D、S之间加上正向电压U_{DS}，就有电流I_D流通；当U_{GS}由零值向正值增大时，反型层增厚，导电能力增强，I_D增大；反之，当U_{GS}由零值向负值增大时，反型层变薄，I_D减小。当U_{GS}负向增大到某一数值时，反型层消失，称为沟道全夹断。这时$I_D=0$，管子截止。使反型层消失所需的栅源电压称为夹断电压，用$U_{GS(off)}$表示。

（三）结型单极型晶体管

结型单极型晶体管利用U_{GS}来控制输出电流I_D，其特性与MOS管的相似。下面以N沟道结型单极型晶体管为例加以介绍。

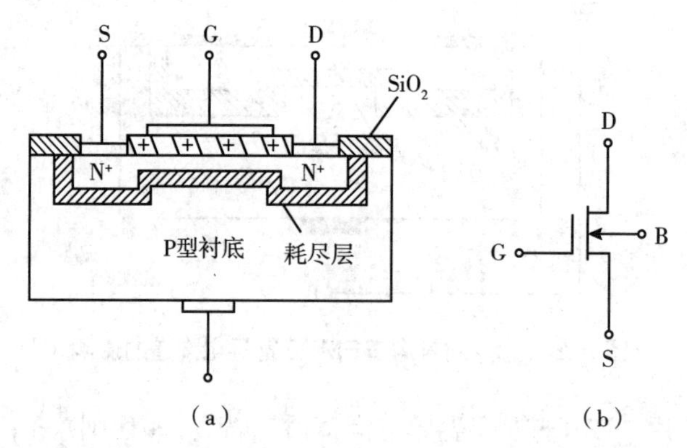

图1-24　N沟道DMOS单极型晶体管的结构与符号

N沟道结型单极型晶体管的结构示意图如图1-25（a）所示，它在一块N型单晶硅片的两侧形成两个高掺杂浓度的P区，这两个P区和中间夹着的N区之间形成两个PN结。两个P区连在一起所引出的电极称为栅极（G），两个从N区引出的电极分别称为源极（S）和漏极（D）。当D、S间加电压时，将有电流I_D通过中间的N型区在D、S间流通，所以导电沟道是N型的，称为N沟道结型单极型晶体管，其符号如图1-25（b）所示。由于存在原始导电沟道，故结型单极型晶体管属于耗尽型。

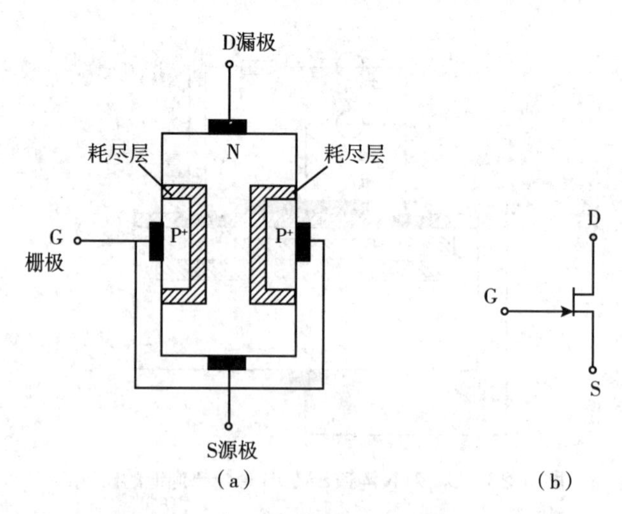

图1-25　结型单极型晶体管结构

（四）单极型晶体管的主要参数

1.开启电压（$U_{GS(th)}$）和夹断电压（$U_{GS(off)}$）　开启电压$U_{GS(th)}$是增强型单极型晶体管产生导电沟道所需的栅源电压，而夹断电压$U_{GS(off)}$是耗尽型管夹断导电沟道所需的栅源电压，两者的概念虽不同，却都是决定沟道有否的“门槛电压”，所以从对沟道影响的角度看，它们是同一种参数。通常，令U_{DS}等于某一固定值（一般为10V），调节U_{GS}使I_D等于某一微小电流，这时的U_{GS}对于增强型管称为开启电压，对于耗尽型管则称为夹断电压。

2.饱和漏极电流（I_{DSS}）　它指工作于饱和区的耗尽型单极型晶体管在U_{GS}=0时的漏极电流。I_{DSS}是耗尽型管的参数。

3.直流输入电阻（R_{GS}）　指在漏源间短路的条件下，栅源间加一定电压时的栅源直流电阻。一般大于$10^8\Omega$。

4.低频跨导（G_m）　又称低频互导，指U_{DS}为常数时，漏极电流的微变量和引起这个变化的栅源电压微变量之比，即

$$G_m = \left.\frac{\partial I_D}{\partial U_{GS}}\right|_{U_{DS}=\text{常数}} \tag{1-6}$$

G_m反映了U_{GS}对I_D的控制能力，是表征单极型晶体管放大能力的重要参数，单位为西门子，单位符号为S，其值范围一般为十分之几至几毫西。

5.漏源动态电阻R_{DS}　指了U_{GS}为某一定值时，漏源电压变化量与相应的漏极电流变化量之比，即

$$R_{DS} = \left.\frac{\partial U_{DS}}{\partial I_D}\right|_{U_{GS}=\text{常数}} \tag{1-7}$$

R_{DS}反映了U_{DS}对I_D的影响，是输出特性曲线上工作点处切线斜率的倒数。在饱和区，I_D随U_{DS}变化很小，故R_{DS}值很大，一般在几十千欧到几百千欧之间。

二、单极型晶体管的性能特点

单极型晶体管和双极型晶体管均为三端有源器件，场效应管的栅极G、漏极D、源极S分别对应于三极管的基极b、集电极c、发射极e，各极作用也非常相似。但是由于结构不同，两者之间也存在一定差异。

单极型晶体管和双极型晶体管性能的异同点主要有以下几点。

（1）单极型晶体管是电压控制电流器件，由V_{GS}控制I_D，其放大系数一般较小，因此单极型晶体管的放大能力较差；双极型晶体管是电流控制电流器件，由I_B控制I_C，驱动能力强。

（2）单极型晶体管栅极几乎不取电流；而双极型晶体管工作时基极总要吸取一定的电流。因此单极型晶体管的输入电阻比双极型晶体管的输入电阻高。

（3）单极型晶体管只有多子参与导电；双极型晶体管有多子和少子两种载流子参与导电，因少子浓度受温度、辐射等因素影响较大，所以单极型晶体管比双极型晶体管的温度稳定性好、抗辐射能力强。在环境条件（温度等）变化很大的情况下应选用单极型晶体管。

（4）单极型晶体管在源极未与衬底连在一起时，源极和漏极可以互换使用，且特性变化不大；而双极型晶体管的集电极与发射极互换使用时，其特性差异很大。

（5）单极型晶体管的噪声系数很小，在低噪声放大电路的输入级及要求信噪比较高的电路中要选用单极型晶体管。

（6）单极型晶体管和双极型晶体管均可组成各种放大电路和开关电路，但由于前者制造工艺简单，且具有耗电少、热稳定性好、工作电源电压范围宽等优点，因而被广泛用于大规模和超大规模集成电路中。

（7）单极型晶体管的极间电容比双极性晶体管大，高频特性较差。

习题

习题

一、选择题

1.电信号的形式是多种多样的，根据信号的（　）可以将信号分为模拟信号和数字信号。

A.周期性　　B.连续性　　C.随机性　　D.稳定性

2.本征半导体又叫（　）。

A.普通半导体　　B.P型半导体　　C.掺杂半导体　　D.纯净半导体

3.根据掺入杂质的不同，杂质半导体分为P型半导体和N型半导体，其中P型半导体的多子是（　）。

A.空穴　　B.原子　　C.质子　　D.电子

4.PN结的单向导电性是指PN结正向偏置（　），反向偏置（　）。

A.导通；导通　　B.导通；截止　　C.截止；导通　　D.截止；截止

5.（　）是一种特殊的面接触型硅二极管，工作在伏安特性曲线的反向截止区。

A.变容二极管　　B.发光二极管　　C.光电二极管　　D.稳压二极管

6.伏安特性曲线描述的是晶体二极管（　）的关系。

A.流过电流与时间　　B.两端电压与时间

C.流过电流与两端电压　　D.阻抗与时间

7.稳压管的稳压区是其工作在（　）区。

A.正向导通　　B.反向截止　　C.反向击穿　　D.正向截止

8.测得晶体管3个电极的静态电流分别为0.06mA、3.66mA和3.6mA，则该管的β值为（　）

A. 60　　B. 61　　C. 0.98　　D.无法确定

9.三极管工作于放大状态的条件是（　）

A.发射结正偏，集电结反偏　　B.发射结正偏，集电结正偏

C.发射结反偏，集电结正偏　　D.发射结反偏，集电结反偏

10.单极型晶体管本质上是一个（　）的元器件。

A.电流控制电流　　B.电流控制电压

C.电压控制电流　　D.电压控制电压

二、分析题

1.放大电路中某双极型晶体管三个管脚电位分别为3.5V、2.8V、5V，试判别此管的三个电极，并说明它是NPN管还是PNP管，是硅管还是锗管。

2.如图1-26所示电路中的双极型晶体管为硅管，试判断其工作状态。

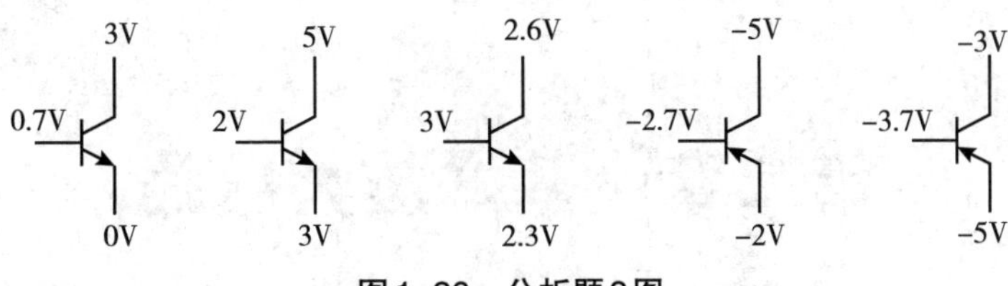

图1-26　分析题2图

3. 对图1-27所示各双极型晶体管，试判别其三个电极，并说明它是NPN管还是PNP管，估算其β值。

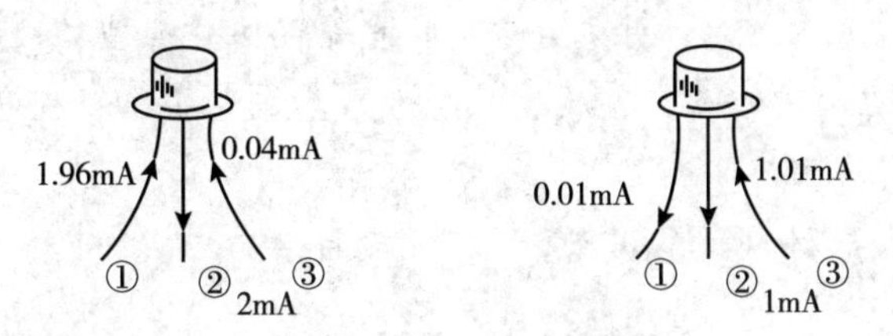

图1-27　分析题3图

4. 图1-28所列双极型晶体管中哪几个一定处在放大区？

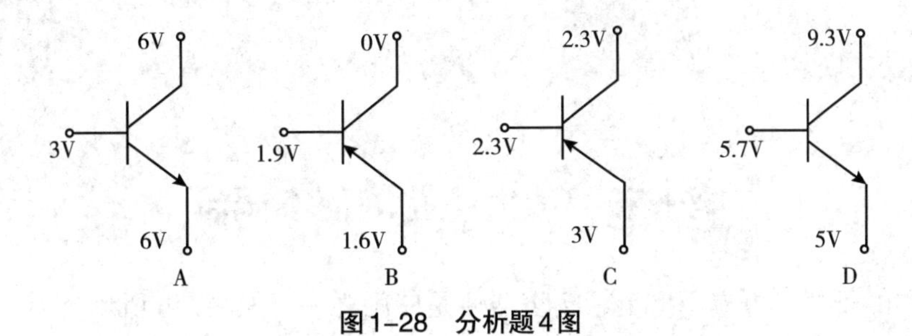

图1-28　分析题4图

第二章　基本放大电路

知识目标

1. **掌握**　放大电路基本概念；基本共射放大电路的工作原理、性能指标及分析方法。

2. **熟悉**　共集电极放大电路、多级放大电路与单极型晶体管放电路的工作原理、性能指标及分析方法。

3. **了解**　多级放大电路的级间耦合方式与频率特性。

能力目标

1. 学会放大电路的微变等效电路分析方法；正确设置静态工作点的方法。

2. 具备计算单级放大电路、多级放大电路各参数的能力；搭建简单共射放大电路的能力。

PPT

第一节　放大电路的基本概念

放大电路在电子技术中应用广泛，扬声器便是应用之一。如图2-1所示，话筒将声音转换成电信号（输入信号），经放大电路产生加强后的信号（输出信号）以驱动扬声器发出声音，扬声器输出音量一般远大于输入声音。

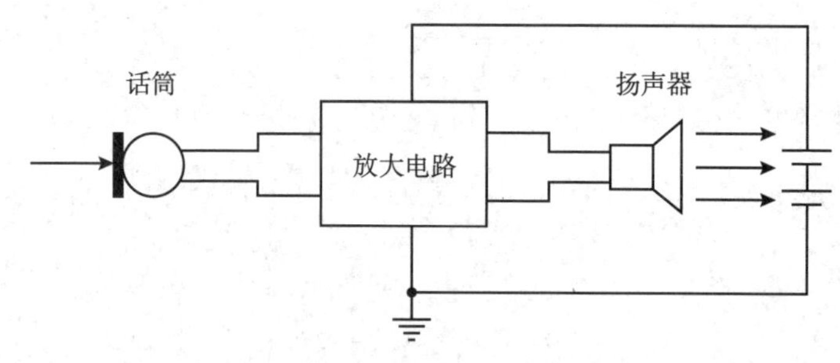

图2-1　音频放大电路

由此可知，放大电路的功能是将信号由小变大，其实质是对能量的控制。放大电路是利用晶体管和场效应管能以基极电流微小的变化量控制集电极电流较大的变化量的特性，将直流电源提供的能力转换为交流输出功率。

一、基本放大电路的工作原理

基本放大电路将电源的能量转移给输入信号，而输入信号在这个过程中控制着能量转移，从而使得放大电路输出信号的变化反映输入信号的变化，即放大是以信号不失真为前提的。要保证不失真，输入信号与输出信号需保持线性关系。此时作为放大电路的核心元件的双极型体管和单极型体管需工作在合适的区域（双极型体管工作于放大区，单极型体管工作于恒流区）。

二、放大电路的性能指标

放大电路可等效为一个四端网络，如图2–2所示，左侧两端口为输入端口，信号源$\dot{U}_S$从左侧接入，R_S表示其内阻，输入电压为$\dot{U}_i$，输入电流为$\dot{I}_i$；右侧两端口为输出端口，输出电压为$\dot{U}_O$，输入电流为$\dot{I}_O$，R_L为负载电阻。假定信号源电压与负载电阻固定，即$\dot{U}_S$与R_L不变，若接入不同放大电路，则$\dot{I}_i$、$\dot{U}_O$、$\dot{I}_O$都可能发生变化；放大电路相同，信号电源电压与频率变化，$\dot{U}_O$也随之变化。对于放大电路，一般通过以下参数衡量其性能。

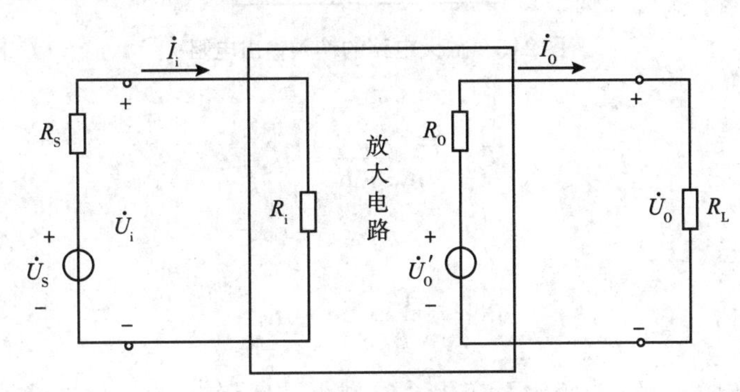

图2–2 放大电路的等效结构

（一）放大倍数

放大倍数表示放大器的放大能力，定义为输出量与输入量之比。在功率不大的情况下，主要研究电压和电流的放大倍数。为了反映输入与输出的幅值比与相位差，一般用复数来表示电压和电流的放大倍数。

电压放大倍数定义为输出电压$\dot{U}_O$与输入电压$\dot{U}_i$之比，即

$$\dot{A}_{uu} = \dot{A}_u = \frac{\dot{U}_O}{\dot{U}_i} \tag{2–1}$$

电流放大倍数定义为输出电压$\dot{I}_O$与输入电压$\dot{I}_i$之比，即

$$\dot{A}_{ii} = \dot{A}_i = \frac{\dot{I}_O}{\dot{I}_i} \tag{2–2}$$

（二）输入电阻

输入电阻相当于信号源的负载，是从放大电路输入端看进去的等效电阻，如图2–3所示。输入电阻越大，信号源的电压更多地传输到放大电路的输入端，在实际应用中要求以电压为输入量的放大器输入电阻大一些。输入电阻定义为输入电压与输入电流的比，即

$$R_i = \frac{U_i}{I_i} \tag{2–3}$$

（三）输出电阻

若将放大电路负载等效为一个信号源，则输入电阻相当于从放大电路输出端看进去的等效信号源内阻，如图2–3所示，则

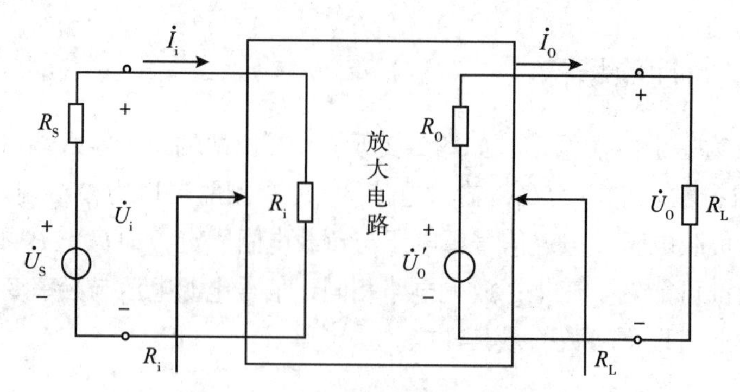

图2-3 放大电路的输入输出电阻

$$U_O = \frac{R_L}{R_O + R_L} \cdot U_O' \tag{2-4}$$

输出电阻

$$R_O = \left(\frac{U_O'}{U_O} - 1\right) \cdot R_L \tag{2-5}$$

从式2-4可以看出，U_O随R_L变化而变化，R_O越小，U_O随R_L的变化也就越小，即对输出的影响也越小。由此可知，输出电阻体现放大电路带负载的能力，或称带负载能力。R_O越小则放大电路带负载的能力越强，反之则越弱。

（四）通频带

当输入信号频率较低或较高时，受到放大电路中电容、电感和半导体器件结电容等电抗元件的影响，放大倍数会下降。一般来说，放大电路只适用于放大某一特定频率范围内的信号。图2-4为某放大电路的幅频特性曲线，能够反映该放大电路放大倍数与频率的关系。图中的$\dot{A}_m$被称为中频放大倍数，它体现了该放大电路最大放大倍数。

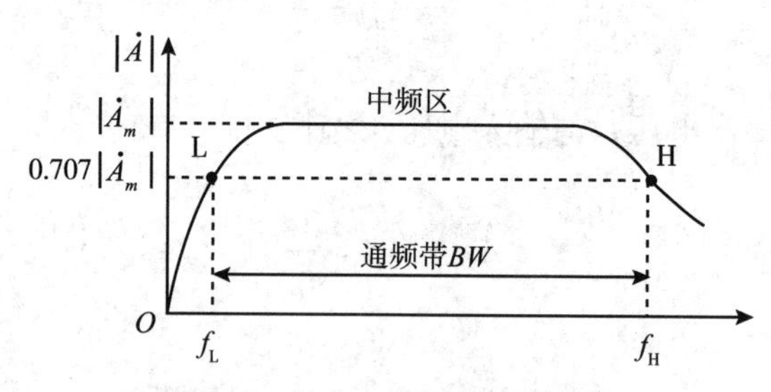

图2-4 放大电路幅频特性曲线

信号频率下降或上升到一定程度，放大倍数会随之下降。一般规定当前放大倍数下降至$0.707\dot{A}_m$时所对应的频点f_L称为下限截止频率、f_H称为上限截止频率，简称上限频率和下限频率。从下限频率到上限频率的形成频带称为中频带，也称为该放大电路的通频带BW。

$$BW = f_H - f_L \tag{2-6}$$

频率偏离通频带越远放，大倍数下降的也就越明显。通频带越宽，放大电路对不同频率信号的适应能力越强；通频带越窄，则放大电路对所需频率信号的选择能力越强。以扩音器为例，其通频带应覆盖音频（20Hz~20kHz）范围，以保证音频信号不失真地放大。

（五）非线性失真系数

由于放大电路中存在非线性失真，当输入一定频率信号时，放大电路的输出信号除了由输入信号频率决定的基波成分外，一般还会出现谐波分量。各次谐波总量与基波分量之比称为非线性失真系数D。设基波幅值为A_1，谐波幅值为A_2、A_3……则有

$$D = \sqrt{\left(\frac{A_2}{A_1}\right)^2 + \left(\frac{A_3}{A_1}\right)^2 + \cdots} \tag{2-7}$$

（六）最大不失真输出电压

最大不失真输出电压定义为输出信号非线性失真系数达到某额定值时的最大输出电压。一般以有效值U_{om}来表示，有时也以峰-峰值U_{opp}来表示，其关系如式2-8所示。

$$U_{opp} = 2\sqrt{2}\,U_{om} \tag{2-8}$$

（七）最大输出功率和效率

最大输出功率指的是输出信号不产生明显失真的前提下，能够向负载提供的最大输出功率，一般用P_{om}表示。

最大输出功率P_{om}和直流电源提供的功率P_V之比称为效率η。它体现了直流电源能力利用率。

$$\eta = \frac{P_{om}}{P_v} \tag{2-9}$$

实际测量上述指标时，应针对不同参数的特点选择合适的测试方案。测量放大倍数和输入输出电阻时，应侧重其电路特性，选用频率落在通频带内幅值较小的信号；测量上、下限频率和通频带时，应侧重其频率特性，选用宽频率范围且幅值较小的信号以覆盖频率上下限；测量非线性失真系数、最大不失真输出电压、最大输出功率和效率时，应侧重其功率特性，选用频率落在通频带内幅值较大的信号。

三、基本共射放大电路

基本共射放大电路如图2-5所示，输入回路与输出回路以发射极为公共端，故称之为共射放大电路，这里的公共端也可称为公共地。电路中任意点电位均可看成是该点与公共端之间的电位差。其中晶体管是放大电路的核心，设电路信号源为正弦电压。

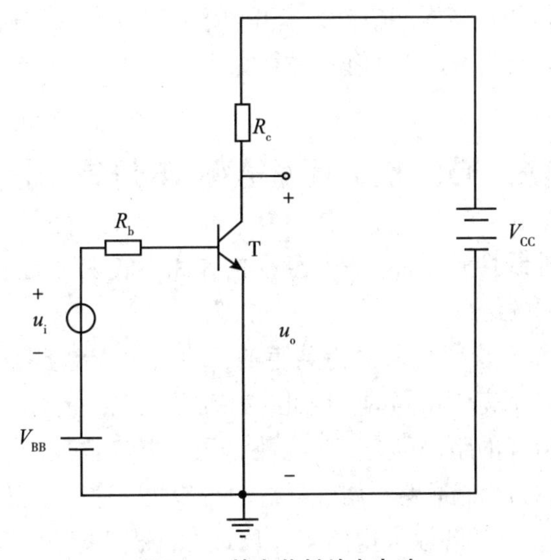

图2-5 基本共射放大电路

当u_i=0时，称放大电路处于静态。从输入回路看，直流电源V_{BB}为晶体管发射结提供大于开启电压的正偏电压U_{BE}，并与P_b共同决定基极电流I_B。从输出回路看，由于晶体管需工作于放大状态，因此直流电源V_{CC}电压需足够使集电结反偏，此时集电极电流$I_C=\beta I_B$，则管压降U_{CE}的表达式为

$$U_{CE} = V_{CC} - I_C R_C \tag{2-10}$$

当$u_i \neq 0$时，从输入回路看，基极电流在静态值基础上产生一个随u_i变化的基极电流i_b。从输出回路看，变化的基电流i_b产生了变化的集电极电流i_c。由式2-12可知，若电路确定，则V_{CC}与R_C不变，U_{CE}随i_c变化。该变化量即输出动态电压u_O，从而实现电压放大。实际上，输出信号的能量由V_{CC}提供，经由三极管控制后提供给负载。

四、静态工作点的设置

放大电路的信号源同时具有直流量和交流量。若只考虑直流量，则此时晶体管基极电流I_B、集电极电流I_C、基射极间电压U_{BE}、管压降U_{CE}的值称为静态工作点Q，通常将四个关键参数记作I_{BQ}、I_{CQ}、U_{BEQ}、U_{CEQ}。在实际工作中，当双极型体管处于放大状态时，U_{BEQ}可认为是一个确定的值，对于硅管：$U_{BEQ} \approx 0.7V$；对于硅管：$U_{BEQ} \approx 0.2V$。

根据图2-5及回路方程可得静态工作点表达式如下。

$$I_{BQ} = \frac{V_{BB} - U_{BEQ}}{R_b} \tag{2-11}$$

$$I_{CQ} = \bar{\beta} I_{BQ} = \beta I_{BQ} \tag{2-12}$$

$$U_{CEQ} = V_{CC} - I_{CQ} R_C \tag{2-13}$$

五、正确设置静态工作点的必要性

微课

为了说明静态工作点的作用，可去除基极电源，此时V_{BB}=0。则I_{BQ}=0、I_{CQ}=0、$U_{CEQ}=V_{CC}$，晶体管处于截止状态。放大电路最基本要求是不失真和能够放大。若u_i峰值小于三极管开启电压，则在交流信号的全周期内晶体管始终工作在截止状态，U_{CE}无变化，放大器无法正常工作；若u_i峰值够大，则晶体也只在信号正半周期幅值大于开启电压的时段内导通，信号失真。因此静态工作点的设置是否正确是放大器能否正常工作的重要条件。

PPT

第二节　放大电路的基本分析方法

微课

放大电路的本质是在非线性元器件（晶体管）的作用下实现对交流信号源无失真的放大，这是直流量和交流源共同作用的结果。

在放大电路中，直流量和交流信号总是共存的，但是由于电容等电抗元件的存在，直流量与交流信号的流经路径却是不完全相同的。因此，在对放大电路的分析过程中需要把直流量和交流信号区分开来。直流量流经的路径称为直流通路，用于求解静态工作点，这一过程称为静态分析；交流信号流经的路径称为交流通路，用于分析动态参数，这一过程称为动态分析。

分析放大电路就是在充分理解放大电路工作原理的前提下求解其静态工作点及各项动态参数。合适的静态工作点是动态参数分析的前提，因此，在分析放大电路时，往往需要遵循“先静态、后动态”的原则。本节以基本共射放大电路为例提出分析方法。

一、静态分析

（一）直流通路

在双极型体管基本共射放大电路中，基极回路往往不必使用单独的电源，而是通过基极偏置电阻R_b直接取自集电极电源来获取基极直流电压，如图2-6（a）所示。在静态分析时，电容C_1、C_2具有阻隔直流量的作用，电容视为开路，电感视为短路（忽略内阻），交流信号源视为短路，但应保留其内阻。由于电容的作用，直流电源所产生的电流不能通过C_1、C_2，与交流信号源和负载电阻无关，因此，直流通路可简化为图2-6（b）。

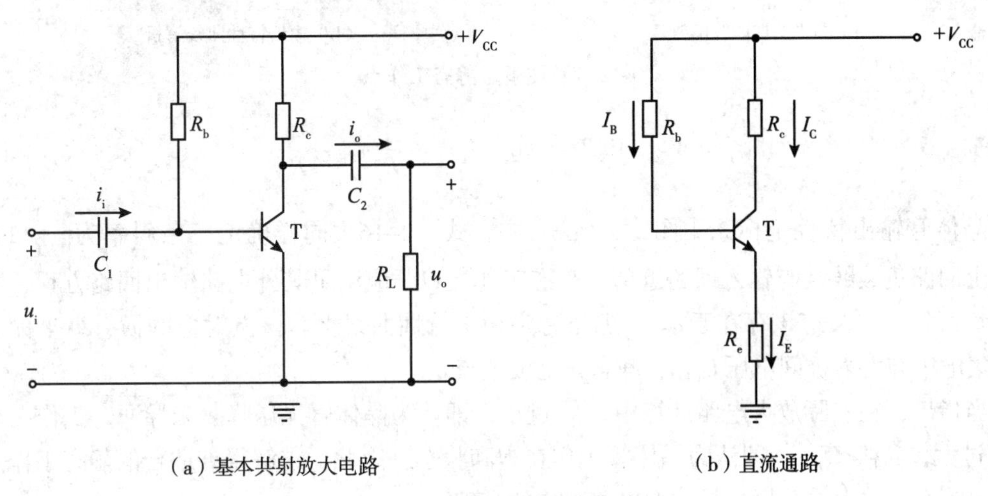

图2-6　基本共射放大电路

（二）静态工作点的分析

在图2-6（b）直流通路中，计算反映晶体管工作状态的基极电流I_B、集电极电流I_C和集电极与发射极间电压U_{CE}，它们即应满足外电路回路方程，又应在晶体管输入特性曲线和输出特性曲线上。

该电路中，外电路回路方程为

$$V_{CC} = I_B R_b + u_{BE} = i_C R_C + u_{CE} \tag{2-14}$$

其中，基极与发射极输入回路方程为

$$u_{BE} = V_{CC} - I_B R_b \quad 或 \quad I_B = -\frac{1}{R_b}u_{BE} + \frac{1}{R_b}V_{CC} \tag{2-15}$$

当交流输入信号为0时，$i_B=I_B$，在晶体管输入特性坐标系中，式（2-15）确定一条直线，它与横轴交于（V_{cc}，0）点，与纵轴交于（0，$\frac{V_{CC}}{R_b}$）点，斜率为$-\frac{1}{R_b}$，如图2-7（a）所示。该直线与晶体管输入特性曲线交于一点，即静态工作点Q，该点对应的横、纵坐标即该电路静态值，记作U_{BEQ}、I_{BQ}，该直线称为输入回路负载线。

在图2-7（a）中不难看出，静态工作点的确定与输入回路负载线的斜率紧密相关，即与输入回路电阻R_b紧密相关，静态工作点随着R_b的增大而降低，基极静态电流I_{BQ}同样随着R_b的增大而减小。

由（2-14）式得，集电极与发射极输出回路方程为

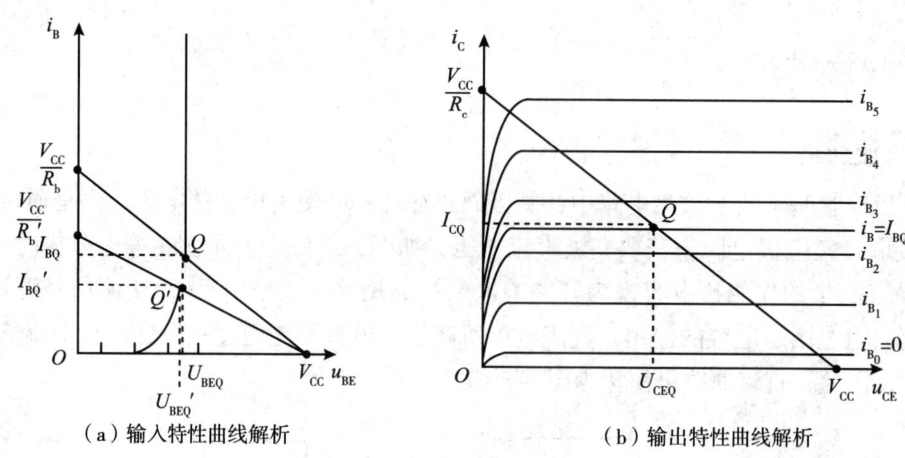

图2–7　图解求静态工作点

$$u_{CE}=V_{CC}-i_C R_c \quad 或 \quad i_C=-\frac{1}{R_c}u_{CE}+\frac{1}{R_c}V_{CC} \tag{2–16}$$

在晶体管输出特性坐标系［图2–7（b）］中，式（2–16）同样确定一条斜率为$-\frac{1}{R_c}$的直线，称为输出回路负载线。与输入回路近似，静态工作点Q既应满足其外电路输出回路方程，即在输出回路负载线上，又应该存在于$i_B=I_{BQ}$那条特定输出特性曲线上。该点对应的横、纵坐标即该电路静态集电极与发射极间电压U_{CEQ}、静态集电极电流I_{CQ}。

应当指出，在实际放大电路计算中，I_{CQ}过小，即认为晶体管无压降、未导通，工作在截止状态；I_{CQ}过大，$U_{CEQ}<U_{BEQ}$，即认为晶体管工作在饱和状态。因此，求解得到适合的静态工作点Q是保证晶体管有效放大的前提，是放大电路工作的基础。

二、动态分析

（一）交流通路

在图2–6（a）基本共射放大电路输入端，输入一个变化的电压信号u_i，即产生一个输入电流i_i，对于变化的信号，C_1电容量足够大，其容抗可忽略不计，视为短路。在输出端，电容C_2同样视为短路，双极型体管集电极产生输出电压u_o，向外输出电流i_o。

在电容C_1、C_2的阻隔作用下，放大电路的输入量与输出量全部都是交流量。无论直流电源所产生的直流量大小如何，都不会直接影响放大电路的输入与输出，它只是保证晶体管工作在放大状态的一个条件。因此，放大电路的动态分析应在其交流通路中进行，此时，应将电容视为短路，电感视为开路，直流信号源视为短路，由此得到基本共射放大电路交流通路，如图2–8所示。

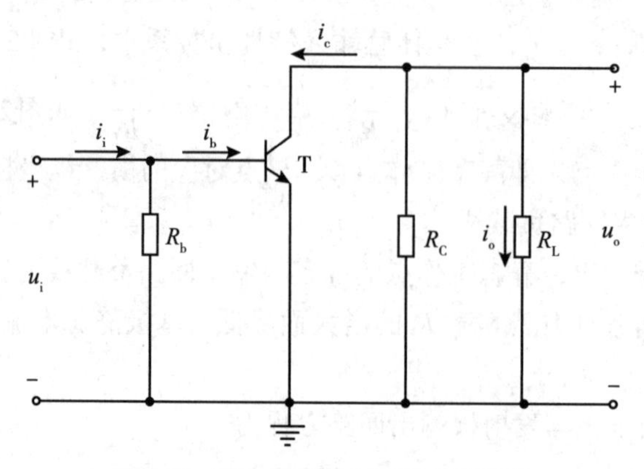

图2–8　基本共射放大电路交流通路

在晶体管工作在放大状态时，交流分量同样满足其输出特性，得

$$i_c = \beta i_b \tag{2-17}$$

$$u_o = -i_c(R_c \,/\!/\, R_L) \tag{2-18}$$

（二）放大电路的图解分析

在交流通路中，输入电压u_i直接作用于晶体管基极，与直流叠加得晶体管输入回路方程：

$$u_{BE} = V_{CC} + u_i - I_B R_b \tag{2-19}$$

该方程与静态输入回路负载线具有相同的斜率，在晶体管输入特性曲线中可以表示为无数条平行于静态输入回路负载线的直线，其与横坐标交点的边际值为$V_{CC}+u_{min}$和$V_{CC}+u_{max}$，u_i=0时，该直线即静态输入回路负载线。由于$i_B=I_{BQ}+i_b$，$u_{BE}=U_{BEQ}+u_{be}$，因此，在晶体管输入特性曲线上，i_b即Δi_B，u_{be}即Δu_{BE}，如图2-9（a）所示。

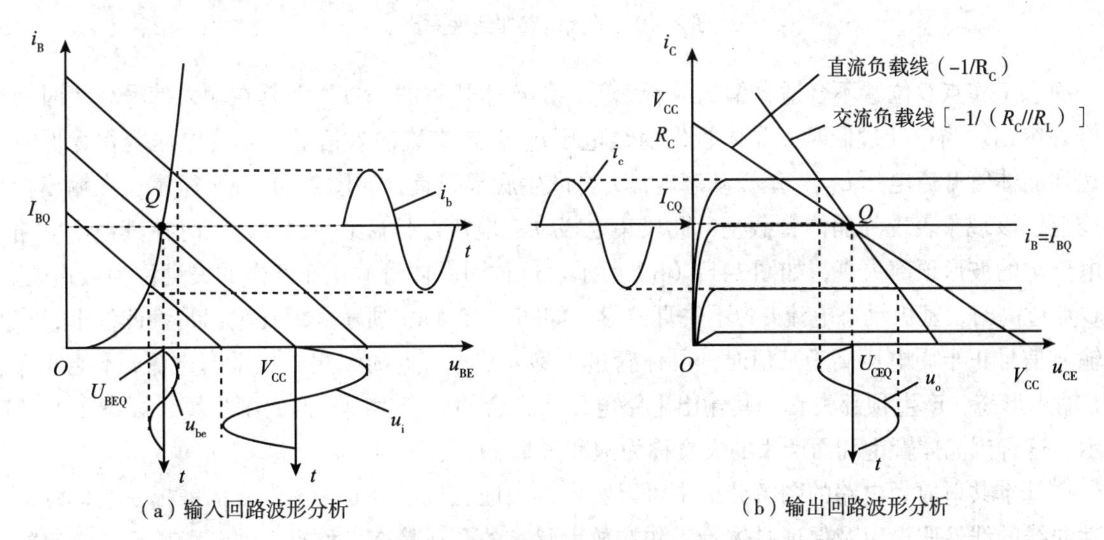

（a）输入回路波形分析　　　　（b）输出回路波形分析

图2-9　基本共射放大电路图解分析

在图2-9（b）中，在晶体管输出特性曲线上，静态工作点Q由其输出特性与该电路静态输出回路负载线共同确定，由于该负载线是在静态情况下确定的，没有考虑交流输出负载，为区分方便，把该静态输出回路负载线称为直流负载线。与其输入特性类似，$i_C=I_{CQ}+i_c$，$u_{CE}=U_{CEQ}+u_{ce}$，可以看出，在放大电路交流通路中，$i_c=\Delta i_C$，$u_o=u_{ce}=\Delta u_{CE}$。在式（2-18）中，$i_c = -\dfrac{1}{(R_c \,/\!/\, R_L)}u_o$，在输出特性曲线中表现一条斜率为$-\dfrac{1}{(R_c \,/\!/\, R_L)}$的直线，当动态电流$i_c$=0时，$u_{ce}$=0，该直线经过静态工作点$Q$。该直线反映了交流通路中$i_c$与$u_{ce}$之间的关系，一般把它称为交流负载线。在放大电路空载时，输出回路的两条负载线合二为一。

（三）放大电路的非线性失真

放大电路的非线性失真主要是由晶体管伏安特性曲线的非线性造成的。由基本共射放大电路输入波形图可以看出，当交流输入信号幅值较小时，基极电流i_B围绕静态工作点上下浮动，晶体管输入特性曲线可近似为在静态工作点的切线，基极动态电流i_b维持u_i的交流形态并以此求得相应的集电极动态电流i_c和输出电压u_o。由于晶体管输入特性曲线的非线性形态，斜率会随静态工作点的增大而增大，因此，静态工作点的选择会在一定程度上影响电路的放大属性。当输入信

号幅值较大时，晶体管特性曲线则不能近似为线性，从而造成相应参数的波形在正、负半周不对称，即非线性失真，如图2-10所示。

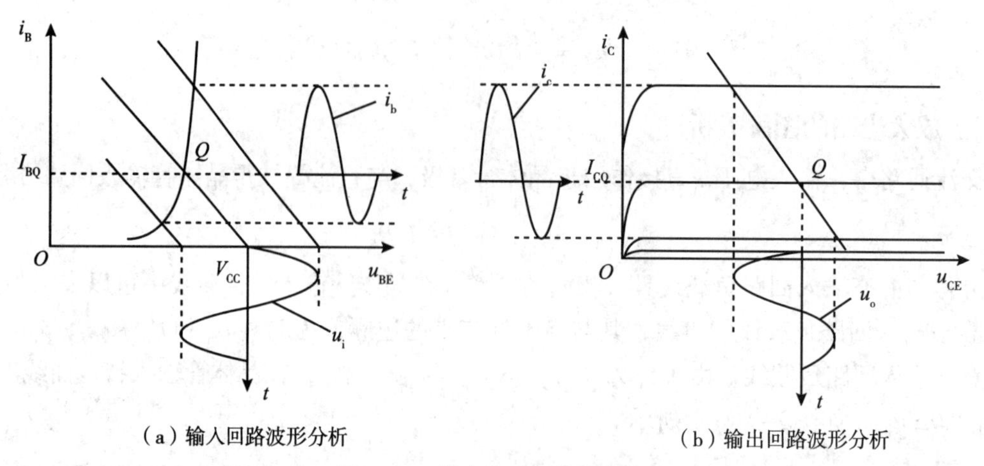

（a）输入回路波形分析　　（b）输出回路波形分析

图2-10　放大电路非线性失真

静态工作点Q位置不合适，偏高或者偏低，都产生严重的失真，尤其在输入信号较大时表现得格外突出。当Q点过低时，晶体管发射结电压u_{BE}会在交流输入信号负半周电压变得太低时不能达到晶体管开启电压U_{ON}，基极动态电流i_b将产生底部失真，如图2-11（a）所示。在输出特性曲线上，该现象表现为晶体管截止，此段集电极动态电流i_c不能比例放大，同时在其输出电路产生电压u_o的波形顶部失真，如图2-11（b）所示。这种因晶体管截止而产生的失真称为截止失真。当Q点过高时，基极动态电流i_b为不失真波形，如图2-12（a）所示。但在输出特性曲线上，在交流输入信号正半周电压高于某值时，晶体管进入饱和状态。此时，集电极动态电流i_c不能线性反映i_b输入形态，产生顶部失真，其输出电路电压u_o也会随之产生同样的底部失真，如图2-12（b）所示。这种因晶体管饱和而产生的失真称为饱和失真。

在基本共射放大电路的图解分析中可以看出，保证交流信号放大不失真的前提是晶体管输入特性曲线的线性假设以及保证晶体管工作在放大状态的合适静态工作点。波形可以反映一定的工作状态，也可以通过实测晶体管特性曲线的方法定量分析放大关系，但由于实测存在一定的局限性且误差较大，因此，放大电路的图解分析往往多用于分析Q点的位置和判断电路失真情况。

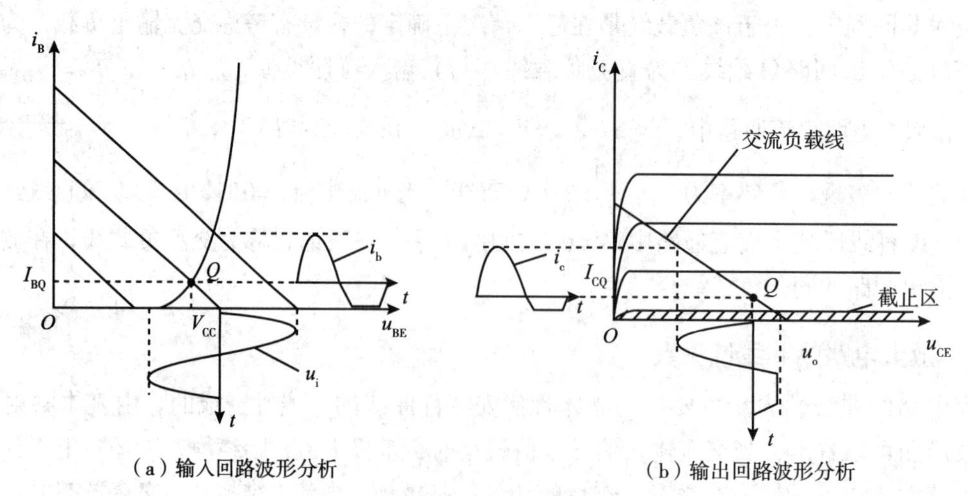

（a）输入回路波形分析　　（b）输出回路波形分析

图2-11　截止失真

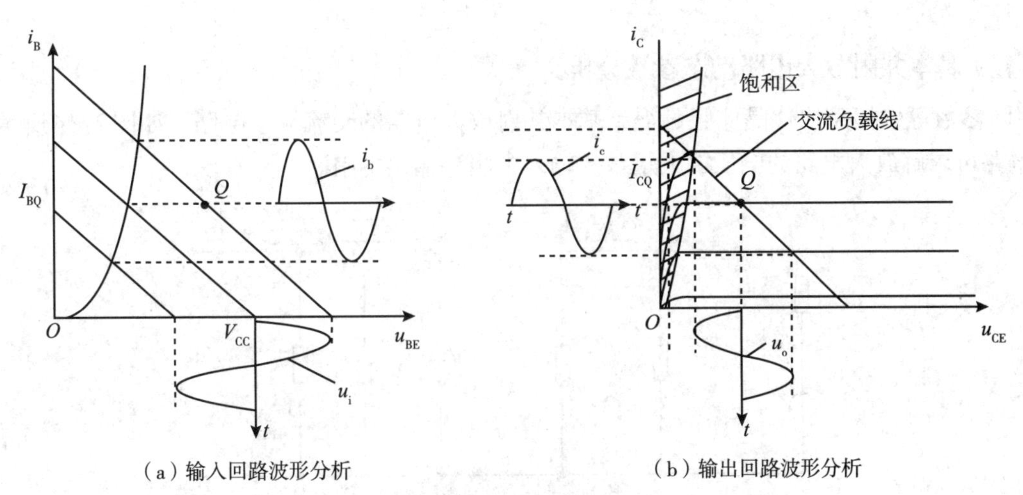

（a）输入回路波形分析　　（b）输出回路波形分析

图2-12　饱和失真

（四）微变等效电路分析

双极型体管电路分析的复杂性在于双极型体管特性的非线性，用线性关系分析电路，则需要在一定条件下建立双极型体管的线性等效电路模型。在放大电路图解分析中曾经提到，交流输入信号幅值较小是双极型体管线性假设的前提，也是保证放大波形不产生失真的前提，同时也是建立线性等效电路模型的前提，双极型体管的等效电路模型称为微变等效电路。

在双极型体管输入特性曲线中，静态工作点Q附近基极电流i_b与发射结电压u_{be}近似为线性关系，基极和发射极间可等效为输入电阻r_{be}。该电阻反映不同静态工作点下等效线性关系的不同，与双极型晶体管属性及静态参数有关，通常认为，低频小功率双极型体管的输入电阻可表示为：

$$r_{be} \approx r_{bb'} + (1+\beta)\frac{U_T}{I_{EQ}} \tag{2-20}$$

$r_{bb'}$为双极型体管基区体电阻，通常数值较大且仅与杂质浓度及制造工艺有关，多在几十欧到几百欧；$U_T=\frac{kT}{q}$，式中，q为电子的电量，k为玻尔兹曼常数，T为热力学温度，在T=300K时，$U_T \approx$ 26mV。

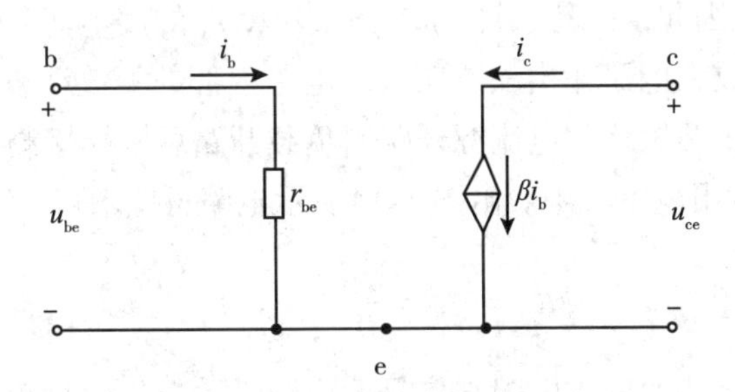

图2-13　晶体管的微变等效电路图

在输出特性曲线中，放大区波形相互平行且间隔均匀，集电极电流i_c的大小与集电极和发射极间电压u_{ce}几乎无关，只取决于基极电流i_b的大小，且呈比例关系，因此，晶体管集电极与发射极间可等效为一个受控电流源，其受控电流为$i_c=\beta i_b$。晶体管由此得到的等效电路模型称为h参数等效模型，其微变等效电路如图2-13所示。

（五）基本共射放大电路动态参数分析

用h参数等效模型取代晶体管可得到基本共射放大电路的交流等效电路，如图2-14所示。利用该电路可求解放大电路的电压放大倍数、输入电阻和输出电阻。

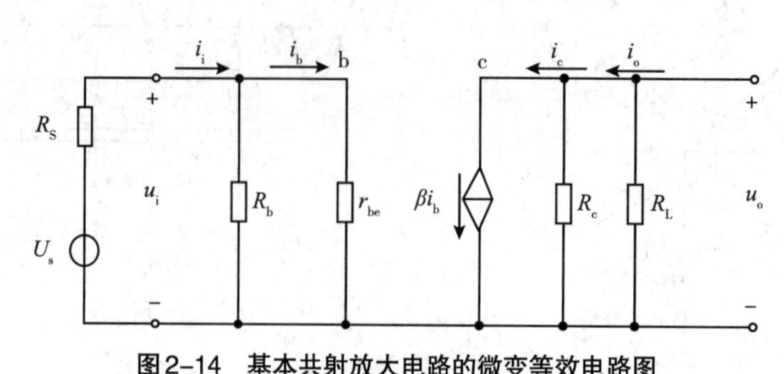

图2-14　基本共射放大电路的微变等效电路图

1. 电压放大倍数A_u　根据电压放大倍数的定义，在图2-14所示电路中求得放大电路的输入电压为

$$u_i = i_b r_{be}$$

输出电压为

$$u_o = -i_C(R_C /\!/ R_L) = -\beta i_b R_L' \qquad (R_L' = R_C /\!/ R_L)$$

则放大电路的电压放大倍数为

$$A_U = \frac{u_o}{u_i} = \frac{-\beta i_b(R_c /\!/ R_L)}{i_b r_{be}} = -\beta\frac{R_L'}{r_{be}} \qquad (R_L' = R_C /\!/ R_L) \tag{2-21}$$

基本共射放大电路电压放大倍数与静态参数β、r_{be}有关，也与R_c、R_L有关。r_{be}与静态电流相关，R_b又直接影响静态电流的大小，在β一定时，忽略信号源内阻，改变R_b、R_c、R_L其中任意一值，都会引起电路中电压放大倍数的改变。

2. 输入电阻R_i　是从放大电路输入端看向放大电路内部的等效动态电阻，由其定义得

$$R_i = \frac{u_i}{i_i} = R_b /\!/ r_{be} \tag{2-22}$$

通常情况下，$R_b >> r_{be}$，因此，在基本共射放大电路中，r_{be}的大小直接决定了输入电阻R_i的大小。

3. 输出电阻R_o　是从放大电路输出端看向放大电路内部的等效动态电阻，通常求输出电阻的方法是将放大电路内部电压源短路、电流源开路，负载开路后两端接测试电压U_o，计算由其产生的电流I_o，用伏安法计算输出电阻大小。由图2-14所示电路可以求得

$$R_o = \frac{U_o}{I_o} = \frac{U_o}{U_o/R_c} = R_c \tag{2-23}$$

需要说明的是，放大电路的输入电阻与信号源内阻无关，但信号源内阻势必会分压影响实际输入信号的大小，$U_i = \frac{R_i}{R_S + R_i}U_S$，因此，只有当$R_i >> R_s$时，电路的电压放大倍数才更接近于实际数值，当输入电阻不大时，需要考虑信号源内阻的影响。

【例2-1】 在图2-6（a）所示基本共射放大电路中，已知硅晶体管$U_{BE} \approx 0.7\text{V}$，$r'_{bb}=200\Omega$，$U_T \approx 26\text{mV}$，$\beta=80$，$V_{CC}=12\text{V}$，$R_b=500\text{k}\Omega$，$R_c=4\text{k}\Omega$，电容的容抗可忽略不计。试估算该电路静态工作点并计算该放大电路开路时电压放大倍数A_u，输入电阻R_i和输出电阻R_o。

解：该电路静态工作点

$$I_{BQ}=\frac{V_{CC}-U_{BEQ}}{R_b}=\frac{12-0.7}{500}=0.0226(mA)$$
$$I_{CQ}=\beta I_{BQ}=22.6\times 80\approx 1.81(mA)$$
$$U_{CEQ}=V_{CC}-I_{CQ}R_c=12-1.81\times 4\approx 4.8(V)$$

再由式（2-20）、（2-21）、（2-22）、（2-23）得其开路时动态参数为

$$I_{EQ}=(1+\beta)I_{BQ}=22.6\times 81\approx 1.83(mA)$$
$$r_{be}=r_{bb}'+(1+\beta)\frac{U_T}{I_{EQ}}=200+81\times\frac{26mV}{1.83mA}\approx 1350(\Omega)$$
$$A_u=-\beta\frac{R_L'}{r_{be}}=-\beta\frac{R_c}{r_{be}}=-80\times\frac{4}{1.35}\approx 237$$
$$R_i=R_b\,/\!/\,r_{be}\approx r_{be}=1.35k\Omega$$
$$R_o=R_c=4k\Omega$$

第三节　静态工作点稳定电路

PPT

前面提到，在晶体管放大电路中，要首先设置静态工作点。静态工作点不但决定了电路是否会产生失真，还直接影响着电路中电压放大倍数$\dot{A}_u$、输入电阻R_i等动态参数。静态工作点倘若不稳定就会引起放大电路中动态参数的不稳定，更甚者会直接影响电路的正常工作。造成静态工作点不稳定的原因有很多，如电源电压的波动、元件的老化等，但其中最主要的是由于温度变化而带来的晶体管参数（I_{CBO}、U_{BE}、β）改变。

一、温度对静态工作点的影响

当环境温度升高时，晶体管的极间反向饱和电流I_{CBO}也会显著增大，电流放大系数β将会增大，发射结电压U_{BE}下降。温度升高使晶体管极间反向饱和电流I_{CBO}显著增大，一般当温度每升高10℃时，I_{CBO}约增大一倍。穿透电流I_{CEO}成比例增加，晶体管输出特性曲线向上平移。试验证明，电流放大系数β会随温度升高而增大，温度每升高1℃，β值会增大0.5%~1.0%，表现为晶体管输出特性曲线各条曲线间隔增大，如图2-15（b）所示。U_{BE}的下降表现为晶体管输入特性曲线的左移，在发射结电压U_{BE}不变的情况下会导致基极电流I_B的增大，如图2-15（a）所示。温度每升高1℃，发射结电压U_{BE}下降2~2.5mV。由于极间反向电流I_{CBO}值相对较小，对于小功率硅晶体管可忽略I_{CBO}因温度改变对静态工作点的影响，但对于锗晶体管或者工作在较高温度下的大功率硅晶体管，就必须考虑其影响。

综上所述，温度升高会导致晶体管电流放大系数β和基极电流I_B的增加，由于$I_C=\beta I_B$，因此，晶体管温度升高集中表现为集电极电流I_C的显著增大。在基本共射放大电路中，集电极电流I_C增大，晶体管集电极与发射极间电压U_{CE}减小，静态工作点Q将沿直流负载线上移，向饱和区变化；反之，当温度降低时，晶体管集电极与发射极间电压U_{CE}增大，集电极电流I_C减小，静态工作点Q将沿直流负载线下移，向截止区变化。在图2-15（b）中，实线为晶体管20℃时输出特性曲线，虚线为晶体管40℃时输出特性曲线。由于温度升高，基极静态电流由I_{B1}升至I_{B2}，再由于输出特性曲线改变，此时集电极静态电流$I_{CQ'}$由I_{B2}特性曲线升至$I_{B2'}$特性曲线，静态工作点Q移到Q′。

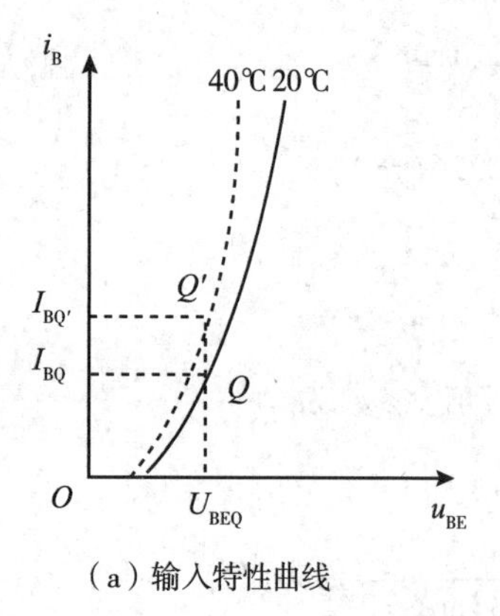

（a）输入特性曲线

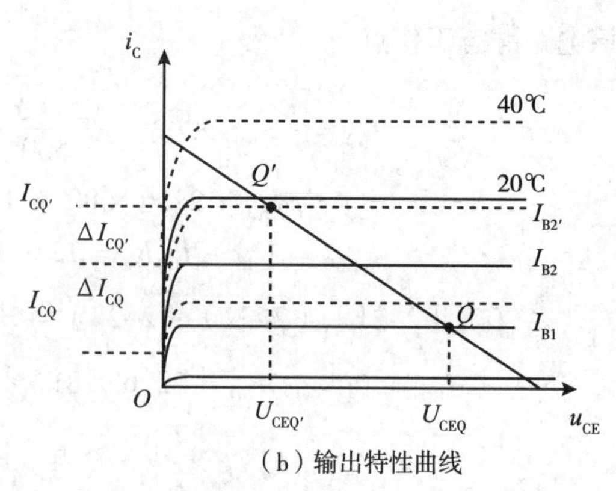

（b）输出特性曲线

图2-15　晶体管在不同温度下的特性曲线

在晶体管放大电路中，稳定的Q点是指集电极静态电流I_{CQ}和集电极与发射极间静态电压U_{CEQ}保持基本不变，即Q点在输出特性坐标平面中的位置基本不变。显然，温度改变所导致特性曲线的改变是必然的，因此，只能依靠基极静态电流I_{BQ}的反向变化来抵消I_{CQ}与U_{CEQ}的变化，通常引入直流负反馈的方法使I_{BQ}在温度变化时产生与I_{CQ}相反的变化。

二、典型的静态工作点稳定电路

（一）电路组成及静态工作点稳定原理

典型的Q点稳定电路如图2-16（a）所示，称为分压式偏置电路。电路中R_{b1}与R_{b2}分别称为上、下偏置电阻，R_e为发射极电阻，C_e为发射极旁路电容，将R_e交流短路。该电路当温度升高，集电极电流I_{CQ}增大时，能够通过提升发射极电位U_E的方法使基极电流I_{BQ}减小，从而起到抑制静态工作点移动的作用，维持静态工作点的基本稳定。

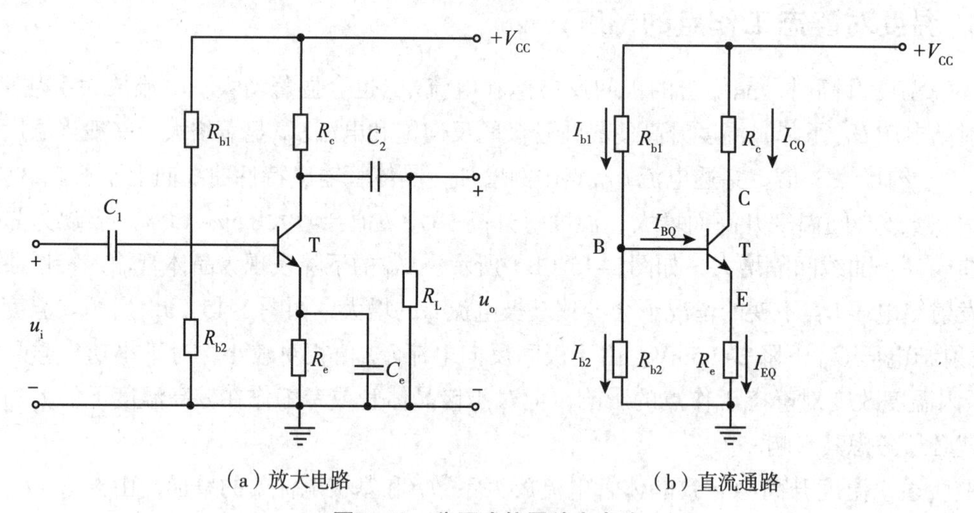

（a）放大电路　　（b）直流通路

图2-16　分压式偏置放大电路

在分压式偏置电路的直流通路图2-16（b）中，偏置电阻的作用是稳定基极电位U_B，B点的电流方程为

$$I_{b1} = I_{b2} + I_{BQ}$$

当参数选择满足时$I_{b1} >> I_{BQ}$时，$I_{b1} \approx I_{b2}$，此时B点电位

$$U_{BQ} \approx \frac{R_{b2}}{R_{b1}+R_{b2}} \cdot V_{CC} \tag{2-24}$$

该电位的大小基本决定于偏置电阻R_{b1}与R_{b2}对V_{CC}的分压，与环境温度几乎无关。为了实现$I_{b1}>>I_{BQ}$，偏置电阻R_{b1}与R_{b2}的值应取得小一些，而取值过小又会增大电阻功耗，因此在工程上通常取$I_{b1}=(5\sim10)I_{BQ}$。

当温度升高时，集电极电流I_C随温度升高而增大，发射极电流I_E随之增大，发射极电阻R_e上的电压增大，即发射极电位U_E增高。由于基极电位U_B基本不变，$U_{BE}=U_B-U_E$，因此，发射结电压U_{BE}势必减小，从而导致基极电流I_B减小，集电极电流I_C随之减小。I_C随温度升高而增大的部分几乎被由于I_B减小而减小的部分所抵消，保持基本不变，则集电极与发射极间电压U_{CE}也将基本保持不变，达到了稳定静态工作点的目的。可将上述过程简写为：

$$T(℃)\uparrow \rightarrow I_C(I_E)\uparrow \rightarrow U_E\uparrow \rightarrow U_{BE}\downarrow \rightarrow I_B$$
$$I_C\downarrow \longleftarrow$$

在稳定的过程中，R_e起着重要的作用，发射结电压U_{BE}的改变是通过I_E的变化量在R_e上产生电压大小的改变来实现的。从理论上讲，R_e必须足够大才能使集电极电流I_C的变化引起发射极电位U_E足够的变化，R_e越大，Q点越稳定。但是，R_e太大会使晶体管进入饱和区，影响电路的正常工作，也影响了电源的电压使用效率。因此，在实际工作中，R_e取值范围应该保证U_{EQ}在$0.2V_{CC}$到$0.3\ V_{CC}$之间变化。

分压式偏置电路主要应用在交流耦合的分立元件放大电路中。

（二）静态分析

在图2-16（b）所示电路中，已知$I_{b1}>>I_{BQ}$，则

$$U_{BQ} \approx \frac{R_{b2}}{R_{b1}+R_{b2}} \cdot V_{CC}$$

由于$\beta>>1$，则集电极电流

$$I_{CQ} \approx I_{EQ} = \frac{U_{BQ}-U_{BEQ}}{R_e} \tag{2-25}$$

基极电流

$$I_{BQ} = \frac{I_{CQ}}{\beta} \tag{2-26}$$

管压降

$$U_{CEQ} \approx V_{CC} - I_{CQ}(R_c+R_e) \tag{2-27}$$

（三）动态分析

画出图2-16（a）所示电路的交流等效电路如图2-17所示，当发射极旁路电容C_e容量很大时，可视其对交流信号短路。若将偏置电阻$R_{b1}//R_{b2}$看成一个电阻R_b，则该分压式偏置放大电路交流等效电路与基本共射放大电路的交流等效电路（图2-14）完全相同。利用该微变等效电路求得其动态参数如下。

电压放大倍数

$$A_u = -\beta\frac{R_L'}{r_{be}}\ (R_L' = R_c\ //\ R_L) \tag{2-28}$$

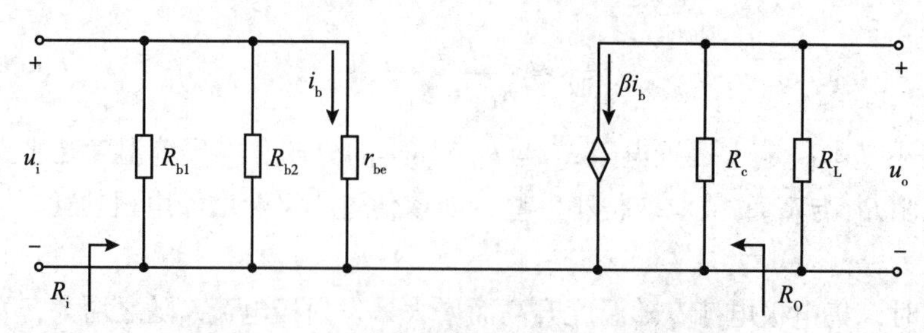

图2-17 分压式偏置放大电路交流等效电路

输入电阻

$$R_i = \frac{U_i}{I_i} = R_b // r_{be} = R_{b1} // R_{b2} // r_{be} \tag{2-29}$$

输出电阻

$$R_o = R_c \tag{2-30}$$

若电路中没有发射极旁路电容C_e，则图2-16（a）所示电路的交流等效电路如图2-18所示，计算其动态参数。

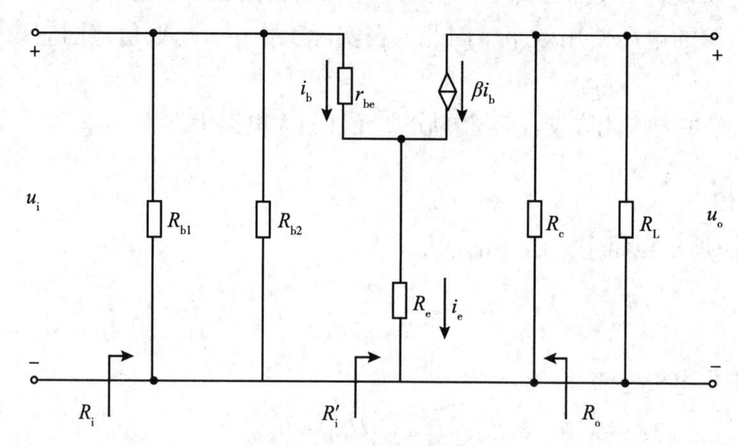

图2-18 分压式偏置放大电路无旁路电容交流等效电路

$$u_i = i_b r_{be} + i_e R_e = i_b r_{be} + (1+\beta) i_b R_e$$

$$u_o = -i_c (R_c // R_L) = -\beta i_b R_L' \ (R_L' = R_c // R_L)$$

则其电压放大倍数

$$\dot{A}_u = \frac{u_o}{u_i} = -\frac{\beta i_b R_L'}{i_b r_{be} + (1+\beta) i_b R_e} = -\frac{\beta R_L'}{r_{be} + (1+\beta) R_e} \quad (R_L' = R_c // R_L) \tag{2-31}$$

由于

$$R_i' = \frac{i_b r_{be} + (1+\beta) i_b R_e}{i_b} = r_{be} + (1+\beta) R_e$$

则输入电阻

$$R_i = R_{b1} // R_{b2} // R_i' = R_{b1} // R_{b2} // [r_{be} + (1+\beta) R_e] \tag{2-32}$$

输出电阻

$$R_o = R_c \tag{2-33}$$

在无旁路电容C_e的分压式偏置放大电路中，若（1+β）R_e>>r_{be}，且β>>1，则式（2-31）可改写为

$$\dot{A}_u = \frac{u_o}{u_i} \approx -\frac{R_L'}{R_e}\left(R_L' = R_c \parallel R_L\right) \tag{2-34}$$

该式说明电路去掉旁路电容C_e后，发射极电阻R_e的负反馈作用在交流通路中得以体现，使得输出随输入的变化受到抑制，从而导致电压放大倍数$|A_u|$的减小。但由于$|A_u|$仅取决于电阻的取值，因此，其更加不受环境温度的影响。

【例2-2】 在如图2-16（a）所示分压式偏置放大电路中，已知硅晶体管$U_{BE}\approx0.7V$，$r'_{bb}=200\Omega$，$U_T\approx26mV$，$\beta=80$，$V_{CC}=12V$，$R_c=2k\Omega$，$R_e=2k\Omega$，$R_{b1}=40k\Omega$，$R_{b2}=20k\Omega$，$R_L=2k\Omega$，旁路电容C_e的容抗可忽略不计。试估算该电路静态工作点；计算电路的电压放大倍数A_u，输入电阻R_i和输出电阻R_o；在无旁路电容C_e的分压式偏置放大电路中计算上述结果。

解：（1）该电路直流通路如图2-16（b）所示，计算静态工作点参数如下。

$$U_{BQ} \approx \frac{R_{b2}}{R_{b1}+R_{b2}} \cdot V_{CC} = \frac{20}{40+20} \times 12 = 4(V)$$

$$I_{CQ} \approx I_{EQ} = \frac{U_{BQ}-U_{BEQ}}{R_e} = \frac{4-0.7}{2} = 1.65(mA)$$

$$I_{BQ} = \frac{I_{CQ}}{\beta} = \frac{1.65}{80} = 0.021(mA) = 21(\mu A)$$

$$U_{CEQ} \approx V_{CC} - I_{CQ}(R_c+R_e) = 12 - 1.65 \times (2+2) = 5.4(V)$$

（2）该分压式偏置放大电路交流微变等效电路如图2-17所示，求其动态参数得

$$r_{be} = 200 + (1+\beta)\frac{26mV}{I_E} = 200 + 81 \times \frac{26}{1.65} \approx 1.48(k\Omega)$$

$$A_u = -\beta\frac{R_L'}{r_{be}} = -\beta\frac{R_C \parallel R_L}{r_{be}} = -80 \times \frac{1}{1.48} \approx -54$$

$$R_i = R_{b1} \parallel R_{b2} \parallel r_{be} = \frac{40 \times 20 \times 1.48}{40 \times 20 + 20 \times 1.48 + 40 \times 1.48} \approx 1.33(k\Omega)$$

$$R_o = R_c = 2k\Omega$$

（3）若电路无发射极旁路电容C_e，则该电路交流微变等效电路如图2-18所示，求其动态参数得

$$A_u \approx -\frac{R_L'}{R_e} = -\frac{1}{2} = -0.5$$

$$R_i' = r_{be} + (1+\beta)R_e = 1.48 + 81 \times 2 = 163.48(k\Omega)$$

$$R_i = R_{b1} \parallel R_{b2} \parallel R_i' = \frac{40 \times 20 \times 163.48}{40 \times 20 + 20 \times 163.48 + 40 \times 163.48} \approx 12.33(k\Omega)$$

$$R_o = R_c = 2k\Omega$$

由此可见，当分压式偏置放大电路中无旁路电容C_e时，输入电阻增大，但电压放大能力极差，因此在工程中常将R_e分为两部分，部分接入旁路电容。

PPT

第四节　共集电极放大电路

基本共射放大电路即实现了电流放大又实现了电压放大，使负载从直流电源V_{CC}中获得了比输入信号大得多的输出信号功率。事实上，一个放大电路如果仅能放大电流或者放大电压仍然可

以起到功率放大的作用。

共集电极放大电路以集电极为公共端，通过i_B与i_E的线性关系实现电流放大，进而实现功率放大，因为发射极输出信号，故又称为射极输出器或射极跟随器。

一、电路结构

图2–19（a）为基本共集电极放大电路，晶体管工作在放大区的条件为$u_{CE}>u_{BE}$，$u_{BE}>U_{on}$。直流电源V_{cc}与集电极相连，提供集电极电流与输出电流，并与R_b、R_e构成输入回路，共同确定适合的基极静态电流I_{BQ}。交流信号u_i输入产生动态的基极电流i_b，与静态电流叠加在晶体管基极输入电流i_B，通过晶体管的放大作用得到了发射极电流i_E，其交流分量i_e在发射极电阻R_e上产生的交流电压即为输出电压u_o。图2–19（b）为基本共集电极放大电路直流通路，图2–19（c）为交流通路，晶体管基极与集电极构成输入回路，发射极与集电极构成输出回路。

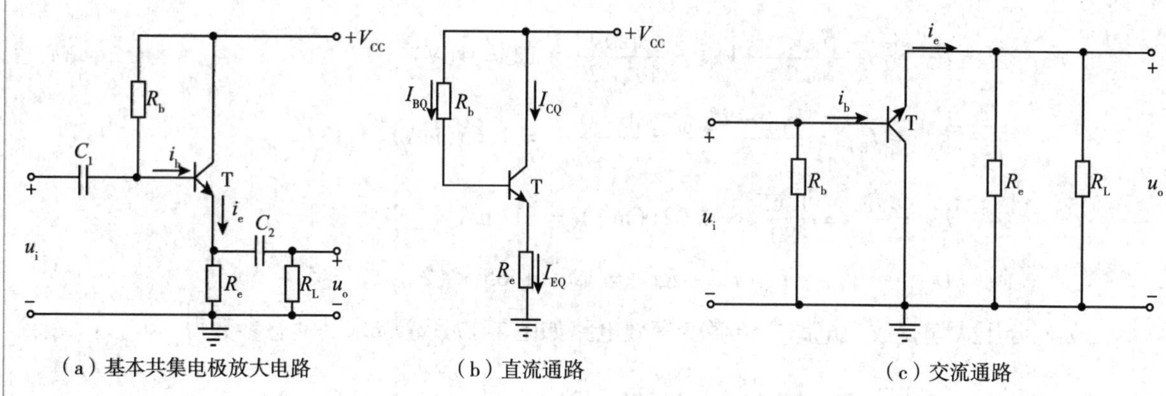

（a）基本共集电极放大电路　（b）直流通路　（c）交流通路

图2–19　基本共集电极放大电路

二、静态分析

图2–19（b）所示直流通路中，由输入回路方程得出：

$$V_{cc}=I_{BQ}R_b+U_{BEQ}+I_{EQ}R_e=I_{BQ}R_b+U_{BEQ}+(1+\beta)I_{BQ}R_e$$

即得

$$I_{BQ}=\frac{V_{CC}-U_{BEQ}}{R_b+(1+\beta)R_e} \tag{2-35}$$

由晶体管中基极电流与集电极电流的线性关系得

$$I_{CQ}=\beta I_{BQ} \tag{2-36}$$

$$I_{EQ}=(1+\beta)I_{BQ} \tag{2-37}$$

$$U_{CEQ}=V_{CC}-I_{EQ}R_e \tag{2-38}$$

三、动态分析

把基本共集电极放大电路交流通路图2–19（c）中晶体管用其h参数等效模型代换得到其微变等效电路，如图2–20所示。

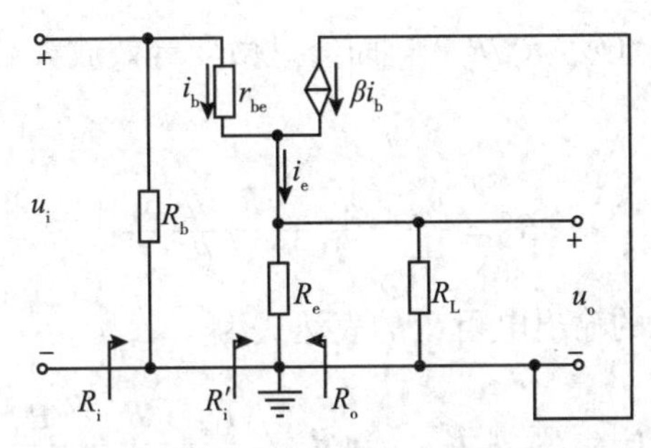

图2-20　基本共集电极放大微变等效电路

1. 电压放大倍数A_u　根据电压放大倍数的定义，在图2-20中对其交流分量进行分析得

$$u_i = i_b r_{be} + i_e R_L' = i_b r_{be} + (1+\beta) i_b R_L'$$

$$u_o = i_e R_L' = (1+\beta) i_b R_L'$$

$$A_u = \frac{u_o}{u_i} = \frac{(1+\beta) i_b R_L}{i_b r_{be} + (1+\beta) i_b R_L} = \frac{(1+\beta) R_L}{r_{be} + (1+\beta) R_L} \tag{2-39}$$

其中

$$R_L' = R_e \,//\, R_L \tag{2-40}$$

由式（2-39）得，基本共集电极放大电路电压放大倍数A_u大于0而小于1，即输出电压u_o与输入电压u_i同相且$U_o<U_i$。当（$1+\beta$）R'_L >>r_{be}时，A_u小于1而接近于1，电路无电压放大能力但输出电压u_o在数值上又接近于输入电压u_i，跟随输入电压的变化而变化，因此，共集电极放大电路又常称为射极跟随器。虽然电路没有电压放大能力，但是i_e=（$1+\beta$）i_b，在匹配适当发射极电阻R_e的情况下，输出电流远大于输入电流，电路仍具有电流放大与功率放大的作用。

2. 输入电阻R_i　在图2-20中，输入电阻R_i的表达式为

$$R_i = R_b \,//\, R_i'$$

分析基本共集电极放大电路微变等效电路分析得出

$$R_i' = \frac{u_i}{i_b} = \frac{i_b r_{be} + (1+\beta) i_b R_L'}{i_b} = r_{be} + (1+\beta) R_L'$$

则

$$R_i = R_b \,//\, [r_{be} + (1+\beta) R_L'] \quad (R_L' = R_e \,//\, R_L) \tag{2-41}$$

在利用微变等效电路分析基本共射放大电路中曾经得出，其输入电阻值为R_i=R_b//r_{be}，通常在放大电路中R_b>>r_{be}，并联后的输入电阻在数值上更接近于r_{be}的大小，多在几百欧到几千欧。而在基本共集电极放大电路中，发射极电阻R_e并联负载电阻R_L后等效放大（$1+\beta$）倍叠加进入输入回路，相对于基本共射放大电路，其输入电阻要大得多，可达几十千欧甚至上百千欧，有效地减少了放大电路对信号源的电流索取。

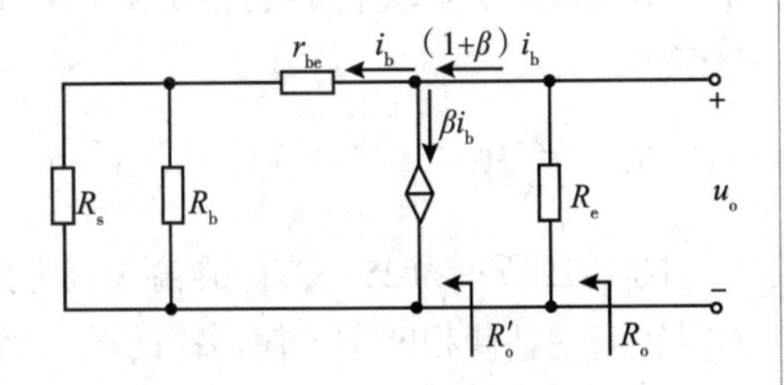

图2-21　基本共集电极放大电路输出电阻等效电路

3. 输出电阻R_o　在图2-20中，计算输出电阻R_o可以将电路输出端视为二端网络，令输入信号源短路，保留其内阻R_s，得等效电路如图2-21所示。

该电路中信号源内阻R_s应远远小于基极电阻R_b。

由图2-21可得输出电压，$u_o=i_b$（$r_{be}+R_s//R_b$），而经过微变等效放大后的电流$i_e=$（$1+\beta$）i_b，则去掉R_e以后的等效输出电阻为

$$R_o' = \frac{u_o}{i_e} = \frac{r_{be} + R_s /\!/ R_b}{1 + \beta}$$

并联发射极电路R_e后，总的输出电阻R_o的表达式为

$$R_o = R_e /\!/ R_o' = = R_e /\!/ \frac{r_{be} + R_s /\!/ R_b}{1 + \beta} \tag{2-42}$$

可见，基极输入回路电阻等效到射极输出回路时应减小到原来的$\frac{1}{1+\beta}$倍，信号源内阻R_s相对较小，r_{be}大小在几百欧到几千欧，而R_e通常又远远大于$\frac{r_{be}+R_s /\!/ R_b}{1+\beta}$，因此，共集电极放大电路中的输出电阻$R_o$可小到几十欧，具有较强的带负载能力。

【例2-3】 电路如图2-19（a）所示，使用常温下NPN硅管，$U_{BEQ}=0.7V$，$r'_{bb}=200\Omega$，$U_T=26mV$，$\beta=80$，$V_{CC}=12V$，$R_b=500k\Omega$，$R_e=R_L=10k\Omega$。取信号源内阻$R_s=2k\Omega$，试估算电路静态工作点Q，电压放大倍数A_u，输入电阻R_i和输出电阻R_o。

解：根据式（2-35）、（2-36）、（2-38）、（2-20）得

$$I_{BQ} = \frac{V_{CC} - U_{BEQ}}{R_b + (1+\beta)R_e} = \frac{12 - 0.7}{500 + (1+80) \times 10} \approx 0.0086(mA) = 8.6(\mu A)$$

$$I_{EQ} = (1+\beta)I_{BQ} \approx 81 \times 8.6\mu A \approx 0.7mA$$

$$U_{CEQ} = V_{CC} - I_{EQ}R_e = 12 - 0.7 \times 10 = 5(V)$$

$$r_{be} \approx r'_{bb} + (1+\beta)\frac{U_T}{I_{EQ}} = 200 + (1+80)\frac{26}{0.7} \approx 3.2(k\Omega)$$

根据式（2-39）、（2-40）、（2-41）、（2-42）得

$$R_L' = R_e /\!/ R_L = \frac{10 \times 10}{10 + 10} = 5(k\Omega)$$

$$A_u = \frac{(1+\beta)R_L'}{r_{be} + (1+\beta)R_L'} = \frac{(1+80) \times 5}{3.2 + (1+80) \times 5} \approx 0.99$$

$$R_i = R_b /\!/ [r_{be} + (1+\beta)R_L'] = 500 /\!/ 408.2 = \frac{500 \times 408.2}{500 + 408.2} \approx 224.7(k\Omega)$$

$$R_o = R_e /\!/ \frac{r_{be} + R_s /\!/ R_b}{1+\beta} \approx R_e /\!/ \frac{r_{be} + R_s}{1+\beta} = 10k\Omega /\!/ \frac{3.2k\Omega + 2k\Omega}{1 + 80} \approx 10k\Omega /\!/ 64.2\Omega \approx 63.8\Omega$$

通过对基本共集电极放大电路的分析可以得出，共集电极放大电路只能放大电流而不能放大电压，具有电压跟随的特点。其输入电阻大、输出电阻小，从信号源索取电流小而带负载能力强，因此常用于多级放大电路的输入级和输出级，也可以用来作为两级电路之间的中间级，起缓冲作用。

四、应用

图2-22所示为25W扩音器输入级电路，利用共集电极放大电路输入电阻高的属性，可以与内阻较高的话筒相匹配，使话筒的输入信号能够得到有效放大。电路中22kΩ电位器用于调节输入信号强度，控制音量大小。共集电极放大电路输出耦合下一级放大电路，在此设备电路中作输入级，可以根据本节所学知识估算该电路输入电阻值的大小，此处不再赘述。

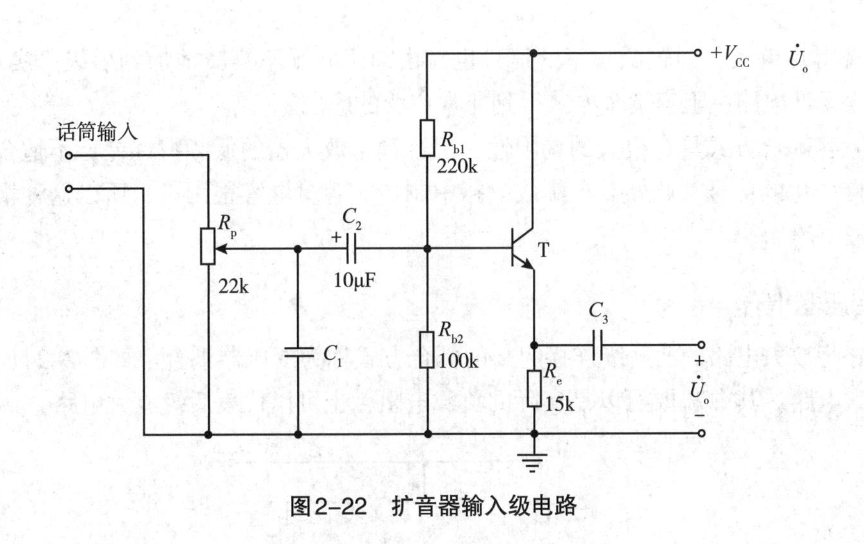

图2-22　扩音器输入级电路

第五节　多级放大电路

单级放大电路的放大倍数一般只有几十倍。而在实际应用中，往往需要放大非常微弱的信号，上述放大倍数是远远不够的。为了提高放大倍数，可以将多个单级放大电路连接起来，组成多级放大电路。

一、级间耦合方式

组成多级放大电路的每一个基本放大电路称为一级，级与级之间的连接方式称为级间耦合方式。多级放大电路之间常用的耦合方式有阻容耦合、变压器耦合以及直接耦合等。

耦合电路在静态方面应该保证各级放大电路具有合适的静态工作点。在动态方面应该保证动态信号顺利传输，实现不失真的放大，同时尽可能地减少压降损失。

（一）阻容耦合

将放大电路的前级输出端通过电容接到后级输入端，称为阻容耦合。图2-23所示为两级阻容耦合放大电路。其中C_1、C_2、C_3为耦合电容。

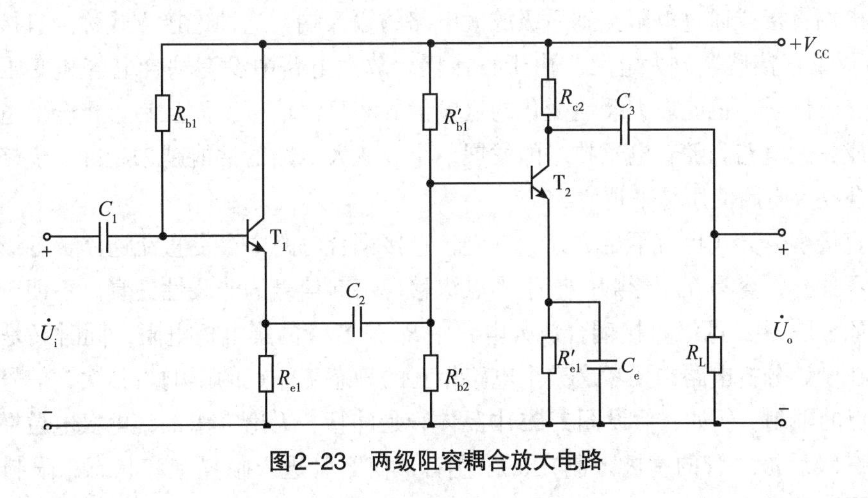

图2-23　两级阻容耦合放大电路

由于电容具有隔直流、通交流的作用，电路中相连两级之间无直流联系，各级的静态工作点是相互独立的，这样就给分析、设计和调试带来很大方便。在传输过程中，交流信号损失少，只

要耦合电容选得足够大，则较低频率的信号也能由前级几乎不衰减地加到后级，实现逐级放大。因此，在分立元件电路中阻容耦合方式得到非常广泛的应用。

但是，阻容耦合方式具有很大的局限性。阻容耦合放大器的低频特性差，不适合用来传递直流信号和缓慢变化的信号。此外，在集成电路中制造大容量电容很困难，所以这种耦合方式无法实现线性集成电路。

（二）变压器耦合

通过磁路将放大电路的前后级连接起来的耦合方式称为变压器耦合。如图2-24所示为变压器耦合共射放大电路。其中R_L既可以是实际的负载电阻，也可以代表后级放大电路。

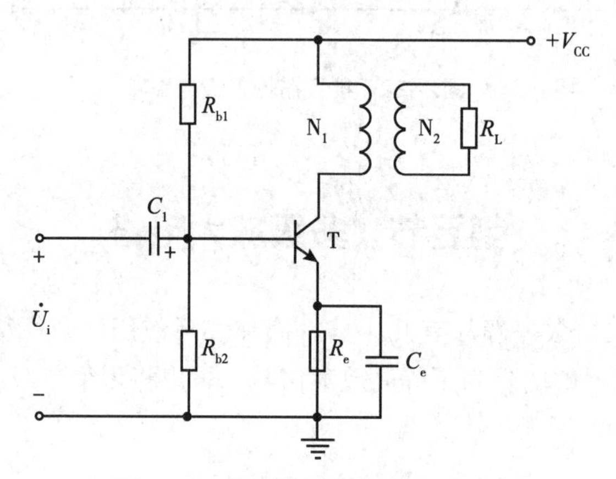

图2-24　变压器耦合共射放大电路

（1）变压器耦合方式的优点　由于级间变压器不能传输直流信号，因而使各级静态工作点彼此独立，便于分析、设计和调试。其最突出的优点是通过改变变压器初级、次级的匝数可以实现阻抗变换，使负载获得最大的功率。

（2）变压器耦合方式的缺点　低频特性差，不能放大变化缓慢的信号，且变压器需用绕组和铁芯，体积大、重量重、成本高，容易产生电磁干扰，无法集成。

（三）直接耦合

鉴于上述两种耦合方式，无法实现集成化和不利于传输缓慢变化信号的缺点，可以将前级放大电路的输出端直接或通过电阻接到后级放大电路的输入端，这种连接方式称为直接耦合。如图2-25所示为两级直接耦合放大电路。由于直接耦合放大电路中没有耦合电容和变压器，故该电路既能放大交流信号，也能放大缓慢变化的低频信号和直流信号，而且易于将全部电路集成在一起，构成集成放大电路。随着电子技术的发展，集成放大电路的性能越来越好，价格也便宜，所以，直接耦合放大电路使用越来越广泛。

但是，直接耦合方式也有不足之处。首先，直接耦合电路中存在直流通路，各级放大电路的静态工作点不独立，容易互相影响，产生零点漂移，引起信号的非线性失真，不便于分析、设计和调试。例如，图2-25两级直接耦合放大电路中R_{c1}是T_1管的集电极电阻，同时又是T_2管的基极电阻，因此在设计分析电路中要考虑整个电路相互的静态工作点的影响。其次，信号的动态范围受静态工作点的限制。例如，假设图2-25中晶体管是硅管，无论T_1管的集电极电位在耦合前有多高，接入第二级后被T_2管的基极限制在0.7V左右，使T_1管进入临界饱和状态，限制了T_1输出电压的动态范围。

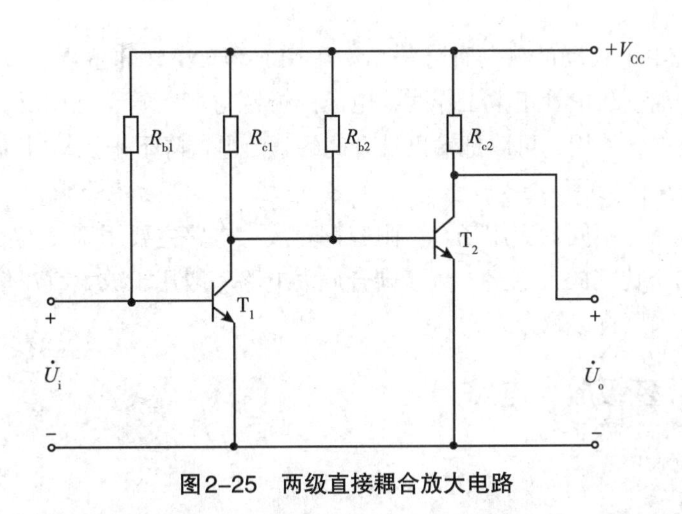

图2-25　两级直接耦合放大电路

为了使直接耦合的两个放大级各自仍有合适的静态工作点，可以采取以下几种方法进行电路改进：①在图2-26（a）电路中接入R_{e2}，以保证第一级集电极有较高的静态电位，而不至于工作在饱和区。然而，增加R_{e2}后，虽然两级均有合适的静态工作点，但第二级放大倍数严重下降，影响整个电路的放大能力。②选择稳压管D_Z取代R_{e2}，如图2-26（b）所示。稳压管对直流和交流呈现不同的特性，动态电阻很小，可以使第二级的放大倍数损失小。但T_2集电极电压变化范围减小。

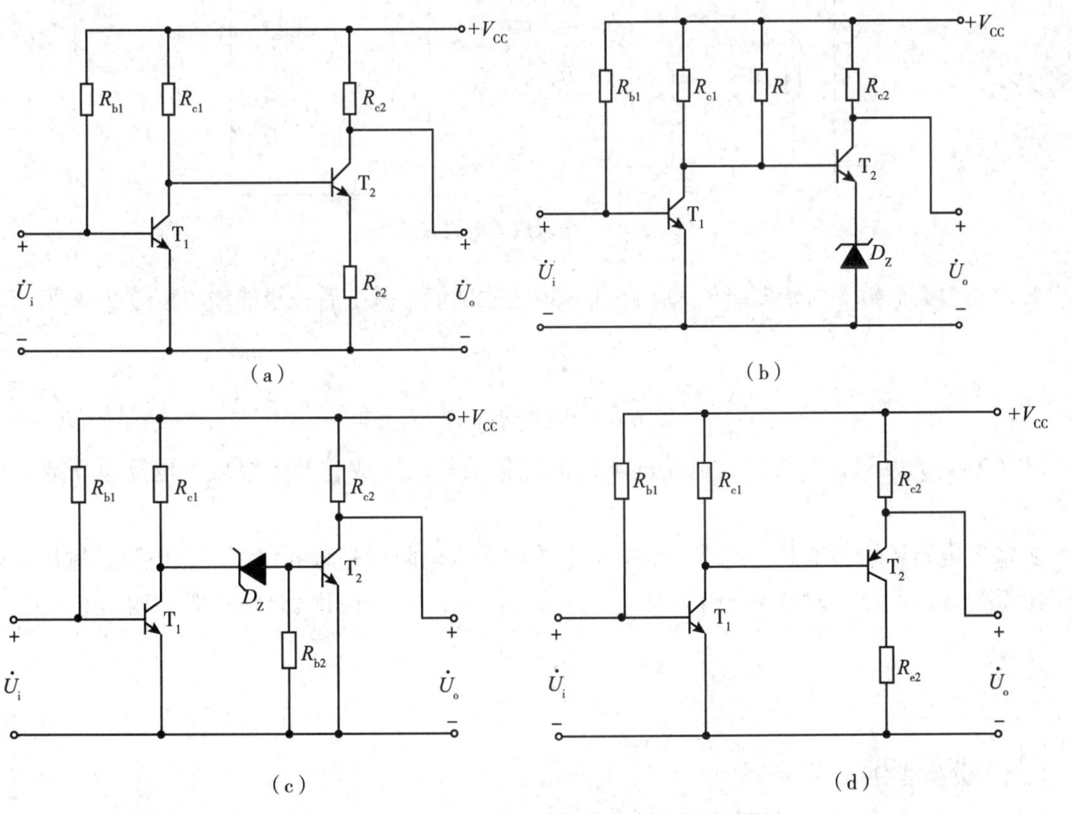

图2-26　直接耦合放大电路静态工作点的设置

上述方案可以提高T_1的集电极电位，但是还存在一个共同问题，当耦合电路的级数增多时，由于后级电路的集电极电位逐级升高，最终将因电源电压V_{CC}的限制而无法实现。解决这个问题的办法是采取措施实现电平移动。如图2-26（c）所示，在前一级的集电极经过稳压管接至后级的基级，这样可降低第二级的集电极电位，又不损失放大倍数。其缺点是稳压管噪声较大，影响

信号传输质量。实现电平移动的另一种方法是采用NPN和PNP管的组合。如图2-26（d）中，T_1为NPN管，T_2为PNP管。PNP管正常工作时，电压的极性与NPN管正好相反，集电极比基级电位要低，两种类型的管混合使用，可以把输出端升高的直流电位降下来。NPN-PNP的耦合方式是直接耦合电路中经常采用的方式。

不同的耦合方式，有不同的应用场合。阻容耦合放大电路主要用于交流信号的放大；变压器耦合放大电路主要用于功率放大电路；直接耦合放大电路一般用于放大直流信号或缓慢变化的信号，集成放大电路都采用直接耦合方式。

二、阻容耦合多级放大电路

（一）静态分析

由阻容耦合多级放大电路特点可知：阻容耦合多级放大电路各级静态工作点是相互独立的，前后级可以独立分析。例如两级阻容耦合放大电路，可以看作两个单级电路分别分析。

（二）动态分析

多级电路的动态分析关键是要考虑级间影响，如图2-27所示为一个两级放大电路的方框图。

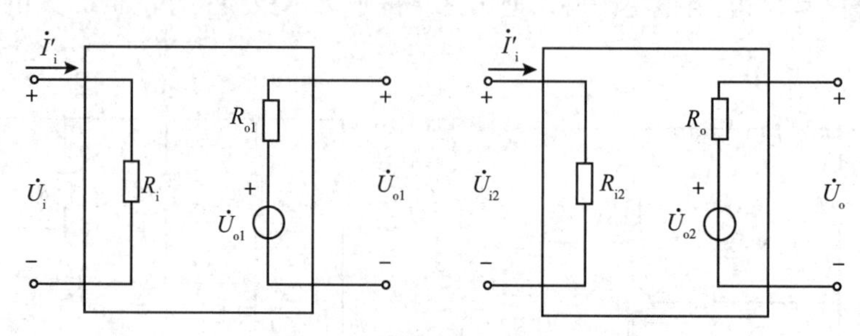

图2-27　两级放大电路方框图

1.电压放大倍数　由于多级放大电路前一级的输出信号就是后一级的输入信号，即$\dot{U}_{o1}=\dot{U}_{i2}$。

$$\dot{A}_{ui}=\frac{\dot{U}_o}{\dot{U}_i}=\frac{\dot{U}_{o1}}{\dot{U}_i}\times\frac{\dot{U}_o}{\dot{U}_{i2}}=\dot{A}_{ui}\times\dot{A}_{u2} \tag{2-43}$$

式（2-43）表明，多级放大电路的电压放大倍数等于组成它的各级放大电路电压放大倍数之积。

2.输入电阻和输出电阻　通常多级放大电路的输入电阻就是输入级的输入电阻，输出电阻就是输出级的输出电阻，即输入电阻为第一级的输入电阻，输出电阻为最后一级的输出电阻。

$$R_i=R_{i1}$$
$$R_o=R_{o2}$$

（三）分析举例

【例2-4】　如图2-23所示电路中，已知R_{b1}=1000kΩ，R_{e1}=27kΩ，R'_{b1}=82kΩ，R'_{b2}=43kΩ，$R_{c2}=R_L$=10kΩ，R'_{e1}=8kΩ；V_{CC}=24V，$\beta_1=\beta_2$=50，r_{be1}=2.9kΩ，r_{be2}=1.7kΩ，$U_{BE1}=U_{BE2}$=0.6V；求：

（1）每一级放大电路的静态工作点；

（2）求放大倍数$\dot{A}_u$；

（3）求输入电阻R_i和输出电阻R_o。

解：（1）第一级放大电路的静态工作点：观察电路图可知，第一级为共集电极放大电路，输入回路列KVL方程得

$$I_{B1}=\frac{V_{CC}-U_{BE1}}{R_{b1}+(1+\beta)R_{e1}}=\frac{24-0.6}{1000+(1+50)\times 27}\approx 10\mu A$$

$$I_{C1}=\beta I_{B1}=50\times 10\approx 0.5mA$$

输出回路列KVL方程得

$$U_{CE1}=V_{CC}-I_{E1}R_{e1}\approx V_{CC}-I_{C1}R_{e1}=24-0.5\times 27=10.5V$$

第二级放大电路的静态工作点：第二级为共射极放大电路，B点电位为

$$V_{B2}=\frac{V_{CC}}{R'_{b1}+R'_{b2}}R'_{b2}=\frac{24}{82+43}\times 43=8.26V$$

$$I_{C2}\approx I_{E2}=\frac{V_{B2}-U_{BE2}}{R'_{e1}}=\frac{8.26-0.6}{8}mA=0.96mA$$

$$I_{B2}=\frac{I_{C2}}{\beta_2}=\frac{0.96}{50}mA=19.2\mu A$$

对输出回路列KVL方程得

$$\begin{aligned}U_{CE2}&=V_{CC}-I_{C2}R_{c2}-I_{E2}R'_{e1}\\&=24-0.96\times 10-0.96\times 8V\\&=6.72V\end{aligned}$$

（2）用微变等效电路求电压的放大倍数$\dot{A}_u$。

画出图2-23所示电路的微变等效电路如图2-28所示

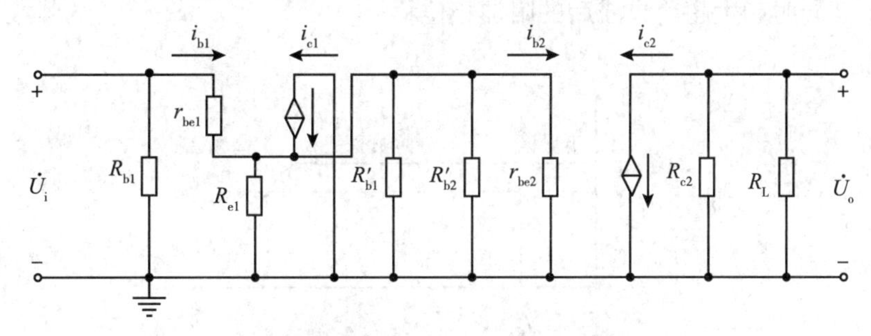

图2-28　图2-23所示电路的微变等效电路

第一级电路实际负载为

$$\begin{aligned}R'_{L1}&=R_{e1}\,//\,R'_{b1}\,//\,R'_{b2}\,//\,r_{be2}\\&\approx 1.7k\Omega\end{aligned}$$

第二级电路实际负载为

$$R'_{L2}=R_{c2}\,//\,R_L=\frac{R_{c2}\times R_L}{R_{c2}+R_L}=5k\Omega$$

因此，第一级放大电压倍数$\dot{A}_{u1}$为

$$\dot{A}_{u1}=\frac{(1+\beta_1)R'_{L1}}{r_{be1}+(1+\beta_1)R'_{L1}}=\frac{(1+50)\times 1.7}{2.9+(1+50)\times 1.7}\approx 0.968$$

第二级放大电压倍数$\dot{A}_{u2}$为

$$\dot{A}_{u2} = -\frac{\beta_2 \times R_{L2}'}{r_{be2}} \approx -147$$

两级放大总的电压放大倍数 $\dot{A}_u = \dot{A}_{u1} \times \dot{A}_{u2} = 0.968 \times (-147) \approx -142$

（3）用微变等效电路计算 R_i 和 R_o。

$$R_i = R_{i1} = R_{b1} \,/\!/\, [r_{be1} + (1+\beta_1) R_{L1}'] = 82\text{k}\Omega$$

$$R_o = R_{o2} = R_{C2} = 10\text{k}\Omega$$

三、频率特性

（一）频率特性的一般概念

在前面分析的放大电路过程中，忽略了放大器件本身具有级间电容以及电路中电抗元件的影响，而且在分析电路时只考虑到单一频率的正弦信号。在基本放大电路中，电抗性元件主要是电容，电容元件的容抗是频率的函数，当信号处于中频段以外的低频段和高频段时，电路中的电容元件，三极管的结电容效应，将不容忽视。放大电路的电压放大倍数将成为频率的函数。放大倍数和频率的这种关系称为放大电路的频率特性或频率响应。可用函数式表示为

$$\dot{A}_u = |\dot{A}_u(f)| \angle \varphi(f) \tag{2-44}$$

式中，f 为信号源的频率；$\dot{A}_u(f)$ 表示不同频率时的电压放大倍数；$|\dot{A}_u(f)|$ 的绝对值表示放大倍数的幅值随频率发生变化的特性，称为幅频特性；$\varphi(f)$ 表示放大倍数的相位随频率发生变化的特性，称为相频特性。将幅频特性和相频特性统称为放大电路的频率特性。图2-29是某一阻容耦合单极共射放大电路的幅频特性曲线和相频特性曲线。由图2-29可见，在广大的中频范围内，电压放大倍数的幅值基本不变，相角大致等于180°。而当频率降低或升高时，电压放大倍数的幅值都将减小，同时产生超前或滞后的附加相位移。

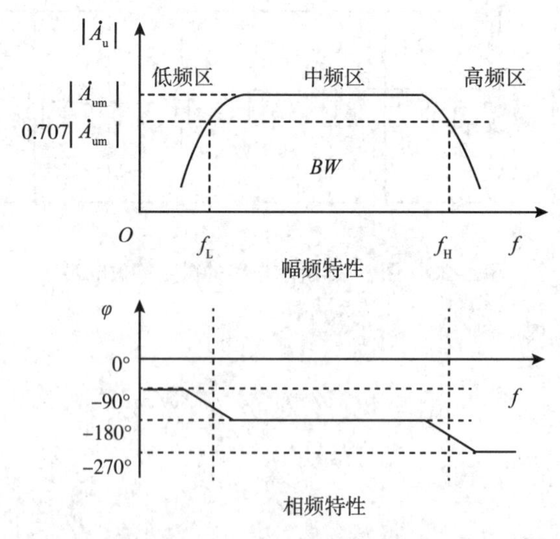

图2-29 放大电路的频率特性

（二）频率特性的分析方法

信号源的频率范围可达几赫兹到上百兆赫兹，放大倍数的范围可达几倍到上百万倍。在实际作图时，这样大的频率范围实现起来很困难。为适应描述大范围的放大倍数和频率关系，波特提出用对数的方法描绘幅频特性和相频特性的曲线，称为波特图。

波特图具体做法如下：首先幅频特性和相频特性的横坐标都采用对数刻度，即每一个十倍频率范围，在横轴上所占长度是相等的，称为十倍频程。幅频特性纵坐标的幅值也采用对数刻度，记为$20\lg|\dot{A}_u|$，单位是分贝（dB）。相频特性的纵坐标仍采用角度表示，单位是度。显然，用波特图表示的优点是：缩短了坐标，扩大了视野，便于分析多级放大电路。

（三）多级放大电路的频率特性

通过上一节对多级放大电路动态特性的讨论可知，总电压放大倍数是各级电压放大倍数的乘积，即

$$\dot{A}_u = \dot{A}_{u1} \times \dot{A}_{u2} \times \cdots \times \dot{A}_{um} = \prod_{k=1}^{m} \dot{A}_{uk}$$

将上述关系式表示成对数形式，总对数放大倍数是各级对数放大倍数的代数和，即

$$20\lg|\dot{A}_u| = 20\lg|\dot{A}_{u1}| + 20\lg|\dot{A}_{u2}| + \cdots + 20\lg|\dot{A}_{un}| = \sum_{k=1}^{n} 20\lg|\dot{A}_{uk}| \quad (2\text{-}45)$$

总相位移是各级相位移的代数和，用公式表示为

$$\varphi = \varphi_1 + \varphi_2 + \cdots + \varphi_m = \sum_{k=1}^{m} \varphi_k \quad (2\text{-}46)$$

绘制多级放大电路总的幅频特性和相频特性时，只要将各级放大电路的对数放大倍数和相移在同一横坐标下分别叠加起来就可以了。

如图2-30为两级放大电路频率特性曲线。在原来单级频率点幅f_{L1}和f_{H1}处下降3dB，两级级联后下降6dB。按照通频带的定义，在两级频率曲线上电压放大倍数下降3dB，对应的频率为f_L和f_H。可见，采用多级放大电路提高了电压放大倍数，但上限截止频率变低，下限截止频率变高，通频带变窄。因此，放大倍数的变化量与通频带宽的变化量成反比。

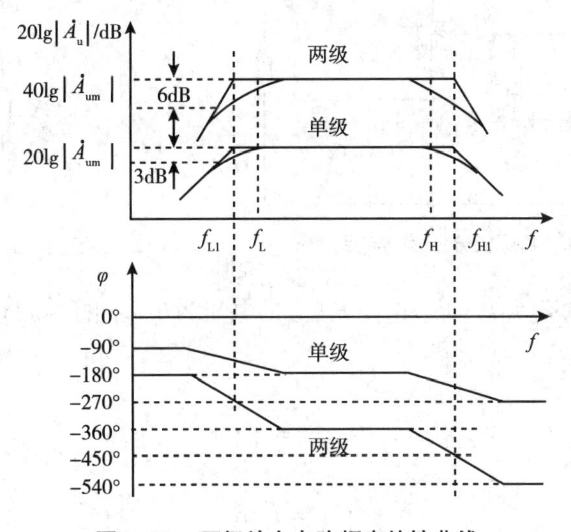

图2-30　两级放大电路频率特性曲线

第六节　单极型晶体管放大电路

单极型晶体管是一种电压控制器件，是利用栅极电压控制漏极电流，从而实现放大功能。由于单极型晶体管栅极几乎不取电流，因此单极型晶体管所构成的放大电路是一种高输入电阻的放大电路。单极型晶体管与双极型晶体管放大电路相似，可以接成共源极、共漏极、共栅极三种基

本放大电路，分别与双极型晶体管的共射集、共集电极、共基极放大电路相对应。由于共栅电路很少使用，本节只对共源和共漏两种电路进行分析。

一、共源极分压偏置电路

和晶体管放大电路一样，为了使电路正常放大，必须选用合适的偏置电路将其工作点偏置在单极型晶体管静态输出特性曲线的恒流区。单极型晶体管放大电路有两种常用的偏置方式，自给偏压电路和分压偏置电路。自给偏压电路是靠源极电阻上的电压为栅-源两极提供一个负偏压，适用于耗尽型单极型晶体管和结场型单极型晶体管组成的放大电路。而分压偏置电路适用于任何类型的单极型晶体管放大电路。

如图2-31所示为N沟道增强型MOS管构成的共源放大电路，它靠R_{G1}与R_{G2}对直流电源V_{DD}分压，故称分压偏置电路。为使工作在恒流区，输入回路加栅极电源应大于开启电压$U_{GS(on)}$；输出回路加漏极电源V_{DD}，它一方面使漏-源电压大于预夹断电压以保证管子工作在恒流区，另一方面作为负载的能源；R_D将漏极电流I_D的变化转换成电压U_{DS}的变化，从而实现电压放大。将图2-31电路的耦合电容C_1、C_2和旁路电容C_S断开，可以得到直流通路，如图2-32所示。图中R_{G1}、R_{G2}是栅极偏置电阻，R_S是源极电阻，R_D是漏极负载电阻。

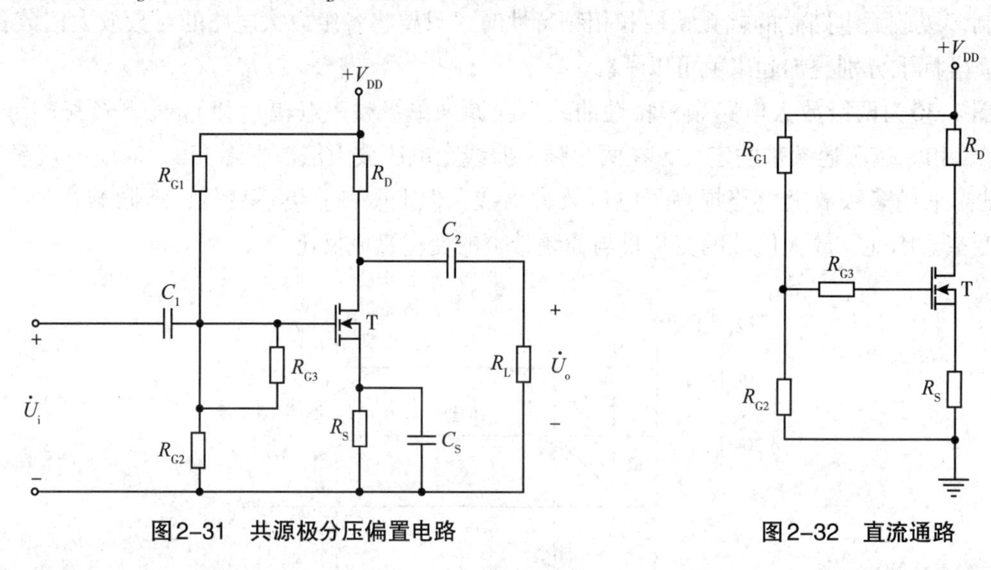

图2-31　共源极分压偏置电路　　图2-32　直流通路

静态时，由于栅极电流为0，所以电阻R_{G3}上的电流为0。由图2-32可知，栅极电位和源极电位分别为

$$U_{GQ} = \frac{R_{G2}}{R_{G1} + R_{G2}} \cdot V_{DD}$$

$$U_{SQ} = I_{DQ} R_S$$

由此可得栅-源电压为

$$U_{GSQ} = U_{GQ} - U_{SQ} = \frac{R_{G2}}{R_{G1} + R_{G2}} V_{DD} - I_{DQ} R_S \tag{2-47}$$

增强型单极型晶体管电流方程为

$$I_{DQ} = I_{DO} \left(\frac{U_{GSQ}}{U_{GS(on)}} - 1 \right)^2 \tag{2-48}$$

对输出回路列电压方程得管压降U_{DSQ}

$$U_{DSQ} = V_{DD} - I_{DQ}(R_D + R_S) \tag{2-49}$$

二、共源放大电路的微变等效电路

（一）单极型晶体管的低频小信号等效模型

如果输入信号很小，单极型晶体管工作在饱和区时，和分析晶体管的h参数等效模型相同，将单极型晶体管也可以看成一个双端口网络，栅极与源极之间看成输入端口，漏极与源极之间看出输出端口。由单极型晶体管的输出特性可知，漏极电流i_D是栅－源电压u_{GS}和漏－源电压u_{DS}的函数，即

$$i_D = f(u_{GS}, u_{DS})$$

研究动态信号作用时用全微分表示

$$di_D = \left.\frac{\partial i_D}{\partial u_{GS}}\right|_{U_{DS}} du_{GS} + \left.\frac{\partial i_D}{\partial u_{DS}}\right|_{U_{GS}} du_{DS} \tag{2-50}$$

式中，$\frac{\partial i_D}{\partial u_{GS}} = g_m$，是输出回路电流与输入回路电压之比，表明$u_{GS}$对$i_D$的控制能力，称为跨导。$\frac{\partial i_D}{\partial u_{DS}} = \frac{1}{r_{ds}}$称为单极型晶体管漏极电阻率。与晶体管一样，在低频小信号且工作在特性曲线线型较好的区域，g_m与r_{ds}近似为常数，di_D、du_{GS}和du_{DS}用交流信号$\dot{I}_d$、$\dot{U}_{gs}$和$\dot{U}_{ds}$表示，可写成

$$\dot{I}_d = g_m\dot{U}_{gs} + \frac{1}{r_{ds}}\dot{U}_{ds} \tag{2-51}$$

根据式（2-51）可以构造出单极型晶体管的低频小信号作用下的微变等效模型，如图2-33所示。一般r_{ds}（为$10^5\Omega$）>>R_L，可以忽略r_{ds}中的电流，将输出回路只等效成一个受控电流源。

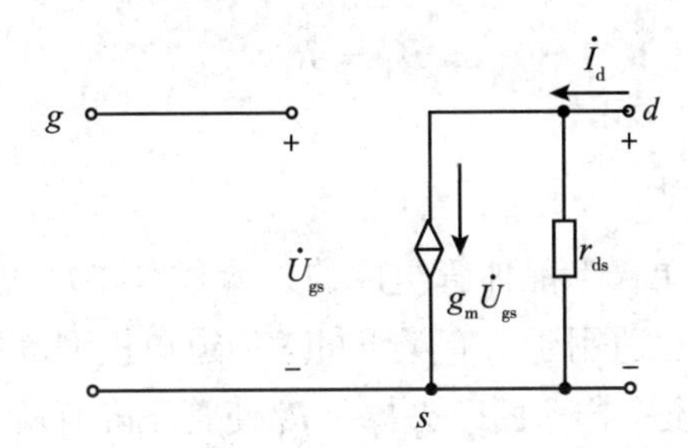

图2-33　单极型晶体管低频小信号微变等效模型

对结型及耗尽型MOS管的电流方程$i_D = I_{DSS}\left(1 - \frac{U_{GS}}{U_{GS(off)}}\right)^2$求导，可得出$g_m$的表达式。

$$g_m = -\frac{2}{U_{GS(off)}}\sqrt{I_{DQ} \cdot i_D} \tag{2-52}$$

小信号时，可用I_{DQ}来近似i_D，得出

$$g_m \approx -\frac{2}{U_{GS(off)}}\sqrt{I_{DQ} \cdot I_{DSS}} \tag{2-53}$$

同理，可得出增强型MOS管的g_m的表达式

$$g_m \approx \frac{2}{U_{GS(on)}}\sqrt{I_{DQ}\cdot I_{DO}} \tag{2-54}$$

由式（2-53）和（2-54）可看出，g_m与静态工作点U_{GSQ}或I_{DQ}有关。因此，单极型晶体管放大电路与晶体管放大电路相同，静态工作点不仅影响电路是否会失真，而且还影响着电路的动态参数。

（二）动态分析

图2-31共源分压偏置电路的微变等效电路如图2-34所示。

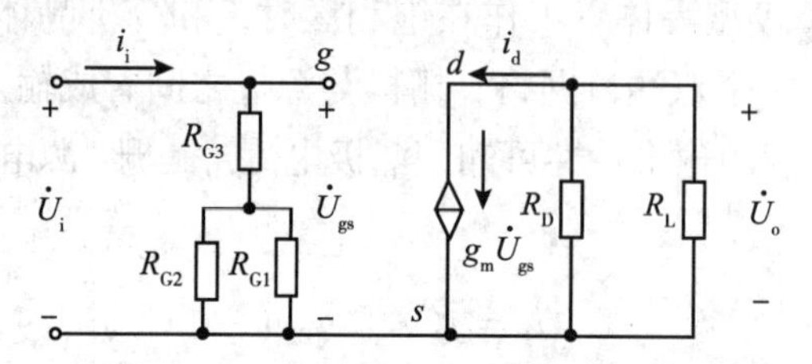

图2-34　图2-31共源放大电路的微变等效电路

1. 电压放大倍数　$\dot{U}_o = g_m \cdot \dot{U}_{gs} \cdot R_L^{'}$　　$R_L^{'} = R_D \mathbin{/\!/} R_L$　　$\dot{U}_i = \dot{U}_{gs}$

$$\dot{A}_u = \frac{\dot{U}_o}{\dot{U}_i} = \frac{-g_m \cdot \dot{U}_{gs} \cdot R_L^{'}}{\dot{U}_{gs}} = -g_m \cdot R_L^{'} \tag{2-55}$$

2. 输入电阻

$$R_i = R_{G3} + R_{G1} \mathbin{/\!/} R_{G2} \tag{2-56}$$

通常$R_{G3} \geqslant R_{G1} \mathbin{/\!/} R_{G2}$，可取值到几兆欧，可见$R_{G3}$的存在可以保证单极型晶体管输入电阻很大的优势。

3. 输出电阻　根据输出电阻的定义，将负载R_L开路，将输入信号源与电压源视为短路，但保留其内阻。可得

$$R_o = R_D \tag{2-57}$$

三、基本共漏放大电路

如图2-35为N沟道增强型单极型晶体管组成的共漏基本放大电路。由于直流偏置采用的是分压式偏置电路，因此，该电路也适用于所有类型的N沟道单极型晶体管，即偏置电压U_{GSQ}和电流方程与共源极分压偏置电路完全一样。由于去掉了R_D使管压降有所不同，$U_{DSQ}=V_{DD}-I_{DQ} \cdot R_S$。

在动态分析时，同样是先画出电路的微变等效电路，如图2-36所示。

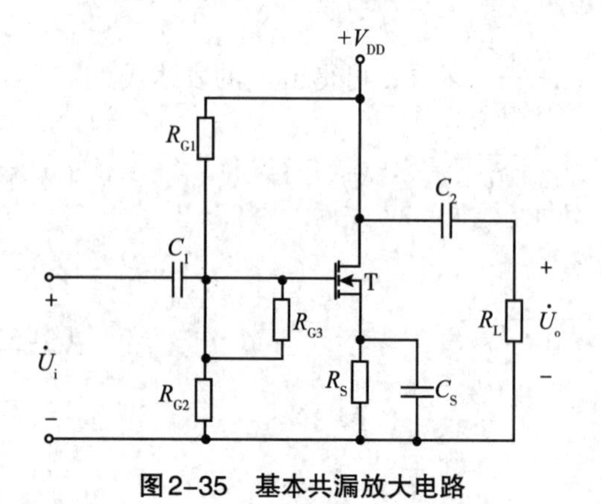

图2-35　基本共漏放大电路

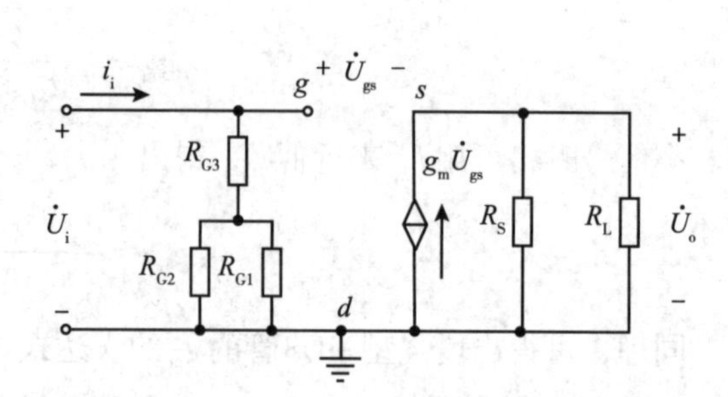

图2-36　图2-35共漏放大电路的微变等效电路

1. 电压放大倍数

$$\dot{A}_u = \frac{\dot{U}_o}{\dot{U}_i} = \frac{g_m \cdot \dot{U}_{gs} \cdot (R_S /\!/ R_L)}{\dot{U}_{gs} + g_m \cdot \dot{U}_{gs} \cdot (R_S /\!/ R_L)} = \frac{g_m \cdot R_L'}{1 + g_m \cdot R_L'} \tag{2-58}$$

式2-58表明，共漏放大电路的电压放大倍数$\dot{A}_u$小于1，当$g_m \cdot R'_L >> 1$时，放大倍数接近于1，并且输出电压和输入电压同相，输出电压跟随输入电压而变化，故称为源极跟随器。

2. 输入电阻　从微变等效电路中的输入端看可得，等效电阻是R_{G1}和R_{G2}并联后再串联R_{G3}，即

$$R_i = R_{G3} + R_{G1} /\!/ R_{G2} \tag{2-59}$$

3. 输出电阻　分析输出电阻时，将输入端短路，在输出端加交流电压$\dot{U}_O$，如图2-37所示，然后求出$\dot{I}_O$，则

$$R_o = \frac{\dot{U}_o}{\dot{I}_o} \tag{2-60}$$

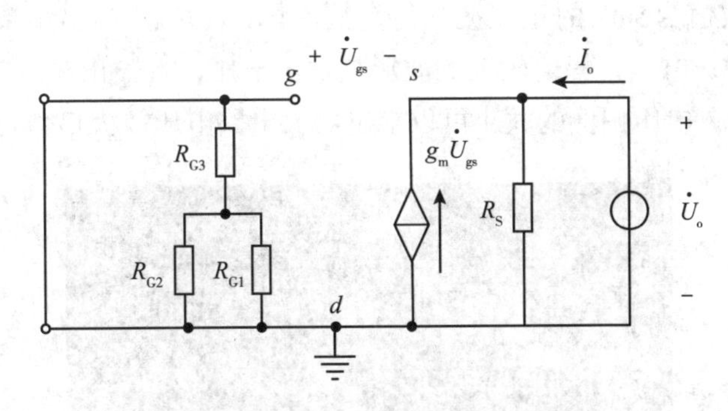

图2-37　基本共漏放大电路的输出回路

由图2-37可知

$$\dot{I}_o = \frac{\dot{U}_o}{R_S} + (-g_m \cdot \dot{U}_{gs}) = \frac{\dot{U}_o}{R_S} + g_m \cdot \dot{U}_o \tag{2-61}$$

所以

$$R_o = \frac{1}{\frac{1}{R_S} + g_m} = R_S /\!/ \frac{1}{g_m} \tag{2-62}$$

四、单极型晶体管放大电路性能指标的实测

对于单极型晶体管放大电路静态工作点、电压放大倍数和输出电阻的测量方法与单级放大电路的相应测量方法一样。不同的是由于单极型晶体管的输入电阻R_i比晶体管的输入电阻高很多，因此不能在输入端直接测量，否则会带来较大的测量误差。

（一）测试电路

单极型晶体管放大电路的参考电路如图2-31所示，是由N沟道MOS管和若干电阻、电容组成的分压偏置共源放大电路。根据表2-1所示选择元件，通过仿真软件EveryCircuit搭建试验电路，检查电路连接无误后，将+12V的直流电源接入电路。

表2-1　图2-31电路元件参数

C_1	C_2	C_S	R_{G1}	R_{G2}	R_{G3}	R_L	R_S	R_D
10μF	10μF	10μF	360kΩ	100kΩ	1MΩ	5.1kΩ	1kΩ	5.1kΩ

（二）参数测试

1.测量并调试放大电路的静态工作点　单极型晶体管放大电路静态工作点的测量与调整和单级放大电路方法一样。令U_i=0，在波形不失真的条件下，测量U_{GQ}、U_{SQ}和U_{DQ}，并计算I_{DQ}、U_{GSQ}和U_{DSQ}，填入表2-2中。

表2-2　静态工作点测量数据

测量值					
U_{GQ}（V）	U_{SQ}（V）	U_{DQ}（V）	U_{GSQ}（V）	U_{DSQ}（V）	I_{DQ}（A）
2.61V	0.593V	8.98V	2.017V	8.387V	0.593A

2.测量放大电路的电压放大倍数　在静态电路调整好的基础上，给放大电路的输入端接入一个频率为f=1kHz、有效值为5mV的正弦波，仿真软件EveryCircuit输出结果，如图2-38所示。其中幅值较小的波形是输入电压，幅值较大的波形是输出电压，且输出电压与输入电压之间相位相反。根据输出电压与输入电压幅值的大小可以求出放大电路电压放大倍数。

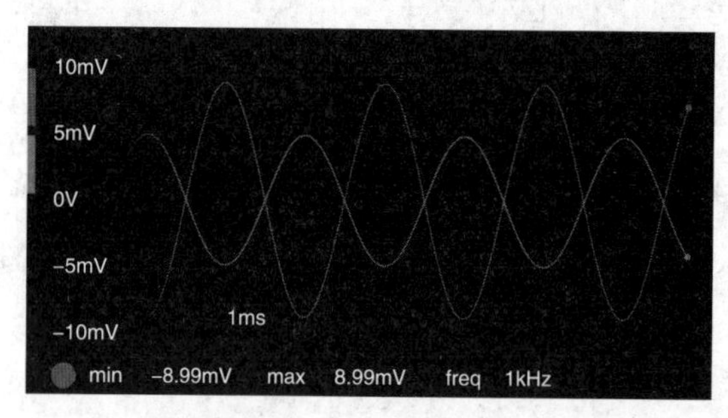

图2-38　单极型晶体管放大电路的输入电压和输出电压

3.测量放大电路的输入电阻　单极型晶体管放大电路的输入电阻很高，通常采用输出换算法来测量单极型晶体管放大电路的输入电阻。测量电路原理图如图2-39所示。在放大电路输入端和信号源之间，串接一个与R_i数值相当的电阻R。这时，由于R的接入会引起放大电路输出电压u_o的变化，在开关S断开、闭合情况下，输出电压分别是u_{o1}和u_{o2}，将测量值代入下面公式可计算R_i。

$$R_i = \frac{u_{o2}}{u_{o1} + u_{o2}} \cdot R \tag{2-63}$$

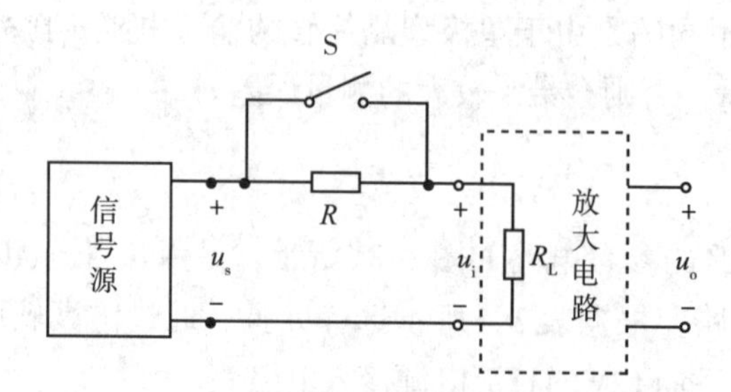

图2-39　输出换算法测量输入电阻原理图

通过仿真软件EveryCircuit，按图2-39改接试验电路输入端，加入幅度合适、频率为1kHz的正弦信号，并串接电阻R=1.1MΩ。当开关S断开时，输出电压u_{o1}波形如图2-40所示；当开关S闭合时，输出电压u_{o2}波形如图2-41所示，将结果带入公式2-63可得，输入电阻$R_i \approx 1.03M\Omega$。

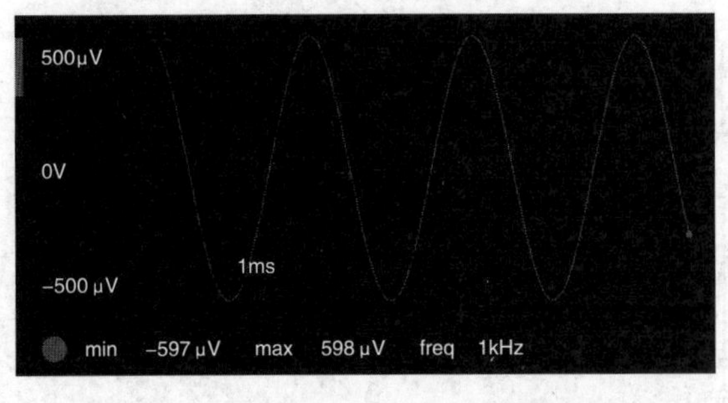

图2-40　输出电压u_{o1}波形

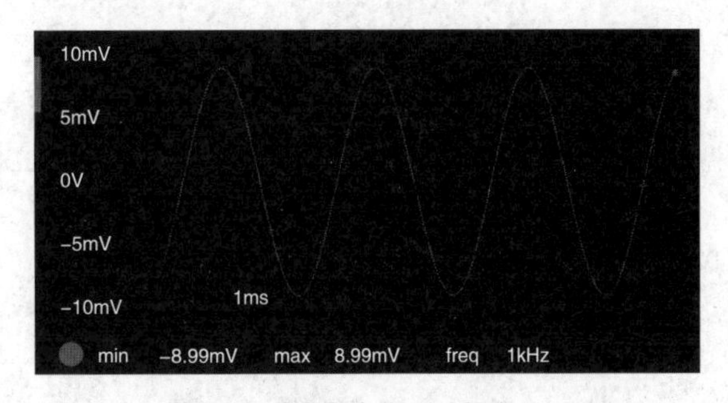

图2-41　输出电压u_{o2}波形

微课

单极型晶体管放大电路最突出的优点是，共源、共漏电路的输入电阻高于相应的共射、共集电路的输入电阻。此外，单极型晶体管具有噪声低、温度稳定性好、抗辐射能力强等特点，而且便于集成，所以广泛应用于各种电子电路中。

习题

一、选择题

1.普通双极型晶体管是由（　）。

A.一个PN结组成　　B.两个PN结组成

C.三个PN结组成　　D.不确定数量的PN结组成

2.由NPN管构成的基本共射放大电路，输入是正弦信号，若从示波器显示的输出信号波形发现底部（负半周）削波失真，则该放大电路产生了（　）失真。

A.放大　　B.饱和　　C.截止　　D.电压

3.在分压式偏置放大电路中，如果负载电阻增大，则电压放大倍数（　）。

A.减小　　B.增大　　C.无法确定　　D.时大时小

4.在分压式偏置放大电路中，除去旁路电容C_e，下列说法正确的是（　）。

A.输出电阻不变　　B.静态工作点改变

C.电压放大倍数增大　　D.输入电阻减小

5.一个两级电压放大电路，工作时测得$A_{u1}=-30$，$A_{u2}=-50$，则总电压放大倍数A_u为（　）。

A.-80　　B.+80　　C.-1500　　D.+1500

6.直接耦合与阻容耦合多级放大电路之间主要不同点是（　）。

A.所放大的信号不同　　B.交流通路不同

C.直流通路不同　　D.不同上下来回移动

7.单极型晶体管起放大作用时，应工作在漏极特性曲线的（　）。

A.可变电阻区　　B.恒流区

C.夹断区　　C.击穿区

在图2-42所示电路中，已知V_{CC}=12V，R_C=3kΩ，静态管压降U_{CEQ}=6V，在输出端加负载

R_L=3kΩ，依次完成8~11题。

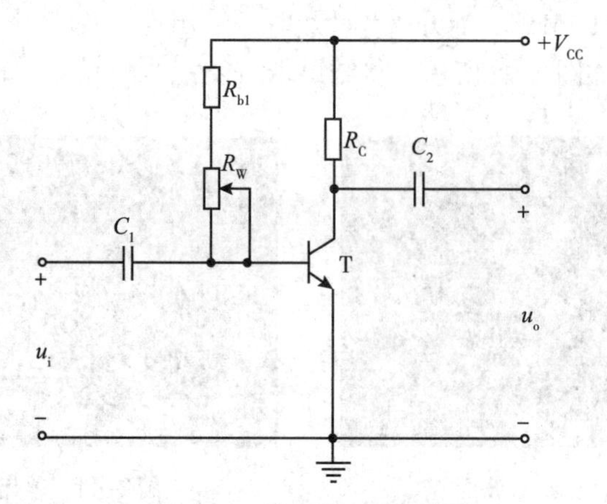

图2-42　选择题8~11题图

8.该电路的最大不失真输出电压有效值U_{om}约为（　）。

A.2V　　B.3V　　C.6V　　D.-6V

9.若在不失真的条件下，减小R_W，则静态工作的位置将（　）。

A.上移　　B.不变　　C.下移　　D.变化不确定

10.调整R_W使输出电压最大且刚好不失真，若此时增大输入电压，则输出电压的波形将（　）

A.顶部失真　　B.底部失真　　C.不失真　　D.无法确定

11.若发现电路出现饱和失真，则为了消除失真，可将（　）。

A.R_W减小　　B.R_C减小　　C.V_{CC}减小　　D.R_W减小

二、计算题

1.画出图2-43所示电路的直流通路和交流通路，所有电容对交流信号均可视为短路。

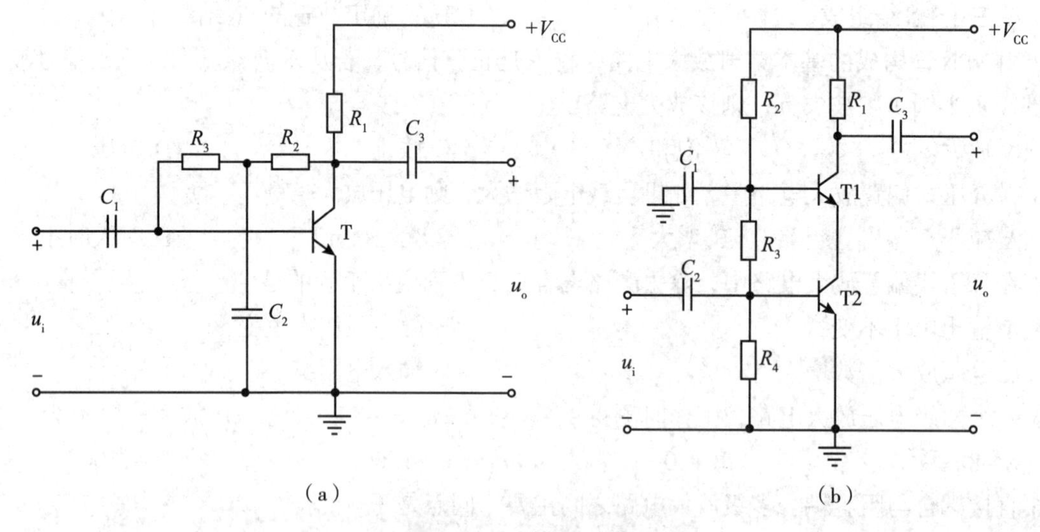

图2-43　计算题1题图

2.在图2-44所示电路中，双极性晶体管的β=50，直流电源V_{CC}=12V，基极电阻R_{b1}=3.5kΩ，R_{b2}=51kΩ，集电极电阻R_c=5.1kΩ，管压降$U_{BE}\approx$0.5V，求下列情况下集电极静态电压为多少？

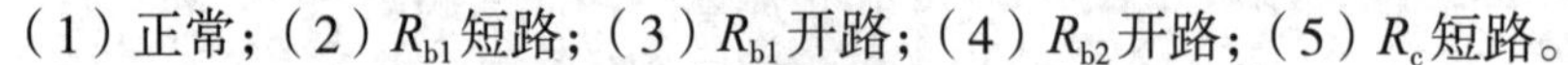

（1）正常；（2）R_{b1}短路；（3）R_{b1}开路；（4）R_{b2}开路；（5）R_c短路。

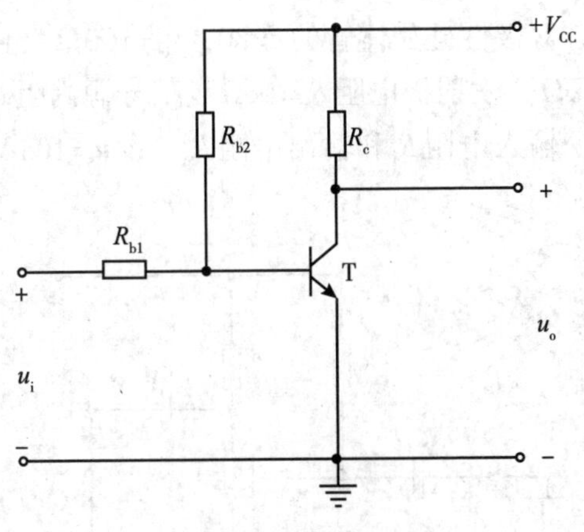

图2-44　计算题2题图

3.在图2-45所示电路中，双极性硅晶体管的β=80，r_{be}=1kΩ，直流电源V_{CC}=12V，集电极电阻R_c=3kΩ。测得晶体管静态管压降U_{CEQ}=6V，试估算R_b的大小；若测得u_i和u_o的有效值分别为1mV和100mV，则负载电阻R_L阻值为多大？

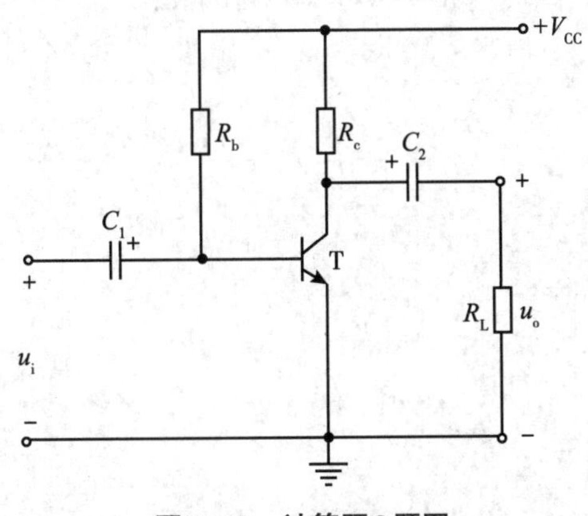

图2-45　计算题3题图

4.在图2-46所示电路中，双极性硅晶体管的β=80，r_{be}=1kΩ，直流电源V_{CC}=12V，基极电阻R_b=200kΩ，发射极电阻R_e=3kΩ，信号源内阻R_s=2kΩ。求出Q点，输出电阻R_o以及负载电阻R_L开路时和R_L=3kΩ时的输入电阻R_i和电压放大倍数A_u。

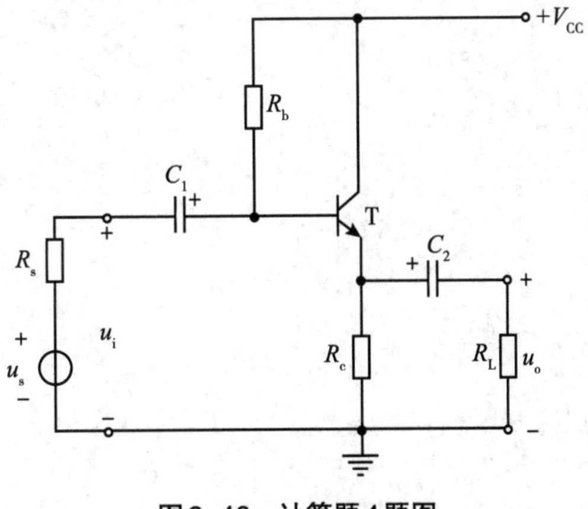

图2-46　计算题4题图

5. 在图2–47所示电路中，双极性硅晶体管的β=80，r'_{bb}=100Ω，直流电源V_{CC}=12V，基极电阻R_b=300kΩ，集电极电阻R_c=3kΩ，发射极电阻R_e=1kΩ，信号源内阻R_s=2kΩ，负载电阻R_L=3kΩ。求出Q点，电压放大倍数A_u、输入电阻R_i和输出电阻R_o；设u_s=10mV，求u_i、u_o；若C_3开路，求u_i、u_o。

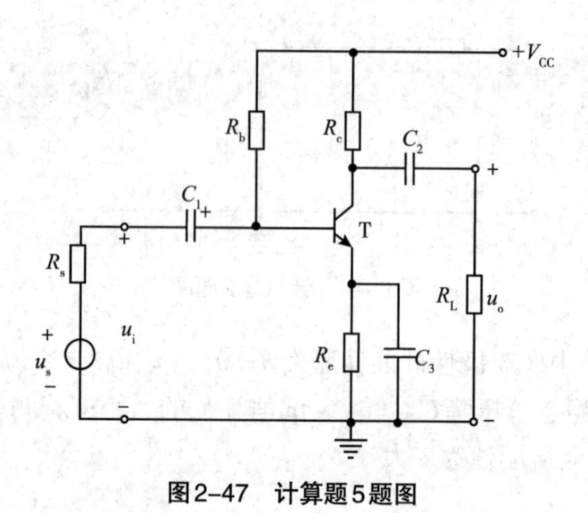

图2–47　计算题5题图

第三章　医疗器械中的放大电路

知识目标

1.掌握　反馈的基本概念、类型与判别方法；负反馈放大电路的四种组态；深度负反馈的概念；集成运算放大器的理想模型；集成运算放大器的典型应用。

2.熟悉　负反馈对放大电路性能的影响；差分放大电路、功率放大电路、集成运算放大器的组成及主要性能指标。

3.了解　人体电生理信号的特性及其对放大电路的基本要求。

能力目标

学会放大电路反馈的判别方法；深度负反馈条件下放大电路放大倍数的计算方法；集成运算放大器的典型使用方法。

PPT

第一节　人体电生理信号

人体电生理信号是反映人体复杂生理状态的物理电信号，如心电（ECG）、脑电（EEG）、肌电（EMG）、眼电（EOG）和胃电（EGG）等，电生理信号对于临床疾病的诊断起到了非常重要的作用。人体电生理信号通过电极或者传感器取出，然后经过放大、转换与分析处理等显示出量化的检测结果。生物医学放大电路的设计要针对人体电生理信号的基本特性，满足其检测的基本要求。本节主要介绍人体电生理信号的基本特性和生物医学放大电路的基本要求。

一、人体电生理信号的基本特性

1.信号幅度微弱　从人体直接检测出来的电生理信号一般都比较微弱，无法直接进行处理。心电（ECG）、脑电（EEG）、肌电（EMG）、眼电（EOG）和胃电（EGG）的典型幅值范围分别为5μV~5mV，2μV~200μV，20μV~1mV，10μV~4mV和10μV~1mV。而从母体腹部测到的胎儿的电生理信号更加微弱，胎儿的心电（ECG）信号仅为10~50μV。在处理各种微弱的电生理信号之前，需要配备高性能的放大电路进行放大。

2.频率范围低　除声音信号（如心音）之外，人体电生理信号的频率范围一般都比较低。心电（ECG）、脑电（EEG）、眼电（EOG）和胃电（EGG）的典型频率范围分别为0.05~100Hz，0.5~100Hz，0.1~100Hz和0~1Hz。在电生理信号的检测与处理中，要充分考虑信号的频率响应特性。

3.噪声和干扰强　电生理信号的噪声和干扰主要来源于两个方面。①人体是一个有机的整体，在检测一种生物参数的时候，往往会受到多种其他参数的影响。而人体系统之间的联系是正常的生理活动，其他参数的影响无法停止，如呼吸、吞咽、肢体动作、母亲的心电信号中对胎儿心电信号的影响等，这给信号的检测带来了很大的困难。②由于电生理信号十分微弱，外界环境中的电磁干扰、电场干扰、声音干扰和射线干扰等相对来说就形成了强噪声背景，这也给信号的检测带来很大的挑战。

4.随机性强 人体电生理信号一般随机性较强，离散性大，不是平稳地按规律变化的周期信号，无法用简单的数学公式来描述，如图3-1中的心电波形与脑电波形所示。放大这种信号的时候，往往需要放大电路具有比较好的静态特性，设置合适的静态工作点在电路设计时十分重要。

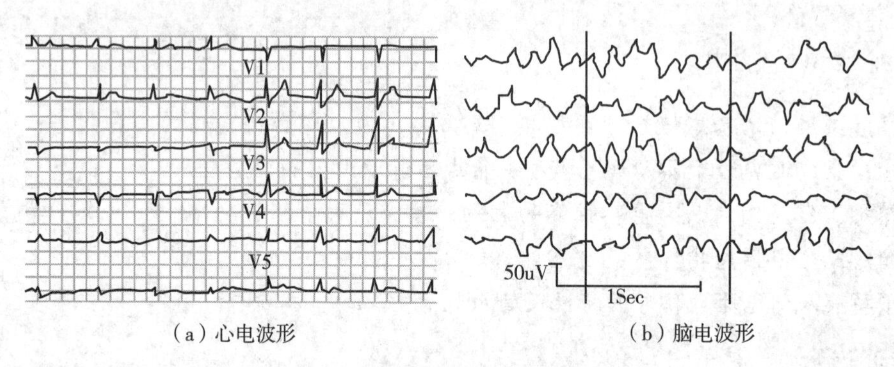

（a）心电波形　　（b）脑电波形

图3-1 成年人心电波形与脑电波形

二、生物医学放大电路的基本要求

生物医学放大电路要从被强噪声背景淹没的信号中，在不衰减有用信号的情况下高保真地提取生物电生理信号，并用较高的放大倍数对其放大，具体的来说需要满足以下几个方面。

1.放大倍数高 由于生物电信号较弱，生物医学放大电路需要具有较大的放大倍数。单级放大电路往往难以满足其要求，实际应用中一般采用多级放大电路对电生理信号进行放大。

2.多采用直接耦合或者光电耦合方式 多级放大电路常采用的耦合方式有直接耦合、光电耦合、阻容耦合和变压器耦合。阻容耦合和变压器耦合放大电路的低频特性差，不能放大变化缓慢（频率低）的信号。生物电信号如果采用这种耦合方式，信号的一部分甚至全部都会衰减在耦合电容或变压器上，不能很好地向后传递。因此，生物医学放大电路一般使用直接耦合或者光电耦合方式，这两种耦合方式具有良好的低频特性，可以放大缓慢变化的信号。其中光电耦合电路抗干扰能力较强，但放大倍数较小。直接耦合方式的放大电路价格便宜，便于集成，放大倍数大，缺点是容易受到外界干扰而产生零点漂移，在实际的应用中一般采用差分放大电路解决这个问题。

3.高输入阻抗 生物医学放大电路的输入级需要具有较高的输入阻抗，高输入阻抗可以减少信号的衰减和失真。电生理信号一般都是以低频电压的形式输入放大电路，因此放大电路的输入阻抗越大，对输入信号的影响就越小，输入信号就可以更好地驱动放大电路进行放大。

4.电路噪声低 除外界的噪声之外，放大电路内部也会产生噪声，电路噪声主要来源于元器件产生的热噪声和散粒噪声等。在设计生物医学放大电路的时候，要尽可能地减少电路噪声。采用负反馈放大电路可以减少电路噪声对输入信号的影响，降低非线性失真。

在强噪声背景下检测电生理信号，滤除噪声和抑制干扰同样是电生理信号检测中十分重要的环节。不考虑噪声和干扰的放大很容易实现，但是却没有意义。滤波器可以在放大之前滤除信号中的高频噪声，提取出有用的信号。对于非电路内部产生的噪声和干扰的抑制要根据其性质具体分析，除了采用差分放大电路这种抗干扰的电路连接形式之外，往往还需要采取加屏蔽或去除干扰源等措施。

第二节　负反馈放大电路

在实际的应用中，放大电路一般都需要引入负反馈来改善性能，以适应不同的应用场合。本节主要介绍反馈的概念、类型、判别方法以及典型负反馈放大电路的四种组态。

一、反馈的基本概念、类型与判别方法

（一）基本概念

反馈是指将放大电路输出信号（输出电压或输出电流）的一部分或全部，采用一定的方式（反馈网络）引回到放大电路的输入端，以改变输入信号大小（输入电压或输入电流）的一种方法。反馈放大电路的方框图如图3-2所示，反馈放大电路是由基本放大电路（用A表示）和反馈网络（用F表示）组成的。基本放大电路由单级或者多级放大电路构成，主要作用是放大信号；反馈网络一般由线性元件（电阻和电容）构成，主要作用是传输反馈信号，使输出回路与输入回路产生联系。基本放大电路的输入信号是输入量（X_i）和反馈量（X_f）的叠加（加或减，用符号⊕表示），称为净输入量（X_{di}）。

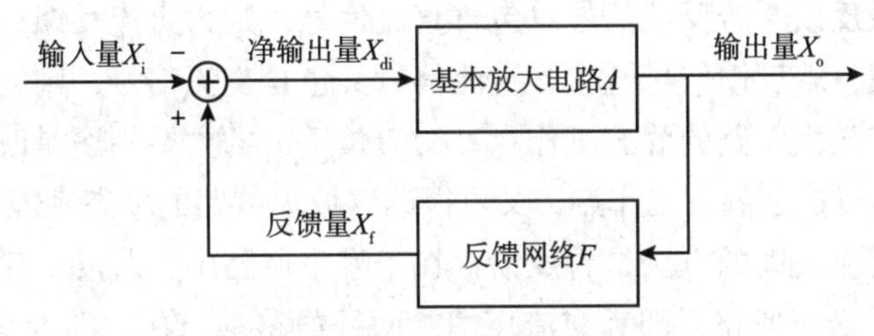

图3-2　反馈放大电路的方框图

（二）类型与判别方法

放大电路是否引入了反馈可以通过输出回路与输入回路的联系来判断，如果某些元件既在输出回路中，又在输入回路中，则该放大电路引入了反馈，这些元件就是反馈元件，反馈元件构成了反馈网络。

放大电路的反馈，按照反馈的极性可以分为正反馈与负反馈；按照反馈信号的交、直流性质，可以分为直流反馈与交流反馈。

1. 正反馈与负反馈　若反馈量加强了原输入量，使净输入量增加（即$X_{di}>X_i$），则称为正反馈。若反馈量减弱了原输入量，使净输入量减小（即$X_{di}<X_i$），则称为负反馈。

负反馈具有自动调节功能，多用于提高放大电路工作的稳定性，减少外界因素（如温度和电压变化等）对放大电路的干扰，改善放大电路的性能指标。正反馈不具备自动调节功能，会进一步加强放大电路输出信号的变化，主要用于振荡电路。

判别正反馈与负反馈的常用方法是瞬时极性法。具体的做法是，首先设定放大电路的输入端有一个在放大电路通频带内的输入信号（即该信号可以在放大电路中流通），并设定某一时刻该输入信号对地的极性（正或负，用“+”或“−”标出）；然后以此为依据，按照先基本放大电路，后反馈网络的顺序，逐级标出电路中各个有关节点在该时刻的对地极性，即瞬时极性；最后，判断反馈的结果对净输入量的影响，使净输入量减小的为负反馈，使净输入量增加的为正反馈。

以图3–3所示的共射放大电路为例，该电路的射极电阻R_e是联系输出回路和输入回路的反馈电阻，它所产生的电压u_e即为反馈电压u_f。设输入电压u_i对地的瞬时极性为“+”，则双极型晶体管T的基极对地极性为“+”，由共射放大电路的工作原理可知，R_e上产生流向如图所示的电流i_e，因此u_f的极性为上“+”下“–”。受u_f的影响，双极型晶体管T基极和发射极之间的净输入电压u_{be}减小（$u_{be}=u_i-u_f$），故该电路引入了负反馈。

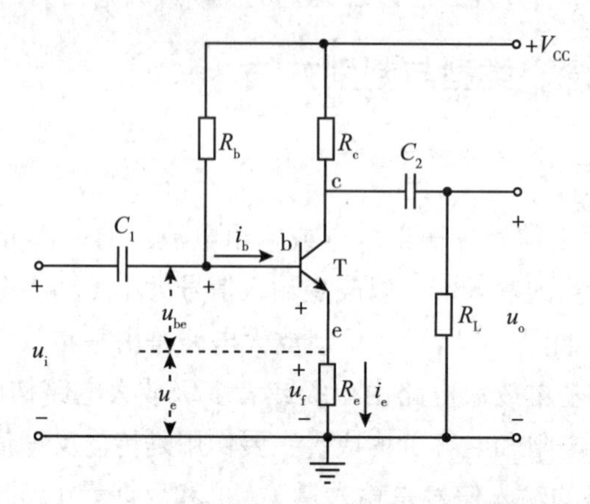

图3–3 瞬时极性法判断共射放大电路反馈极性

2. 直流反馈与交流反馈 若反馈信号只包含直流信号，则为直流反馈；若反馈信号只包含交流信号，则为交流反馈；若反馈信号既包含直流信号又包含交流信号，则为交直流反馈。直流负反馈的主要用途是稳定放大电路的静态工作点，交流负反馈的主要用途是改善放大电路的动态性能，交直流负反馈既可以稳定静态工作点，又可以改善放大电路的动态性能。

判断直流反馈与交流反馈的方法是看反馈存在于哪个通路中，若反馈仅存在于直流通路，即为直流反馈；仅存在于交流通路，即为交流反馈；两种通路都存在，即为交直流反馈。图3–3中的反馈电阻R_e在直流通路和交流通路中均存在，因此为交直流负反馈，若给R_e并联一个电容C_e（图3–4），则R_e仅存在于直流通路中，为直流负反馈。

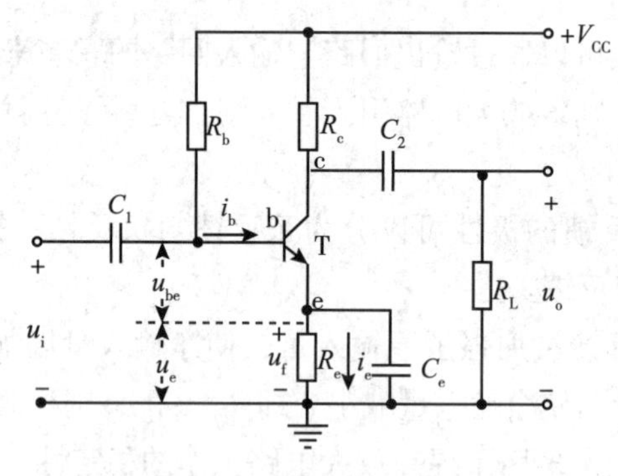

图3–4 直流负反馈电路

二、典型负反馈放大电路的四种组态与判别方法

由于实际的放大电路中主要引入负反馈，本章主要讨论负反馈。按照负反馈网络在输出端的取样对象不同，可分为电压反馈与电流反馈；按照反馈量与输入量在输入端的叠加形式不同，可分为串联反馈与并联反馈。所以典型的负反馈放大电路有四种组成形式：电压串联负反馈、电压并联负反馈、电流串联负反馈和电流并联负反馈。

（一）反馈组态的判别方法

1.电压负反馈与电流负反馈　若负反馈放大电路的反馈量取自输出电压，则为电压负反馈；若反馈量取自输出电流，则为电流负反馈。电压负反馈的作用是稳定输出电压，电流负反馈的作用是稳定输出电流。

电压负反馈与电流负反馈的判别方法是，假设输入电压为0（即输出电压的“+”与“-”短路），若反馈量随之为0，则为电压负反馈；若反馈量依然存在，则为电流负反馈。另外，也可根据电路的组成结构来判别，电压负反馈因取自输出电压，因此反馈网络与放大电路的输出端在输出回路并联连接（即反馈网络与输出端的电极相同），如图3-5所示；电流负反馈因取自输出电流，因此反馈网络与输出端在输出回路串联连接，如图3-6所示。

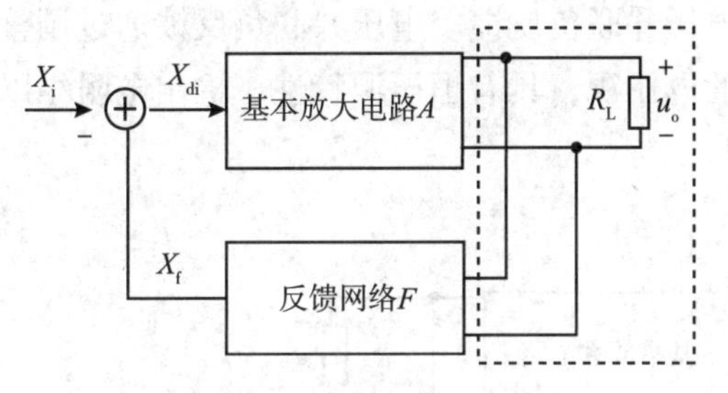

图3-5　电压负反馈方框图

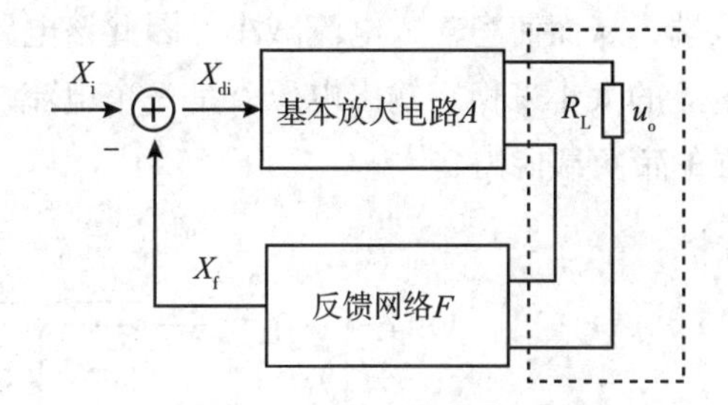

图3-6　电流负反馈方框图

2.串联负反馈与并联负反馈　在负反馈放大电路的输入端，若反馈量与输入量是以电压的形式进行叠加，则为串联负反馈，净输入电压$u_{di} = u_i - u_f$；若反馈量与输入量是以电流的形式进行叠加，则为并联负反馈，净输入电流$i_{di} = i_i - i_f$。从电路结构上来看，串联负反馈的反馈网络与放大电路的输入端以串联的形式连接，如图3-7所示；并联负反馈的反馈网络与放大电路的输入端以并联的形式连接，如图3-8所示。

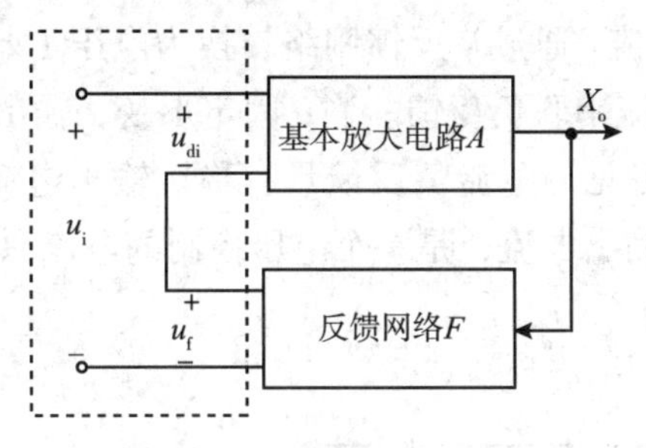

图3-7　串联负反馈方框图

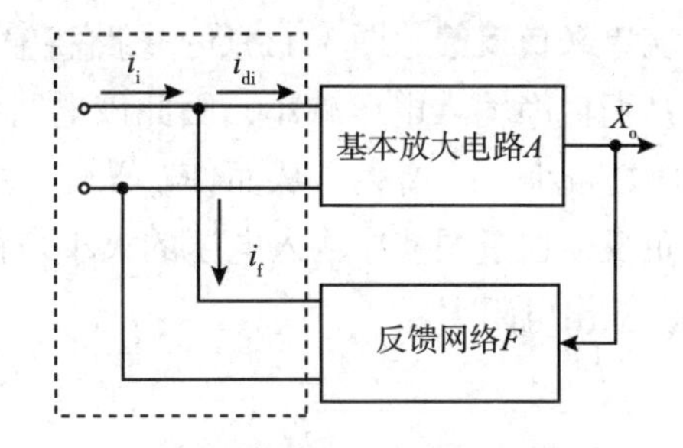

图3-8　并联负反馈方框图

（二）四种组态负反馈放大电路

1.电压串联负反馈　图3-9所示电路将输出电压u_o通过R_1和R_2组成的反馈网络以电压的形式（u_f）反馈到输入端，从而使净输入电压减小，因此该电路为电压串联负反馈。该电路将部分输出电压作为反馈电压，若将R_1短路，则是将输出电压的全部作为反馈电压。引入负反馈之后，该电路的净输入电压$u_{di} = u_i - u_f$，u_{di}经过A放大，得到u_o。由u_o、u_f和u_{di}的关系可知，当u_i固定不变，由于某种原因导致输出电压u_o减小时，u_f随之减小，u_{di}增大，从而使u_o增大。由此可见，电压负反馈具有稳定输出电压的作用，电压串联负反馈是一个电压控制的电压源，具有恒压源特性，输出电阻小以及有较强的带负载能力。

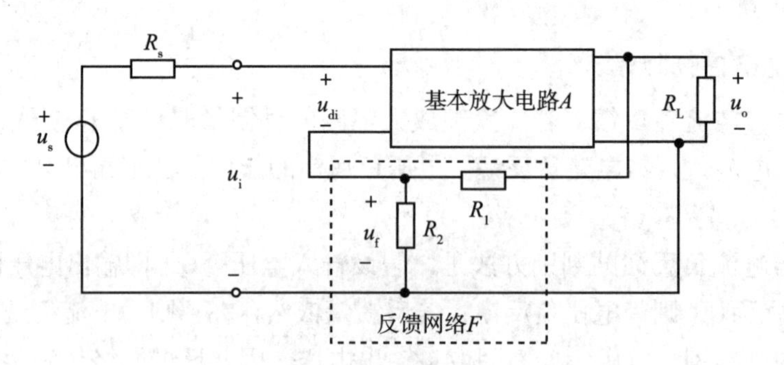

图3-9　电压串联负反馈放大电路

2.电压并联负反馈　图3-10所示电路将输出电压u_o通过R_f反馈网络转换为电流（i_f）反馈到输入端，从而使净输入电流减小，因此该电路为电压并联负反馈。电压并联负反馈通过调整净输入电流的大小来稳定输出电压，是一个电流控制的电压源，具有恒压源特性，输出电阻小以及有较强的带负载能力。

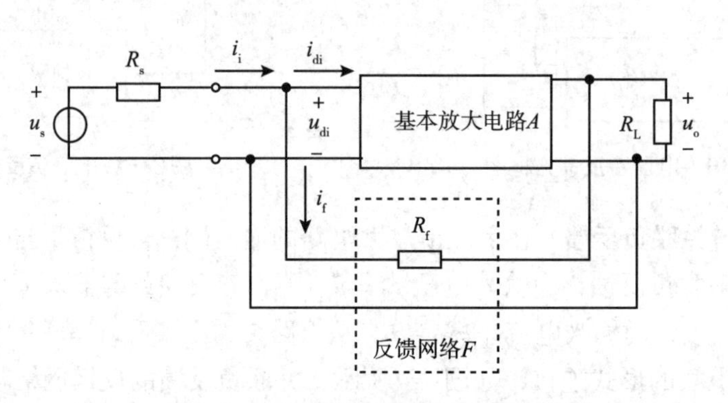

图3-10　电压并联负反馈放大电路

3.电流串联负反馈　图3-11所示电路将输出电流i_o通过R_f反馈网络转换为电压（u_f）反馈到输入端，从而使净输入电压减小，因此该电路为电流串联负反馈。当u_i固定不变，输出电流i_o减小时，u_f随之减小，u_{di}增大，从而使i_o增大。由此可见，电流负反馈具有稳定输出电流的作用，电流串联负反馈通过调整净输入电压的大小来稳定输出电流，是一个电压控制的电流源，具有恒流源特性，输出电阻大。

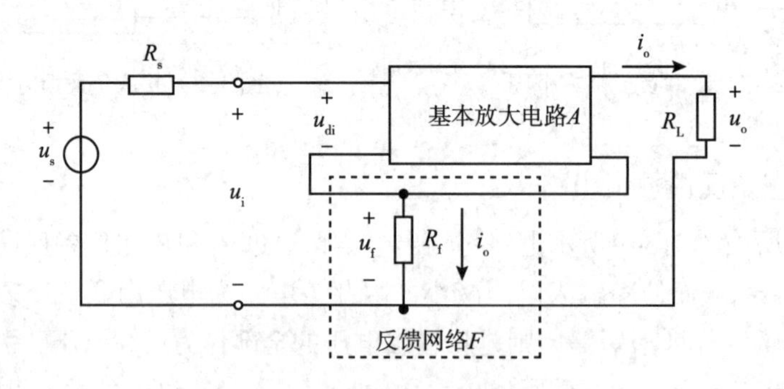

图3-11　电流串联负反馈放大电路

4.电流并联负反馈　图3-12所示电路将输出电流i_o通过R_1和R_2组成的反馈网络以电流的形式（i_f）反馈到输入端，从而使净输入电流减小，因此该电路为电流并联负反馈。电流并联负反馈通过调整净输入电流的大小来稳定输出电流，是一个电流控制的电流源，具有恒流源特性，输出电阻大。

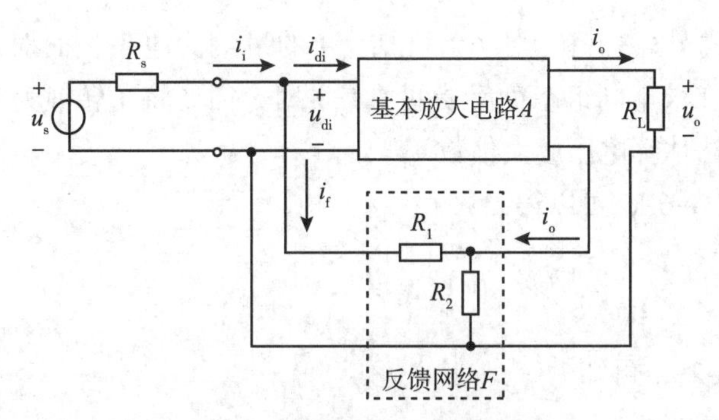

图3-12　电流并联负反馈放大电路

三、深度负反馈放大电路

（一）负反馈放大电路的一般表达式

在实际的放大电路中，引入反馈称为闭环，未引入反馈称为开环。图3-1所示的反馈方框图中输入量X_i、输出量X_o和反馈量X_f之间关系的数学表达式如下。

基本放大电路的放大倍数（即开环放大倍数A）

$$A=\frac{X_o}{X_{di}} \tag{3-1}$$

反馈放大电路的放大倍数（即闭环放大倍数A_f）

$$A_f=\frac{X_o}{X_i} \tag{3-2}$$

反馈网络的反馈系数F为

$$F=\frac{X_f}{X_o} \tag{3-3}$$

又已知负反馈放大电路中净输入量X_{di}

$$X_{di}=X_i-X_f \tag{3-4}$$

根据上述公式可得，负反馈放大电路的闭环放大倍数A_f为

$$A_f=\frac{X_o}{X_i}=\frac{X_o}{X_{di}+X_f}=\frac{X_o}{X_o/A+FX_o}=\frac{A}{1+AF} \tag{3-5}$$

其中$1+AF$称为反馈深度。

（二）深度负反馈

当反馈深度$1+AF>>1$时，称电路引入了深度负反馈，此时闭环放大倍数A_f可以简化为

$$A_f=\frac{A}{1+AF}\approx\frac{A}{AF}=\frac{1}{F} \tag{3-6}$$

这表明，在深度负反馈情况下，放大倍数几乎仅取决于F的大小，与基本放大电路的放大倍数A无关。当反馈网络的反馈系数F确定的情况下，基本放大电路的放大倍数A越大，反馈越深，A_f越接近于$1/F$。实际的大多数负反馈放大电路均满足$1+AF>>1$，求放大倍数仅需要分析反馈网络的反馈系数F即可，不需要定量分析基本放大电路。

在不同的负反馈组态下，A_f的量纲不同。比如，对于电压并联负反馈，输出量X_o为电压u_o，

反馈量X_f为电流i_f，由式（3-3）和（3-6）可知，A_f的量纲为电阻，而对于电流串联负反馈，A_f的量纲为电导。因此，在求不同组态负反馈的（A_{uf}）时，需要将A_f转换为A_{uf}，对于不同组态的负反馈，可以通过下列方法估算电压放大倍数A_{uf}。

将式（3-3）代入（3-6），可以得出

$$A_f \approx \frac{X_o}{X_f} \tag{3-7}$$

对比（3-7）与（3-2），可知

$$X_f \approx X_i \tag{3-8}$$

（三）四种组态负反馈放大电路的电压放大倍数

对于串联负反馈，$u_f \approx u_i$，$u_{di} \approx 0$，净输入电压的两个输入端电位近似相等，相当于短路，称为“虚短”；对于并联负反馈，$i_f \approx i_i$，$i_{di} \approx 0$，两个输入端的净输入电流近似为零，称为“虚断”。下面分别用“虚短”和“虚断”的方法估算四种组态负反馈放大电路的电压放大倍数A_{uf}。

1.电压串联负反馈 电压串联负反馈的反馈量和输出量均为电压，所以A_f即为A_{uf}。图3-9所示电路中的反馈网络如图中虚线所示，u_f与u_o的关系为

$$u_f = u_o \cdot \frac{R_2}{R_1 + R_2} \tag{3-9}$$

因为是串联负反馈，输入端“虚短”，$i_f \approx i_i$，可以得出

$$A_{uf} = A_f \approx \frac{u_o}{u_f} = \frac{R_1 + R_2}{R_2} = 1 + \frac{R_1}{R_2} \tag{3-10}$$

2.电压并联负反馈 图3-10所示电路中的反馈网络如图中虚线所示，因为是并联负反馈，输入端“虚断”，$i_i \approx i_f$，$u_{di} \approx 0$，由此结合电路可知

$$i_i = \frac{u_s}{R_s} \tag{3-11}$$

$$i_f = -\frac{u_o}{R_f} \tag{3-12}$$

因此

$$\frac{u_s}{R_s} = -\frac{u_o}{R_f} \tag{3-13}$$

该电路对内阻为R_s的电压源u_s的电压放大倍数A_{usf}为

$$A_{usf} = \frac{u_o}{u_s} = -\frac{R_f}{R_s} \tag{3-14}$$

3.电流串联负反馈 图3-11所示电路中的反馈网络如图中虚线所示，由图可知

$$u_f = i_o \cdot R_f = \frac{u_o}{R_L} \cdot R_f \tag{3-15}$$

因为是串联负反馈，输入端“虚短”，$u_f \approx u_i$，由此可以得出

$$A_{uf} \approx \frac{u_o}{u_f} = \frac{R_L}{R_f} \tag{3-16}$$

4.电流并联负反馈 图3-12所示电路中的反馈网络如图中虚线所示，因为是并联负反馈，输

入端“虚断”，$i_i \approx i_f$，$u_{di} \approx 0$，由此结合电路可知

$$i_i = \frac{u_s}{R_s} \tag{3-17}$$

$$i_f = -\frac{R_2}{R_1 + R_2} \cdot i_o \tag{3-18}$$

$$i_o = \frac{u_o}{R_L} \tag{3-19}$$

因此

$$\frac{u_s}{R_s} = -\frac{R_2}{R_1 + R_2} \cdot \frac{u_o}{R_L} \tag{3-20}$$

该电路对内阻为R_s的电压源u_s的电压放大倍数A_{usf}为

$$A_{usf} = \frac{u_o}{u_s} = -\frac{R_L}{R_s} \cdot (1 + \frac{R_1}{R_2}) \tag{3-21}$$

四、负反馈对放大电路性能的影响

负反馈放大电路虽然减小了放大电路的放大倍数，但改善了放大电路很多方面的性能，主要包括以下几个方面。

（一）提高放大倍数的稳定性

在实际应用中，温度变化、电路参数变化、负载电阻变化和电源电压波动等因素都会影响开环放大电路的放大倍数，从而使其输出不稳定。通过前面的分析可知，电压负反馈可以稳定输出电压，电流负反馈可以稳定输出电流，即提高放大倍数的稳定性。负反馈对放大倍数稳定性的定量化影响分析如下。

由式（3–5）可知

$$A_f = \frac{A}{1 + AF} \tag{3-22}$$

对上式求导可得

$$\frac{dA_f}{A_f} = \frac{1}{1 + AF} \cdot \frac{dA}{A} \tag{3-23}$$

由式（3–23）可知，A_f的相对变化量是A的相对变化量的1/（1+AF）倍，也就是说引入负反馈后，放大倍数的稳定性提高了1+AF倍。

（二）减少非线性失真

由于放大电路中存在晶体管等非线性器件，其输出与输入往往不是线性关系，出现了非线性失真。引入负反馈可以改善非线性失真，改善过程如下：设放大电路的输入信号是正负半周对称的正弦波，无反馈的情况下，电路中的非线性失真使得输出信号正半周小、负半周大，如图3–13所示。加上负反馈之后，输出信号作为反馈信号反馈到输入端，与输入信号相减，净输入信号是一个正半周大、负半周小的波形，此波形经过放大，放大电路的非线性失真使其正半周小、负半周大，减小了正负半周之间的差异，从而减少了非线性失真，如图3–14所示。

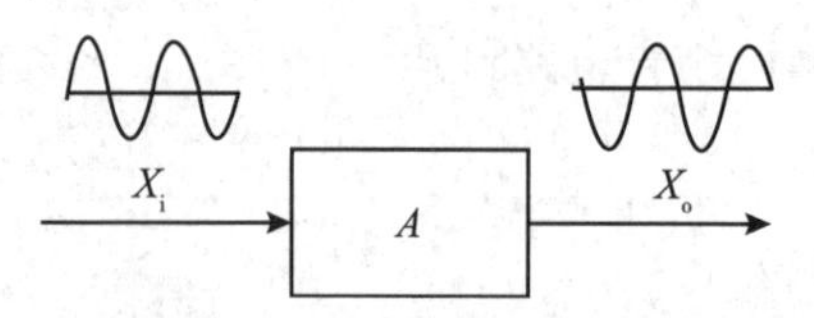

图3-13　无反馈时信号波形

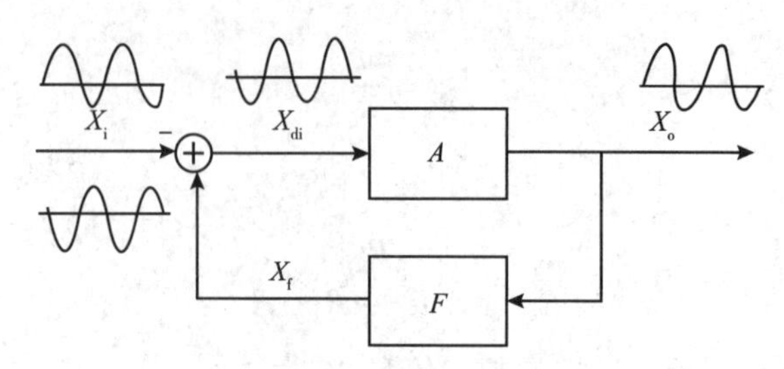

图3-14　有反馈时信号波形

通过仿真软件EveryCircuit搭建未引入负反馈的双极型晶体管放大电路，电路元件连接及参数如图3-15所示，信号源产生直流偏置为1V、幅值为0.2V、频率为200Hz的正弦波信号。该电路仿真得到的波形如图3-16所示，可以看到此时放大电路的输出信号存在明显的失真。

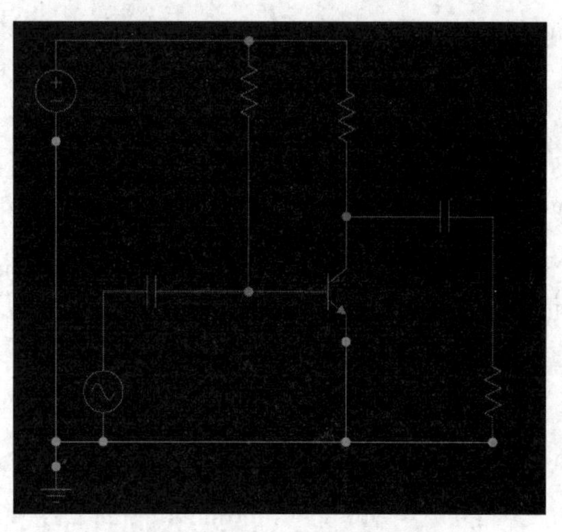

图3-15　未引入负反馈的放大电路

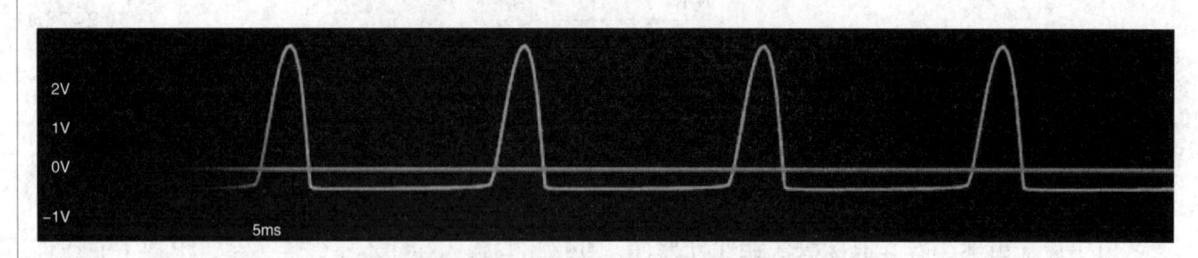

图3-16　未引入负反馈时放大电路的输出波形

保持电路其他参数不变，给该电路晶体管的发射极加上反馈电阻，如图3-17所示，输出波形的失真明显改善了，如图3-18所示。从图3-16和图3-18可以看出，引入负反馈改善非线性失真的同时，输出信号的幅值也减小了，因此负反馈是以牺牲放大倍数来稳定放大倍数、改善非线性失真。

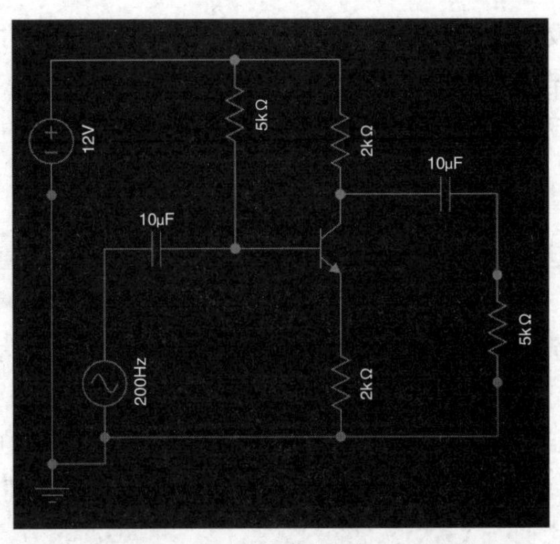

图3-17　引入负反馈的放大电路

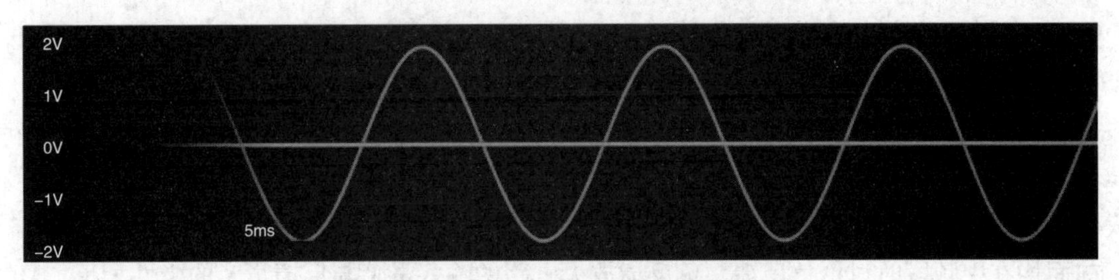

图3-18　引入负反馈后放大电路的输出波形

需要注意的是，负反馈只能减少反馈环内器件本身产生的非线性失真，对于输入信号本身存在的非线性失真是无效的。

（三）扩展频带

对于阻容耦合放大电路，放大倍数在信号处于低频区和高频区时会有所下降，使得低频区和高频区放大倍数小，中频区放大倍数大。引入反馈之后，放大电路在中频区的输出信号大，因此反馈信号也大，放大电路的净输入量有明显的下降，电路的放大倍数也明显下降；相反地，低频区和高频区的信号因为本身放大倍数小，输出电压小，反馈量也小，因此净输入量较中频区下降的少，放大倍数降低的少。放大电路的上限频率升高，下限频率下降，从而扩展了通频带。反馈越深，通频带扩展的越宽。

（四）改变输入电阻和输出电阻

负反馈在输入端的叠加形式（串联反馈或并联反馈）是放大电路的输入电阻改变的原因，负反馈在输出端的采样方式（电压反馈或电流反馈）是放大电路的输出电阻改变的原因。

1.串联负反馈使输入电阻增大　串联负反馈使反馈量与输入量串联连接，等效输入电阻相当于原开环时输入电阻与反馈电阻串联，从而增大了输入电阻。引入串联负反馈后，输入电阻是原来开环时输入电阻的$1+AF$倍。

2.并联负反馈使输入电阻减小　并联负反馈使反馈量与输入量并联连接，等效输入电阻相当于原开环时输入电阻与反馈电阻并联，从而减小了输入电阻。引入并联负反馈后，输入电阻是原来开环时输入电阻的$1/(1+AF)$倍。

3.电压负反馈使输出电阻减小　电压负反馈电路具有恒压源特性，为稳定输出电压，输出电

阻必然减小，引入电压负反馈之后，输出电阻是原来开环时输出电阻的1/（1+AF）倍。

4.电流负反馈使输出电阻增大 电流负反馈电路具有恒流源特性，为稳定输出电流，输出电阻必然增大，引入电流负反馈之后，输出电阻是原来开环时输出电阻的1+AF倍。

（五）引入负反馈的一般原则

1.根据要稳定的量来选择负反馈 若要稳定静态工作点，则引入直流负反馈；若要稳定交流量，则引入交流负反馈。

2.根据信号源的性质选择串联负反馈还是并联负反馈 当信号源为恒压源时，选择串联负反馈；当信号源为恒流源时，选择并联负反馈。

3.根据负载对输出电阻的要求选择电压负反馈还是电流负反馈 当负载需要稳定的电流信号时，选择电流负反馈；当负载需要稳定的电压信号时，选择电压负反馈。

五、负反馈放大电路的自激振荡

（一）自激振荡产生的原因及条件

负反馈对放大电路性能的改善程度由反馈深度1+AF决定，反馈越深，改善效果越好。然而，当反馈过深时却会适得其反，不但不能改善放大电路的性能，还会产生"自激振荡"。所谓自激振荡即在输入端不加信号的情况下，输出端也会输出具有一定频率和幅度的信号，输出信号不受输入信号控制，失去了放大作用。

前面均在中频段时讨论负反馈，负反馈放大电路的输入量X_i与反馈量X_f的极性相反，X_f削弱了净输入量X_{di}，放大电路的输出信号减小。但当频率在高频段或低频段时，X_f会产生附加的相移，在附加相移达到180°时，X_f与X_i相位相同，净输入量等于两者之和，负反馈变成了正反馈。经过多次放大，即使将X_i去掉，也有信号输出。

产生自激振荡时，即使$X_i=0$也有输出信号，即

$$X_{di} = X_i - X_f = -X_f \tag{3-24}$$

结合公式（3-1）和（3-3）可知

$$X_o = AX_{di} = -AX_f = -AFX_o \tag{3-25}$$

由式（3-25）化简可知，自激振荡产生的条件为

$$AF = -1 \tag{3-26}$$

AF是一个复数，可将式（3-26）拆解为自激振荡的幅值平衡条件（3-27）和相位平衡条件（3-28）

$$|AF| = 1 \tag{3-27}$$

$$\varphi A + \varphi F = (2n+1)\pi,\ n = 0,1,2,\cdots \tag{3-28}$$

（二）自激振荡的消除方法

要消除自激振荡，最简单的方法是减小反馈的深度，但反馈深度的下降不利于电路性能的改善。为了既不减少反馈深度又能消除自激振荡，可以在放大电路中加入R、C元件组成的校正电路。它可以使高频放大倍数衰减较快，破坏自激振荡形成的幅值平衡条件，使$|AF|<1$，使电路稳定工作。

第三节　差分放大电路

生物医学放大电路多使用直接耦合方式组成多级放大电路，直接耦合方式放大电路虽然低频特性好，放大倍数大，但容易受到外界环境的干扰，并将干扰的影响在级间放大，给信号带来较大的误差，为了解决这个问题，直接耦合方式多级放大电路一般采用差分放大电路的连接方式。这一节重点介绍差分放大电路。

一、放大电路中的零点漂移

零点漂移，简称零漂，指的是放大电路的输入信号为零时，输出信号却不为零的现象。引起零点漂移的原因主要是温度引起的半导体器件参数的变化，这种变化使放大电路的静态工作点漂移，并往下一级传递，逐渐放大，造成输出端产生较大的输出信号。因此零点漂移也称为温度漂移，简称温漂。温漂的存在使有用信号淹没在噪声中，温漂很大时电路无法正常工作。因此，抑制温度漂移对直接耦合式放大电路非常重要。

抑制零点漂移的措施主要有两种：引入直流负反馈和采用差分放大电路。从上一节的内容可知，引入直流负反馈可以稳定静态工作点，在一定程度上抑制零点漂移。另外，多级放大电路的输入级常采用差分放大电路形式，采用特性相同的管子，使其受到的影响相互抵消，从而有效地抑制温度引起的零点漂移。

二、基本差分放大电路

（一）基本结构

基本差分放大电路是由两个对称的晶体管放大电路构成，这两个电路晶体管的特性完全相同，外接电阻、电源等也完全相同。差分放大电路只有在两个输入端的输入信号有差值时才有输出信号，也就是说，放大的是两个输入信号的差，因此称为差分放大电路。

基本差分放大电路如图3-19所示，双极型晶体管T_1与T_2的参数与特性相同，R_{c1}与R_{c2}的阻值和温度特性相同，T_1与T_2组成的放大电路共用正负电源与反馈电阻R_e，u_{i1}与u_{i2}是两个放大电路的输入电压，电路的输出u_o是两个放大电路的输出电压u_{o1}与u_{o2}之差。由电路结构可知，两个电路是完全对称的，因此温度对两个电路的影响也是完全相同的，当没有信号输入时，由温度引起的零点漂移相当于给两个电路同时加上了完全相同的输入电压（$u_{i1}=u_{i2}$），此时两个电路的输出电压相同（$u_{o1}=u_{o2}$），差分放大电路的输出u_o（$u_o=u_{o1}-u_{o2}$）为零。可见，差分放大电路可以抑制温度漂移。

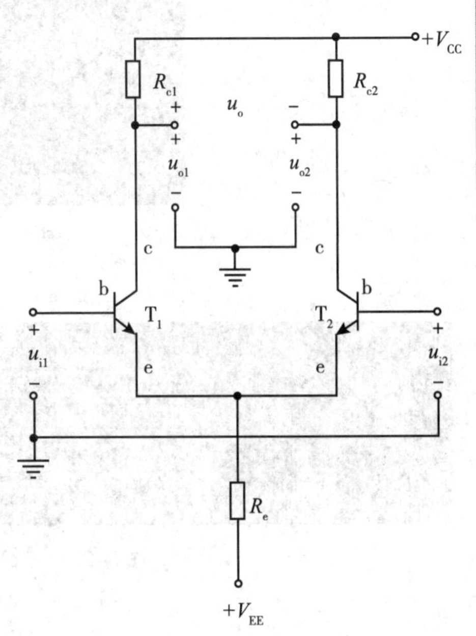

图3-19　基本差分放大电路

在实际的应用中，两个器件之间很难做到完全相同，因此还需要给电路加上反馈电阻R_e来稳定静态工作点，减小零点漂移引起的输出电压u_o。差分放大电路的对称

性和负反馈电阻R_e的引入共同抑制了零点漂移。

（二）共模输入

一般称大小相等、极性相同的两个输入信号为共模信号，对应的输入方式称为共模输入。一般由环境温度变化等引起的零点漂移对差分放大电路两个输入端的影响是相同的，相当于共模输入信号。由前面的分析可知，在参数理想对称的情况下，对于共模输入信号，差分放大电路的共模输出信号为零，从而实现了共模信号的抑制作用。共模放大倍数用A_c表示，在理想对称的情况下，A_c=0。

另外，一对共模信号放大后在反馈电阻R_e上产生极性相同的两个电流，R_e的电流等于两者之和，R_e上因此形成反馈电压u_e，u_e使两个放大电路的b-e间输入电压减小，从而使输出电压u_o减小。所以，即使在电路不是理想对称的情况下，图3-19所示的差分放大电路也可以通过负反馈来抑制共模干扰信号。R_e的阻值越大，反馈效果越好，对共模信号的抑制作用也越强。

用仿真软件EveryCircuit搭建共模输入的差分放大电路如图3-20所示，电路元件连接与参数设置如图中所示，两个信号源产生的信号波形完全相同，均为直流偏置为0V、幅值为1V、频率为1kHz的正弦波信号。图3-21所示是该电路的共模输入信号的波形和输出信号波形。从图中可以看出一对共模输入信号的波形大小与极性都相等，所以波形完全重叠，差分放大电路对共模信号具有抑制作用，输出信号为零。

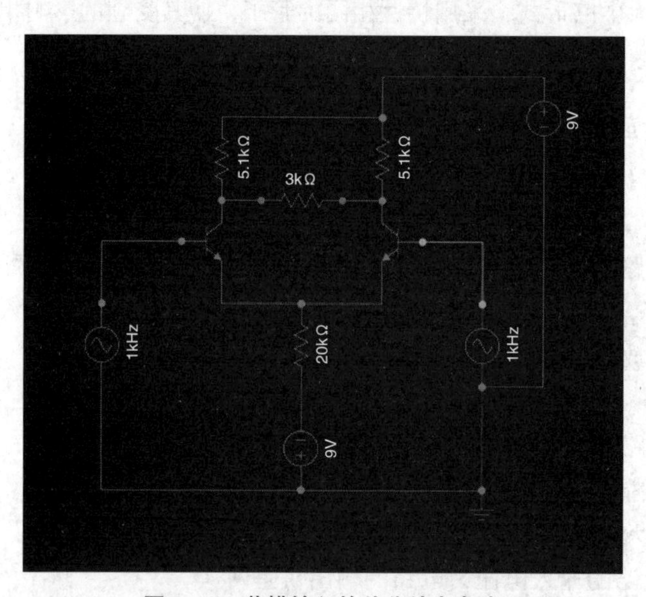

图3-20　共模输入的差分放大电路

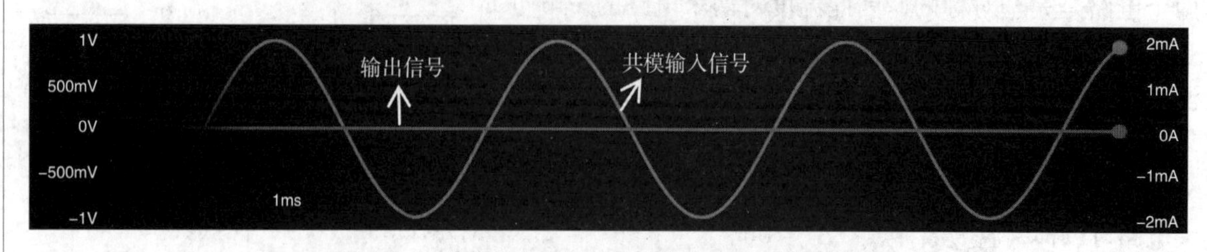

图3-21　差分放大电路的共模输入信号和输出信号

（三）差模输入

一般称大小相等、极性相反的两个输入信号为差模信号，对应的输入方式称为差模输入。在

图3-22所示中，将输入信号u_i分成大小相等、极性相反的两部分（u_{i1}与u_{i2}），以差模输入的方式接入差分放大电路。因为u_{i1}与u_{i2}大小相等、极性相反，所以两个放大电路的输出u_{o1}与u_{o2}也是大小相同、极性相反，因此差分放大电路的输出u_o的大小是u_{o1}与u_{o2}的大小之和，从而实现了对差模信号的放大，差模放大倍数用A_d表示。不难看出，两个晶体管放大电路都只放大了输入信号u_i的一半，因此差分放大电路虽然用了两个晶体管，但与单管放大电路的输出信号大小相同，差分放大电路是牺牲了一只晶体管的放大倍数来抑制零点漂移。

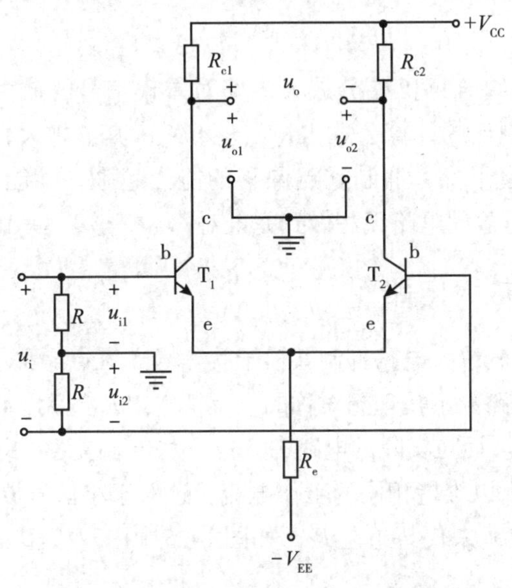

图3-22　差分放大电路的差模输入方式

一对差模信号放大后在反馈电阻R_e上产生大小相同、极性相反的两个电流，两个电流两两抵消，R_e因此不会形成反馈电压，对输出电压u_o没有影响。

用仿真软件EveryCircuit搭建差模输入的差分放大电路如图3-23所示，电路元件连接与参数设置如图中所示，信号源产生直流偏置为3V、幅值为1V、频率为1kHz的正弦波信号。图3-24所示是该电路的一对差模输入信号的波形和输出信号波形。从图中可以看出差模输入信号的波形是大小相等、极性相反的，差分放大电路对差模信号具有放大作用，输出信号不为零。

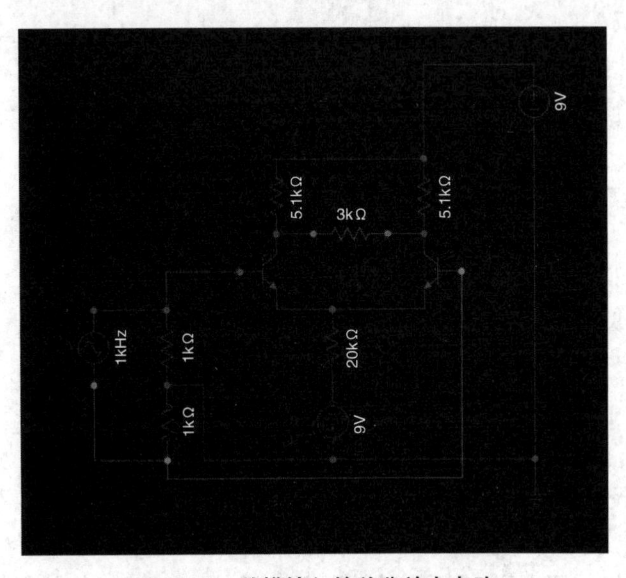

图3-23　差模输入的差分放大电路

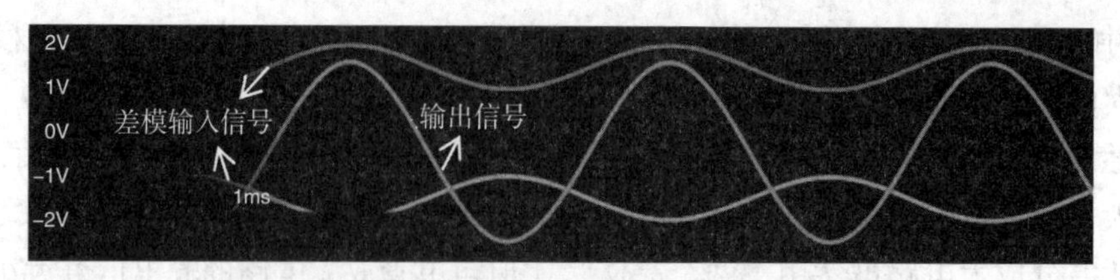

图3-24　差分放大电路的差模输入信号和输出信号

（四）共模抑制比

用共模抑制比（K_{CMR}）综合评价差分放大电路对差模信号的放大作用（A_d）和对共模信号的抑制作用（A_c）。共模抑制比的计算公式为$K_{CMR} = A_d/A_c$，其值越大，说明差分放大电路分辨差模信号的能力越强，抗共模干扰、抑制零点漂移的能力越强，性能越好。理想状态下，$A_c=0$，$K_{CMR}=\infty$，而在实际中，差分放大电路无法做到完全对称，一般$K_{CMR}=10^3\sim10^6$。

三、恒流源式差分放大电路

从前面的分析可知，差分放大电路抑制共模干扰信号（零点漂移）需要依靠电路的对称性和反馈电阻R_e来实现。由于电路并不是理想对称的，反馈电阻R_e越大，电路的共模抑制比越大，对共模信号的抑制作用就越好。而在实际的电路中，R_e很大会给电路的集成化制作带来一定的困难，而且电源V_{EE}也需要随之增大以维持相同的工作电流，这对于小信号放大电路是不合理的。因此，差分放大电路一般采用恒流源来代替电阻R_e，如图3-25中由双极型晶体管T_3与电阻R_1、R_2和R_3组成的恒流源电路。

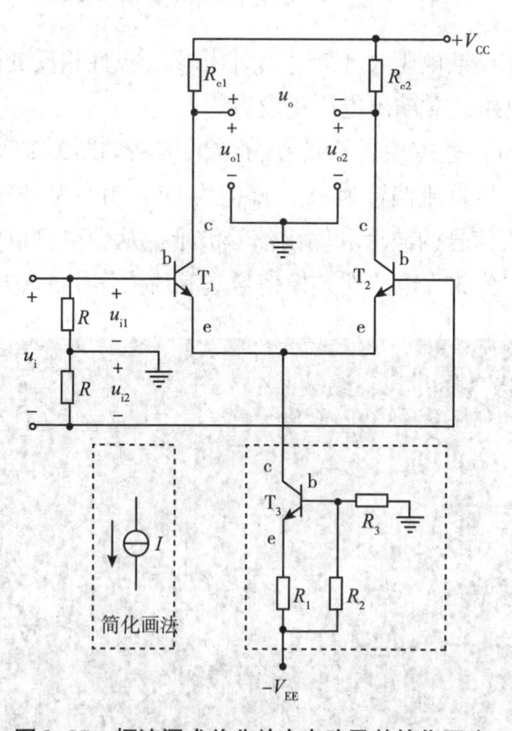

图3-25　恒流源式差分放大电路及其简化画法

电阻R_2和R_3给双极型晶体管T_3提供了恒定的基极偏置电压u_{be}，R_1引入了电流负反馈，从而使T_3有一个恒定的集电极电流i_c，不受温度影响。由双极型晶体管输出特性曲线放大区的特点可知，集电极电流i_c在基极偏置电压u_{be}不变的情况下，即使u_{ce}变化也依然保持不变。因此，集电极

电流i_c具有恒流源特性，恒流源的内阻无穷大，所以从T_3及集电极看进去，该恒流源电路相当于一个阻值无穷大的电阻。即恒流源式差分放大电路相当于给T_1和T_2的发射极接了一个阻值无穷大的电阻，对共模信号的负反馈作用无穷大，抑制作用也无穷大，因此使电路的共模放大倍数A_c接近于0，共模抑制比K_{CMR}接近于∞。

需要注意的是，电路的不对称性依然会对K_{CMR}产生影响，所以在实际电路中需要尽量使电路对称。

四、差分放大电路的输入输出方式

在差分放大电路中，当输入信号从一个输入端输入时称单端输入，从两个输入端输入称双端输入；当输出信号从一个输出端输出，称为单端输出，从两个输出端输出称为双端输出。前面所说的差分放大电路中，输入信号是从两个输入端之间输入，输出信号是从两个输出端之间输出，因此也称为双端输入、双端输出式差分放大电路。除此之外，差分放大电路还有其他三种输入输出方式，分别为：双端输入、单端输出；单端输入、双端输出；单端输入、单端输出。

（一）双端输入、单端输出

如图3-26所示的双端输入、单端输出式差分放大电路中，输出电压仅从T_1管的输出端取出，因此与双端输出方式相比减少了一半，放大倍数也减少了一半。单端输出方式的电路结构已不对称，无法利用电路的对称性抑制零点漂移，需要依靠负反馈来稳定工作点，抑制零点漂移，保证电路的正常工作。

在图3-26的电路中，从T_1管单端输出的电压与输入电压反向，从T_2管单端输出的电压与输入电压同向。

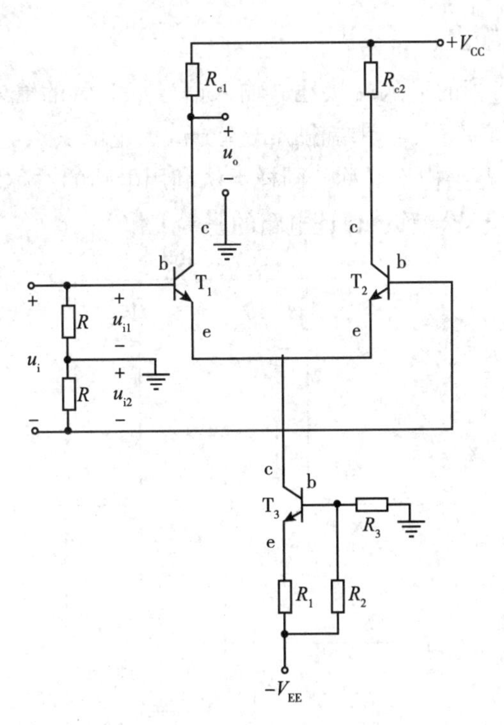

图3-26　双端输入、单端输出式差分放大电路

（二）单端输入、双端输出

图3-27所示电路中，T_2管的输入端接地，输入信号从T_1管的输入端输入，输出信号从两个输出端之间输出，因此为单端输入、双端输出式差分放大电路。事实上，此时输入信号U_i平均分配

在T_1和T_2管的输入端，依然是大小相等、方向相反（$U_i/2$，$-U_i/2$）的差模信号。因此，单端输入、双端输出方式与双端输入、双端输出方式的放大倍数相同，也同样具有通过电路的对称性抑制零点漂移的作用。

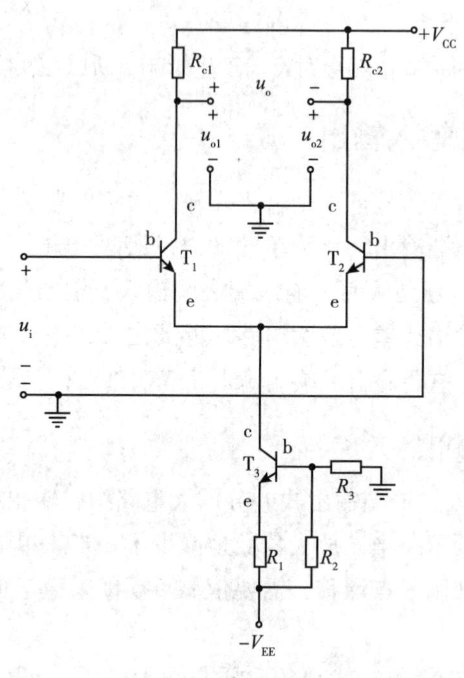

图3-27　单端输入、双端输出式差分放大电路

（三）单端输入、单端输出

图3-28所示电路中，T_2管的输入端接地，输入信号从T_1管的输入端输入，输出信号仅从T_1管的输出端输出，因此为单端输入、单端输出式差分放大电路。该电路的放大倍数与双端输入、单端输入方式相同，由于电路结构不对称，同样无法利用电路的对称性抑制零点漂移，需要依靠负反馈来稳定工作点，抑制零点漂移，保证电路的正常工作。

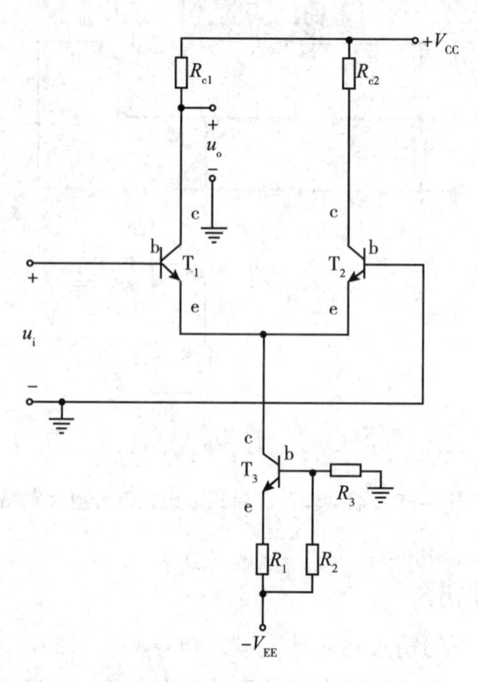

图3-28　单端输入、单端输出式差分放大电路

PPT

第四节　功率放大电路

放大电路的最终目的是要输出足够大的电压或者电流，以驱动执行单元的工作，如使扬声器发出声音、继电器动作、电机转动等。所以在多级放大电路中，末级或次末级通常都是采用功率放大器。

一、特点

功率放大电路的任务是向负载提供足够大的功率，要求功率放大电路不仅要输出足够高的电压，还要能输出足够大的电流，所以需要满足以下几个特点。

1.输出功率大　功率放大电路要输出足够大的功率，才能驱动负载工作，它不仅要输出足够高的电压，而且还要能输出足够大的电流，因此作为功率放大的双极型晶体管往往工作在极限状态下。在强信号状态下工作的双极型晶体管，不再适用用微变等效电路分析方法进行分析和计算，而是要用图解法进行分析。

2.非线性失真小　在强信号状态下工作的双极型晶体管，容易进入饱和状态或截止状态，产生非线性失真，所以要求功率放大电路的非线性失真要小，非线性失真要限制在负载容许的范围内。

3.工作效率要高　由于功率放大电路的输出功率大，所以工作效率是一个必须要考虑的问题。如果效率不高，电能利用率低，不仅浪费能源，而且会导致双极型晶体管的无用功耗太大，使电路工作不稳定甚至被烧坏，所以功率放大电路的工作效率要高，同时还要考虑双极型晶体管的散热问题。

二、工作状态

根据静态工作点的设置不同，功率放大电路有三种工作状态。

1.甲类　当功率放大电路的静态工作点设置在交流负载线的中间时，功率放大电路工作在甲类工作状态，如图3-29（a）所示。由于甲类功率放大电路静态工作点设置在交流负载线的中间，输入信号无论正负，双极型晶体管都工作在放大区，不容易产生非线性失真。但双极型晶体管中都有较大的静态工作电流，要消耗较大的无用功率，因此甲类功率放大电路效率比较低。

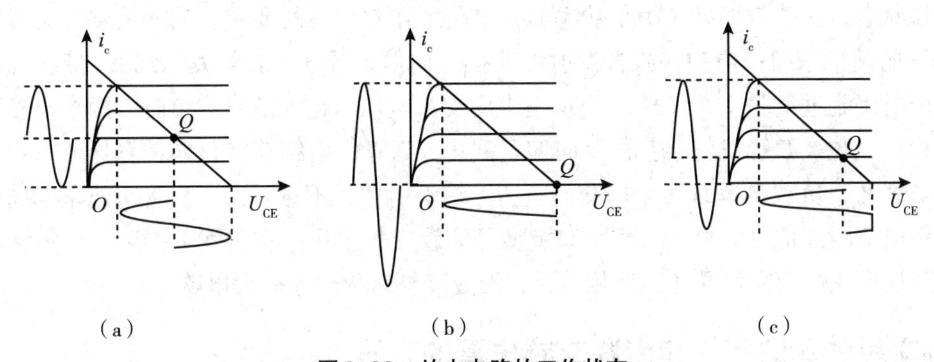

图3-29　放大电路的工作状态

2.乙类　当功率放大电路的静态工作点设置在截止点时，功率放大电路工作在乙类工作状态，如图3-29（b）所示。由于乙类功率放大电路静态工作点设置在截止点上，理论上静态工作电流为零，输入信号为零时没有能量的消耗，效率很高。但是，输入信号为正时能正常放大，如

果输入信号为负时，双极型晶体管进入截止状态，没有信号输出，导致非线性失真严重。

3. 甲乙类 当功率放大电路的静态工作点设置在甲类和乙类之间时，功率放大电路工作在甲乙类工作状态，如图3-29（c）所示。功率放大电路工作在甲乙类工作状态时，效率和非线性失真均介于甲类和乙类之间。

三、结构及工作原理

为了克服以上电路的缺点，功率放大电路一般采用互补对称功率放大电路，简称互补功率放大电路。功率放大电路通常采用互补对称功率放大电路，互补对称功率放大电路有多种不同的结构，但工作原理大致相同，下面用无输出电容（Output Capacitorless，OCL）互补对称功率放大电路进行说明。

1.OCL互补对称功率放大电路的结构 如图3-30所示，T_1是一个NPN型双极型晶体管，T_2是一个PNP型双极型晶体管，两个双极型晶体管的参数完全对称，称为互补管。T_1管的集电极连接$+V_{CC}$，T_2管的集电极连接$-V_{CC}$；两个双极型晶体管的基极连接在一起，作为信号的输入端；两个双极型晶体管的发射极也连接在一起，作为信号的输出端。

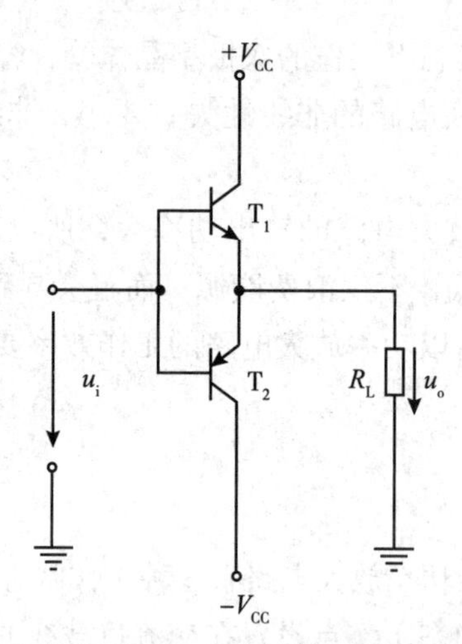

图3-30 OCL互补对称功率放大电路

2.OCL互补对称功率放大电路的工作原理 由于两个双极型晶体管均没有基极偏置，当输入端没有信号输入时，两个双极型晶体管均没有基极电流，处于截止状态，两个双极型晶体管均处于乙类工作状态，工作效率高，满足功率放大电路工作效率高的要求。输入信号为正时，两个双极型晶体管的基极获得高电位，T_1管发射结获得正向偏置导通，T_2管发射结获得反向偏置截止，T_1管发射极电流流过负载R_L，负载R_L呈现正半周交流电压。输入信号为负时，两个双极型晶体管的基极获得低电位，T_1管发射结获得反向偏置截止，T_2管发射结获得正向偏置导通，T_2管发射极电流流过负载R_L，负载R_L呈现负半周交流电压。综上所述，不难看出，T_1管完成正半周信号的放大，T_2管完成负半周信号的放大，两个双极型晶体管交替工作，在负载上得到一个完整的输出电压，两个双极型晶体管交替导通，互相补充，形成互补对称功率放大电路。

四、交越失真的产生和消除交越失真的方法

1. 交越失真产生的原因 通过仿真软件EveryCircuit构造电路，把双极型晶体管放大倍数设为100，电源电压设为12V，R_L设为8Ω，输入信号设为2V，1000Hz，得到如图3-31的结果，图中正弦图像是输入波形，有明显失真的图像是输出波形，可以看出输出信号出现失真，这种失真称

为交越失真，它是由于两个双极型晶体管都没有基极偏置电压，当输入电压低于双极型晶体管发射结的死区电压时，信号得不到正常的放大，在零电位的附近产生的失真。

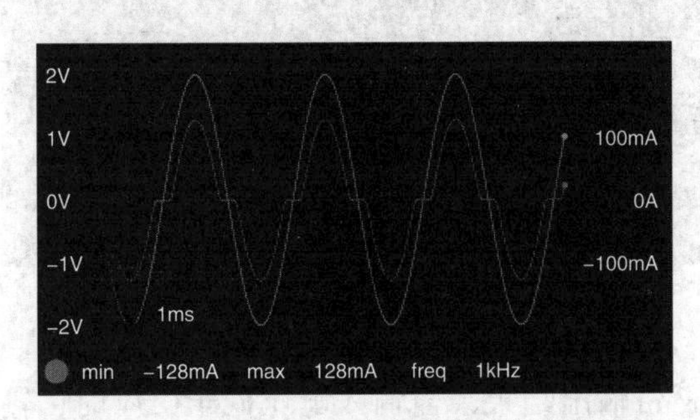

图3-31　OCL互补对称功率放大电路的交越失真

微课

根据表3-1设置输入电压，观察不同电压下交越失真的情况。

表3-1　电压设置参数

u_{i1}	u_{i2}	u_{i3}	u_{i4}	u_{i5}	u_{i6}	u_{i7}
0.4V	0.6V	0.8V	1.0V	2.0V	4.0V	8.0V

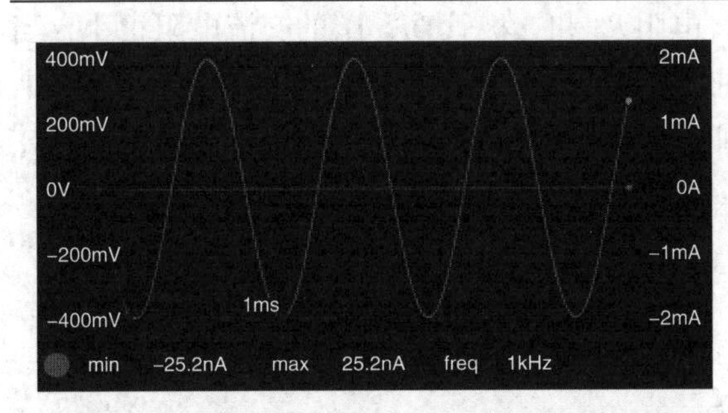

图3-32　输入电压为0.4V时的输入和输出比较

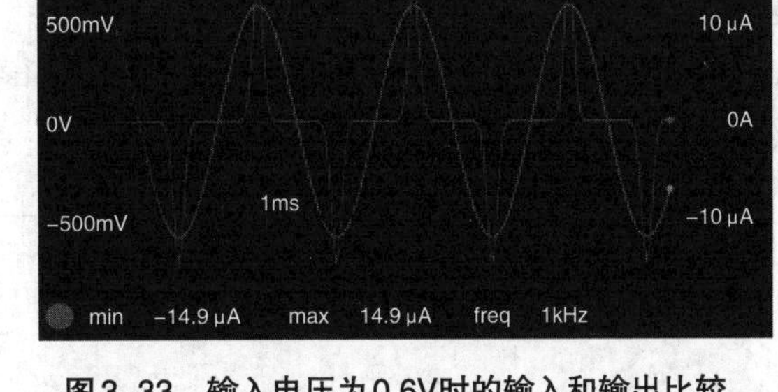

图3-33　输入电压为0.6V时的输入和输出比较

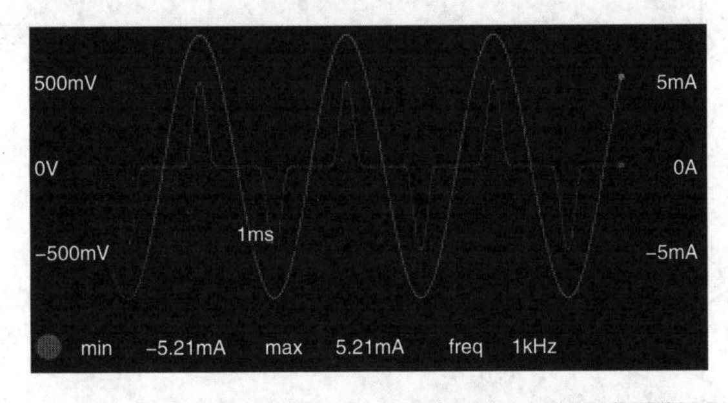

图3-34　输入电压为0.8V时的输入和输出比较

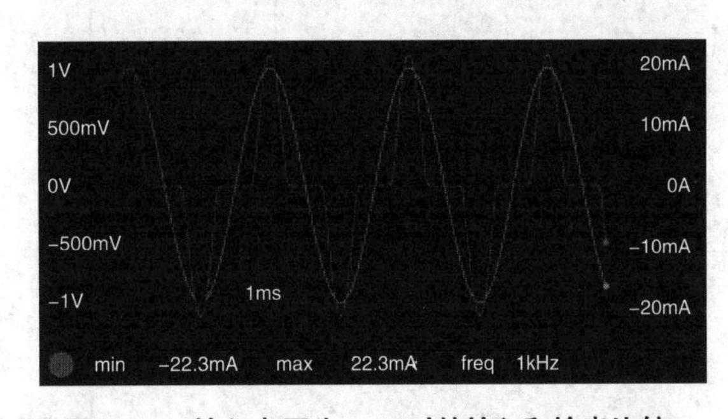

图3-35　输入电压为1.0V时的输入和输出比较

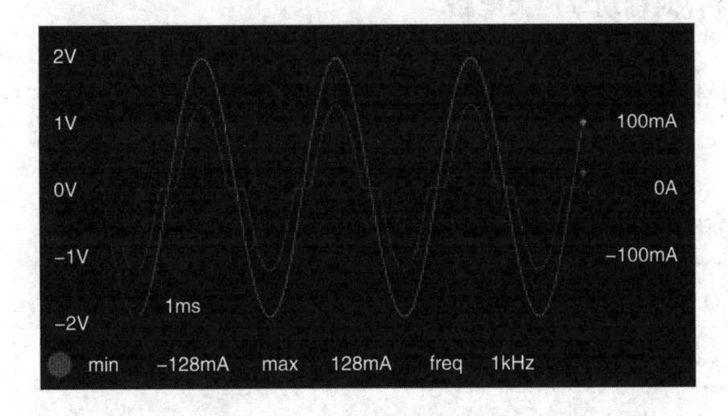

图3-36　输入电压为2.0V时的输入和输出比较

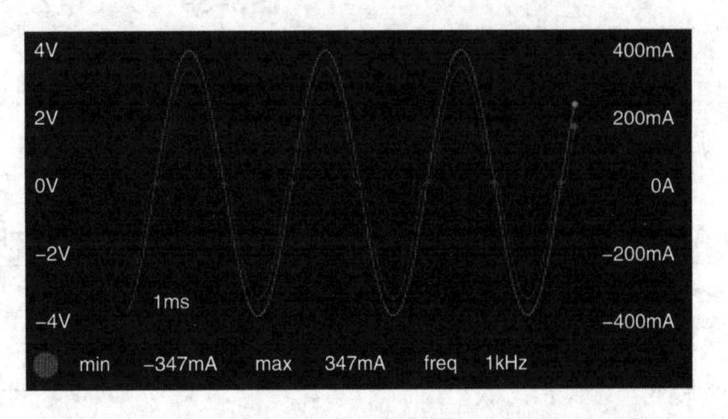

图3-37　输入电压为4.0V时的输入和输出比较

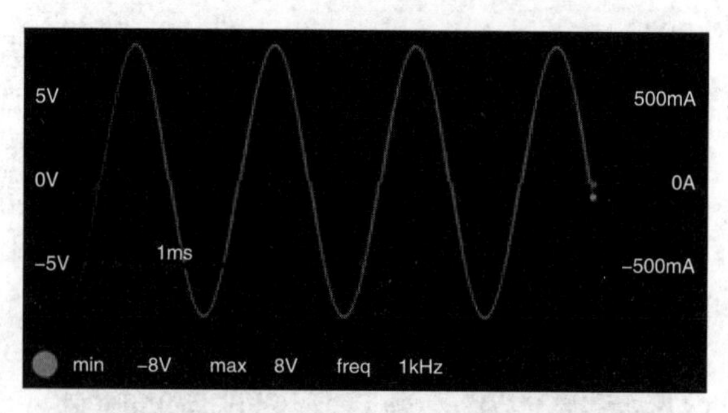

图3-38 输入电压为8.0V时的输入和输出比较

通过仿真软件EveryCircuit输出结果，当输入电压低于0.5V时，输出为零，如图3-32所示。通过图3-32到图3-38的对比，不难知道，输入电压越高，在一个周期内低于死区电压的时间越少，交越失真越小。

2.消除交越失真的方法 交越失真是由于双极型晶体管没有基极偏置电压而产生的，如果通过一定的方式给两个双极型晶体管适当的偏置电压，让双极型晶体管工作在甲乙类工作状态，就能消除交越失真，如图3-39所示。其工作原理为：当输入电压为零时，从$+V_{CC}$经过R_{B1}、R_B'、D_1、D_2、和R_{B2}到$-V_{CC}$形成一个直流通路，二极管D_1和D_2导通，为双极型晶体管T_1和T_2提供一个偏置电压，使双极型晶体管T_1和T_2处于临界导通状态。电阻R_B'和二极管D_1、D_2的交流电阻很小，当输入电压为正时，T_1导通，T_2截止，T_1完成正半周信号的放大；当输入电压为负时，T_2导通，T_1截止，T_2完成负半周信号的放大。如果T_1和T_2得到的偏置电压恰好等于双极型晶体管发射结的死区电压，即可消除交越失真现象。

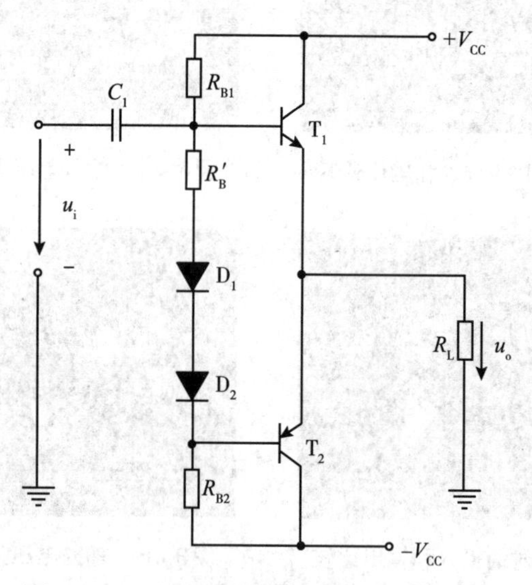

图3-39 OCL甲乙类互补对称功率放大电路

利用仿真软件EveryCircuit按图3-39电路图构建OCL甲乙类互补对称功率放大电路，按表3-2调节元件参数。

表3-2 图3-39电路元件参数

u_i	f	R_1	R_2	R_B'	R_L	$+V_{CC}$	$-V_{CC}$
100mA	1kHz	10kΩ	10kΩ	100Ω	8Ω	12V	-12V

通过仿真软件EveryCircuit得到的波形如图3-40所示，输出波形没有交越失真。改变输入电压，无论电压多低（软件支持最小到1mV）都没有交越失真，说明OCL甲乙类互补对称功率放大电路能有效地消除交越失真（当输入电压过高时会出现饱和失真）。

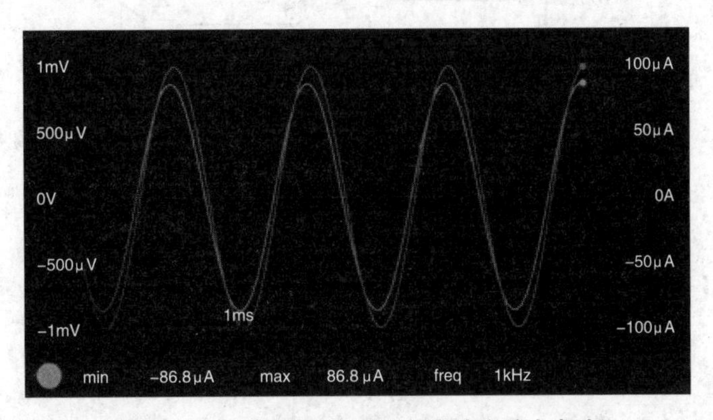

图3-40　OCL甲乙类互补对称功率放大电路

五、集成功率放大电路

集成功率放大电路具有效率高、功率大、体积小、性能稳定、使用方便等优点。集成功率放大电路的型号多样，使用广泛，下面以常用的音频集成功率放大电路LM386为例进行说明。

1. 集成功率放大电路的结构　音频集成功率放大电路LM386是一个多级放大电路，其输入级是一个差分放大电器，抗干扰能力强；中间级是共发射极放大电路，电压放大倍数高；输出级是OCL互补对称功率放大电路，输出功率大，图3-41（a）是LM386的实物图，图3-41（b）是LM386的引脚图。引脚3是同相输入端，引脚2是反相输入端，引脚5是信号输出端，引脚6接电源，引脚4接地，引脚7通过旁路电容接地，引脚1和引脚8之间串接电容和电位器，通过调节电位器改变输出功率的大小。

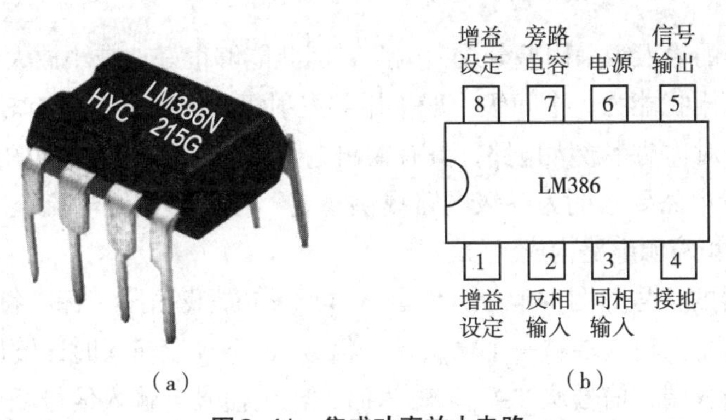

图3-41　集成功率放大电路

2. 集成功率放大电路的应用　音频集成功率放大电路LM386的典型应用电路如图3-42所示，音频信号通过电位器分压后输入同相输入端，反相输入端接地，7脚通过旁路电容接地，1和8脚之间串联电容器和电位器，调节电位器可以改变电压放大倍数，输出端通过耦合电容与负载连接。当1和8脚之间开路时，A_u=20；当R_W=0时，A_u=200。

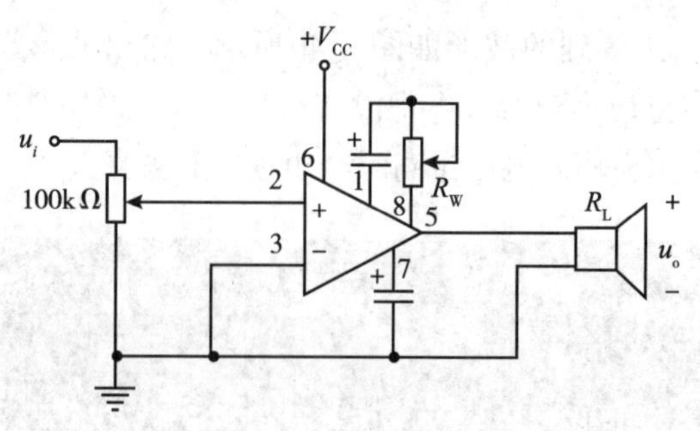

图3-42　LM386的典型应用电路

PPT

第五节　集成运算放大器电路

集成运算放大器（简称集成运放）采用多级直接耦合，是将整个放大器的元件及连线集中制作在一个硅片上形成的放大电路。与分离元件构成的放大电路相比，具有性能稳定、可靠性高、使用寿命长、占用面积小等优点，它的特点是放大倍数大、输入电阻大、输出电阻小，它不仅可以放大信号，还可以实现加、减、积分和微分等运算。

一、组成

集成运算放大器一般由输入级、中间级、输出级和偏置电路构成，其结构如图3-43所示。

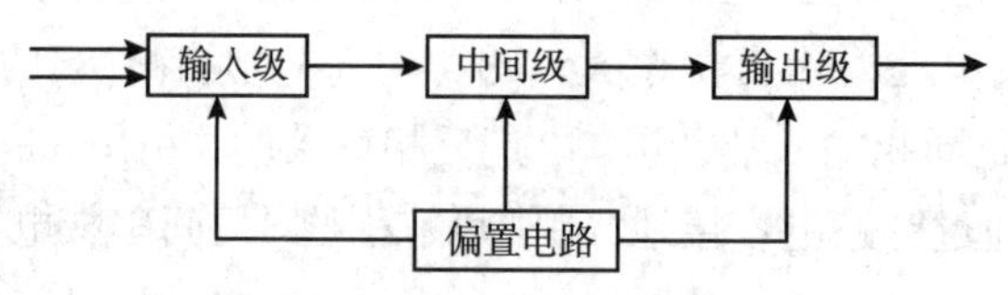

图3-43　集成运算放大器的结构

集成运算放大器的输入级采用差分放大电路，因此能够很好地减小放大电路的零点漂移，提高输入阻抗和抗共模干扰能力。中间级一般采用共发射极放大电路，具有较好的电压放大能力。输出级通常采用互补对称功率放大电路，具有输出电阻小、带负载能力强的优点，能输出足够大的电压和电流。偏置电路要求能为各级电路提供稳定、合适的偏置电流，决定各级的静态工作点，因此通常由各种恒流源电路构成。

集成运算放大器的符号如图3-44所示，图3-44（a）是我国国家标准符号，图3-44（b）为国际流行符号。它有两个输入端和一个输出端，信号从"+"端输入时，输出信号与输入信号相位相同，称为同相输入端，信号从"–"端输入时，输出信号与输入信号相位相反，称为反相输入端。

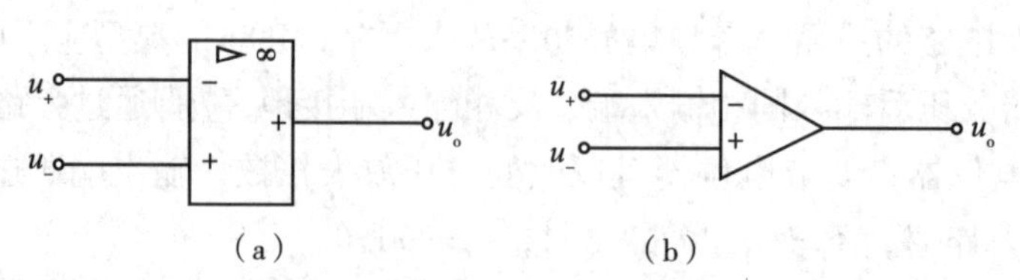

图3-44　集成运算放大器的符号

集成运算放大器的型号和种类较多，但结构上大同小异。下面用通用型集成运算放大器μA741为例，介绍它的内部结构和引脚功能，μA741的实物图和引脚图如图3-45所示，图3-45（a）

是实物图，图3-45（b）是引脚图。它是一个有8支引脚的集成电路，引脚2是反相输入端，引脚3是同相输入端，引脚6是输出端，引脚7是正电源端，引脚4是负电源端，引脚1和引脚5是外接调零端，在没有输入信号时，若输出不为零，可以调节连接在引脚1和引脚5之间的电位器，使输出为零，引脚8是空脚，使用时可悬空。

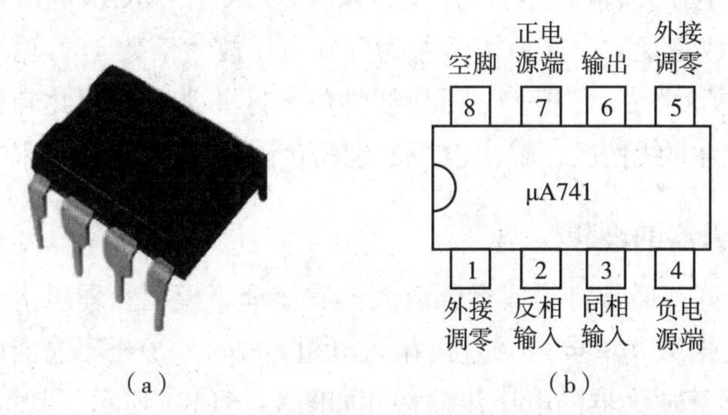

图3-45　集成运算放大器的实物图和引脚图

二、主要性能指标

（一）开环电压放大倍数A_{od}

开环电压放大倍数是指集成运算放大器没有接反馈电路时差模电压的放大倍数，即

$$A_{od}=\left|\frac{\Delta U_{od}}{\Delta U_{id}}\right| \tag{3-29}$$

目前，高增益集成运算放大器的开环电压放大倍数可以达到10^7以上。由于开环电压放大倍数数值太大，所以常用分贝形式表示，即

$$A_{od}(dB)=20\lg(A_{od}) \tag{3-30}$$

集成运算放大器的增益比较大，通常在60~100dB范围内。

（二）差模输入电阻r_{ii}

差模输入电阻是指集成运算放大器开环工作时，输入电压的变化量与输入电流的变化量的比值，是两个输入端之间的等效电阻，集成运算放大器差模输入电阻通常在几十千欧到几十兆欧之间。

（三）开环输出电阻r_o

开环输出电阻是指集成运算放大器开环工作时输出端对地的等效电阻，集成运算放大器的开环输出电阻通常在几十欧到几百欧之间。开环输出电阻越小，集成运算放大器带负载的能力越强。

（四）共模抑制比K_{CMR}

共模抑制比是指集成运算放大器开环工作时，差模电压放大倍数与共模电压放大倍数比值的绝对值，共模抑制比越大，说明集成运算放大器抑制噪声的能力越强。高性能集成运算放大器的共模抑制比可达60dB以上。

三、理想模型

（一）集成运算放大器的电压传输特性

集成运算放大器的电压传输特性可以用图3-46（a）表示。*BC*段为线性放大区，此段上输出电压与输入的差模电压成正比，电压放大倍数为开环电压放大倍数A_{od}，输出电压$u_o=A_d[u_i(+)-u_i(-)]$，由于集成运算放大器的A_{od}很大，所以线性放大区非常窄，因此开环工作时不能直接作放大器用。*AB*段和*CD*段为非线性区，输出电压分别为负限幅值$-U_{OM}$和正限幅值$+U_{OM}$。

（二）集成运算放大器的理想模型

为了方便分析和计算，通常将集成运算放大器看作理想模型。理想集成运算放大器的电路参数是：①开环电压放大倍数$A_{od}=\infty$；②差模输入电阻$r_{id}=\infty$；③开环输出电阻$r_o=0$；④共模抑制比$k_{CMR}=\infty$。理想集成运算放大器的电压传输特性如图3-46（b）所示，其特征是没有线性放大区，只输出正限幅值$+U_{OM}$和负限幅值$-U_{OM}$。

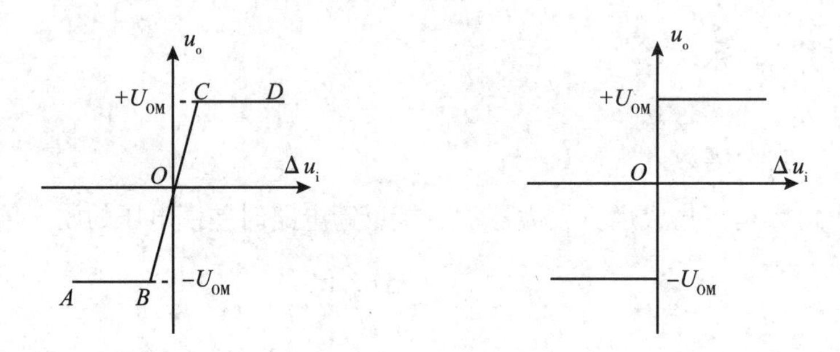

（a）实际集成运算放大器电压传输特性　　（b）理想集成运算放大器电压传输特性

图3-46　集成运算放大器电压传输特性

（三）理想集成运算放大器的两个重要结论

对集成运算放大器进行分析和计算时，要用到在负反馈放大电路中提到的关于集成运算放大器的两个重要结论"虚短"和"虚断"。

1. 虚短　由于理想集成运算放大器的开环电压放大倍数$A_{od}=\infty$，输出端输出的又是有限值，所以$u_+-u_-=0$，即$u_+=u_-$，也就是集成运算放大器的两个输入端电位相等，称为"虚短"。虚短不是真正的短路，只是在分析和计算集成运算放大器时认为两个输入端电压是相等的。

2. 虚断　由于理想集成运算放大器的差模输入电阻$r_{id}=\infty$，所以两个输入端的电流为0，即$i_+-i_-=0$，称为"虚断"。虚断不是真正的断路，只是输入端的电流极小，对集成运算放大器进行分析和计算时认为输入电流为零。

PPT

第六节　集成运算放大器的线性应用

当给集成运算放大器引入外部负反馈电路时，集成运算放大器形成闭环状态，工作在线性放大区域，输出与输入成正比；如果集成运算放大器工作在开环状态或引入正反馈时，则工作在饱和状态，输出正限幅值或负限幅值。本节主要讨论集成运算放大器的线性应用电路。在线性应用的学习中，要注意用"虚短"和"虚断"两个结论来分析和解决问题。

一、比例运算放大器电路

1.反相比例运算放大器电路 反相比例运算电路的结构如图3-47所示。输入电压经过R_1从反向输入端输入，反馈电阻R_F构成电压并联负反馈电路，使集成运算放大器工作在线性放大区。同相输入端与地之间接平衡电阻R_2，平衡电阻的阻值$R_2=R_1//R_f$，保证集成运算放大器输入端的对称。

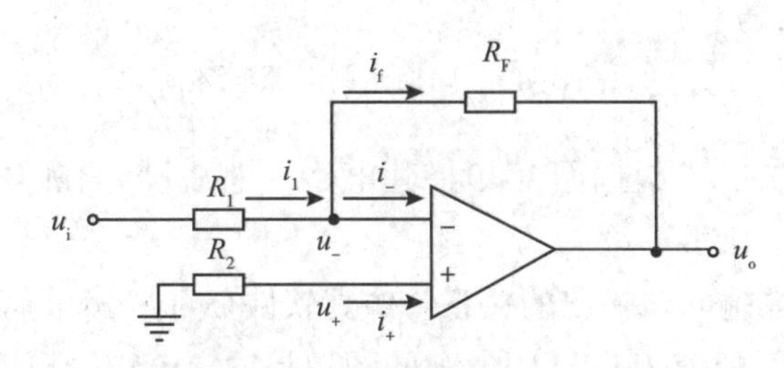

图3-47 反相比例运算电路

利用仿真软件EveryCircuit，根据图3-47构造电路，把R_1设为10kΩ，R_F设为30kΩ，R_2设为7.5kΩ，输入电压设为1V，1kHz。

2.反相比例运算放大器输入与输出的关系 仿真软件EveryCircuit输出的结果如图3-48所示，幅值小的图像是输入电压，幅值为1V，幅值大的图像是输出电压，幅值为3V，输出幅值是输入幅值的3倍，并与输入反相位。

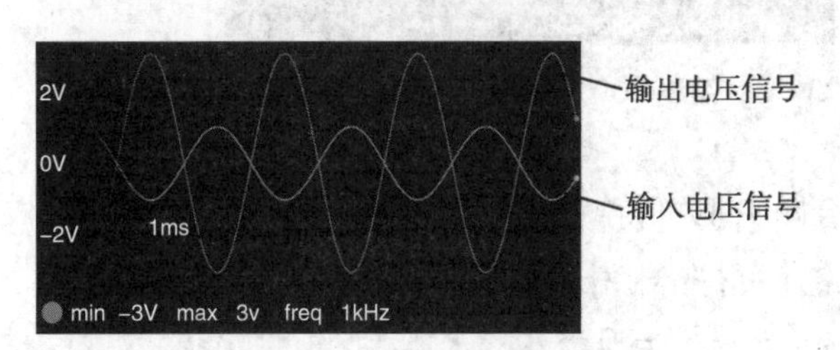

图3-48 反相比例运算电路的输入和输出

根据欧姆定律，结合图3-47可得：$i_1=\dfrac{u_i-u_-}{R_1}$，$i_f=\dfrac{u_--u_o}{R_F}$

根据基尔霍夫电流定律可得：$i_1=i_-+i_f$

根据“虚断”结论有：$i_+=i_-=0$

根据“虚短”结论有：$u_-=u_+=i_+R_2=0$

联合以上各式可得：$\dfrac{u_o}{u_i}=-\dfrac{R_F}{R_1}$

即反相比例运算电路的电压放大倍数

$$A_{uF}=\frac{u_o}{u_i}=-\frac{R_F}{R_1} \tag{3-31}$$

上式表明，反相比例运算电路的电压放大倍数由R_1和R_F决定，而与集成运算放大器的放大倍数没有关系。负号表示输出电压u_O与输入电压u_i反相，故称为反相比例运算电路。当$R_F=R_1$时，$A_{uF}=1$，实现了输入信号的反相，此时的反相比例运算电路称为反相器。

3.同相比例运算放大器电路 同相比例运算电路的结构如图3-49所示。输入电压经过R_2从同相输入端输入，反馈电阻R_F构成电压串联负反馈电路，使集成运算放大器工作在线性放大区。电阻之间应满足$R_2=R_1//R_F$，保证集成运算放大器输入端的对称。

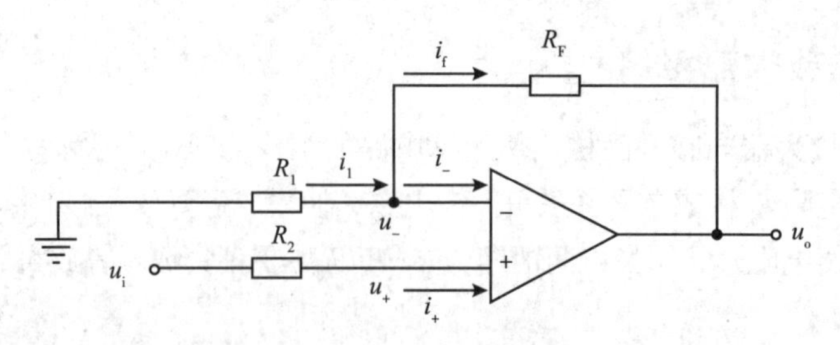

图3-49　同相比例运算电路

利用仿真软件EveryCircuit，根据图3-49搭建电路，把R_1设为10kΩ，R_F设为30kΩ，R_2设为7.5kΩ，输入电压设为1V，1kHz。

4. 同相比例运算放大器输入与输出的关系　仿真软件EveryCircuit输出的结果如图3-50所示，幅值小的图像是输入电压，幅值为1V，幅值大的图像是输出电压，幅值为4V，输出幅值是输入幅值的4倍，并与输入同相位。

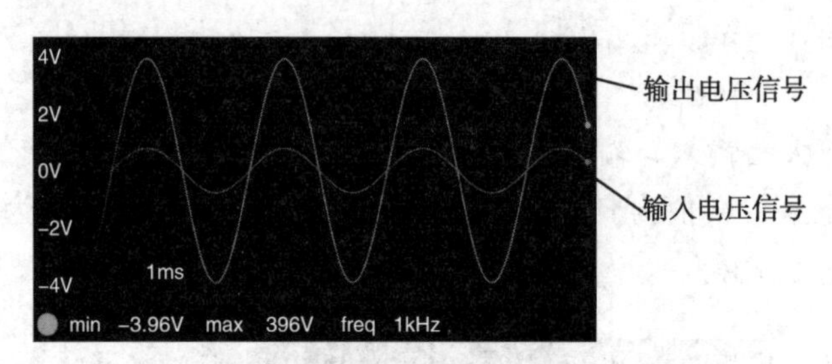

图3-50　同相比例运算电路的输入和输出

根据欧姆定律，结合图3-49可得：$i_1 = \frac{0 - u}{R_1}$，$i_f = \frac{u - u_0}{R_F}$

根据基尔霍夫电流定律可得：$i_1 = i_- + i_f$

根据“虚断”结论有：$i_+ = i_- = 0$

根据“虚短”结论有：$u = u_+ = u_i + i_+ R_2 = u_i$

联合以上各式可得：$\frac{u_o}{u_i} = 1 + \frac{R_F}{R_1}$

即同相比例运算电路的电压放大倍数

$$A_{uF} = \frac{u_o}{u_i} = 1 + \frac{R_F}{R_1} \quad (3-32)$$

上式说明，同相比例运算电路的电压放大倍数$A_{uF} \geqslant 1$，放大倍数由R_1和R_F决定，而与集成运算放大器的放大倍数没有关系，输出电压u_o与输入电压u_i同相。当$R_F=0$或$R_1 \to \infty$时，$A_{uF}=1$，此时的同相比例运算电路称为电压跟随器。电压跟随器具有输入电阻大、输出电阻小的优点，广泛应用在各种放大电路中。

二、加减法运算放大器电路

1. 加法运算放大器电路　加法运算电路的电路结构如图3-51所示，多个信号同时输入反相比例运算电路时，就构成了反相加法运算电路，反馈电阻R_F构成电压并联负反馈电路，使集成运算放大器工作在线性放大区。平衡电阻$R_4=R_1//R_2//R_3//R_F$。

图3-51　加法运算电路

利用仿真软件EveryCircuit，根据图3-51搭建电路，把R_1、R_2和R_3均设为10kΩ，R_F设为30kΩ，R_4设为7.5kΩ，输入电压分别设为0.1V、0.2V和0.3V，频率均设为1kHz，初相位均设为0°。

2.加法运算放大器输入与输出的关系　仿真软件EveryCircuit输出的结果如图3-52所示，幅值小的三个正弦图像是三个输入电压，幅值最大的正弦图像是输出电压，输出电压是三个输入电压之和的三倍。

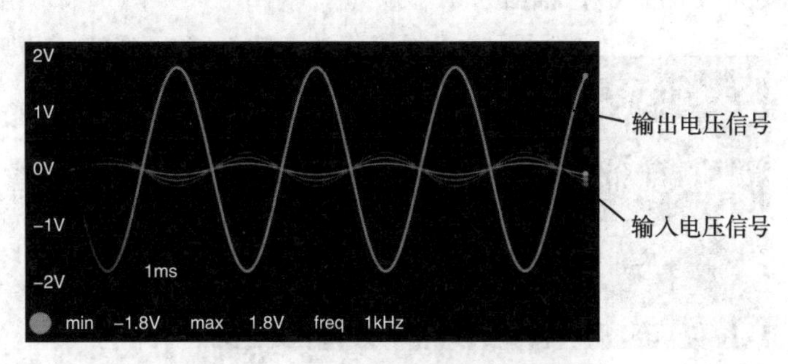

图3-52　加法运算电路的输入和输出

根据欧姆定律，结合图3-51可得

$$i_1 = \frac{u_{i1} - u}{R_1},\ i_2 = \frac{u_{i2} - u}{R_2},\ i_3 = \frac{u_{i3} - u}{R_3},\ i_f = \frac{u - u_0}{R_F}$$

根据基尔霍夫电流定律可得：$i_1 + i_2 + i_3 = i + i_f$

根据“虚断”结论有：$i_- = i_+ = 0$

根据“虚短”结论有：$u_- = u_+ = i_+ R_4 = 0$

联合以上各式可得

$$u_o = R_F(\frac{u_{i1}}{R_1} + \frac{u_{i2}}{R_2} + \frac{u_{i3}}{R_3}) \qquad (3-33)$$

由上式可知，输出电压是按照不同的比例求和，输出信号与输入信号相反，因此该电路又称为反相加法电路。

若R_1=R_2=R_3=R时，则有

$$u_o = \frac{R_F}{R}(u_{i1} + u_{i2} + u_{i3}) \qquad (3-34)$$

若R_1=R_2=R_3=R_F时，则有

$$u_o = (u_{i1} + u_{i2} + u_{i3}) \qquad (3-35)$$

3.减法运算放大器电路　减法运算电路的电路结构如图3-53所示，输入信号u_{i1}通过R_1从反相输入端输入，输入信号u_{i2}通过R_2从同相输入端输入，反馈电阻R_F构成反馈电路，使集成运算放大器工作在线性放大区。

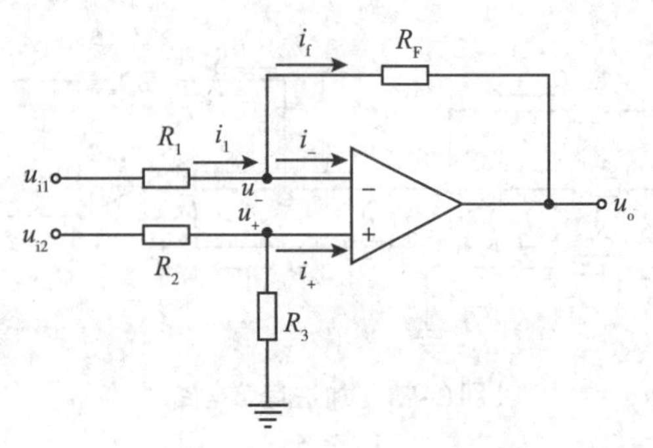

图3–53　减法运算电路

利用仿真软件EveryCircuit，根据图3–53搭建电路，把R_1和R_2均设为10kΩ，R_F设为30kΩ，R_3设为30kΩ，输入电压u_{i1}设为1V，1kHz，u_{i2}设为2V，1kHz，两个入电压的初相位均为设置为0°。

4.减法运算放大器输入与输出的关系　仿真软件EveryCircuit输出的结果如图3–54所示，幅值为1V的是u_{i1}，幅值为3V的是u_{i2}，幅值为6V的是u_o，输出电压是两个输入电压之差的三倍。

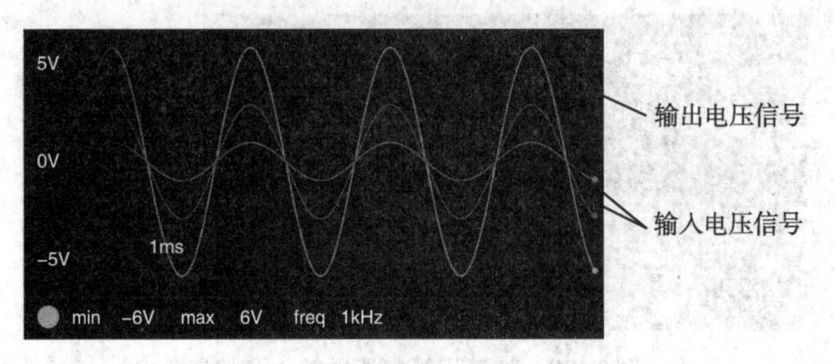

图3–54　减法运算电路的输入和输出

根据欧姆定律，结合图3–53可得：$i_1 = \dfrac{u_{i1} - u}{R_1}$，$i_f = \dfrac{u - u_0}{R_F}$

根据基尔霍夫电流定律可得：$i_1 = i + i_f$

根据“虚断”结论有：$i_- = i_+ = 0$

根据“虚短”结论有：$u = u_+ = \dfrac{R_3}{R_2 + R_3}u_{i2}$

联合以上各式可得

$$u_o = \frac{R_3}{R_2 + R_3}\frac{R_1 + R_F}{R_1}u_{i2} - \frac{R_F}{R_1}u_{i1} \tag{3-36}$$

上式表明，输出电压是两个输入电压按照不同的比例求差，所以上述电路称为减法电路。如果R_1=R_2，R_3=R_F，则有

$$u_o = \frac{R_F}{R_1}(u_{i2} - u_{i1}) \tag{3-37}$$

上式表明，这种情况下输出$u_o \propto (u_{i2}-u_{i1})$，电路实现了差模信号的放大，所以这种情况又叫差模放大电路。

三、微分积分运算电路

1.积分运算电路　积分运算电路的电路结构如图3–55所示，输入信号u_i通过R输入集成运算放大器的反相输入端，同相输入端通过平衡电阻R_b接地，电容器C构成电压并联负反馈电路，使集成运算放大器工作在线性放大区。

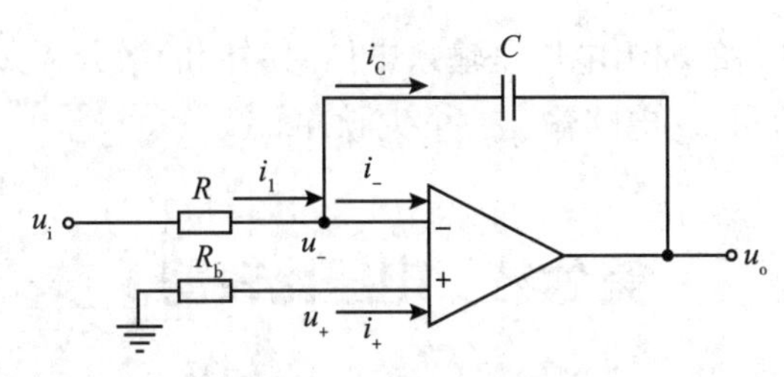

图3-55　积分运算电路

2.积分运算电路的输入与输出的关系

根据欧姆定律，结合图3-55可得：$i_R = \dfrac{u_i - u_-}{R}$，

根据电容的定义和电流的定义有：$i_C = C\dfrac{du_c}{dt} = C\dfrac{du_o}{dt}$

根据基尔霍夫电流定律可得：$i_R = i + i_F$

根据“虚断”结论有：$i_- = i_+ = 0$

根据“虚短”结论有：$u = u_+ = i_+R_b = 0$

联合以上各式可得

$$u_o = \frac{1}{RC}\int u_i dt \tag{3-38}$$

上式表明，积分运算电路的输出电压与输入电压对时间的积分成正比。如果输入的是一个恒定的直流电压U，则有

$$u_o = \frac{U}{RC}t \tag{3-39}$$

即输出电压与时间成正比。

3.微分运算电路　微分运算电路的电路结构如图3-56所示，输入信号u_i通过电容器C输入集成运算放大器的反相输入端，同相输入端通过平衡电阻R_2接地，R_F构成电压并联负反馈电路，使集成运算放大器工作在线性放大区。

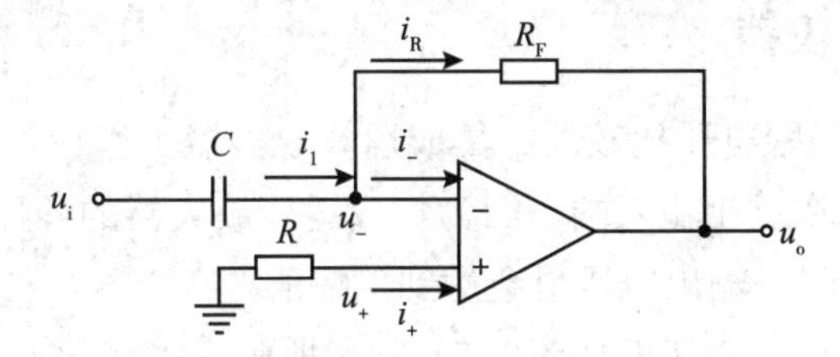

图3-56　微分运算电路

4.微分运算电路的输入与输出的关系

根据欧姆定律，结合图3-56可得：$i_f = \dfrac{u - u_o}{R_F}$，

根据电容的定义和电流的定义有：$i_C = C\dfrac{du_C}{dt} = C\dfrac{du_i}{dt}$

根据其尔霍夫电流定律可得：$i_C = i + i_R$

根据“虚断”结论有：$i_- = i_+ = 0$

根据“虚短”结论有：$u = u_+ = i_+R_b = 0$

联合以上各式可得

$$u_o = RC\frac{du_i}{dt} \tag{3-40}$$

上式表明，微分运算电路的输出电压是输入电压对时间的微分。如果输入的是一个恒定的电压U，则输出电压与时间成反比，电路输出一个尖脉冲。

PPT

第七节　电压比较器

当集成运算放大器工作在开环状态或引入正反馈时，集成运算放大器工作在非线性区。电压比较器是集成运算放大器的非线性典型应用电路，它广泛应用在各种自动控制、数字仪表、波形变换和模数转换等电路中。

一、过零电压比较器

图3–57（a）是一种过零电压比较器，集成运算放大器工作在开环状态，同相输入端通过电阻R_1接地，输入电压通过u_i通过电阻R_1加在反相输入端。因为集成运算放大器的开环电压放大倍数很大，即使输入一个非常微小的电压，输出电压也会达到限幅值。

过零电压比较器的电压传输特性如图3–57（b），当u_i<0（u_-<u_+）时，过零电压比较器输出正限幅值$+U_{OM}$；当u_i>0（u_->u_+）时，过零电压比较器输出负限幅值$-U_{OM}$。可见过零电压比较器输出的是输入电压u_i与0电压比较的结果。

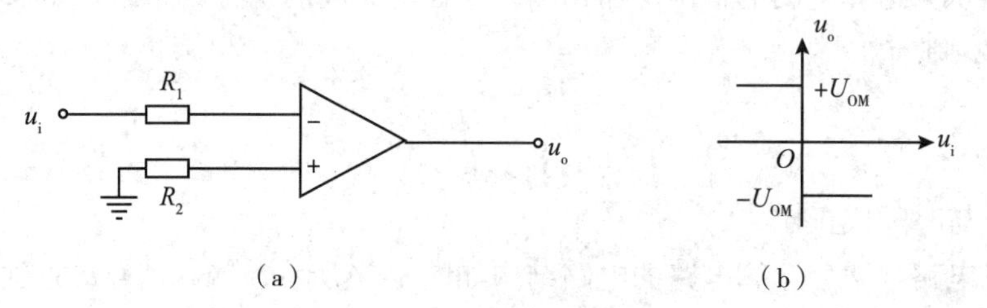

图3–57　过零电压比较器

二、单门限电压比较器

图3–58（a）是一种单门限电压比较器，集成运算放大器工作在开环状态，参考电压U_R加在同相输入端，输入电压u_i加在反相输入端。因为集成运算放大器的开环电压放大倍数很大，即使输入一个非常微小的差模信号，输出电压也会达到限幅值。

单门限电压比较器的电压传输特性如图3–58（b）所示，当u_i<U_R（u_-<u_+）时，单门限电压比较器输出正限幅值$+U_{OM}$；当u_i>U_R（u_->u_+）时，单门限电压比较器输出负限幅值$-U_{OM}$。可见单门限电压比较器输出的是输入电压u_i与参考电压U_R比较的结果。

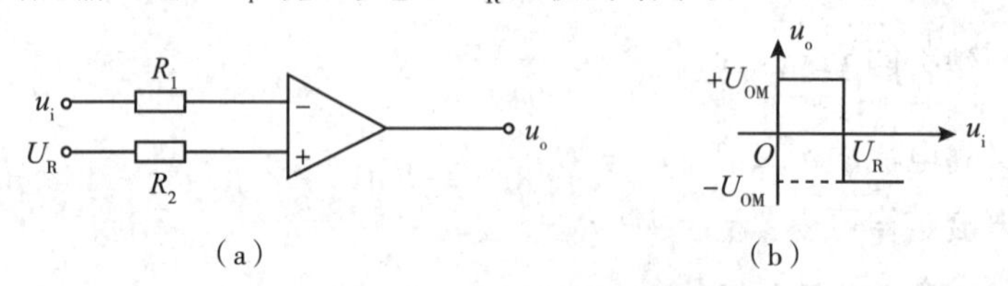

图3–58　单门限电压比较器

为了限制集成运算放大器的输入电压，保护集成运算放大器的输入极，在输入端之间接入两个反向并联的二极管，作为输入保护电路，如图3–59所示。如果需要降低电压比较器的输出电压，可以在输出端与地之间连接两个反向串联的稳压二极管，就可以达到降低输出电压的目的。

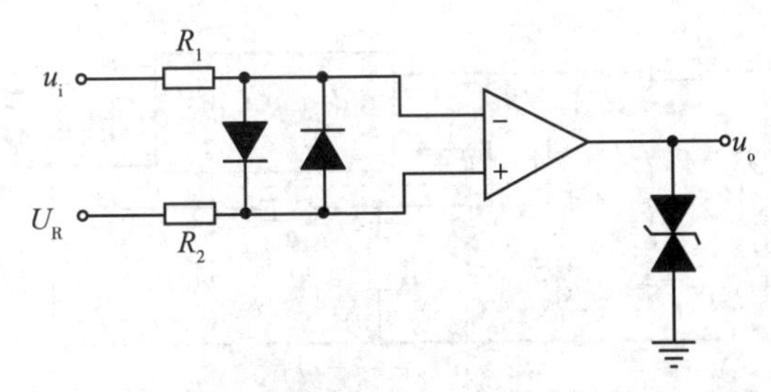

图3-59　输入保护和输出限幅

三、滞回电压比较器

单门限电压比较器结构简单，灵敏度高，但抗干扰能力差，如果输入电压在门限电压附近有微小的干扰，就会导致电压比较器输出错乱，不断地出现电压的翻转。为了防止上述现象的发生，可以将输出电压通过正反馈网络引入同相输入端，构成滞回电压比较器，如图3-60（a）所示。

图3-60（a）中D_Z是双向稳压二极管，使输出电压限制在 $\pm U_Z$，R_4是限流电阻，防止稳压二极管电流过大被烧坏，输出电压U_0经过和R_2和R_3分压后得到电压U_B，输入电压u_i与U_B比较决定输出结果。

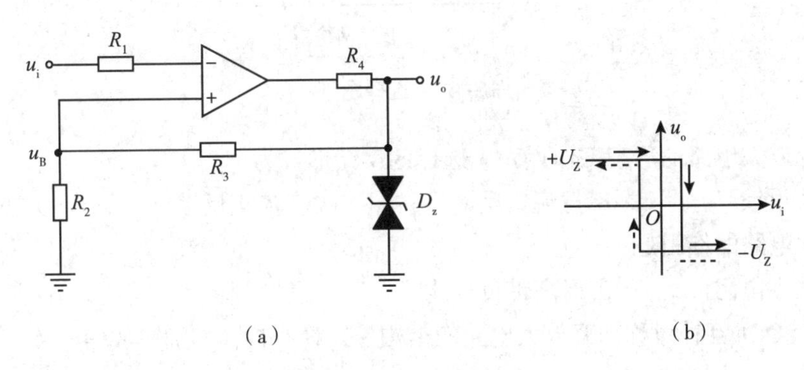

（a）　　　　　　　　（b）

图3-60　滞回电压比较器

图3-60（b）中实线箭头和虚线箭头分别表示输入电压由低变高和由高变低时的电压输出特性。当输出为$+U_Z$时，$u_B=+\dfrac{R_2}{R_2+R_3}U_Z$，此时输入电压$u_i$与$u_B$比较，输入电压$u_i$高于$u_B=+\dfrac{R_2}{R_2+R_3}U_Z$时输出电压才会发生翻转。当输出为$-U_Z$时，$u_B=-\dfrac{R_2}{R_2+R_3}U_Z$，此时输入电压$u_i$与$u_B$比较，输入电压$u_i$低于$u_B=-\dfrac{R_2}{R_2+R_3}U_Z$时输出电压才会发生翻转。

习题

一、选择题

1. 下列选项中不属于负反馈对放大电路性能影响的是（　）。

A. 稳定放大倍数　　B. 减小非线性失真　　C. 展宽频带　　D. 改变耦合方式

2. 图3-61中引入的负反馈组态为（　）。

A. 电压串联　　B. 电压并联　　C. 电流串联　　D. 电流并联

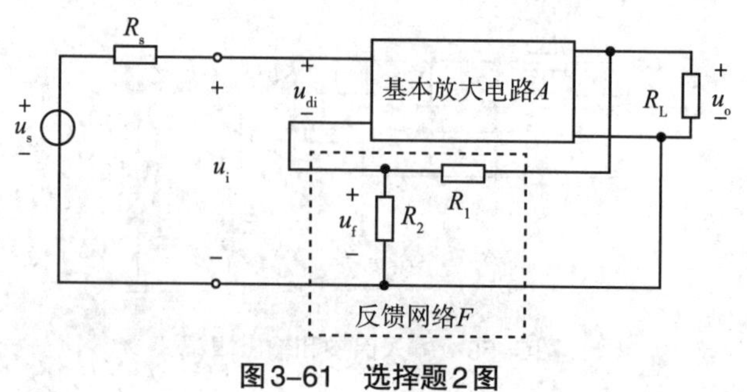

图3-61　选择题2图

3. 图3-62中引入的负反馈组态为（　）。

A. 电压串联　　B. 电压并联　　C. 电流串联　　D. 电流并联

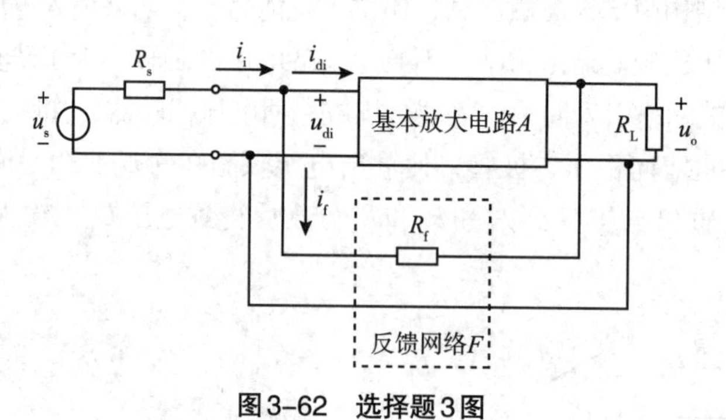

图3-62　选择题3图

4. 为了稳定放大电路的静态工作点，应选择的反馈形式为（　）。

A. 直流正反馈　　B. 直流负反馈　　C. 交流正反馈　　D. 交流负反馈

5. 差分放大电路的作用是（　）。

A. 提高输入电阻　　B. 提高带负载能力　　C. 展宽频带　　D. 抑制零点漂移

6. 图3-30是OCL互补对称功率放大电路的结构，T_1管、T_2管分别完成信号（　）的放大。

A. 正半周，正半周　　B. 正半周，负半周

C. 负半周，正半周　　D. 负半周，负半周

7. 在图3-47所示的电路中，如果R_1=10kΩ，R_f=30kΩ，u_i=1.5V，则输出电压u_0的值为（　）。

A.4.5V　　B.6.0V　　C.-4.5V　　D.-6.0V

8. 比例运算放大电路工作在运算放大电路的（　）。

A. 线性区　　B. 非线性区　　C. 截止区　　D. 饱和区

9. 电压比较器工作在运算放大电路的（　）。

A. 线性区　　B. 非线性区　　C. 截止区　　D. 饱和区

二、简答题

1. 基本医学放大电路的基本要求有哪些？

2. 负反馈对放大电路的性能有哪些影响？

3. 差分放大电路为什么能抑制零点漂移？

三、计算题

1. 在图3-51所示的电路中，如果R_1=R_2=R_3=5kΩ，R_f=10kΩ，u_{i1}=u_{i2}=u_{i3}=1.0V，则u_0的值是多少？

2. 在图3-53所示的电路中，如果R_1=R_2=10kΩ，R_3=R_f=20kΩ，u_{i1}=1.5V，u_{i2}=1.0V，则u_0的值是多少？

第四章　振荡电路

知识目标

1.掌握　正弦振荡的相位平衡、幅值平衡条件；*RC*串并联式正弦振荡电路的工作原理、起振条件、稳幅原理及振荡频率的计算。

2.熟悉　单门限电压比较器和迟滞电压比较器的工作原理；理解方波、矩形波、三角波和锯齿波发生器的工作原理。

3.了解　*LC*正弦波振荡电路的工作原理、组成原则、振荡频率的计算。

能力目标

1.学会搭建*RC*正弦振荡电路。

2.具备对运用比较器搭建的非正弦波电路识别的能力。

在日常生活中的各个领域，广泛采用着各种类型的信号产生电路，就其波形来说，可能是正弦波，也可能是非正弦波。在通信、广播、电视系统中，需要射频（高频）发射，这里的射频波就是载波，要把音频（低频）、视频信号或脉冲信号运载出去，就需要能产生高频信号的振荡器。在工业、农业、生物医学等领域内，如高频感应加热、熔炼、超声波焊接、超声诊断、核磁共振成像等，都需要功率或大或小、频率或高或低的振荡器。可见，正弦振荡电路在各个科学技术领域的应用是十分广泛的；非正弦信号（方波、锯齿波等）发生器在测量设备、数字系统及自动控制系统中的应用也日益广泛。

第一节　*RC*正弦振荡电路

一、自激振荡的基本原理

如果放大电路的输入端不外加信号，而放大电路输出端仍然有一定频率和幅度的输出信号存在，这种现象称为放大电路的自激振荡。在放大电路中，若有自激存在，则放大电路将不能正常工作，应尽量避免自激的现象发生；而在振荡电路中，则是利用自激振荡现象来产生一定频率和幅度的输出电压信号。图4–1是常见的扩音系统，扬声器发出的声音经扩音器反复放大后，扬声器发出啸叫声，让人可以非常直观地感受到放大电路自激的结果。

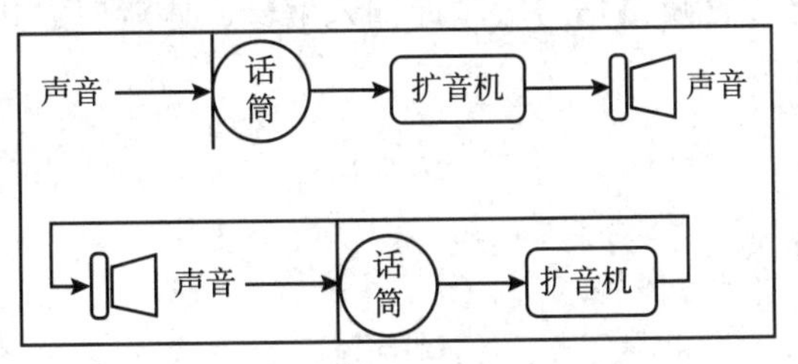

图4–1　扩音系统的自激现象图

（一）自激振荡形成的条件

通过图4–2所示方框图，可以分析正弦振荡形成的条件。由图4–2可知，自激振荡形成的基本条件是反馈信号与输入信号大小相等、相位相同$\dot{U}_f=\dot{U}_i$，而$\dot{U}_f=\dot{A}\dot{F}U_i$，因此可得出

$$\dot{A}\dot{F}=1 \tag{4-1}$$

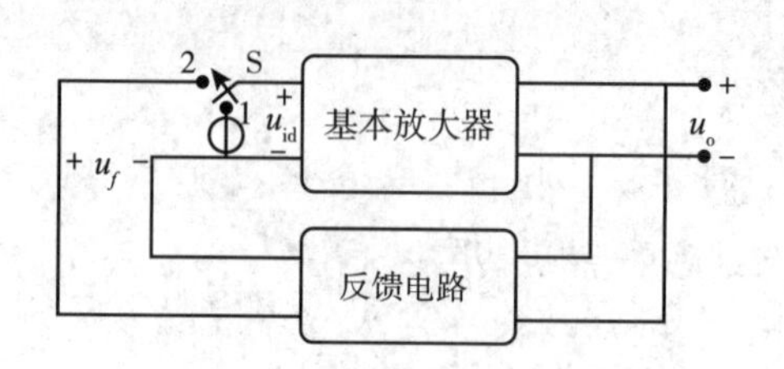

图4–2　反馈放大电路图

上面的式子包含了两层含义。

（1）反馈信号与输入信号大小相等，表示

$$|\dot{A}\dot{F}|=1 \tag{4-2}$$

称为幅值平衡条件。

（2）反馈信号与输入信号相位相同，表示输入信号经过放大电路产生的相移φ_A和反馈网络的相移φ_F之和为0，2π，4π，…，nπ，即$\varphi_A+\varphi_F=2n\pi$（$n$=0，1，2，3，…）称为相位平衡条件。

（二）正弦振荡电路的形成

放大器在接通电源的瞬间，随着电源电压由零开始的突然增大，在放大器的输入端产生一个微弱的扰动电压，经放大器放大，正反馈，再放大，再反馈，不断反复循环，输出信号的幅度迅速增加。这个扰动电压信号可用傅里叶级数展开，它是包括从低频到高频的各种频率的正弦波。电路中选频网络，将选频网络中心频率的信号输出，其他频率的信号则被抑制。

由于基本放大器中的晶体管等器件本身的非线性或反馈支路本身与输入关系的非线性，放大倍数或反馈系数在振幅增大到一定程度时就会降低，但在振荡建立的初期，应使反馈信号大于原输入信号，反馈信号一次比一次大，才能使振荡幅度逐渐增大，而当振荡建立起来之后，稳幅措施使反馈信号等于原输入信号，让建立的振荡得以维持。

为了能得到所需要频率的正弦波信号，振荡电路中还必须设计选频网络，使得只有在选频网络中心频率上的信号能通过，其他频率的信号被抑制，在输出端就会得到如图4–3的a部分所示的起振波形。

除此以外，电路中还需要稳幅环节（稳幅电路），当振荡电路的输出达到一定幅度后，稳幅环节就会使输出不变，维持一个相对稳定的稳幅振荡，如图4–3的b部分所示。也就是说，在振荡建立的初期，必须使反馈信号大于原输入信号，反馈信号一次比一次大，才能使振荡幅度逐渐增大；当振荡建立后，还必须使反馈信号等于原输入信号，才能使建立的振荡得以维持下去。由上述分析可知，起振条件应为

$$\dot{A}\dot{F}>1 \tag{4-3}$$

稳幅后的幅度平衡条件为

$$\dot{A}\dot{F}=1 \tag{4-4}$$

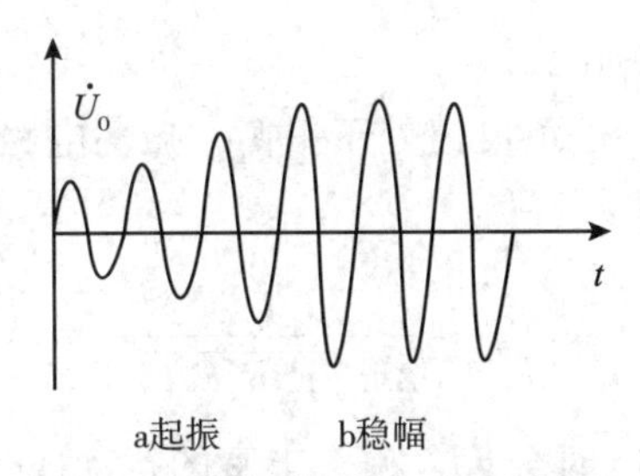

图4-3 正弦振荡形成过程波形

二、正弦振荡电路的组成

1.放大电路 提供足够的电压放大倍数，以满足振荡的幅值条件。

2.正反馈网络 它将输出信号以正反馈形式引回到输入端，以满足振荡的相位条件。

3.选频网络 从若干不同频率中选出其中一个特定频率信号。

4.稳幅环节 一般利用放大电路中三极管或运放本身的非线性，可将输出波形稳定在某一幅值。

其中选频网络往往与反馈网络合二为一，振荡电路中的稳幅环节，在分立元件放大电路中常依靠放大电路中晶体管的非线性作用实现，而不另加稳幅电路。

根据选频网络组成元件的不同，正弦振荡电路通常分为*RC*振荡电路、*LC*振荡电路和石英晶体振荡电路。

*RC*正弦振荡电路即采用*RC*网络实现选频的振荡电路，一般适用于低频振荡。电路可分为放大电路、选频网络、正反馈网络和稳幅措施四大部分。*RC*正弦振荡电路结构简单、成本低，应用十分广泛。

文氏电桥振荡电路，简称“文氏电桥”，是一种经典的产生正弦波信号的*RC*振荡电路。此电路振荡稳定且输出波形良好，在较宽的频率范围内也能够轻松调节输出频率。

基本文氏电桥振荡电路如图4-4所示。其中，R_1、R_2、C_1、C_2组成的*RC*串并网络将输出正反馈至同相输入端，R_3、R_4则将输出负反馈至运算放大器的反相输入端（为便于分析，通常都假设$R_1=R_2=R$且$C_1=C_2=C$）。可以将该电路看作对B点输入（即同相端电压）的同相放大器，因此该电路的放大倍数如下。

$$A = 1 + \frac{R_3}{R_4} \tag{4-5}$$

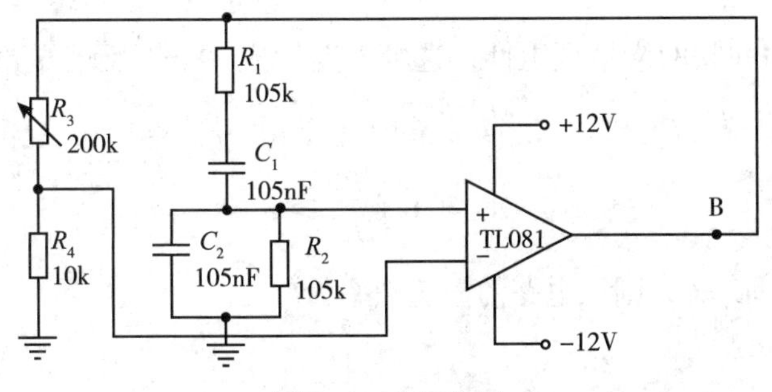

图4-4 文氏电桥

可以证明，当放大倍数小于3时（即R_3/R_4=2），负反馈支路占优势，电路不起振；当放大倍数大于3时，正反馈支路占优势，电路开始起振并不是稳定的，振荡会不断增大，最终将导致运

放饱和，输出的波形是削波失真的正弦波。

只有当放大倍数恰好为3时，正负反馈处于平衡，振荡电路会持续稳定的工作，此时输出波形的频率公式如下所示。

$$f_0 = \frac{1}{2\pi\sqrt{R_1R_2C_1C_2}} \tag{4-6}$$

也可以这样理解，电路刚上电时会包含频率丰富的扰动成分，这些扰动频率都将会被放大，随后再缩小，依此循环，只有扰动成分的频率等于f_0时，放大的倍数为3，而缩小的倍数也为3，电路将一直不停地振荡下去，也就是说，频率为f_0的成分既不会因衰减而最终消失，也不会因一直不停放大而导致运放饱和而失真，相当于此时形成了一个平衡电桥。

需要注意的是，该电路实际应用时对器件的要求非常高，即R_3/R_4必须等于2（也就是放大倍数必须为3），只要有一点点的偏差，电路就不可能稳定地振荡下去。由于元件不可能十分精确，加之受温度、老化等因素的影响，电路可能出现停振（放大倍数小于3）或失真（放大倍数大于3）的情况。

三、*RC* 正弦振荡电路的分析方法

（一）经典文氏电桥*RC*振荡电路

经典文氏电桥*RC*振荡电路如图4-5所示，运放的输出电压u_o分两路反馈，一路加于*RC*串并联选频电路，其输出端A与运放同相端（+）相连；另一路经电阻R_3、R_4分压，反馈到运放反相端（−）。

微课

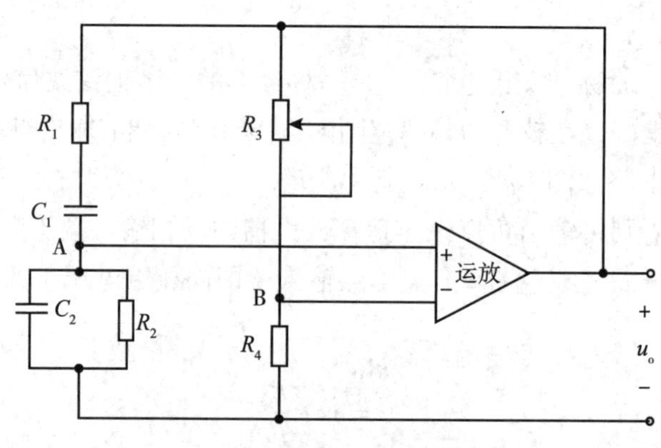

图4-5 经典文氏电桥*RC*振荡电路

当$f=f_0$时，*RC*串并联网络呈现阻性，选频电路构成一个正反馈支路，满足相位平衡条件。运放的电压放大倍数为

$$A_u = 1 + \frac{R_3}{R_4} \geqslant 3 \tag{4-7}$$

假设$R_1=R_2=R$且$C_1=C_2=C$，则该电路的振荡频率为

$$f_0 = \frac{1}{2\pi RC} \tag{4-8}$$

（二）文氏电桥振荡电路的测试步骤

1. 根据表4-1所示选择元件，利用EveryCircuit按图4-4连接电路。注意，电源与地不要接错。

连接电源时，先开电源并预设好电压再连入电路，以免电路烧毁。

2.计算此时的放大倍数和输出频率。

3.测量集成运算放大器6脚（图中B点）处的信号，观察并记录下电路通电后所观察到的波形如图4–6所示。

按照表4–1的元件参数，根据式（4–5）可以得到放大倍数等于3。仿真时观测到的波形如图4–6所示，当电路中的电阻值有轻微的变动的时候，*RC*振荡电路启动工作。说明电路各个元件在该参数下可以实现振荡信号的输出。

表4–1　图4–4电路元件参数

R_1	R_2	R_3	R_4	C_1	C_2
105k	105k	20k	10k	105nF	105nF

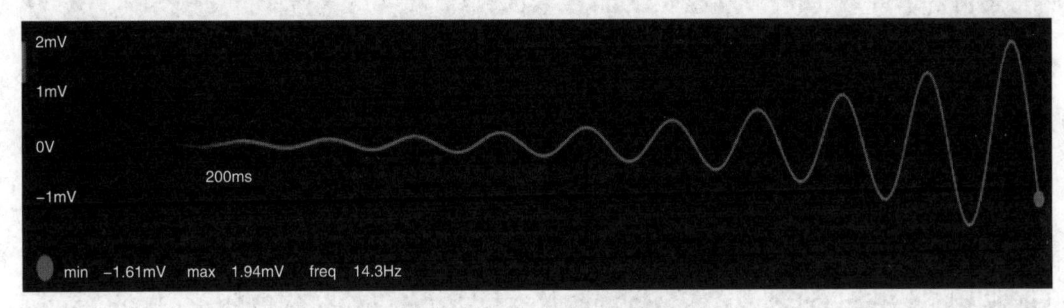

图4–6　图4–4电路输出波形

（三）文氏电桥振荡电路的参数设置

1.将图4–6中R_3依次换为30kΩ、25kΩ、20kΩ、15kΩ、10kΩ。

2.计算此时的放大倍数如表4–2所示。

3.用示波器测量B点处的信号。利用EveryCircuit观察并记录下电路通电后所观察到的波形如图4–7、图4–8、图4–9、图4–10、图4–11所示。

表4–2　R_3取不同值时电路的放大倍数

R_3	R_4	A
30k	10k	4
25k	10k	3.5
20k	10k	3
15k	10k	2.5
10k	10k	2

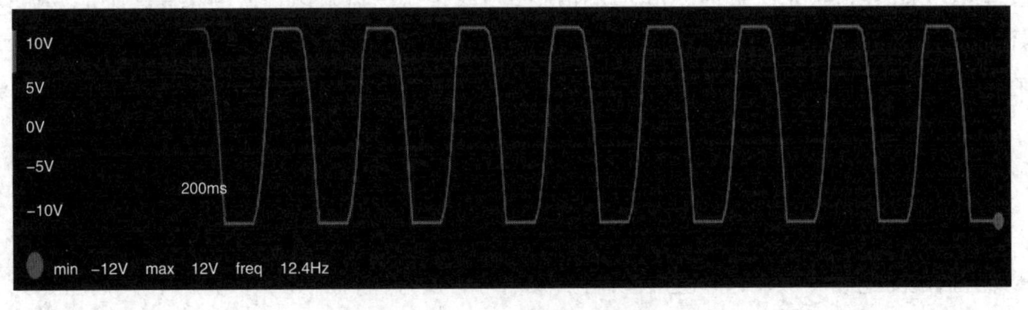

图4–7　R_3=30k时输出波形

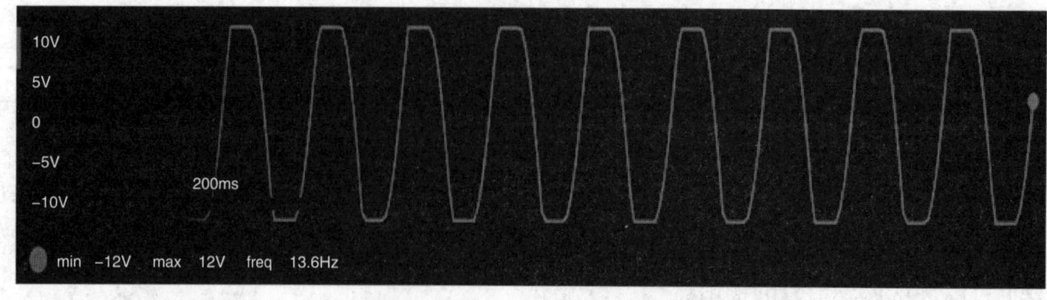

图4-8 R_3=25k时输出波形

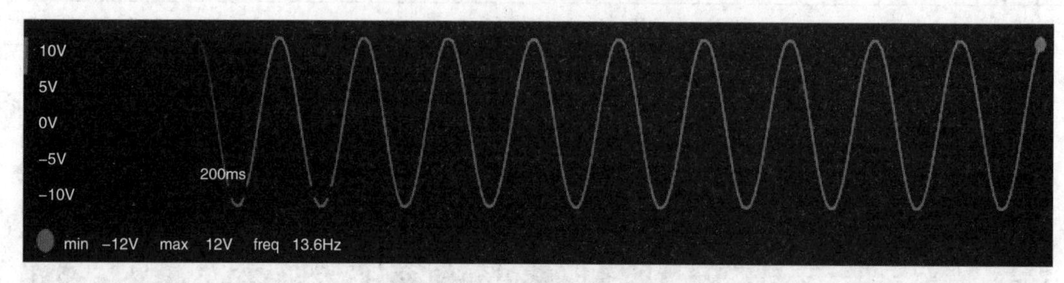

图4-9 R_3=30k时输出波形

图4-10 R_3=15k时输出波形

图4-11 R_3=10k时输出波形

观察以上数图可以看出，当电路中的电阻值有轻微的变动的时候，*RC*振荡电路启动工作。呈现如图4-10、图4-11波形，此时，R_3/R_4的值小于3时，振荡器未达到振荡条件，不能起振；随着R_3的不断增加，当R_3/R_4的值等于3时（图4-9），电路输出正弦波；当R_3/R_4的值大于3后，可以看出，在示波器上看到的波形逐渐偏离正弦波形而慢慢接近方波的波形（图4-7、图4-8）。

PPT

第二节 *LC*正弦振荡电路

*RC*正弦振荡电路一般用于产生低频正弦波信号，要产生高频正弦波信号，就需要采用*LC*正弦振荡电路。*LC*正弦波振荡电路与*RC*桥式正弦波振荡电路的组成原则在本质上是相同的，只是

选频网络采用LC电路。在LC振荡电路中，当$f=f_0$时，放大电路的放大倍数数值最大，而其余频率的信号均被衰减到零；引入正反馈后，使反馈电压作为放大电路的输入电压，以维持输出电压，从而形成正弦波振荡。由于LC正弦波振荡电路的振荡频率较高，故放大电路多采用分立元件电路。本节所介绍的电容三点式LC振荡电路、电感三点式LC振荡电路，常用来产生几兆赫兹以上的高频信号。

一、电容三点式振荡电路

电容三点式振荡电路如图4-12所示。

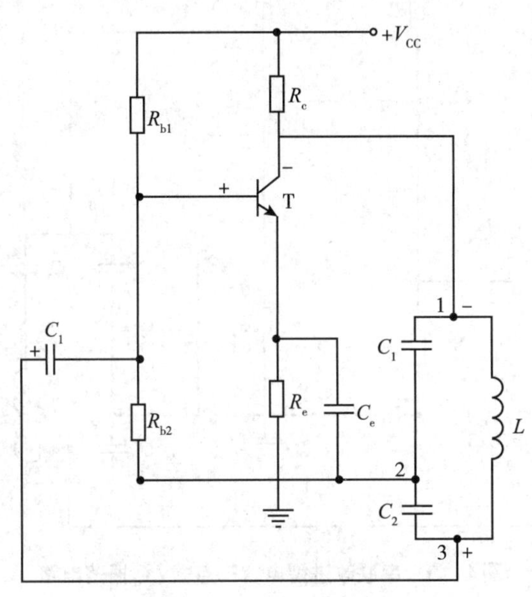

图4-12　电容三点式LC振荡电路

1.相位条件　设基极瞬时极性为正，由于放大器的倒相作用，集电极电位为负，与基极相位相反，则电感的1端为负，2端为公共端，3端为正，各瞬时极性如图4-12所示。反馈电压由3端引至晶体管的基极，故为正反馈，满足相位平衡条件。

2.幅度条件　由图4-12的电路可看出，反馈电压取自电容C_2两端，所以适当地选择C_1、C_2的数值，并使放大器有足够的放大量，电路便可起振。

3.振荡频率

$$f_0=\frac{1}{2\pi\sqrt{LC}} \tag{4-9}$$

其中，$C=\dfrac{C_1C_2}{C_1+C_2}$是谐振回路的总电容。

4.电路优缺点　①容易起振，振荡频率高，可达100MHz以上；②由于C_2对高次谐波的阻抗小，反馈电压中的谐波成分少，故振荡波形较好；③调节频率不方便。因为C_1、C_2的大小既与振荡频率有关，也与反馈量有关。改变C_1（或C_2）时会影响反馈系数，从而影响反馈电压的大小，造成电路工作性能不稳定。

5.串联改进型电容三点式LC振荡电路　为了方便调节频率，且不影响反馈量，可采用如图4-13所示串联改进型电容反馈式LC振荡电路。振荡频率

$$f=f_0=\frac{1}{2\pi\sqrt{LC_\Sigma}} \tag{4-10}$$

其中C_Σ表示回路总电容，为

$$\frac{1}{C_\Sigma}=\frac{1}{C_1}+\frac{1}{C_2}+\frac{1}{C_3}$$

当$C_3 \ll C_1$，$C_3 \ll C_2$时，$C_\Sigma \approx C_3$。由此，振荡器的振荡频率决定于C_3。串联改进型电容三点式LC振荡电路的频率稳定度较高。

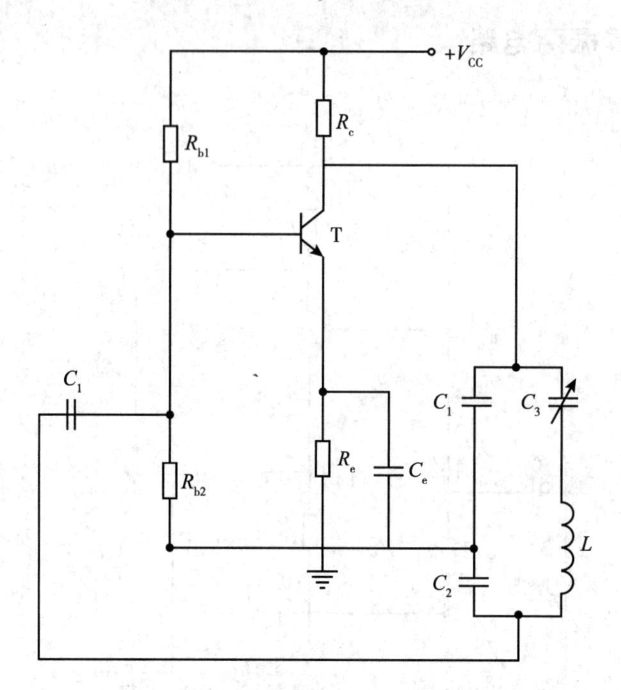

图4-13　串联改进型电容三点式LC振荡电路

二、电感三点式振荡电路

电感三点式振荡电路如图4-14所示。

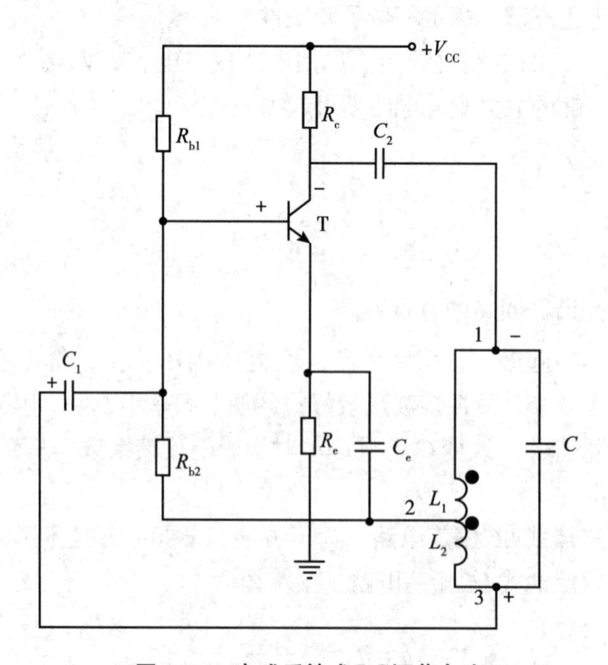

图4-14　电感反馈式LC振荡电路

1.相位条件　设基极瞬时极性为正，由于放大器的倒相作用，集电极电位为负，与基极相位相反，则电感的1端为负，2端为公共端，3端为正，各瞬时极性如图4-14所示。反馈电压由3端引至晶体管的基极，故为正反馈，满足相位平衡条件。

2.幅度条件　从图4-14可以看出反馈电压是取自电感L_2两端，加到晶体管基极与发射极之间的。所以改变线圈抽头的位置，即改变L_2的大小，就可调节反馈电压的大小。当满足$|\dot{A}\dot{F}|>1$的条件时，电路便可起振。

3.振荡频率

$$f_0=\frac{1}{2\pi\sqrt{LC}}=\frac{1}{2\pi\sqrt{(L_1+L_2+2M)C}} \tag{4-11}$$

式中，L_1+L_2+2M为LC回路的总电感；M为L_1和L_2间的互感耦合系数。

4.电路优缺点　①由于L_1和L_2之间耦合很紧，故电路易起振，输出幅度大；②调频方便，电容C采用可变电容器，就能获得较大的频率调节范围；③由于反馈电压取自电感L_2两端，它对高次谐波的阻抗大，反馈也强，因此在输出波形中含有较多高次谐波成分，输出波形不理想。

第三节　石英晶体正弦振荡电路

PPT

石英晶体正弦波振荡电路，在使用的时候有很好的稳定频率，其频率稳定度可达10^{-6}~10^{-8}，甚至高达10^{-9}~10^{-1}量级。在一些需要稳定频率的电路场合，应该选用石英晶体振荡电路。

一、石英晶体谐振器

在工业上，把二氧化硅结晶按照固定的某个方向切成薄片，再把这些薄片两两对应的表面磨光后涂上银，作为两个电极的引脚，再封装，即可构成一个石英晶体谐振器。其结构示意图和符号如图4-15所示。

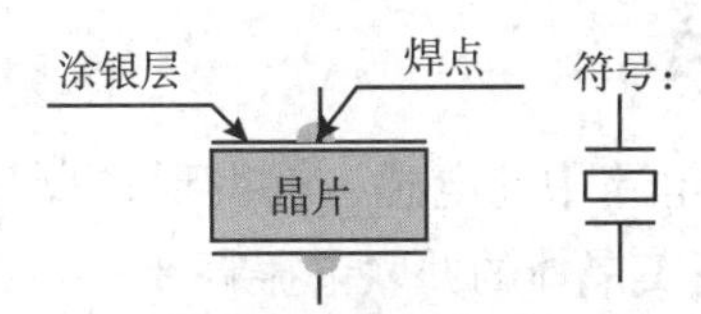

图4-15　石英晶体谐振器结构示意图和符号

在石英晶体谐振器两个管脚加交变电场时，它将会产生一定频率的机械变形，而这种机械振动又会产生交变电场，上述物理现象称为压电效应。一般情况下，无论是机械振动的振幅，还是交变电场的振幅都非常小。但是，当交变电场的频率为某一特定值时，振幅骤然增大，产生共振，称为压电振荡。这一特定频率即石英晶体的固有频率，也称谐振频率。石英晶体谐振器的等效电路如图4-16所示。当石英晶体不振动时，可等效为一个平板电容C_0，称为静态电容；其值决定于晶片的几何尺寸和电极面积，一般约为几到几十皮法。当晶片产生振动时，机械振动的惯性等效为电感L，其值为几毫亨。晶片的弹性等效为电容C，其值仅为0.01到0.1pF，因此，$C \ll C_0$。晶片的摩擦损耗等效为电阻R，其值约为100Ω，理想情况下R=0。

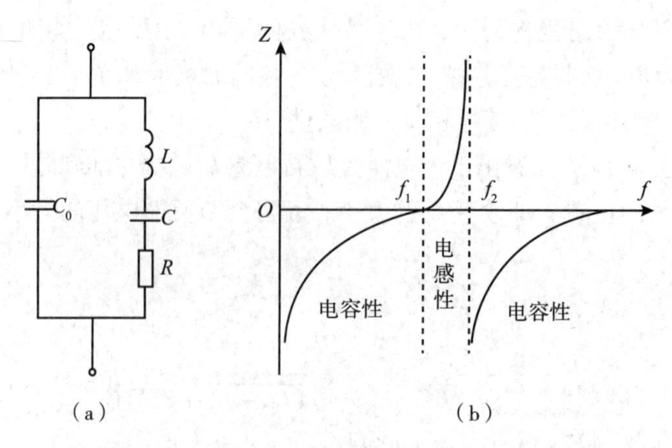

图4–16　石英晶体谐振器等效电路和频率特性

由图4–16（a）可知，石英晶体谐振器有两个谐振频率，一个是L、C和R支路的串联谐振频率

$$f_1=\frac{1}{2\pi\sqrt{LC}} \tag{4-12}$$

另一个为等效电路的并联谐振频率

$$f_2=\frac{1}{2\pi\sqrt{L\frac{CC_0}{C+C_0}}}=f_1\sqrt{1+\frac{C}{C_0}} \tag{4-13}$$

由于$C_0>>C$，因此f_1与f_2，非常接近，$f_1\approx f_2$。

石英晶体谐振器的频率特性如图4–16（b）所示。当$f<f_1$时，石英晶体呈电容性；当$f=f_1$时，石英晶体为串联谐振，阻抗最小；当$f_1<f<f_2$时，石英晶体呈电感性；当$f=f_2$时，石英晶体为并联谐振，阻抗最大；当$f>f_2$后，石英晶体呈容性。石英晶体通常在f_1 ~ f_2间工作，在电路中作为电感元件使用。

二、并联型晶体振荡电路

如果用石英晶体取代LC振荡电路中的电感，就得到并联型石英晶体正弦波振荡电路，如图4–17所示，电路的振荡频率等于石英晶体的并联谐振频率。

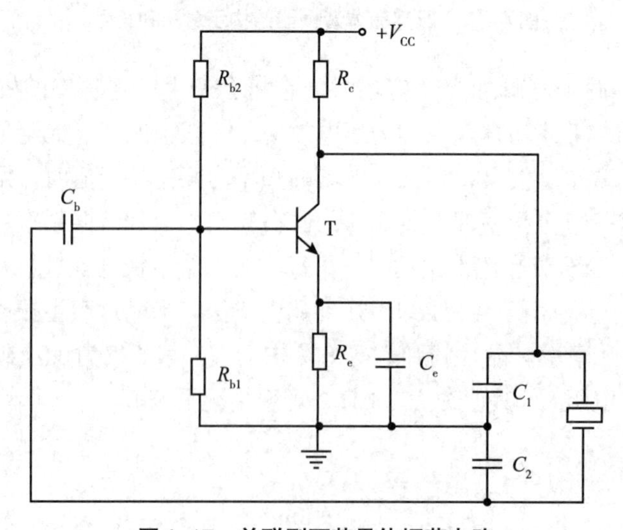

图4–17　并联型石英晶体振荡电路

振荡频率为

$$f_0 = \frac{1}{2\pi\sqrt{L\frac{C \cdot C''}{C + C''}}} \approx f_p \tag{4-14}$$

三、串联型晶体振荡电路

如图4-18所示为串联型石英晶体振荡电路。电容C_b为旁路电容，对交流信号可视为短路。电路的第一级为共基放大电路，第二级为共集放大电路。若断开反馈，给放大电路加输入电压是，极性上"+"下"-"；则T_1管集电极动态电位为"+"，T_2管的发射极动态电位也为"+"。只有在石英晶体呈纯阻性，即产生串联谐振时，反馈电压才与输入电压同相，电路才满足正弦波振荡的相位平衡条件。所以电路的振荡频率为石英晶体的串联谐振频率f_1。调整R_f的阻值，可使电路满足正弦波振荡的幅值平衡条件。

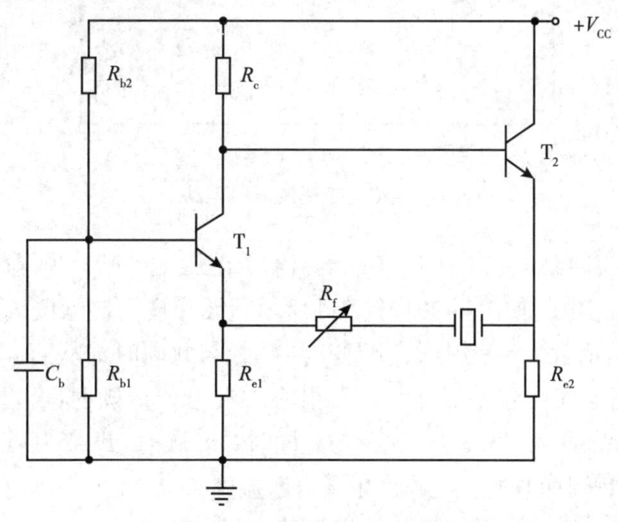

图4-18　串联型石英晶体振荡电路

第四节　非正弦波振荡电路

在日常生活中，实际应用的电路除了正弦波以外还有很多非正弦波的电路，如矩形波、三角波、锯齿波等，如图4-19所示。本节主要讲述在模拟电路中常见的矩形波、三角波和锯齿波振荡电路的组成、工作原理、波形分析和主要参数等。

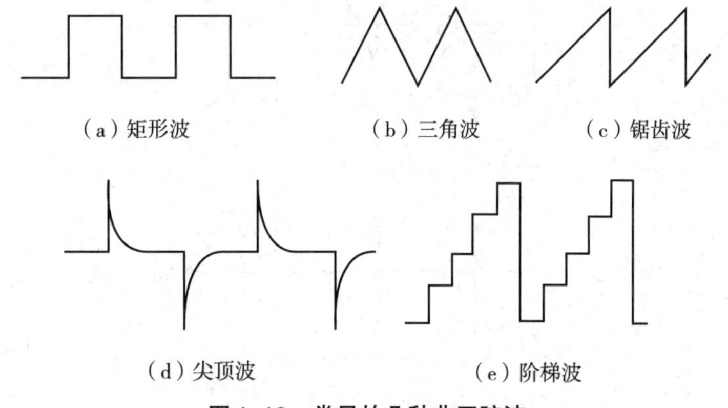

图4-19　常见的几种非正弦波

一、矩形波振荡电路

（一）电路组成和原理分析

1.电路组成 如图4-20所示为矩形波发生电路，它由反相输入的滞回比较器和RC电路组成。RC回路既作为延迟环节，又作为反馈网络，通过RC充、放电实现输出状态的自动转换。电压传输特性如图4-21所示。

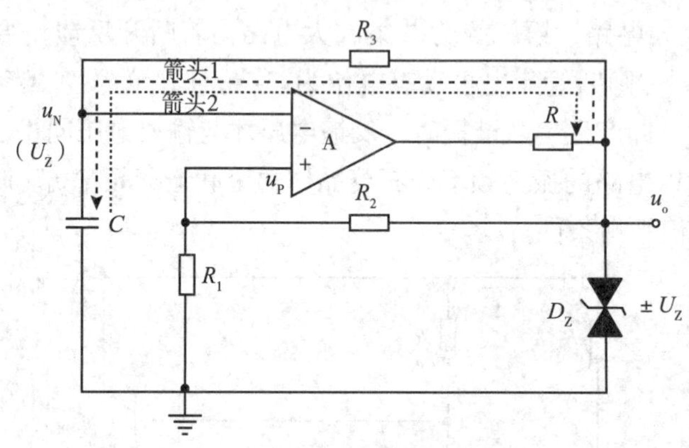

图4-20 矩形波振荡电路

2.工作原理 设初态时刻电容电压u_C=0，设当输出电压u_O=+U_Z，则同相输入端电位u_P=+U_T。u_O通过R_3对电容C正向充电，如图4-20中箭头1所示。反相输入端电位u_N随时间t增长而逐渐升高，一旦u_N=+U_T，再稍增大，u_O就从+U_Z跃变为−U_Z，与此同时u_P从+U_T跃变为−U_T。随后，电容C通过R_3放电，如图4-20中箭头2所示。反相输入端电位u_N随时间t增长而逐渐降低，一旦u_N=−U_T，再稍减小，u_O就从−U_Z跃变为+U_Z，与此同时，u_P从−U_T跃变为+U_T，u_O又开始通过R_3对电容正向充电。上述过程周而复始，电路产生了自激振荡。

3.波形分析及主要参数 由于矩形波发生电路中电容正向充电与反向充电的时间常数均为R_3C，而且充电的总幅值也相等，因而在一个周期内u_O=+U_Z的时间与u_O=−U_Z的时间相等，u_O为对称的方波，所以也称该电路为方波发生电路。电容上电压u_C和电路输出电压u_O波形如图4-21所示。矩形波的宽度T_k与周期T之比称为占空比，因此u_O是占空比为1/2的矩形波。利用一阶RC电路的三要素法可以求得：振荡周期$T = 2R_3C\ln(1+\frac{2R_1}{R_2})$，振荡频率$f$=1/$T$。

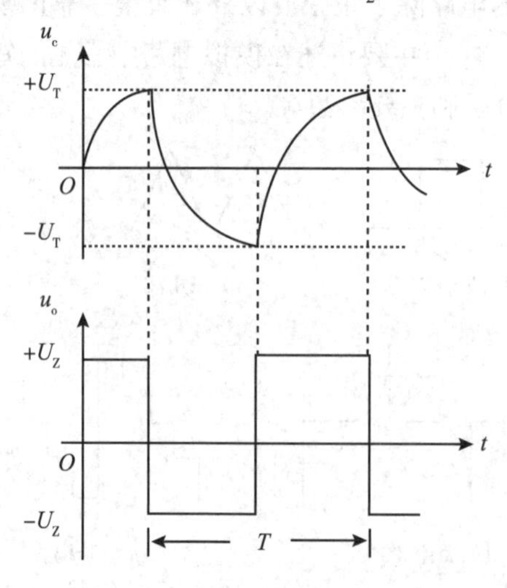

图4-21 矩形波输出波形图

（二）占空比可调的方波电路

占空比可调的矩形波振荡电路如图4-22（a）所示，电容上电压和输出电压波形如图4-22（b）所示。

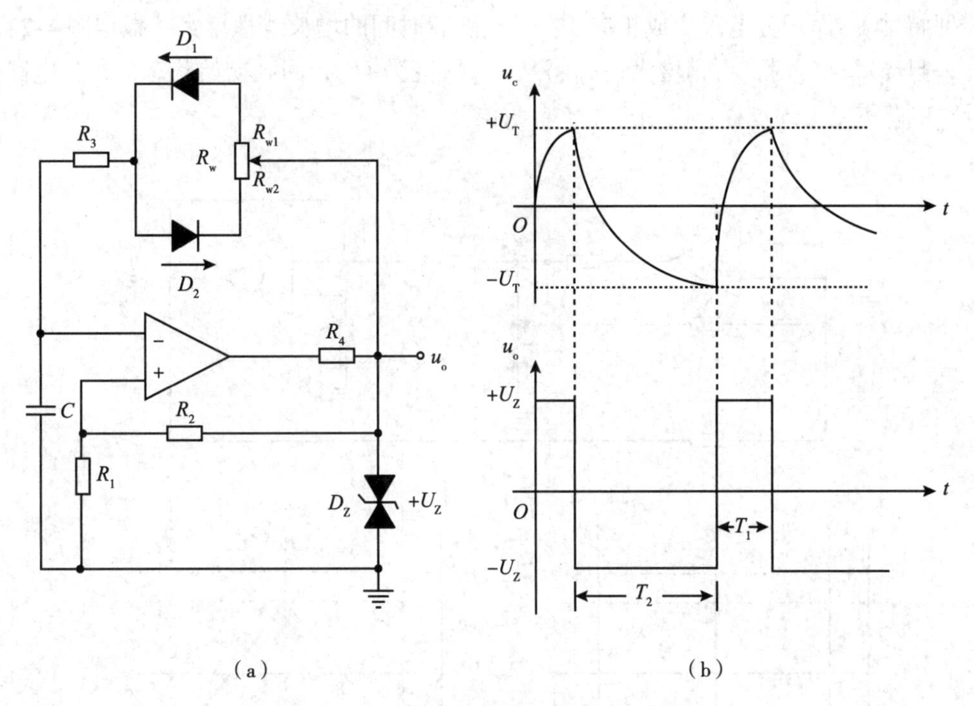

图4-22　占空比可调的矩形波输出波形图

电路工作原理如下：当u_O=$+U_Z$时，通过R_{W1}、D_1和R_3对电容C正向充电，若忽略二极管导通时的等效电阻，则时间常数 $\tau_1\approx(R_{W1}+R_3)C$。当$u_O$=$-U_Z$时，通过$R_{W2}$、$D_2$和$R_3$对电容$C$反向充电，同样忽略二极管导通时的等效电阻，则时间常数 $\tau_2\approx(R_{W2}+R_3)C$。利用一阶RC电路的三要素法可以得到。

负脉冲时间

$$T_1 \approx \tau_1 \ln(1 + \frac{2R_1}{R_2}) \tag{4-15}$$

正脉冲时间

$$T_2 \approx \tau_2 \ln(1 + \frac{2R_1}{R_2}) \tag{4-16}$$

周期

$$T = T_1 + T_2 \approx (R_W + 2R_3)C\ln(1 + \frac{2R_1}{R_2}) \tag{4-17}$$

由以上三式可以得到结论：改变电位器的滑动端可改变占空比，但不能改变周期。

二、三角波振荡电路

在方波发生电路中，只要将方波输出电压作为积分运算电路的输入，在输出端即可得到三角波电压。当方波电路的输出电压u_{O1}=$+U_Z$时，积分运算电路的输出电压u_O将线性下降；当电压u_{O1}=$-U_Z$时，u_O将线性上升。输出波形如图4-23（b）所示。

如图4–23（a）所示运算放大器A_2组成积分电路，其输出经R_1加到运算放大器的同相输入端，A_1是一个同相输入滞回比较器，其输出电压$u_{o1}=\pm U_Z$，其工作波形如图4–23（b）所示。该部分的输入电压是积分电路的输出电压u_o，设初始时u_{o1}正好从$-U_Z$跳变为$+U_Z$，则积分电路反向积分后，u_o随着时间的延长而线性下降，当$u_o=-U_T$时，如果再降低，u_{o1}将从$+U_Z$跳变为$-U_Z$，如图4–24所示（滞回特性）。而积分电路变成正向积分，u_o随着时间的增长线性增大，根据图4–24所示滞回特性，一旦当$u_o=+U_T$时，再稍增大，u_{o1}将从$-U_Z$跳变为$+U_Z$，回到初始状态，积分电路又开始反向积分。电路重复上述过程，因而产生了自激振荡。

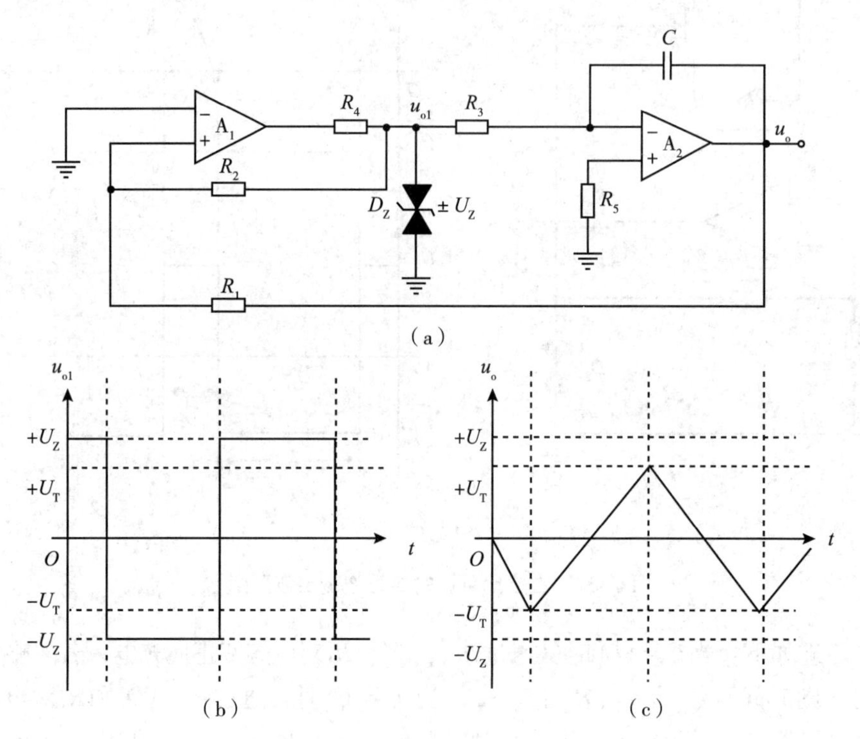

图4–23　三角波振荡电路及工作波形图

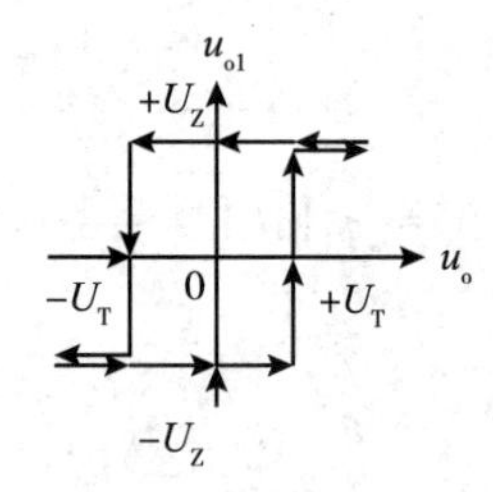

图4–24　同相输入滞回比较器电压传输特性

三角波发生器振荡频率

$$f=\frac{R_2}{4R_1R_3C} \tag{4–18}$$

调节电路中的R_1、R_2、R_3的阻值和C的容量，可以改变振荡频率；而调节R_1、R_2的阻值，可以改变三角波的幅值。

三、锯齿波振荡电路

当图4–23所示三角波发生器电路中的积分电路的正向积分的时间常数如果远远大于反向积分的时间常数，或者反向积分的时间常数远远大于正向积分的时间常数，那输出电压u_o的上升和下

降的斜率相差很多，就可以获得锯齿波。利用二极管的单向导电性使得积分电路的两个方向的积分通路不同，就可以获得锯齿波发生电路，如图4–25（a）所示。假设二极管的导通等效电阻可忽略不计，电位器的滑动端移动到最上端。当$u_{O1}=+U_Z$时，D_1导通，D_2截止，u_O随着时间线性下降。当$u_{O1}=-U_Z$时，D_2导通，D_1截止，u_O随着时间线性上升。由于$R_w>>R_3$，u_{O1}和u_O的波形如图4–25（b）（c）所示。根据三角波发生电路振荡频率的计算方法，可得出锯齿波振荡电路的振荡周期为

$$T=\frac{1}{f}=\frac{2R_1(2R_3+R_W)C}{R_2} \tag{4-19}$$

因为R_3的阻值远小于R_w，所以可以认为$T\approx T_2$，根据T_1和T的表达式，可得u_{O1}的占空比

$$\frac{T_1}{T}=\frac{R_3}{2R_3+R_W} \tag{4-20}$$

调整R_1和R_2的阻值可以改变锯齿波的幅值；调整R_1和R_2和R_w阻值以及电容C的容量，可以改变振荡周期；调整点位的滑动端的位置，可以改变u_{O1}的占空比，以及锯齿波上升和下降的斜率。

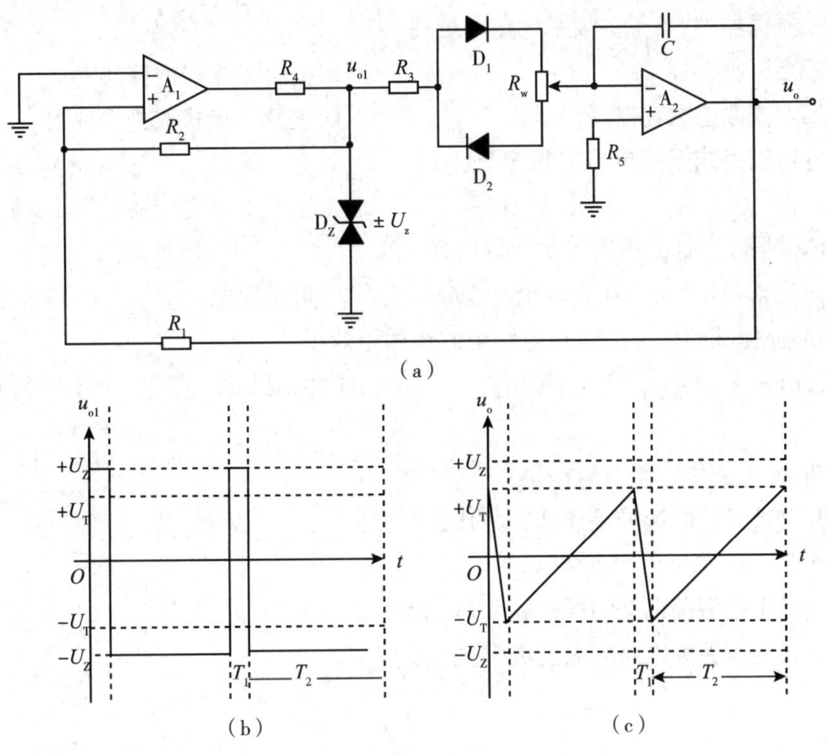

图4–25　锯齿波发生电路及其波形

习题

一、选择题

1.振荡器的输出信号最初由（　）而来的。

A.基本放大器　B.选频网络　C.干扰或噪声信号　D.外接输入

2.振荡器的振荡频率取决于（　）。

A.供电电源　B.选频网络　C.晶体管的参数　D.外界环境

3. 正弦波振荡器中正反馈网络的作用是（　　）。

A. 保证产生自激振荡的相位条件

B. 提高放大器的放大倍数，使输出信号足够大

C. 产生单一频率的正弦波

D. 稳定振幅

4. 设计一个振荡频率可调的高频高稳定度的振荡器，可采用（　　）。

A. *RC*振荡器　　B. 石英晶体振荡器

C. 互感耦合振荡器　　D. 并联改进型电容三点式振荡器

5. 振荡器是根据（　　）反馈原理来实现的，（　　）反馈振荡电路的波形相对较好。

A. 正；电感　　B. 正；电容　　C. 负；电感　　D. 负；电容

6. 晶体管*LC*正弦波振荡器采用的偏置电路大都是（　　）。

A. 固定偏置　　B. 自给偏置

C. 固定与自给的混合偏置　　D. 不需要偏置

7. 在三点式振荡器中，（　　）频率稳定度最高。

A. 电感三点式振荡器　　B. 电容三点式振荡器

C. 电容三点式改进振荡器　　D. 电感三点式改进振荡器

8. 改进型电容三点式振荡器的主要优点是（　　）。

A. 容易起振　　B. 振幅稳定　　C. 频率稳定度较高　　D. 减小谐波分量

9. 石英晶体谐振于f_1时，相当于*LC*回路的（　　）。

A. 串联谐振现象　　B. 并联谐振现象　　C. 自激现象　　D. 失谐现象

10. 并联型晶体振荡器中，晶体在电路中的作用等效于（　　）。

A. 电容元件　　B. 电感元件　　C. 电阻元件　　D. 短路线

二、简答题

1. 如何判断*RC*电路能产生自激振荡？

2. 品质因数对选频性的影响是什么？为什么？

3. 如何判断*LC*电路能产生自激振荡？

4. 电容三点式正弦振荡电路的振荡频率是多少？

5. 电感三点式正弦振荡电路的振荡频率是多少？

第五章 直流电源

微课

PPT

知识目标

1. **掌握** 直流稳压电源的结构和作用；整流电路的工作原理。
2. **熟悉** 滤波电路和稳压电路的工作原理。
3. **了解** 倍压整流电路、Π型滤波电路和开关型稳压电路的电路组成和工作原理。

能力目标

1. 学会搭建桥式整流、滤波、稳压电路。
2. 具备分析直流电源工作状态的能力。

在各种有源医疗器械中，广泛存在着各种类型的电子仪器和设备，它们都需要稳定的直流电源供电。除少数使用化学电源外，绝大多数是由220V交流电网供电，这就需要将交流电转换为稳定的直流电。直流稳压电源就是完成这种转换的装置，它一般由电源变压器、整流电路、滤波电路和稳压电路等四部分组成。

第一节 整流电路

直流电源中的变压器将交流电网提供的交流电压变换到电子电路所需要的交流电压，同时还可起到直流电源与电网的隔离作用，将变换后的电压输送到整流电路，整流电路将变压器变换后的交流电压变为单向脉动电压（脉动直流）。

一、单相半波整流电路

单相半波整流是利用二极管的单向导电性，把交流电转换成脉动直流电，它是最简单的整流电路，如图5-1所示。其中D是整流二极管，其作用是将方向变化的交流电变为单向的脉动直流。输出直流电压的平均值，即直流电压U_o可按下式求出。

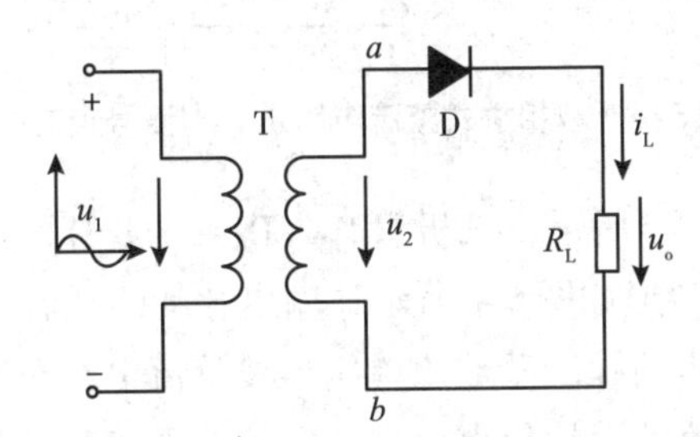

图5-1 单相半波整流电路

$$U_o = \frac{1}{2\pi}\int_0^{2\pi} \sqrt{2}U_2 \sin\omega t \mathrm{d}(\omega t) = 0.45U_2 \tag{5-1}$$

半波整流电路结构简单，使用的元器件少，但输出的波形脉动大，直流成分比较低。变压器有半个周期不导电，利用率低，同时变压器电流含有直流成分，容易饱和，所以只能用在输出功率较小、负载要求不高的场合。

半波整流电路只在正半周时才有电流流过负载，负半周无电流通过，故称半波整流。负载上得到的整流电压虽然是单方向的，但大小是变化的，即单向脉动电压。如图5-2所示，当$u_2>0$时，二极管导通，如果忽略二极管正向压降，则输出电压$u_o=u_2$；当$u_2<0$时，二极管截止，输出电流为0，输出电压$u_o=0$。

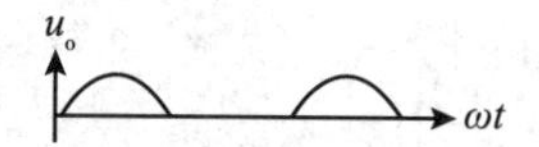

图5-2　单相半波整流电路波形输出图

二、单相桥式整流电路

单相桥式整流电路如图5-3所示，若二极管为理想二极管，在纯电阻负载条件下，负载直流电压平均值为$U_0=0.9U_2$，每个二极管截止时的反向电压相同，为u_2的幅值，即$V_d=\sqrt{2}U_2$。导通二极管的电流平均值为负载电流平均值的一半，最大值与负载电流最大值相同。

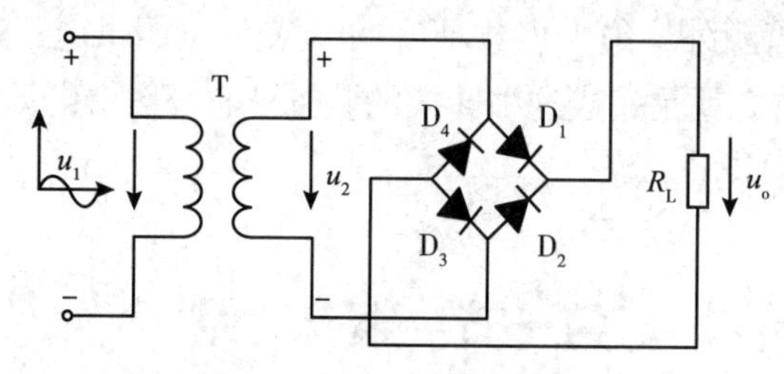

图5-3　单相桥式整流电路

当$u_2>0$时，电路工作过程如图5-4所示，二极管D_1、D_3导通，D_2、D_4截止。电流通路：从A流向D_1流向R_L流向D_3流向B。

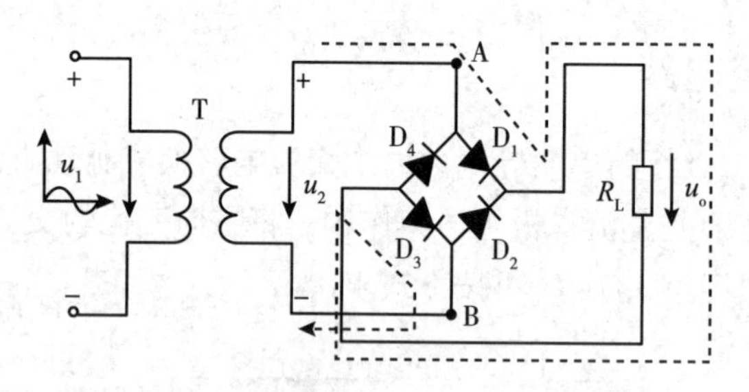

图5-4　单相桥式整流电路正半周信号走向图

当$u_2<0$时，工作过程如图5-5所示，二极管D_2、D_4导通，D_1、D_3截止。电流通路：从B流向D_2流向R_L流向D_4流向A。最终波形如图5-6所示，输出脉动的直流电压。

单相桥式整流电路输出电压的脉动系数比单相半波整流电路小得多，输出电压的质量得到了明显提高，而且输出电压和电流的平均值也提高了一倍；电流脉动程度减小；变压器正负半周都有对称电流流过，使得变压器既得到充分利用，又不存在单向磁化的问题，所以它的应用较为广泛。值得一提的是，许多X线机中由于X线管的管电压高达100~150kV，常采用高压硅组成桥式整流器。

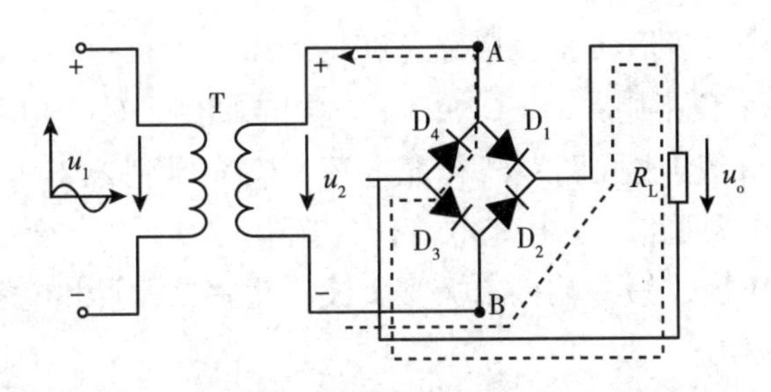

图5-5　单相桥式整流电路负半周信号走向图

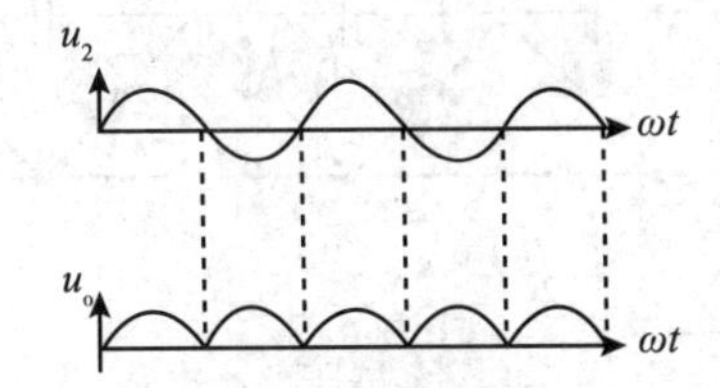

图5-6　单相桥式整流电路负半周信号走向输出波形图

【例5-1】 有一直流电源其输出电压有效值为110V、负载为55Ω的电阻，采用单相半波整流电路（不带滤波器）供电。试求变压器副边电压和输出电流的平均值，并计算二极管的电流I_D和最高反向电压U_{DRM}。

解：采用单相半波整流电路供电。

$$U_2 = \frac{U_o}{0.45} = \frac{110}{0.45} = 244\text{（V）}$$

$$I_o = \frac{110}{55} = 2\text{（A）}$$

$$I_D = I_o = 2\text{（A）}$$

$$U_{DRM} = \sqrt{2}\,U_2 = \sqrt{2} \times 244 = 346\text{（V）}$$

三、倍压整流电路

在一些电子仪器和设备中，需要有能供给高电压（kV级）、小电流（mA以下）的直流电源，若采用上述整流电路，变压器副边电压很高，需要副绕组的匝数很多，体积大，而二极管的反向耐压也要求很高。为避免这些缺点，通常采用倍压整流电路，它对变压器次级电压要求不高，利用低耐压二极管，便可获得比输入交流电压峰值高很多倍的直流电压。这种电路就是倍压整流电路。

如图5-7所示，电路中电流的流向从a点流向电容C_1，由于二极管的单向导电性，电流流向D_1，再回到b点。在此过程中由$U_{C1}+u_2$组成一种新的“电源”，可以给C_2充电，从而构成了二倍压整流电路。该电路适用于高电压、小电流（大负载电阻）的负载。

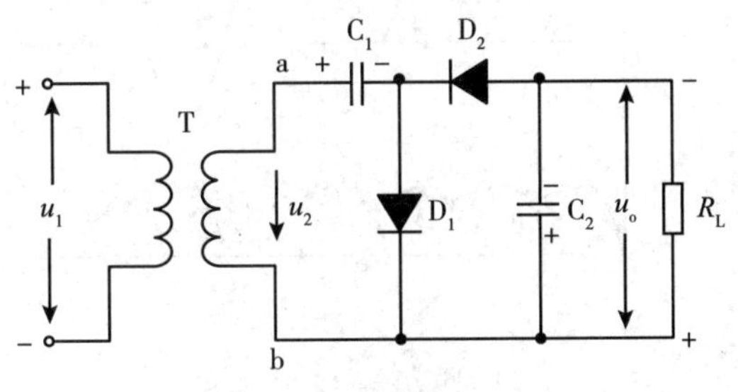

图5-7　二倍压整流电路

如图5–8所示，该电路为多倍压整流电路。在u_2的第一个正半周：u_2、C_1、D_1构成回路，C_1充电到$\sqrt{2}\ U_2$；在u_2的第一个负半周：u_2、C_2、D_2、C_1构成回路，C_2充电到$2\sqrt{2}\ U_2$；在u_2的第二个正半周：u_2、C_1、C_3、D_3、C_2构成回路，C_1补充电荷，C_3充电到$2\sqrt{2}\ U_2$；在u_2的第二个负半周：u_2、C_2、C_4、D_4、C_3、C_1构成回路，C_2补充电荷，C_4充电到$2\sqrt{2}\ U_2$。变压器次级电压u_2输出后的二端网络其中一端接电容正极，另一端接二极管负极，然后二极管和电容交替依次头尾连接，即可获得所需的多倍压直流输出。

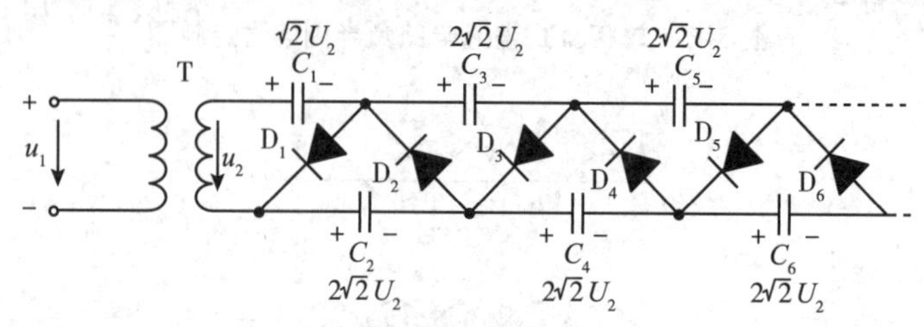

图5–8　多倍压整流电路

PPT

第二节　滤波电路

整流电路所产生的单向脉动电压含有较大的交流成分，不能直接加载到大多数电子设备中去使用。因此，在整流之后，需要加载滤波电路，将脉动的直流电压变为平滑的直流电压。在理想情况下，滤波电路滤除交流成分后，电路输出电压只保留直流电压成分。本节重点介绍电容滤波电路、电感滤波电路和π型滤波电路。

一、电容滤波电路

电容滤波电路如图5–9（a）所示，图5–9（b）为其工作电路波形，由图5–9（b）可以看出，开始加电时，整流电路对电容进行充电至m点。随后整流电路输出电压下降，电容通过R_L放电，u_o逐渐下降。下降至hn点后，u_o的下一个半周电源电压大于电容上电压时，电容器再次被充电。

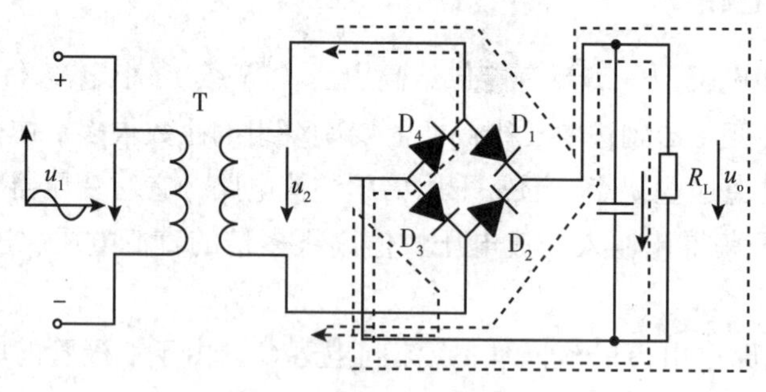

（a）电容滤波电路图

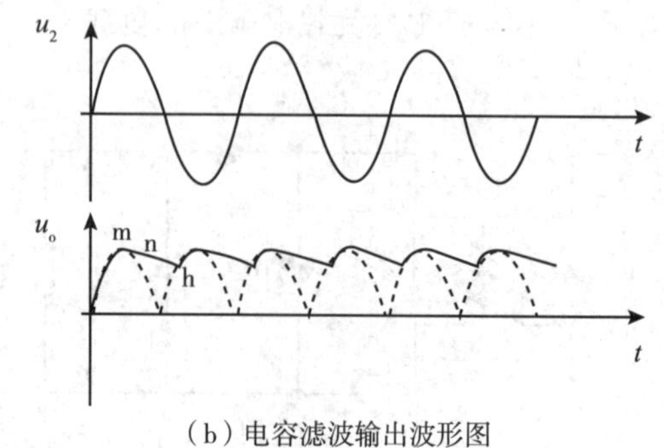

（b）电容滤波输出波形图
图5–9　电容滤波电路

二、电感滤波电路

在大电流负载的情况下，由于负载R_L很小，若采用电容滤波电路，则电容容量要非常大，而且整流二极管的冲击电流也非常大，这就使得整流管和电容器的选择变得很困难，甚至不太可能，在这种情况下就应当考虑电感滤波。在整流电路与负载电阻之间串联一个电感线圈L就构成电感滤波，如图5-10所示。由于电感线圈的电感量要足够大，所以一般需要采用有铁芯的线圈。

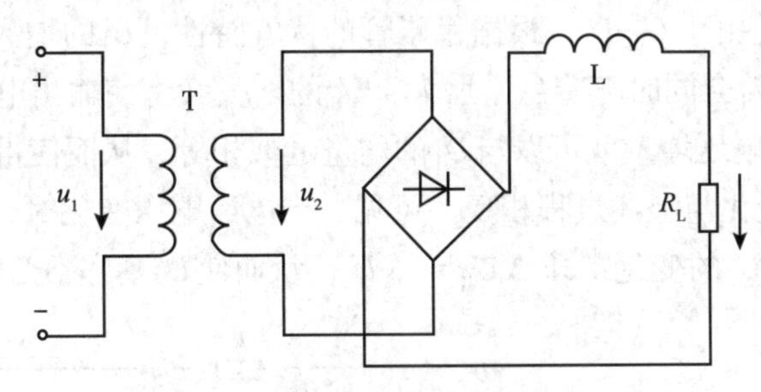

图5-10　单相桥式整流电感滤波电路

1.滤波原理　在电感滤波电路中，对于直流分量而言，X_L=0相当于短路，输出电压大部分降在R_L上。对于谐波分量而言，f越高，X_L越大，输出电压大部分降在X_L上。因此，在输出端得到比较平滑的直流电压。当忽略电感线圈的直流电阻时，输出平均电压约为U_O=0.9U_2。

2.电感滤波的特点　对于电感滤波电路，整流管导电角较大，输出特性比较平坦，适用于低电压大电流（R_L较小）的场合。缺点是电感铁芯笨重，体积大，易引起电磁干扰。

三、π 型滤波电路

当单独使用电容或者电感进行滤波，效果仍不理想时，可采用复式滤波电路。电容和电感是基本的滤波元件，利用它们对直流量和交流量呈现不同电抗的特点，只要合理地接入电路就可以达到滤波的目的。图5-11为单相桥式整流LC-π 型滤波电路。

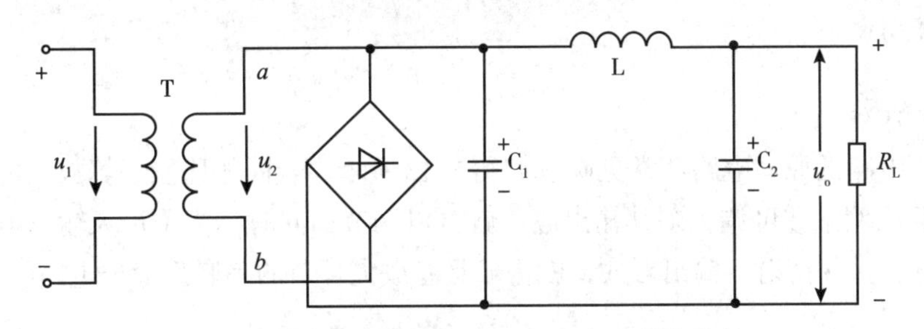

图5-11　单相桥式整流LC-π 型电感滤波电路

LC-π 型滤波电路对于直流分量而言，感抗$X_L=0$，可视为短路。输出电压全部加在了负载电阻两端。对于交流分量而言，电容的容抗X_C很小，使交流成分通过C_2构成了回路压降在了电感上。

PPT

第三节　稳压电路

在直流电源中由于：①交流电网的电压不稳定，引起输出电压发生变化；②整流滤波电路存在内阻，当负载变化引起电流变化时，内阻上产生的压降会随之变化，使输出的直流电压不稳定。因此，为了得到稳定的输出直流电压，必须在整流滤波电路之后加稳压电路，以保证当电网电压波动或负载电流变化时，输出的电压能维持相对稳定。

一、稳压管稳压电路

由稳压二极管D_Z和限流电阻R所组成的稳压电路（图5–12）是一种最简单的直流稳压电源电路。该电路中输入电压U_I是整流滤波后的电压，输出电压U_o就是稳压管的稳定电压U_z，R_L是负载电阻。对于该电路而言，当电网电压升高时，稳压电路的输入电压U_I随之增大，输出电压U_o也随之按比例增大；但是由于U_o=U_z，根据稳压管的伏安特性，U_z的增大将使得I_{DZ}急剧增大；I_R必然随着I_{DZ}急剧增大，U_R会同时随着急剧增大；U_R的增大必将使输出电压U_o减小。因此，只要选择合适的参数，R上的电压增量就可以与U_I的增量近似相等，从而使得U_o基本不变。当电网电压下降时，各个电量的变化与上述过程相反。可见，当电网电压变化时，稳压电路通过限流电阻R上的电压的变化来抵消U_I的变化，即$\Delta U_R \approx \Delta U_I$，从而使$U_o$基本不变。

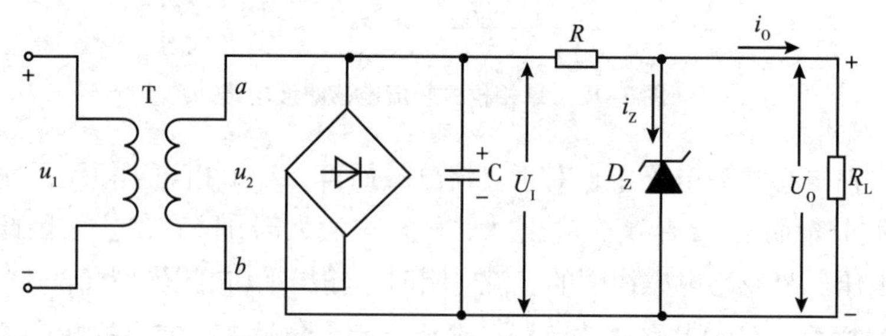

图5–12 稳压二极管组成的稳压电路

二、串联型稳压电路

由于稳压管稳压电路输出电流较小，输出电压不可以调整，无法满足很多场合的使用，因而，串联型稳压电路应运而生。串联型稳压电路以稳压管稳压电路为基础，利用晶体管的电流放大作用，增大负载电流；在电路中引入深度电压负反馈使得输出电压稳定；通过改变反馈网络参数使得输出电压可调。

（一）电路结构

串联型稳压电路的原理电路和常见画法如图5–13所示，若同相比例运算放大电路的输入电压为稳定电压，且比例系数可调，则其输出电压就可以调节；同时，为了扩大输出电流，集成运放输出端加晶体管，并保持射极输出形式，就构成具有放大环节的串联型稳压电路。

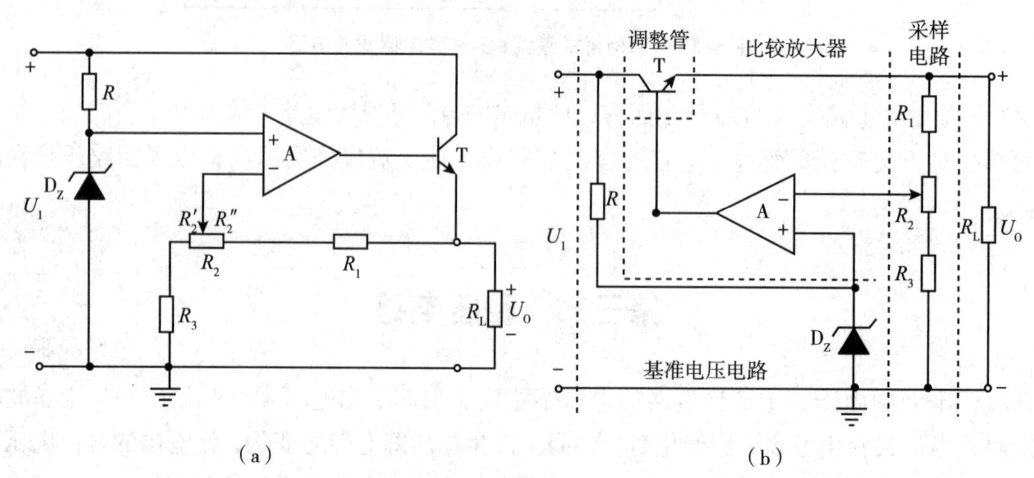

图5–13 串联型稳压电路的原理电路和常见画法

（二）工作原理

集成运放反向输入端电压 $U_o = (1 + \frac{R_1 + R_2''}{R_2' + R_3}) u_z$，由于集成运放开环差模增益可达80dB以上，电路引入深度电压负反馈，输出电阻趋近于零，因而输出电压相当稳定。

当由于电网电压波动或者负载电阻的变化使得输出电压 U_o 升高或者降低时，采样电路将这一变化趋势送到运算放大器的反向输入端，并于同相输入端电位 U_z 进行比较放大。运算放大器的输出电压，即调整管的基极电位降低或者升高；因为电路采用射极输出形式，所以输出电压 U_o 必然降低或者升高，从而使得 U_o 得到稳定。

三、集成稳压器

集成稳压器电路是现在普遍应用的一种稳压电路。集成稳压器电路有三个引脚，分别为输入端、输出端和调整端，因此也被称为三端稳压器。按功能可分为固定稳压器和可调稳压器两种，前者的输出电压不可以调节，是固定某个电压。后者可通过外接元件使得输出电压得到很宽的调节范围。下面以LM78/LM79系列固定集成稳压器为例，介绍集成稳压器的特点。

用LM78/LM79系列三端稳压IC组成稳压电源所需的外围元件极少，稳压器内部还有过流、过热及调整管的保护电路，使用起来可靠、方便，而且价格便宜。该系列集成稳压IC型号中LM78或LM79后面的数字代表该三端集成稳压电路的输出电压，而78表示正电压输出，79表示负电压输出。如LM7806表示输出电压为正6V，LM7909表示输出电压为负9V，最大输出电流1.5A。

在实际使用时，应在三端集成稳压电路上安装足够大的散热器（小功率条件下不用），否则稳压管温度过高，稳压性能将变差，甚至损坏。

当制作中需要一个能输出1.5A以上电流的稳压电源，通常采用几块三端稳压电路并联起来，使其最大输出电流为N个1.5A。应用时需注意，并联使用的集成稳压电路应采用同一厂家、同一批号的产品，以保证参数的一致。另外在输出电流上留有一定的余量，以避免个别集成稳压电路失效时导致其他电路的连锁烧毁。在LM78 ** 、LM79 ** 系列三端稳压器中最常应用的是TO-220和TO-202 两种封装（图5-14）。

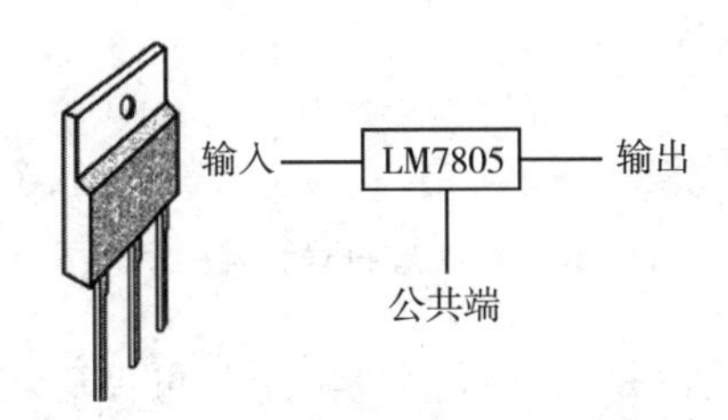

图5-14　TO-220封装的三端稳压器

图5-15是一个输出正5V直流电路，C_1、C_2 分别为输入端和输出端滤波电容。当输出电流较大时，LM7805应配上散热板。

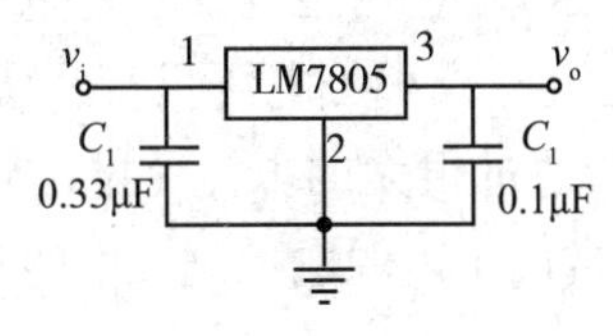

图5-15　LM7805集成稳压器的典型应用电路图

四、开关型稳压电路

开关型稳压电路具有换能电路，能将输入的直流电压转换成脉冲电压，再将脉冲电压经过LC滤波转换成直流电压。当输入的电压波动或者负载变化时，输出电压将随之增大或者减小。如果可以在输出电压U_o增大时减小占空比，而在输出电压U_o减小时增大占空比，那么输出电压就可以得到稳定。将输出电压U_o的采样电压通过反馈来调节控制电压u_B的占空比，就可以达到稳压的目的。

PPT

第四节　可控硅整流电路

可控硅全称是硅可控整流元件，又名晶闸管。外形有平面型、螺栓型，还有小型塑封型等几种。常见的螺栓型外形，有三个电极：阳极A、阴极K和控制极G。

一、可控硅的结构与导通条件

图5-16（a）是可控硅的内部结构示意图。图5-16（b）是可控硅的符号。可控硅由P_1、N_1、P_2、N_2四层半导体组成。从P_1引出的是阳极A、从N_2引出的是阴极K、从P_2引出的是控制极G；内部有三个PN结，分别用J_1、J_2和J_3表示。

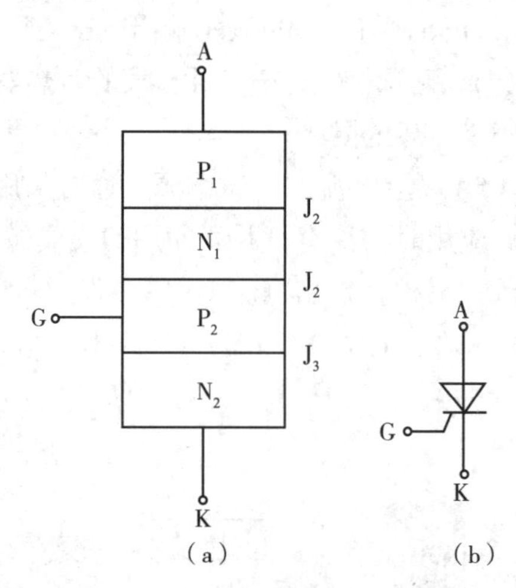

图5-16　可控硅符号和结构示意图

如可控硅加反向电压，则无论是否加控制极电压，可控硅均不会导通。若控制极加反向电压，则无论可控硅阳极与阴极之间加正向还是反向电压，可控硅均不会导通。因此，可控硅有以下工作特点：①可控硅导通必须具备两个条件，一是可控硅阳极与阴极间必须接正向电压，二是控制极与阴极之间也要接正向电压。②可控硅一旦导通后，控制极即失去控制作用。③导通后的可控硅要关断，必须减小其阳极电流使其小于可控硅的维持电流。

可控硅控制极的电压比较低，电流比较小（电压只有几伏，电流只有几十至几百毫安），但被控制的器件可以承担很大的电压和通过很大的电流（电压可达几千伏，电流可大到几百安）。可控硅是一种可控的单向导电开关，常用于以弱电控制强电的各类电路中。

二、单结晶体管及触发电路

单结晶体管结构如图5-17（a）所示，单结晶体管具有三个电极，分别为发射极E、第一基极

B_1、第二基极B_2和一个PN结。单结晶体管符号如图5-17（b）所示，发射极箭头表示经PN结的电流只流向B_1极。

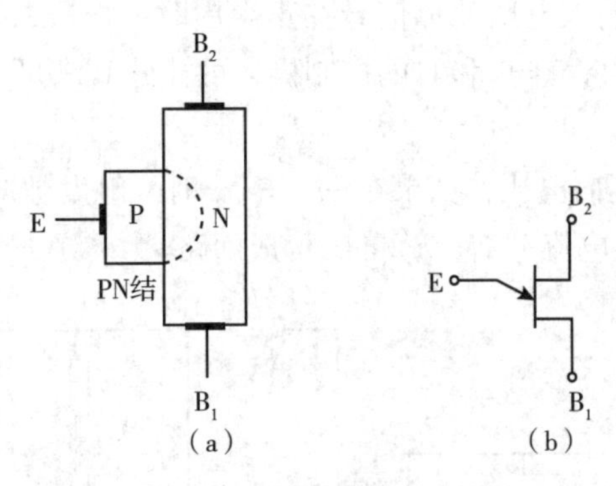

图5-17　单结晶体管结构示意图和符号

单结晶体管具有负阻特性（图5-18），所谓负阻特性，就是当发射极电流增加时，发射极电压反而减小。从图5-18可以看出，突变点P称峰点，对应P点的电压U_E称峰点电压U_P、电流I_E称峰点电流I_P。曲线中的最低点V称谷点，对应的电压和电流分别称谷点电压U_V和谷点电流I_V。

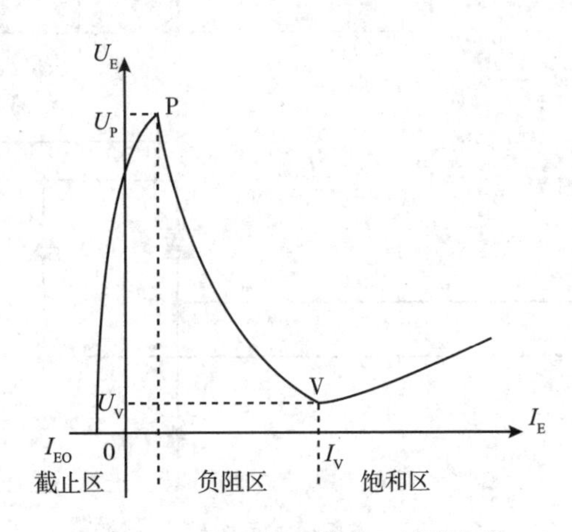

图5-18　单结晶体管负阻特性曲线

单结晶体管振荡电路如图5-19所示，接通电源后，经电阻R_1和R_P充电，电容电压u_C逐渐升高。当$u_C \geqslant U_P$时，单结管导通，电容C经R_3放电，R_3上得到一脉冲电压。

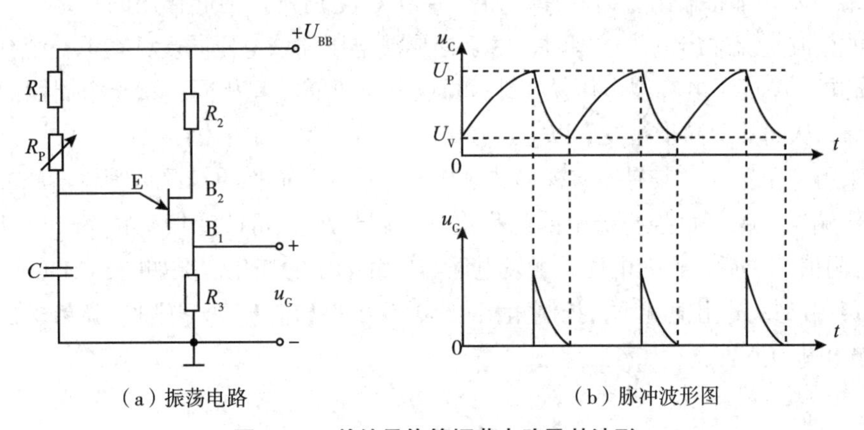

图5-19　单结晶体管振荡电路及其波形

三、单相桥式可控整流电路

如图5-20所示，在电路输入电压波形信号在正半周时，T_1和二极管D_2承受正向电压。如果在$\omega t=\alpha$时，触发脉冲送到可控硅T_1和T_2的控制极，可控硅T_1满足导通条件将由截止变为导通。电流经T_1、R_L和D_2构成回路。

负半周时，T_2和D_1承受正向电压，如果在$\omega t=\pi+\alpha$时，触发脉冲送到可控硅T_1和T_2控制极，可控硅T_2将由截止变为导通，电流经T_2、R_L和D_1构成回路。

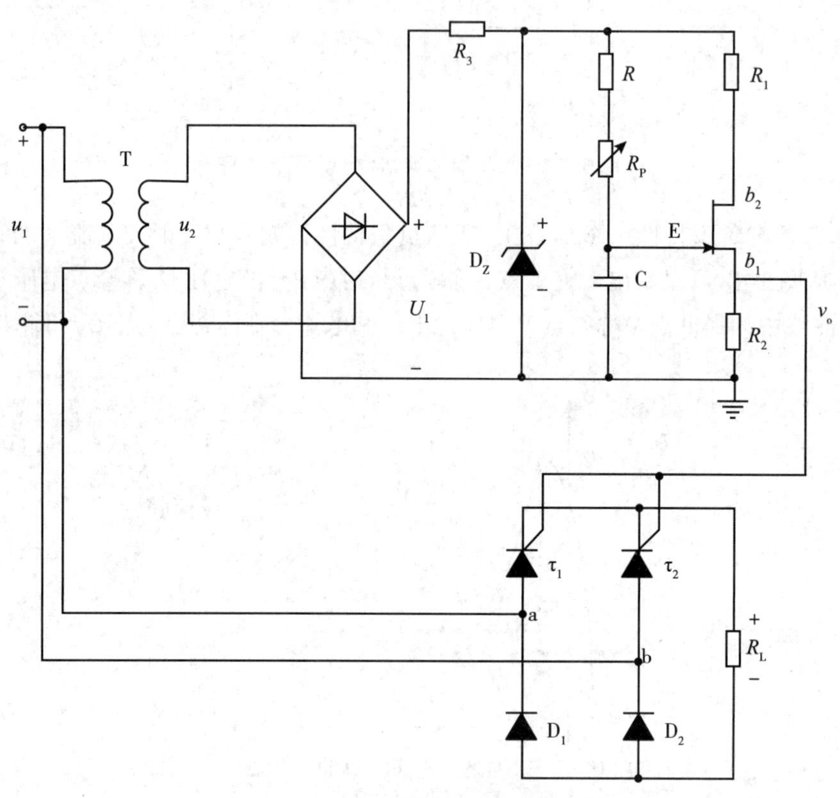

图5-20　单相桥式可控整流电路

单相桥式可控整流电路的上半部分是单结晶体管脉冲发生器，直流电压通过桥式整流得到如图5-21（a）所示的脉动波形。单向脉动电压经稳压电路后，峰值受到限制。在交流电压的每半个周期内单结晶体管都将输出一组脉冲，如图5-21（b）所示，但起作用的只是第一个脉冲。当可控硅承受的全波整流输出电压过零时，由于梯形波电压和该电压同步，在下一个梯形波中电容器从0开始充电，保证了电容器电压从0到达峰点电压所需时间相同，每半个周期内可控硅电路的控制角相等，从而实现同步触发。以上过程可参看图5-21（d）、图5-21（e）。

电路中采用稳压管D_9，兼有稳定梯形波电压的作用，从而使单结晶体管输出脉冲的幅值不受电源波动的影响，提高了可控整流电路的稳定性。调节R_P，可改变振荡频率，用以改变控制角α。电位器R_P阻值减小后，电容电压、触发电压与负载电压的变化情况如图5-21（e）所示。与图5-21（c）（d）相比，R_P阻值减小，控制角α减小，输出平均值升高。因此，调节电位器R_P，可调节直流平均输出电压。

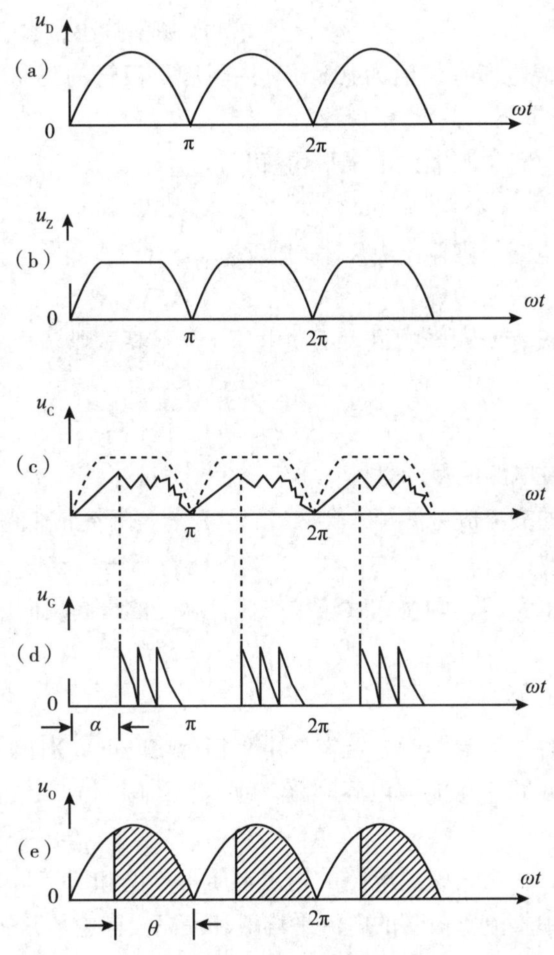

图5-21　单相桥式可控整流电路各级输出电压波形

习题

一、选择题

1. 若要组成输出电压可调、最大输出电流为3A的直流稳压电源，则应采用（　）。

A. 电容滤波稳压管稳压电路　　B. 电感滤波稳压管稳压电路

C. 电容滤波串联型稳压电路　　D. 电感滤波串联型稳压电路

2. 串联型稳压电路中的放大环节所放大的对象是（　）。

A. 基准电压　　B. 采样电压

C. 基准电压与采样电压之差　　D. 输出电源

3. 开关型直流电源比线性直流电源效率高的原因是（　）。

A. 调整管工作在开关状态　　B. 输出端有*LC*滤波电路

C. 可以不用电源变压器　　D. 调整管工作在放大状态

4. 在脉宽调制式串联型开关稳压电路中，为使输出电压增大，对调整管基极控制信号的要求是（　）。

A. 周期不变，占空比增大　　B. 频率增大，占空比不变

C.周期不变，占空比减小　　　　　　　　D.频率减小，占空比不变

5.已知电源变压器次级电压有效值为10V，其内阻和二极管的正向电阻可忽略不计，整流电路后无滤波电路。

（1）若采用半波整流电路，则输出电压平均值$U_{O(AV)} \approx$（　）。

A.12V　　　B.9V　　　C.4.5V　　　D.10V

（2）若采用桥式整流电路，则输出电压平均值$U_{O(AV)} \approx$（　）。

A.12V　　　B.9V　　　C.4.5V　　　D.10V

6.半波整流电路中二极管所承受的最大反向电压（　）桥式整流电路中二极管所承受的最大反向电压。

A.大于　　　B.等于　　　C.小于　　　D.无法比较

7.直流稳压电源中滤波电路的目的是（　）。

A.将交流混合量中的交流成分滤掉　　　　B.将高频变成低频

C.将正弦波变成方波　　　　D.将高压变成低压

8.若变压器的副边电压为U_2，则桥式整流中二极管承受的最高反向电压为（　）。

A.$\sqrt{U_2}$　　　B.U_2　　　C.$\sqrt{2}U_2$　　　D.$2U_2$

二、简答题

1.在单相桥式整流电容滤波电路中，若发生下列情况之一时，对电路正常工作有什么影响？①负载开路；②滤波电容短路；③滤波电容断路；④整流桥中一只二极管断路；⑤整流桥中一只二极管极性接反。

2.设一半波整流电路和一桥式整流电路的输出电压平均值和所带负载大小完全相同，均不加滤波，试问两个整流电路中整流二极管的电流平均值和最高反向电压是否相同？

3.电容滤波和电感滤波电路的特性有什么区别？各适用于什么场合？

4.根据稳压管稳压电路和串联型稳压电路的特点，试分析这两种电路各适用于什么场合？

5.滤波电路的功能是什么？有几种滤波电路？

三、计算题

1.已知负载电阻$R_L = 80\Omega$，负载电压$U_O = 110V$。今采用单相桥式整流电路，交流电源电压为220V。试计算变压器副边电压U_2、负载电流和二极管电流I_D及最高反向电压U_{DRM}。

2.单相桥式整流电路中，不带滤波器，已知负载电阻$R = 360\Omega$，负载电压$U_O = 90V$。试计算变压器副边的电压有效值U_2和输出电流的平均值，并计算二极管的电流I_D和最高反向电压U_{DRM}。

第六章　逻辑代数基础

知识目标

1.掌握　逻辑代数中的基本公式、常用公式；逻辑函数的基本规则；逻辑函数的公式化简法。

2.熟悉　二进制及BCD码；不同进制的相互转换；逻辑函数的卡诺图化简法。

3.了解　数字电路的基本特点；数制的概念。

能力目标

1.学会不同数制之间的转换方法。

2.具备运用逻辑代数基本公式、常用公式以及逻辑函数的基本规则熟练进行逻辑函数的化简。

PPT

第一节　数字电路基础

一、数字量与数字电路

自然界中的各种物理量根据变化规律可以分为模拟量和数字量两大类。

模拟量的变化在时间和幅度上是连续的，例如体重、速度、温度等。工程上一般把这类物理量转换为电流、电压等电学量进行处理。表示模拟量的信号称为模拟信号；处理模拟信号的电路叫作模拟电路。

数字量的变化在时间和幅度上是离散的、不连续的。例如工厂中生产线下来的产品数目，在时间上是不连续的。同时，以整数计数，在数量上也是不连续的，表示数字量的信号称为数字信号，处理数字信号的电路叫作数字电路。

数字电路有以下特点。

（1）采用二进制　在数字电路中使用二进制表示数值。电路结构简单，而且允许电路参数有较大的离散性，便于数字电路集成化和批量生产，成本低。

（2）抗干扰能力强　在数字电路中由于采用二进制，只要求最后结果能够区分高、低电平即可，因而电路工作的可靠性极高。只有当干扰信号相当强烈，超出了允许的高、低电平范围时，才有可能改变元件的工作状态，所以数字电路的抗干扰能力较强。

（3）易加密　对数字信息可以很容易地进行加密处理。

（4）精度高　可以利用增加二进制位数的方法提高数字电路的精度。

（5）同时具有算术运算和逻辑运算功能　数字电路研究各个基本单元的状态之间的相互关系，即逻辑关系。故数字电路又称为逻辑电路。

（6）智能化　可以进行逻辑推演与逻辑判断，有一定的逻辑思维能力，是计算机的硬件基础。

（7）独特的分析工具　在数字电路中所使用的分析工具是逻辑代数，使用功能表、真值表、卡诺图、逻辑表达式、特性表、逻辑图和时序图等来表达电路的功能。

二、数制

数制是进位计数制的简称，是多位数码中每一位的构成方法以及从低位到高位的进位规则，即计数的方法。现实生活中，人们经常使用的计数进制是十进制。而在数字电路与数字系统中经常使用的计数进位制除了二进制以外，有时也使用八进制或十六进制。

（一）十进制

日常生活中最常见到的就是十进制。在十进制中，每一位由0、1、2、3、4、5、6、7、8、9十个数码表示，计数的基数为10，进位规则为“逢十进一”，故称为十进制。在十进制计数中，相同的数码在不同的位置时，所代表的数值是不同的。例如，十进制数283.32可以展开为

$$(1171.01)_{10} = 1 \times 10^3 + 1 \times 10^2 + 7 \times 10^1 + 1 \times 10^0 + 0 \times 10^{-1} + 1 \times 10^{-2} \tag{6-1}$$

式（6-1）中，下标10表示括号里的数为十进制，也可用D（Decimal）表示。10^3、10^2、10^1、10^0是整数部分千位、百位、十位、个位的权，10^{-1}、10^{-2}则为小数部分十分位与百分位的权，而1×10^2等称为加权系数。位数越高，权值越大，故十进制的数值大小是各加权系数之和。

任意一个正的十进制数都可以展开成

$$(N)_{10} = \sum K_i 10^i \tag{6-2}$$

式（6-2）中，K_i代表第i位的数码，它可以是0~9中任何一个数字。

在数字电路中如果要表示十进制的十个数码，必须由十个不同的而且能够严格区分的电路状态与之相对应，这样的电路将会十分复杂，在技术上有许多困难，而且成本很高。因此在数字电路中一般不采用十进制。

（二）二进制

二进制是数字电路中最常使用的一种计数进位制。二进制中只有0和1两个数码，是以2为基数的计数进位制，进位规则是“逢二进一”。二进制同样可以展开成加权系数之和的形式，例如：

$$(1101.01)_2 = 1 \times 2^3 + 1 \times 2^2 + 0 \times 2^1 + 1 \times 2^0 + 0 \times 2^{-1} + 1 \times 2^{-2} \tag{6-3}$$

式（6-3）中，下标2表示括号里的数为二进制，也可用B（Binary）来表示二进制。

二进制的一般表示形式如式（6-4）所示。

$$(N)_2 = \sum K_i 2^i \tag{6-4}$$

由于二进制只有两个数码0和1（两个状态），因此，它的每一位数都可以用任何具有两个稳定状态的元件来表示，例如二极管的导通与截止、开关的闭合与断开、灯泡的亮与不亮等。若规定其中的一个状态表示1，另一种状态表示0，则一个元件的状态就可以表示一位二进制数。在数字电路中使用二进制后，数字信息的存储、分析和传输就可以使用简单、可靠的方式进行。

（三）八进制

八进制是以8为基数的计数进位制。每一位可以由0~7八个不同的数码表示，其进位规则是“逢八进一”。

八进制的一般表示形式如式（6–5）所示：

$$(N)_8 = \sum K_i 8^i \tag{6–5}$$

式（6–5）中，下标8表示括号里的数为八进制，也可用O（Octal）来表示八进制。

（四）十六进制

十六进制是以16为基数的计数进位制，其十六个数码分别用0~9、A（10）、B（11）、C（12）、D（13）、E（14）、F（15）表示。十六进制的进位规则是“逢十六进一”。

十六进制的一般表示形式如式（6–6）所示：

$$(N)_{16} = \sum K_i 16^i \tag{6–6}$$

式（6–5）中，下标16表示括号里的数为十六进制，也可用H（Hexadecimal）来表示十六进制。

在计算机中使用十六进制符号书写程序更为简便。

（五）十进制–二进制之间的相互转换

在使用二进制表示一个数时，位数较多，使用起来既不习惯也不方便。因此，在数字系统中，原始数据一般使用人们习惯的十进制，送入数字系统进行数据处理时，将其转换为数字系统使用的二进制。在数据处理后，再将二进制转换为十进制，供人们使用。

二进制与十进制之间的相互转换方法如下。

1.二–十转换　把二进制数转换为等值的十进制数称为二–十转换。

二–十转换的方法是将二进制数按照式（6–4）展开成加权系数之和的形式，然后将所得各有的数值按十进制数相加，即可得到等值的十进制数，例如：

$$\begin{aligned}(1101.01)_2 &= 1\times 2^3 + 1\times 2^2 + 0\times 2^1 + 1\times 2^0 + 0\times 2^{-1} + 1\times 2^{-2}\\ &= 8 + 4 + 0 + 1 + 0 + 0.25\\ &= (13.25)_{10}\end{aligned}$$

2.十–二转换　十进制数转换为等值的二进制数称为十–二转换。

十进制数转换为二进制数时，整数部分和小数部分要先分别进行转换，转换后将两者的结果加起来，即可得到所求的二进制数。

整数部分的转换采用“除2、取余、倒列”的方法，其原理证明如下。

设十进制整数为$(N)_{10}$，与其等值的二进制数为$(a_n a_{n-1} \cdots a_1 a_0)_2$，根据式（6–4）可得等式如下。

$$(N)_{10} = b_n \times 2^n + b_{n-1} \times 2^{n-1} + \cdots + b_1 \times 2^1 + b_0 \times 2^0$$

将等式两边分别除以2，可得

$$\frac{1}{2}(N)_{10} = b_n \times 2^{n-1} + b_{n-1} \times 2^{n-2} + \cdots + b_1 \times 2^0 + \frac{b_0}{2}$$

即将十进制数除以2其余数所得为b_0。如果将所得的商再除以2，得

$$\frac{1}{2^2}(N)_{10} = b_n \times 2^{n-2} + b_{n-1} \times 2^{n-3} + \cdots + b_2 \times 2^0 + \frac{b_1}{2}$$

余数为b_1。依此类推，可知十进制数每除以一次2，其所得余数即为等值二进制的一位数字。反复除以2直至商为0，所有余数所组成的二进制数即是所需要求的二进制数。

【例6-1】 将十进制数（27）$_{10}$转换为二进制数。

解：转换步骤如下。

$$
\begin{array}{r|l}
2 & 27 \cdots\cdots\cdots\cdots\cdots\cdots \text{余} 1 \quad b_0 \\
2 & 13 \cdots\cdots\cdots\cdots\cdots\cdots \text{余} 1 \quad b_1 \\
2 & 6 \cdots\cdots\cdots\cdots\cdots\cdots \text{余} 0 \quad b_2 \\
2 & 3 \cdots\cdots\cdots\cdots\cdots\cdots \text{余} 1 \quad b_3 \\
2 & 1 \cdots\cdots\cdots\cdots\cdots\cdots \text{余} 1 \quad b_4 \\
 & 0
\end{array}
$$

将余数倒列，可以得到

$$(27)_{10}=(11011)_2$$

小数部分的转换采用"乘2、取整、正列"，其原理证明如下。

$(N)_{10}$是一个十进制小数，与其对应的二进制数为$(0.b_{-1}b_{-2}\cdots b_{-(n-1)}b_{-n})_2$，根据式（6-4）可得等式如下。

$$(N)_{10}=b_{-1}\times 2^{-1}+b_{-2}\times 2^{-2}+\cdots+b_{-(n-1)}\times 2^{-(n-1)}+b_{-n}\times 2^{-n}$$

两边同乘以2，可以得到

$$2(N)_{10}=b_{-1}+b_{-2}\times 2^{-1}+\cdots+b_{-(n-1)}\times 2^{-(n-2)}+b_{-n}\times 2^{-(n-1)}$$

上式说明，b_{-1}就是十进制小数乘以2所得乘积的整数部分。将上述乘积结果取其小数部分再乘以2，得

$$2^2(N)_{10}=b_{-2}+\cdots+b_{-(n-1)}\times 2^{-(n-3)}+b_{-n}\times 2^{-(n-2)}$$

乘积的整数部分为b_{-2}，依此类推，可知将十进制小数每乘以一次2，所得整数部分即为等值二进制小数的一位数字。反复乘2直至满足误差要求，即可得到所要求的二进制小数。

【例6-2】 请将十进制小数$(0.607)_{10}$转换为二进制数，误差小于2^{-6}。

解：转换步骤如下。

$0.607\times 2=1.214$ ……………………… 整数1　b_{-1}

$0.214\times 2=0.428$ ……………………… 整数0　b_{-2}

$0.428\times 2=0.856$ ……………………… 整数0　b_{-3}

$0.856\times 2=1.712$ ……………………… 整数1　b_{-4}

$0.712\times 2=1.424$ ……………………… 整数1　b_{-5}

$0.424\times 2=0.848$ ……………………… 整数0　b_{-6}

由于b_{-6}为0，根据"四舍五入"的原则，结果为$(0.607)_{10}=(0.10011)_2$，满足误差要求。

八进制与十六进制与二进制之间的相互转换和八进制与十六进制与十进制之间的相互转换比较简单，可自行查阅相关资料学习。

三、常用编码

用文字、符号或者数字表示特定对象的过程称为编码。由于十进制数需要十个状态表示，用电路实现起来比较困难，所以在数字电路中一般使用二进制数进行编码，进行编码后的二进制数称为二进制代码。数字电路中常用的二进制代码有以下几种。

（一）二-十进制代码

将十进制中的0~9十个数字用4位二进制数表示的代码，称为二-十进制代码，简称为BCD（Binary-Coded-Decimal）码。一位二进制数有0和1两种状态，4位二进制数共有2^4=16种不同的状态（0000~1111），可以从中任选10种状态表示十进制的10个数码，这样就得到不同的BCD编码。常用的BCD码如表6-1所示。

表6-1　常用的二-十进制代码

十进制数	8421码	余三码	5421码	5221码	2421码
0	0000	0011	0000	0000	0000
1	0001	0100	0001	0001	0001
2	0010	0101	0010	0100	0010
3	0011	0110	0011	0101	0011
4	0100	0111	0100	0111	0100
5	0101	1000	1000	1000	1011
6	0110	1001	1001	1001	1100
7	0111	1010	1010	1100	1101
8	1000	1011	1011	1101	1110
9	1001	1100	1100	1111	1111
权	8421		5421	5221	2421

1.8421码　是一种恒权代码，即其每一位数码的权值是固定的，从高位到低位的权值分别是8、4、2、1，所以称为8421码。8421码的特点是简单、自然。

2.余三码　没有固定的权值，是一种无权码。它是在8421码的基础上加3得到的，所以称为余三码。余三码的特点是两个余三码相加，当其十进制之和为10时，其二进制之和为16，高位将自动产生进位信号。此外，余三码很容易求反，这样使得余三码做减法时非常简单。

3.5421码　是一种恒权码，从高位到低位的权值分别是5、4、2、1。5421码的特点是0到4这5个数字的最高位是0，而5到9这5个数字的最高位是1，当计数器采用这种编码时，最高位会产生对称方波输出。

4.5211码　是一种恒权码，从高位到低位的权值分别是5、2、1、1。5211码在计数器实现分频功能时，有很大的作用。

5.2421码　同样是一种恒权码，从高位到低位的权值分别是2、4、2、1。2421码具有自补特性，它的0和9、1和8、2和7、3和6、4和5这5对代码互为反性，即2421码是一种自补码。

（二）格雷码

格雷码是一种典型的无权循环码，其构成方式如表6-2所示。

表6-2　格雷码

编码顺序	二进制码	格雷码
0	0000	0000
1	0001	0001
2	0010	0011
3	0011	0010

续表

编码顺序	二进制码	格雷码
4	0100	0110
5	0101	0111
6	0110	0101
7	0111	0100
8	1000	1100
9	1001	1101
10	1010	1111
11	1011	1110
12	1100	1010
13	1101	1011
14	1110	1001
15	1111	1000

格雷码是一种可靠性代码。要使代码形成或传输时不容易产生错误，或者在出现错误时易于发现进行校正，就要使用可靠性代码。

格雷码有两个特点：①相邻性，在格雷码中，任意相邻的两个代码中仅有1位取值不同；②循环性，格雷码中首尾两个代码也具有相邻性。由于格雷码的相邻性与循环性，当数字电路按照格雷码计数时，每次状态更新只有一位代码发生变化，从而减少了计数错误。

（三）美国信息交换标准代码

美国信息交换标准代码（American Standard Code for Information Interchange，ASCII码）是由美国国家标准化协会（ANSI）制定的一种信息代码，现在已经被国际标准化组织（ISO）认定为国际通用的标准代码，主要应用于计算机和通信领域中。

ASCII码由7位二进制代码组成，共有128个，其中包括表示0~9这十个数字的10个代码、表示大、小写英文字母的52个代码、32个表示各种符号的代码和34个控制码。

PPT

第二节　基本逻辑关系与逻辑函数

一、基本逻辑关系

现实生活中，有大量的因果关系存在。如果其条件和结果可以分为两种对立的状态，如正与负、是与否、对与错等，而且可以从条件状态推出结果状态，则条件与结果的这种关系，称为逻辑关系。研究这种逻辑关系的数学工具，就是逻辑代数。

微课

逻辑代数是由英国数学家乔治·布尔（George Boole）于19世纪中叶首先提出的，又称为布尔代数。现在已成为分析和设计数字电路必不可少的工具。

逻辑代数是一种研究二元性逻辑关系的数学方法，是按照一定的逻辑关系进行运算的代数。在逻辑代数中用字母表示变量，变量的取值只有两个：0和1。需要注意的是这里0和1不再具有数值的意义，而只表示两个相反的状态。例如，用0和1表示脉冲的有无、温度的高低、电灯的亮和灭等。这种二值变量称作逻辑变量，一般用字母A、B、C…表示。在逻辑代数中，变量之间的逻辑关系称为逻辑运算。

基本的逻辑关系有与逻辑、或逻辑和非逻辑三种。

（一）与（AND）逻辑关系

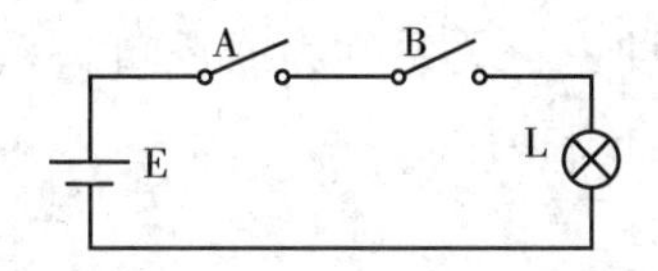

图6-1 与逻辑关系电路图

图6-1所示电路中开关的开闭与灯泡的亮灭就表示了一个与逻辑关系。电源E通过开关A和B向灯泡L供电，开关的闭合与打开和灯泡的亮和灭是一对因果关系，由电路可得电路功能表如表6-3所示。分析该电路功能表可以得到如下结论："当一事件（灯亮）的所有条件（A、B都闭合）全部具备后，该事件（灯亮）才发生"，或者说"一事件（灯亮）只要一个条件不具备（A、B中有一个开关不闭合），该事件（灯亮）不发生"，这种逻辑关系称为与逻辑关系，又称为与逻辑运算或与运算。由与运算的定义可以看出与运算符合交换律。

表6-3 图6-1电路功能表

开关A	开关B	灯L
断开	断开	灭
断开	闭合	灭
闭合	断开	灭
闭合	闭合	亮

表6-4 与逻辑真值表

A	B	L
0	0	0
0	1	0
1	0	0
1	1	1

若将开关A、B的状态用逻辑变量A、B表示，开关闭合用1表示，开关断开以0表示；灯L的状态用逻辑变量L表示，1表示灯亮，0表示灯灭，则表6-3所示电路功能表变成表6-4。如表6-4形式的图表称为逻辑真值表，简称真值表。真值表可以直观地描述出输入变量和输出变量之间的逻辑关系。

与逻辑关系的逻辑表达式可表示为

$$L=A\cdot B \tag{6-7}$$

式中小圆点"·"表示与运算，读作L等于A与B。因与普通代数中乘法运算相类似，与运算又称逻辑乘运算，上式又可读作L等于A乘B。在不引起混淆的情况下，小圆点可以省略。实现与运算的电路称为与门，与门的逻辑符号如图6-2所示。

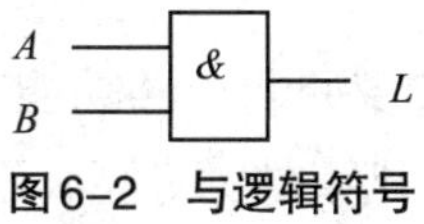

图6-2 与逻辑符号

（二）或（OR）逻辑关系

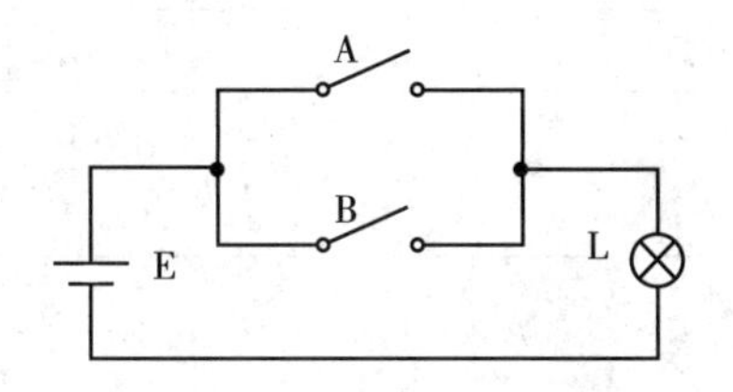

图6-3 或逻辑关系电路图

图6–3电路可以实现或逻辑关系，同上分析可得电路功能表6–5，根据电路功能表可以得到这样的逻辑关系："当一事件（灯亮）的几个条件（A、B闭合）中只要有一个条件或几个条件具备，该事件（灯亮）就会发生"，或者说"当一事件（灯亮）的几个条件（A、B闭合）都不具备，该事件（灯亮）才不会发生"，这种逻辑关系称为或逻辑关系，又称为或逻辑运算或者或运算。由或运算的定义可以看出或运算符合交换律。

表6–5 图6–3电路功能表

开关A	开关B	灯L
断开	断开	灭
断开	闭合	亮
闭合	断开	亮
闭合	闭合	亮

表6–6 或逻辑真值表

A	B	L
0	0	0
0	1	1
1	0	1
1	1	1

同样用逻辑变量A、B表示开关A、B的状态，开关闭合用1表示，开关断开用0表示；用变量L表示灯L的状态，以1表示灯亮，0表示灯灭，可得真值表6–6。若用逻辑表达式描述，可写为

$$L=A+B \tag{6–8}$$

式中符号"+"表示或运算，读作L等于A或B。因与普通代数中加法运算相类似，或运算又称逻辑加运算，上式又可读作L等于A加B。实现或逻辑运算的电路称为或门，或逻辑符号如图6–4所示。

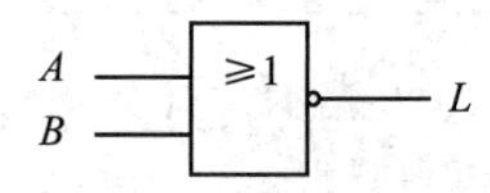

图6–4 或逻辑符号

（三）非（NOT）逻辑关系

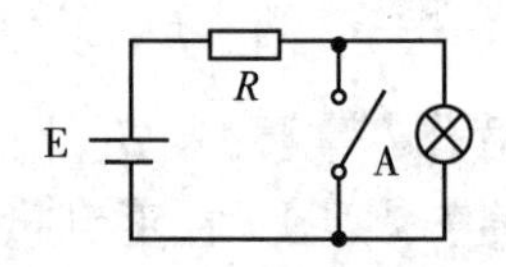

图6–5 非逻辑电路图

非逻辑关系电路如图6–5所示，由电路可得电路功能表6–7，根据电路功能表可以得出第三种逻辑关系："若条件（开关闭合）具备，则事件（灯亮）不发生；否则，事件（灯亮）将会发生"，这种逻辑关系称为非逻辑关系，又称为非逻辑运算或者非运算。非逻辑关系真值表见表6–8。

表6–7 图6–5电路功能表

开关A	灯L
断开	亮
闭合	灭

表6–8 非逻辑真值表

A	L
0	1
1	0

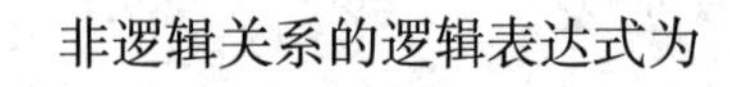

非逻辑关系的逻辑表达式为

$$L=\overline{A} \tag{6–9}$$

字母A上方的短划“-”表示非运算。读作L等于A非，或者L等于A反。实现非运算的逻辑电路称为非门，非门逻辑符号如图6-6所示。故“非门”又称“反相器”。

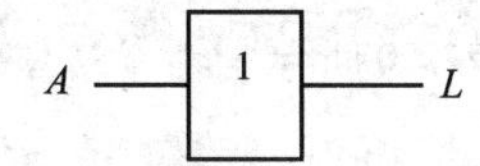

图6-6　非门逻辑符号

上述与、或逻辑运算可以推广到多个输入变量的情况：

$$L = A \cdot B \cdot C \cdot \cdots \qquad (6-10)$$

$$L = A + B + C + \cdots \qquad (6-11)$$

除了与、或、非三种基本逻辑关系外，常用的较为复杂的逻辑关系还有与非、或非、与或非、异或、同或等。

（四）与非（NAND）逻辑关系

先与后非，它的输出是输入与运算结果的非，逻辑表达式为

$$L = \overline{A \cdot B} \qquad (6-12)$$

逻辑符号如图6-7所示。

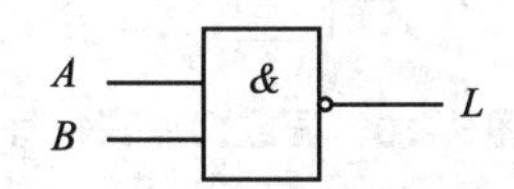

图6-7　与非门逻辑符号

（五）或非（NOR）逻辑关系

先或后非，它的输出是输入或运算结果的非，逻辑表达式为

$$L = \overline{A + B} \qquad (6-13)$$

逻辑符号如图6-8所示。

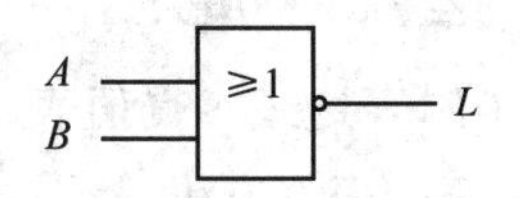

图6-8　或非门逻辑符号

（六）与或非（AND-OR-INVERT）逻辑关系

先与运算后或运算再求非，即它的输出是输入与运算结果所得乘积项相或的非，逻辑表达式为

$$L = \overline{A \cdot B + C \cdot D} \qquad (6-14)$$

逻辑符号如图6-9所示。

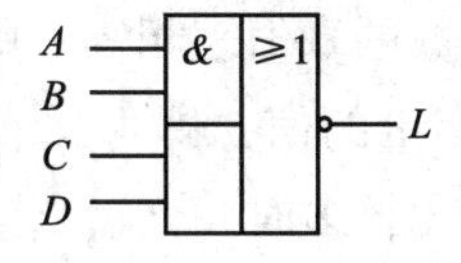

图6-9　与或非门逻辑符号

（七）异或（EXCLUSIVE–OR）逻辑关系

异或逻辑关系或异或运算的逻辑关系为：当输入A、B相同时，输出L为0；当输入A、B不同时，输出L为1。异或运算的真值表如表6–9所示。

表6–9 异或运算真值表

A	B	L
0	0	0
0	1	1
1	0	1
1	1	0

其逻辑表达式为

$$L=\overline{A}\cdot B+A\cdot\overline{B}=A\oplus B \tag{6–15}$$

式中“$\oplus$”表示异或运算。

逻辑符号如图6–10所示。

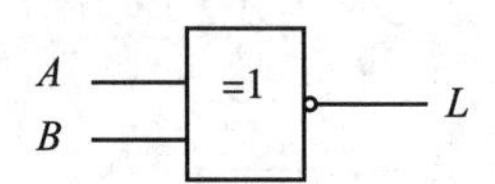

图6–10 异或门逻辑符号

二、逻辑函数定义与表示方法

在逻辑关系中，输出变量随输入变量的变化而变化，输入和输出之间是一种函数关系，称为逻辑函数。将因果关系中条件作自变量，用A、B、C···表示。结果作为因变量，用Y（F、L···）表示。则当输入逻辑变量取值确定后，输出逻辑变量将被唯一确定。那么就称Y是A、B、C···的逻辑函数，可写作如下数学表达式。

$$Y=f(A,B,C\cdots) \tag{6–16}$$

常用的逻辑函数的表示方法有：逻辑表达式、真值表、逻辑图、卡诺图等。它们各有特点、互有区别又互相联系。以下主要介绍前三种表示方法。

1.逻辑表达式 如上文所述，用与、或、非等基本的逻辑运算来表示输入变量和输出变量之间的逻辑关系的代数式，称为逻辑表达式。

逻辑表达式简洁、方便，可以灵活地使用公式和定理。其缺点是对于比较复杂的逻辑函数，难以从逻辑表达式中看出输入变量和输出变量之间的逻辑关系。

2.真值表 是根据所给出的逻辑关系，将输入变量的各种可能的取值组合和与之相对应的输出变量值以表格的形式排列出来，这种表格称为真值表。

n个输入变量一共有2^n个取值组合，将它们按二进制的顺序排列起来，并在相应的位置写上输出变量的值，就可得到逻辑函数的真值表。

真值表具有唯一性。若两个逻辑函数的真值表相等，则两个逻辑函数一定相等。

真值表直观明了。一旦确定输入变量的值，即可从表中查出输出变量的值。但是使用真值表，很难进行运算和变换。而且当变量比较多时，列写真值表将会变得十分繁琐。

在许多数字集成电路手册中，一般通过不同形式的真值表来给出数字集成电路的功能。

3.逻辑图　用基本和常用的逻辑符号来表示各个变量之间的运算关系，便可以得到函数的逻辑图，又称为逻辑电路图。

逻辑图的优点是接近工程实际，可以将复杂电路的逻辑功能，层次分明地表示出来。缺点是表示的逻辑关系不直观，不能直接进行运算和变换。

4.卡诺图　见后面逻辑函数化简部分。

三、逻辑函数各种表示方法间的相互转换

同一个逻辑函数可以用以上几种表示方法分别表示，这几种表示方法之间是可以相互转换的。

（一）逻辑表达式与真值表之间的相互转换

1.逻辑表达式到真值表　将输入变量取值的所有可能的组合状态逐一代入逻辑表达式中求出函数值，列成表格的形式，即可得到真值表（在真值表中一般按输入变量二进制的顺序排列）。

【例6-3】 将逻辑表达式$Y=AB+BC+AC$转化成真值表的形式。

解：将输入变量A、B、C的各种可能取值组合逐一代入逻辑表达式中，首先计算出AB、BC、AC三项的值，三项相或即可求出Y的值。其结果列表可得真值表如表6-10所示。

表6-10　例6-3真值表

A	B	C	AB	BC	AC	Y
0	0	0	0	0	0	0
0	0	1	0	0	0	0
0	1	0	0	0	0	0
0	1	1	0	1	0	1
1	0	0	0	0	0	0
1	0	1	0	0	1	1
1	1	0	1	0	0	1
1	1	1	1	1	1	1

注意，这里将AB、BC、AC三项列在表内是为了方便初学者，熟练后，可省略直接求出Y的值。

2.真值表到逻辑表达式　①找出真值表中所有使某一输出变量为1的那些输入变量的取值组合；②每组输入变量中所有的输入变量组成一个乘积项（与项），乘积项中取值为1的输入变量用原变量代入，而取值是0的输入变量用其反变量代入；③将所得到的乘积项相或，即可以得到该输出变量的与或表达式。如果需要得到其他形式的逻辑表达式，只要将该与或表达式进行适当的转换即可，具体转换方法见后面的逻辑函数化简部分。

注意，如果有多个输出变量，其他输出变量的逻辑表达式同样处理。

【例6-4】 将表6-10所示真值表转换成与或形式的逻辑表达式。

解：观察表6-10可以知道，表中第5行、第7行、第8行、第9行输出Y的值是1，其输入变量分别为

$$A=0、B=1、C=1$$
$$A=1、B=0、C=1$$
$$A=1、B=1、C=0$$
$$A=1、B=1、C=1$$

按照等于1用原变量表示，等于0用反变量表示并将结果相与的规定，以上四种组合可以得到四个乘积项（与项），分别为：$\bar{A}BC$、$A\bar{B}C$、$AB\bar{C}$、ABC。可以看出，四个乘积项分别代入相应的四种取值组合，结果都是1。

将四个乘积项相加（相或）即可得到输出变量的与或表达式：

$$Y = \bar{A}BC + A\bar{B}C + AB\bar{C} + ABC$$

将上式化简后（具体化简方法见第四节逻辑函数的化简）即可以得到例6-3的结果：$Y=AB+BC+AC$。

（二）逻辑图与逻辑表达式之间的相互转换

1.逻辑图到逻辑表达式　给定逻辑图后，只要从逻辑图的输入端到输出端逐级写出每个逻辑符号的输出表达式，依次推导，即可得到输出端的逻辑表达式。

【例6-5】 逻辑图如图6-11所示，请写出该逻辑图所表示的逻辑表达式。

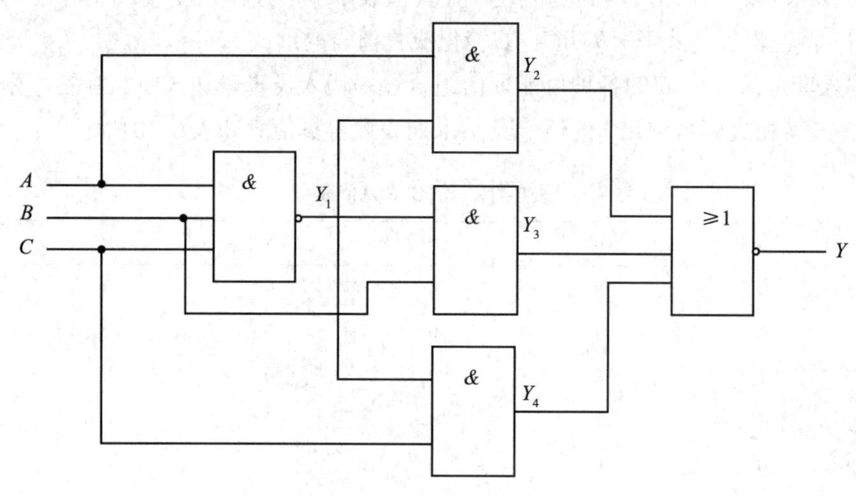

图6-11　例6-5逻辑图

解：由逻辑图可以看出，左端为输入信号A、B、C，右端为输出信号Y。由左向右依次可以得到

$$Y_1 = \bar{B}$$
$$Y_2 = AB$$
$$Y_3 = Y_1C = \bar{B}C$$
$$Y_4 = AC$$
$$Y = Y_2 + Y_3 + Y_4$$

将Y_2、Y_3、Y_4的值分别代入，可以得到输出$Y = AB + \bar{B}C + AC$。

2.逻辑表达式到逻辑图　将逻辑表达式中的逻辑运算符号用相应的逻辑图形符号代替，并根据其运算优先权将其连接起来，就可以得到所求的逻辑图。

一般来讲，逻辑运算的运算优先权按以下顺序。①括号：即如果表达式中有括号先计算括号里的运算。②非：同一个非号下先运算。③与逻辑运算。④或逻辑运算。

【例6-6】 已知逻辑表达式为$Y = AB + \overline{(\bar{B} + A)C}$，请画出对应的逻辑图。

解：将式中的各种逻辑运算用对应的图形符号表示，按照其运算优先顺序连接，可以得到逻辑图，如图6-12所示。

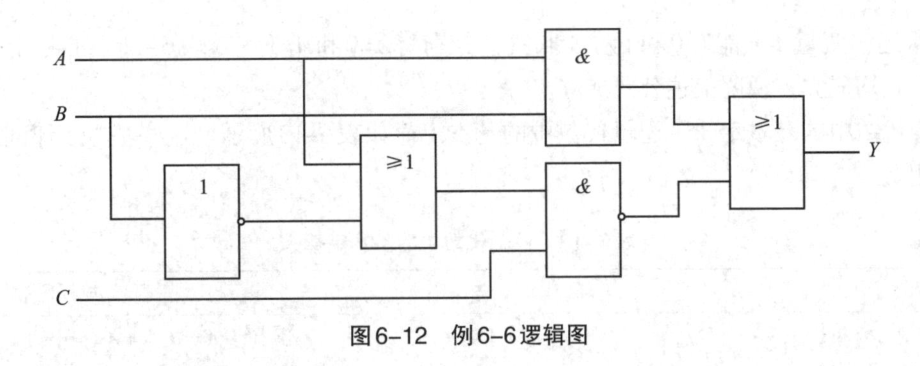

图6-12　例6-6逻辑图

注意，在学习了逻辑函数的化简后，可以看出例6-6中的逻辑表达式可化简为$Y=B+\overline{C}$，相应的逻辑图可以更简单。从这里也可以看出，同一个逻辑关系可以用不同的逻辑表达式或不同的逻辑图来表示，但它们的真值表是唯一的。

（三）真值表与逻辑图之间的相互转换

1.真值表到逻辑图　由真值表到逻辑图不能直接转换，需要通过逻辑表达式中转。其步骤为：①由真值表写出对应的与或表达式；②用公式法或卡诺图法化简，得到函数的最简与或表达式。如果电路不用与或门而用其他门实现，还需要将表达式转换成其他形式；③画出所需要的逻辑图。

2.逻辑图到真值表　由逻辑图到真值表同样需要通过逻辑表达式中转。其步骤为：①采用逐级推导的方法根据逻辑图写出输出端的逻辑表达式；②化简，如果表达式已经是最简形式可省略；③将输入变量的各种取值代入化简后的表达式，得到真值表。

PPT

第三节　逻辑代数中的公式与定理

一、逻辑代数中的基本公式

1.逻辑常量之间的关系　根据基本的逻辑关系可以得到逻辑代数中逻辑常量之间的关系如表6-11所示。

表6-11　逻辑常量之间的关系

与逻辑运算	或逻辑运算	非逻辑运算
$0\cdot0=0$	$0+0=0$	$\overline{0}=1$
$0\cdot1=0$	$0+1=1$	
$1\cdot0=0$	$1+0=1$	$\overline{1}=0$
$1\cdot1=1$	$1+1=1$	

表6-11中的公式，在运算中可作为公理使用。

2.逻辑变量和逻辑常量的关系　逻辑变量和逻辑常量之间的关系如表6-12所示。

表6-12　逻辑变量和逻辑常量的关系

与逻辑运算	或逻辑运算	非逻辑运算
$A\cdot0=0$	$A+0=A$	
$0\cdot A=0$	$A+1=1$	$\overline{\overline{A}}=A$
$A\cdot A=A$	$A+\overline{A}=1$	
$A\cdot\overline{A}=0$	$A+A=A$	

如前所述，变量A只能有0和1两种取值，分别将A=0和A=1代入表6-11中的各个公式，可以看出各等式均成立，说明上述公式成立。

3.逻辑代数中的基本定律 逻辑代数中的基本定律如表6-13所示。这些基本定律同样可以作为公式使用。

表6-13 逻辑代数中的基本定律

	与	或
交换律	$A\cdot B=B\cdot A$	$A+B=B+A$
结合律	$(A\cdot B)\cdot C=A\cdot(B\cdot C)$	$(A+B)+C=A+(B+C)$
分配律	$A\cdot(B+C)=A\cdot B+A\cdot C$	$A+B\cdot C=(A+B)(A+C)$
德·摩根（De Morgan）定律（反演律）	$\overline{A+B}=\overline{A}\cdot\overline{B}$	$\overline{A+B}=\overline{A}+\overline{B}$

以上基本定律可以利用真值表法进行证明。由于真值表具有唯一性，只要将等式两边变量的各种可能的取值代入到等式中，分别列出真值表，如果两边的真值表相等，则等式成立，否则等式不成立。

【例6-7】 证明德·摩根定律$\overline{A+B}=\overline{A}\cdot\overline{B}$。

证明：将逻辑变量的各种取值组合代入等式两边，可得真值表6-14所示

表6-14 例6-7真值表

A	B	$\overline{A}+\overline{B}$	$\overline{A}\cdot\overline{B}$
0	0	1	1
0	1	0	0
1	0	0	0
1	1	0	0

由真值表6-14可知，等式两边在各种逻辑变量取值的情况下都相等，所以该德·摩根定律成立。

注意，上述基本公式所反映的是逻辑关系，而非数量之间的关系，故有些公式虽然与普通代数相似，但运算时不能简单地套用普通代数的运算规则。例如普通代数中的移项规则在逻辑代数中就不能使用。

4.常用公式 利用上述基本公式与基本定律，可以推导出以下常用公式。

$$A+AB=A \tag{6-17}$$

公式使用说明：当两个与项相加时，若其中一个与项是另外一个与的因子，则另外一个与项是多余的，可以消去。

$$A+\overline{A}B=A+B \tag{6-18}$$

公式使用说明：上式表明，当两个乘积项相或时，如果一个乘积项的非是另一个乘积项的因子，则该因子是多余的，可以消去。

$$AB+A\overline{B}=A \tag{6-19}$$

若两个与项中只有一个因子相反，而其余的因子相同，那么，当这两个与项相或时，可以消去相反的因子而合并为一项。

$$AB+\overline{A}C+BC=AB+\overline{A}C \tag{6-20}$$

公式使用说明：在一个与-或表达式中，若两个与项分别包含A和$\overline{A}$，而这两个与项的其余因子组成第三个与项，则第三个与项是多余的，可以消去。该公式又称为吸收率。

推论：

$$AB + \overline{A}C + BCD = AB + \overline{A}C \tag{6-21}$$

上述常用公式，可以利用基本公式和基本定律证明。

【例6-8】 证明等式$AB + \overline{A}C + BC = AB + \overline{A}C$。

证明：

$$\begin{aligned} & AB + \overline{A}C + BC \\ = & AB + \overline{A}C + BC(A + \overline{A}) \\ = & AB + \overline{A}C + ABC + \overline{A}BC \\ = & AB + \overline{A}C \end{aligned}$$

注意，也可以利用真值表法证明，但比较繁琐，读者可自行尝试。

二、逻辑代数中的基本定理

1.代入定理 是指将任何一个逻辑等式两边的某一变量（可只在一边出现）用同一个逻辑函数代替，该逻辑等式仍然成立。该定理可以由逻辑函数的二值性证明，证明如下。

如果原等式对变量A成立，即当$A=0$和$A=1$时等式都成立，若将A换成某一逻辑函数，由逻辑函数的二值性可知，该逻辑函数也只有0和1两种结果，因此用逻辑函数来代替变量A等式仍然成立。

【例6-9】 证明摩根定律的推论$\overline{A + B + C\cdots} = \overline{A} \cdot \overline{B} \cdot \overline{C}\cdots$。

证明：首先在例6-7中已经证明，二变量时摩根定律成立。即

$$\overline{A + B} = \overline{A} \cdot \overline{B}$$

根据代入定理，上述等式中的逻辑变量B换成逻辑表达式（$B+C$），等式仍然成立。可以得到

$$\overline{A + (B + C)} = \overline{A} \cdot \overline{B + C} = \overline{A} \cdot \overline{B} \cdot \overline{C}$$

三变量摩根定律得证。依此类推，可以得到n变量的摩根定律。即有

$$\overline{A + B + C\cdots} = \overline{A} \cdot \overline{B} \cdot \overline{C}\cdots$$

由例6-9可以看出：应用代入定理可以将前面所介绍的基本公式和常用公式推广成多变量的形式。

应用时应注意：①等式两边的常量不能使用代入规则，但可以用常量（0，1）代替某一变量；②用函数代替等式两边的某一变量时，对等式两边出现的该变量的非，应用相应函数的非代替；③可以用反变量代替原变量。

例如对于公式$A+\overline{A}B=A+B$，将公式中的用$\overline{A}$代替，则公式中的$\overline{A}$要用A代替，可得该公式的推论：$\overline{A}+AB=\overline{A}+B$。

2.反演定理 任何一个逻辑函数L，如果将其逻辑表达式中所有的“·”换成“+”，“+”换成“·”，“0”换成“1”，“1”换成“0”，原变量换成反变量，反变量换成原变量，且保持运算的优先权不变，则可得到原逻辑函数的反函数$\overline{L}$，这就是反演定理。德·摩根定律即是反演定理的一个特例。

利用反演定理可以比较容易地求出一个函数的反函数。

应用反演定理时应注意以下几点：①要保持变换前后运算的优先权不变。逻辑运算中，运算的优先权是这样规定的：先算非，再算括号，然后再算与，最后计算或。在应用反演定理时，如果在原函数的表达式中，AB之间先运算，再和其他变量运算，那么变换之后，仍然要保持这样的次序，必要时可加括号。②定理中的反变量换成原变量只对单个变量有效，不是单个变量上的非号应保持不变。

【例6-10】 求$L=\overline{A}\cdot(B+C)\cdot 1+C\cdot D+0$的反函数。

解：根据反演规则可得

$$
\begin{aligned}
\overline{L} &= (A+\overline{BC}+0)\cdot(\overline{C}+\overline{D})\cdot 1\\
&A\overline{C}+A\overline{D}+\overline{BC}+\overline{BCD}\\
&A\overline{C}+A\overline{D}+\overline{BC}
\end{aligned}
$$

PPT

第四节　逻辑函数化简

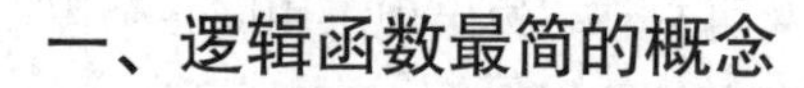

一、逻辑函数最简的概念

（一）最简与或表达式

由真值表直接写出的是逻辑函数的与或表达式。一个逻辑函数用与或表达式表示，其形式不是唯一的。例如：

$$
\begin{aligned}
Y &= AB+\overline{B}C\\
&= AB+\overline{B}C+AC\\
&= \cdots\cdots
\end{aligned}
$$

它们的实现电路是不一样的（可自行验证），不同电路的实现，其电路的繁简程度是不一样的。实际工作中，为了节省元器件、优化生产工艺、降低成本和提高系统的可靠性，需要使用最简的逻辑表达式设计出最简洁的逻辑电路，逻辑函数的化简是必需的。

如果一个与或表达式满足以下两个条件：①乘积项（与项）的个数最少；②在满足①的条件下，每一个乘积项中变量的个数最少，则该与或表达式是最简的。

注意，满足以上条件的最简与-或表达式不是唯一的（例6-20）。

（二）其他形式最简逻辑表达式及其相互转换

一个逻辑函数除了用与或表达式表示外，也可以用其他多种形式的逻辑表达式表示。例如对于与或形式的逻辑表达式$Y=AB+\overline{B}C$，还可以表示为：

$$Y=(A+\overline{B})(B+C) \qquad \text{或与形式}$$

$$Y=\overline{\overline{AB}\cdot\overline{\overline{B}C}} \qquad \text{与非-与非形式}$$

$$Y=\overline{\overline{(A+\overline{B})}+\overline{(B+C)}} \qquad \text{或非-或非形式}$$

$$Y=\overline{\overline{A}B+\overline{B}\,\overline{C}} \qquad \text{与或非形式}$$

可以分别使用与或门、或与门、与非门、或非门、与或非门等不同的门电路实现上述逻辑表达式所表示的逻辑功能。

由逻辑函数的与或表达式得到逻辑函数的其他表达式非常方便。

1.最简或与表达式　如果一个或与表达式满足：①括号最少；②在满足①的条件下，每个括号内相加的变量也最少，则该或与表达式是最简的。

如果已知逻辑函数的与或表达式，可以按照以下步骤转换为逻辑函数的或与表达式。

（1）求出反函数的与或表达式；

（2）利用反演规则写出函数的或与表达式。

【例6-11】 请将与或表达式$Y=\overline{A}B+A\overline{C}$转换成或与表达式。

解：首先求反函数

$$\begin{aligned}\overline{Y} &= \overline{\overline{A}B + A\overline{C}}\\ &= (A + \overline{B})(\overline{A} + C)\\ &= \overline{A}\,\overline{B} + AC + \overline{B}C\\ &= \overline{A}\,\overline{B} + AC\end{aligned}$$

利用反演定理可以求得或与表达式为

$$Y = (A + B)(\overline{A} + \overline{C})$$

2.最简与非－与非表达式　如果一个与非－与非表达式满足：①非号最少；②在满足①的条件下，每个非号下面乘积项中的变量也最少，则该与非－与非表达式是最简的。

如果已知逻辑函数的与或表达式，可以按照以下步骤转换为逻辑函数的与非－与非表达式。

（1）与或表达式的基础上两次取反；

（2）利用摩根定律去掉下面的反号。

【例6-12】 请将与或表达式$Y=\overline{A}B+A\overline{C}$转换成与非－与非的形式。

解：
$$\begin{aligned}Y &= \overline{A}B + A\overline{C}\\ &= \overline{\overline{\overline{A}B + A\overline{C}}}\\ &= \overline{\overline{\overline{A}B}\cdot\overline{A\overline{C}}}\end{aligned}$$

3.最简或非－或非表达式　如果一个或非－或非表达式满足：①非号最少；②在满足①的条件下，每个非号下面相加的变量也最少，则该或非－或非表达式是最简的。

如果已知逻辑函数的与或表达式，可以按照以下步骤转换为逻辑函数的或非－或非表达式。

（1）先将所给的与或表达式转换为或与表达式；

（2）所得到的或与表达式两次求反；

（3）利用摩根定律去掉下面的非号。

【例6-13】 请将与或表达式$Y=\overline{A}B+A\overline{C}$转换成或非－或非的形式。

解：根据例6-11的结果，可以得到或与表达式为

$$Y = (A + B)(\overline{A} + \overline{C})$$

对其两次求反得

$$Y = \overline{\overline{(A + B)(\overline{A} + \overline{C})}}$$

利用摩根定律得

$$Y = \overline{\overline{A + B} + \overline{\overline{A} + \overline{C}}}$$

4.最简与或非表达式　如果一个与或非表达式满足：①非号下面相加的乘积项最少；②在满足①的条件下，每个乘积项中相乘的变量也最少，则该与或非表达式是最简的。

如果已知逻辑函数的与或表达式，可以按照以下步骤转换为逻辑函数的与或非表达式。

（1）先将所给的与或表达式转换为或非－或非表达式；

（2）利用摩根定律去掉大非号下面的非号。

【例6–14】 请将与或表达式$Y=\overline{A}B+A\overline{C}$转换成与或非的形式。

解：根据例6–13的结果，可以到或非–或非表达式为

$$Y = \overline{\overline{A + B} + \overline{\overline{A} + \overline{C}}}$$

利用摩根定律去掉大非号下面的非号，得

$$Y = \overline{\overline{AB} + AC}$$

若所给的与或表达式是最简的，则转换后的其他形式的表达式也是最简的。所以如果没有特殊说明，逻辑函数的化简一般是化简为最简与或表达式。如果需要其他形式的最简表达式，可以由最简与或表达式转换得到。

化简逻辑函数的基本方法主要包括：公式化简法、卡诺图化简法（手工）、Q–M法（计算机）。

二、逻辑函数的公式法化简

逻辑函数的公式法化简是利用逻辑函数的基本公式与定律对逻辑函数进行化简的一种方法。常用的化简方法主要有以下几种。

1.并项法 利用公式$\overline{A}+A=1$、$1+A=1$等，将两个项合并为一个项。

【例6–15】 请将$Y=(AB+\overline{A}\overline{B})C+(A\overline{B}+\overline{A}B)C$化简为最简与或表达式。

解：
$$\begin{aligned}Y &= (AB + \overline{A}\overline{B})C + (A\overline{B} + \overline{A}B)C \\ &= ABC + \overline{A}\overline{B}C + A\overline{B}C + \overline{A}BC \\ &= AC(B + \overline{B}) + \overline{A}C(\overline{B} + B) \\ &= AC + \overline{A}C \\ &= C\end{aligned}$$

2.配项法 将公式$A+\overline{A}=1$、$A \cdot A=A$、$AB+\overline{A}C+BC=AB+\overline{A}C$、$A+A=A$、$AB+\overline{A}C+BC=AB+\overline{A}C$反向使用，在化简之前先给逻辑函数增加必要的乘积项，使被化简的逻辑函数扩展，然后利用这些扩展出来的乘积项，消去原函数中更多的乘积项和因子。

【例6–16】 请将$Y=AB+\overline{A}C+B\overline{C}$化简为最简与或表达式。

解：
$$\begin{aligned}Y &= AB + \overline{A}C + B\overline{C} \\ &= AB + \overline{A}C + B\overline{C}(A + \overline{A}) \\ &= AB + \overline{A}C + AB\overline{C} + \overline{A}B\overline{C} \\ &= AB + AB\overline{C} + \overline{A}C + \overline{A}B\overline{C} \\ &= AB + \overline{A}C + \overline{A}B = B + \overline{A}C\end{aligned}$$

3.吸收法 利用公式$A+AB=A$、$AB+\overline{A}C+BCD=AB+\overline{A}C$等消去多余的乘积项。

【例6–17】 请用吸收法化简下列函数。

$$Y_1 = A\overline{B} + A\overline{B}(C + D + E)$$
$$Y_2 = ABC + \overline{B}D + \overline{A}D + CD$$

解：
$$\begin{aligned}Y_1 &= A\overline{B} + A\overline{B}(C + D + E) \\ &= A\overline{B}(A + C + D + E) \\ &= A\overline{B}\end{aligned}$$

$$
\begin{aligned}
Y_2 &= ABC + \overline{B}D + \overline{A}D + CD \\
&= ABC + (\overline{B} + \overline{A})D + CD \\
&= ABC + \overline{AB}D + CD \\
&= ABC + \overline{AB}D
\end{aligned}
$$

4.消去法　利用公式$A+\overline{A}B=A+B$，消去乘积项多余的因子，达到化简的目的。

【例6-18】 化简逻辑函数$Y=AC+\overline{A}B+B\overline{C}$。

解：
$$
\begin{aligned}
Y &= AC + \overline{A}B + B\overline{C} \\
&= AC + (\overline{A} + \overline{C})B \\
&= AC + \overline{AC} \cdot B \\
&= AC + B
\end{aligned}
$$

对于相对复杂的逻辑函数，可以综合应用以上几种方法，求出最简的逻辑表达式。

【例6-19】 请将$L=AC+A\overline{C}+AB+\overline{A}C+BD+ABCEF+\overline{B}E+DEF$化简为最简与或表达式。

解：
$$
\begin{aligned}
L &= AC + A\overline{C} + AB + \overline{A}C + BD + ABCEF + \overline{B}EF + DEF \\
&= A(C + \overline{C}) + AB + \overline{A}C + BD + ABCEF + \overline{B}EF + DEF \\
&= A + AB + \overline{A}C + BD + ABCEF + \overline{B}EF + DEF \\
&= A(A + B + BCEF) + \overline{A}C + BD + \overline{B}EF + DEF \\
&= A + \overline{A}C + BD + \overline{B}EF + DEF \\
&= A + C + BD + \overline{B}EF + DEF \\
&= A + C + BD + \overline{B}EF
\end{aligned}
$$

【例6-20】 化简逻辑函数$Y=A\overline{B}+\overline{A}B+B\overline{C}+\overline{B}C$为最简与或表达式。

解：（1）
$$
\begin{aligned}
Y &= A\overline{B} + \overline{A}B + B\overline{C} + \overline{B}C \\
&= A\overline{B}(C + \overline{C}) + \overline{A}B + B\overline{C}(A + \overline{A}) + \overline{B}C \\
&= A\overline{B}C + A\overline{BC} + \overline{A}B + AB\overline{C} + \overline{A}B\overline{C} + \overline{B}C \\
&= \overline{B}C + A\overline{BC} + \overline{A}B + AB\overline{C} \\
&= \overline{A}B + \overline{B}C + A\overline{C}(\overline{B} + B) \\
&= \overline{A}B + \overline{B}C + A\overline{C}
\end{aligned}
$$

（2）
$$
\begin{aligned}
Y &= A\overline{B} + \overline{A}B + B\overline{C} + \overline{B}C \\
&= A\overline{B} + (C + \overline{C})\overline{A}B + B\overline{C} + (A + \overline{A})\overline{B}C \\
&= A\overline{B} + \overline{A}B\overline{C} + \overline{A}BC + B\overline{C} + A\overline{B}C + \overline{ABC} \\
&= A\overline{B} + \overline{A}BC + B\overline{C} + \overline{ABC} \\
&= A\overline{B} + B\overline{C} + \overline{A}BC + \overline{ABC} \\
&= A\overline{B} + B\overline{C} + \overline{A}C
\end{aligned}
$$

可以看出，两种方法得到的两个表达式都包含有三个乘积项（与项），每一个乘积项都包含有两个变量两个（因子），两个逻辑表达式都是所求函数的最简与或式。由此可以得出：某些逻辑函数可以由两个或者更多个最简表达式。

公式法化简逻辑函数可用于各种逻辑函数的化简。其优点是简单方便，对逻辑表达式中的变量个数没有限制。但是使用公式法化简逻辑函数需要一定的化简技巧，要求熟练掌握逻辑函数的基本公式和基本定理，必须大量练习才能熟练应用，使用公式法化简逻辑函数也很难判断化简后的结果是否最简。

三、逻辑函数的卡诺图化简

卡诺图同样是逻辑函数的一种基本表示方法，其用途很广，可以利用卡诺图证明两函数相等、互补及进行异或叠加运算；也可利用卡诺图将任一逻辑函数展开成标准形式；还可利用卡诺图求函数的反函数；卡诺图最重要的用途是进行逻辑函数的化简，利用卡诺图化简逻辑函数可以克服公式化简法的缺点，比较简便地得到最简的逻辑函数的与或表达式。

（一）最小项

1.最小项的定义 在n变量的逻辑函数中，若M是含有n个因子的乘积项，在M中每个因子都以原变量或反变量的形式出现且仅出现一次，则称M为该n个变量的一个最小项。n个变量一共有2^n个最小项。

例如，A、B、C三个变量的最小项有$\overline{ABC}$、$\overline{AB}C$、$\overline{A}B\overline{C}$、$\overline{A}BC$、$A\overline{BC}$、$A\overline{B}C$、$AB\overline{C}$、$ABC$等8（$2^3$）个最小项。

2.最小项的编号 为了表述方便，可以对最小项编号。最小项一般用m_i表示，其下标i是最小项的编号，用十进制表示。编号的方法是：将最小项中原变量取1，反变量取0，则一个最小项取值为一组二进制数，相对应的十进制数即是该最小项的编号。在A、B、C三个变量中，$\overline{A}BC$和二进制011相对应，最小项的编号为3，$\overline{A}BC$可以用m_3表示。

3.最小项的性质 ①对于任意一个最小项，有且只有一组变量取值使它的值为1，而其余各种变量取值均使它的值为0；②不同的最小项，使其取值为1的那组变量取值也不同；③对于变量的任一组取值，任意两个最小项的乘积为0；④对于变量的任一组取值，全体最小项之和为1；⑤具有逻辑相邻性的两个最小项相或时，可以合并成一项并消去一个因子。

逻辑相邻性：如果两个最小项只有一个因子不同，这两个乘积项就具有逻辑相邻性。例如，对于$\overline{A}B\overline{C}$和$\overline{A}BC$两个最小项，只有$C$这个因子不同，具有逻辑相邻性。则这两个最小项相或时可以将C这个因子消去合并成一项：

$$\overline{A}B\overline{C}+\overline{A}BC=\overline{A}B(\overline{C}+C)=\overline{A}B$$

4.最小项的卡诺图表示 用2^n个特定的小方格来表示n个变量的2^n个最小项所得到的图形称为卡诺图。此种表示方法是由美国工程师卡诺（Karnaugh）在20世纪50年代提出的，故称卡诺图。卡诺图可以按照变量的个数分为二变量卡诺图、三变量卡诺图、四变量卡诺图等。

二变量卡诺图见图6-13。①图6-13（a）中标出了两个变量全部4个最小项的安放位置，这样安放的目的是为了保证几何相邻最小项之间的同样也是逻辑相邻的，即两个几何相邻的最小项之间只有一个因子相反。图形两侧标注的0和1代表使对应小方格内的最小项为1的变量取值，为了保证逻辑相邻性，这些变量取值按照格雷码（00，01，11，10）顺序排列（见三变量卡诺图6-14和四变量卡诺图6-15）。②如果用0表示反变量，1表示原变量，可以得到图6-13（b），方格中的数字就是相应最小项取值为1时的变量取值。③卡诺图也可用最小项的编号表示，如图6-13（c）所示。④最常使用的是图6-13（d）给出的简化形式。

五变量及以上卡诺图，逻辑相邻性比较复杂，画法比较麻烦，在逻辑函数化简时很少使用，这里不再介绍。

5.逻辑函数的最小项表示 逻辑函数可以通过基本公式$A+\overline{A}=1$变换为一组最小项之和的形式，且这组最小项是唯一的，称为逻辑函数的标准形式。

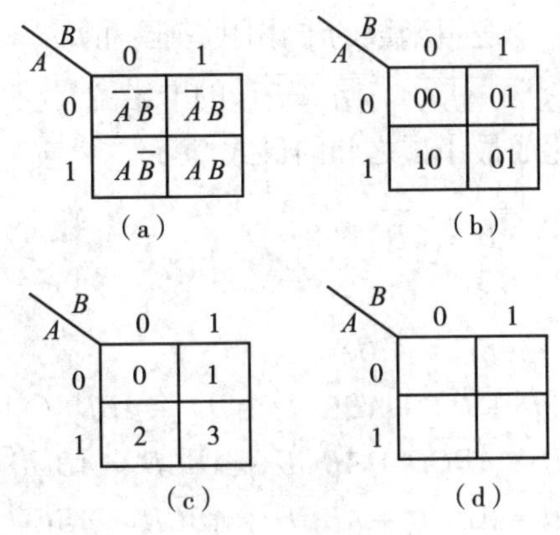

图6-13　二变量卡诺图

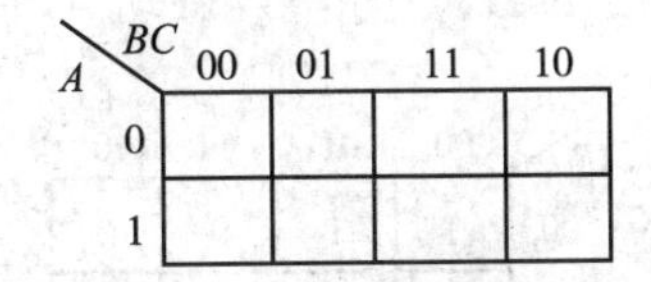

图6-14　三变量卡诺图

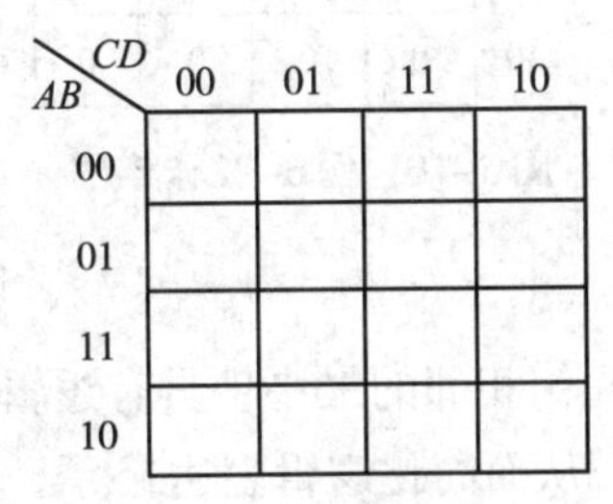

图6-15　四变量卡诺图

【例6-21】 将逻辑函数$Y=A\overline{B}+BC$展开为最小项之和的形式。

解：
$$
\begin{aligned}
Y &= A\overline{B} + BC \\
&= A\overline{B}(C+\overline{C}) + BC(A+\overline{A}) \\
&= A\overline{B}C + A\overline{B}\,\overline{C} + \overline{A}BC + ABC \\
&= m_3 + m_4 + m_5 + m_7 \\
&= \sum m(3,4,5,7)
\end{aligned}
$$

逻辑函数的另外一种标准形式是“最大项之积”，感兴趣的读者可查阅相关资料，这里不再介绍。逻辑函数的标准化表示在逻辑函数的化简及计算机辅助分析和设计中有着广泛的应用。

（二）卡诺图法化简

1.逻辑函数的卡诺图表示　卡诺图可以用来表示逻辑函数，将逻辑函数最小项表达式中各最小项按照逻辑相邻的原则填入卡诺图内即可得到相应逻辑函数的卡诺图。具体方法是：①若给出逻辑函数的与或表达式（其他形式表达式要转换成与或表达式），将其展开成最小项之和的形式（熟练后可不用展开），然后在卡诺图上与这些最小项对应的位置上填入1，其余的位置上填入0（或不填），即可得到该逻辑函数的卡诺图形式。②若给出逻辑函数的真值表，则对应于变量取值组合的每一个小方格内，根据输出函数值，在卡诺图中是1填1，是0填0。

注意，和真值表一样，每一个逻辑函数的卡诺图是唯一的。

【例6-22】 画出逻辑函数$L=\overline{ABC}+\overline{\overline{AB}+C\overline{D}}$的卡诺图。

解：（1）首先将逻辑函数化成最小项之和的形式。

$$
\begin{aligned}
L &= \overline{ABC}+\overline{\overline{AB}+C\overline{D}} \\
&= \overline{ABC}+AB\cdot(\overline{C}+D) \\
&= \overline{ABC}+AB\overline{C}+ABD \\
&= \overline{ABC}(D+\overline{D})+AB\overline{C}(D+\overline{D})+ABD(C+\overline{C}) \\
&= \overline{ABCD}+\overline{ABC}D+AB\overline{C}D+AB\overline{CD}+ABCD+AB\overline{C}D \\
&= \overline{ABCD}+\overline{ABC}D+AB\overline{CD}+AB\overline{C}D+ABCD \\
&= m_0+m_1+m_{12}+m_{13}+m_{15}
\end{aligned}
$$

（2）将对应最小项位置填1，其余位置填0，可以得到卡诺图如图6-16所示。

AB \ CD	00	01	11	10
00	1	1	0	0
01	0	0	0	0
11	1	1	1	0
10	0	0	0	0

图6-16 例6-22卡诺图

2.逻辑函数的卡诺图化简

（1）基本原理 根据卡诺图中几何相邻的最小项具有逻辑相邻性，将卡诺图中两个几何相邻的最小项为一项，消去互反的变量，从而简化逻辑表达式。

（2）化简步骤 ①根据逻辑函数的逻辑表达式或真值表画出逻辑函数的卡诺图；②合并具有逻辑相邻性的最小项，把卡诺图中具有逻辑相邻性的1方格圈成一组（画圈），每一组应含有2^n个方格，每一组写成一个新的乘积项。注意，要将所有的1方格圈完，如果某个1方格没有逻辑相邻项，单独画圈；③将圈中的最小项消去相反的变量，合成一个乘积项；④所有的乘积项相加，得到逻辑函数的最简与-或表达式。

（3）合并最小项的规则 以四变量卡诺图为例。

两个逻辑相邻的小方格可以合并为一个乘积项消去一个因子。两个逻辑相邻的小方格有几何相邻（图6-17）与循环相邻（每一行或列的头、尾两个方格）（图6-18）两种情况。

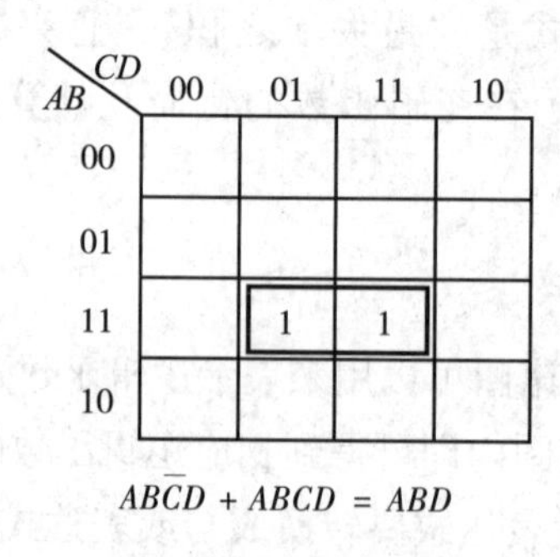

图6-17 几何相邻

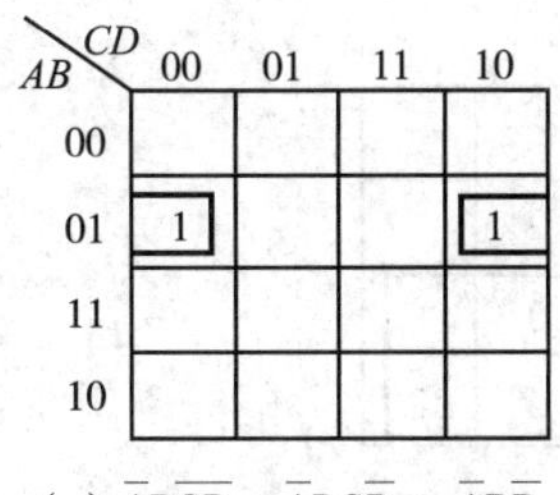

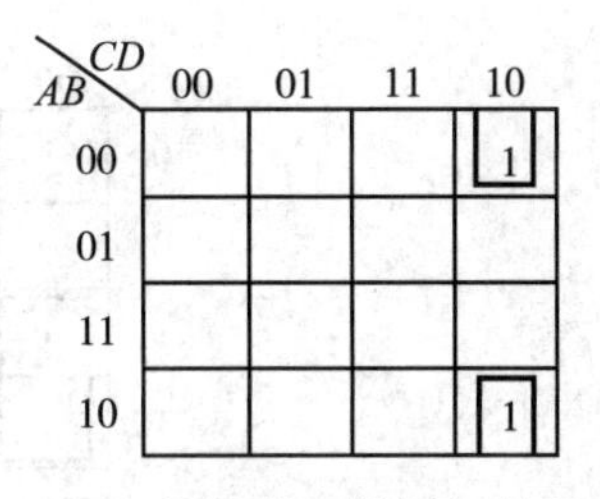

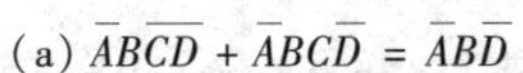

(a) $\bar{A}B\bar{C}\bar{D}+\bar{A}BC\bar{D}=\bar{A}B\bar{D}$　　(b) $\bar{A}\bar{B}C\bar{D}+A\bar{B}C\bar{D}=\bar{B}C\bar{D}$

图6-18　循环相邻

四个逻辑相邻的小方格可以消去2个相反的因子，保留2个相同的变量合并为一个乘积项。四个逻辑相邻的小方格有三种情况：①四个几何相邻的小方格组成一个大方格，如图6-19所示；②四个几何相邻的小方格组成一行或一列，如图6-20所示；③四个小方格循环相邻（包括两头、两尾和四角两种情况），如图6-21所示。

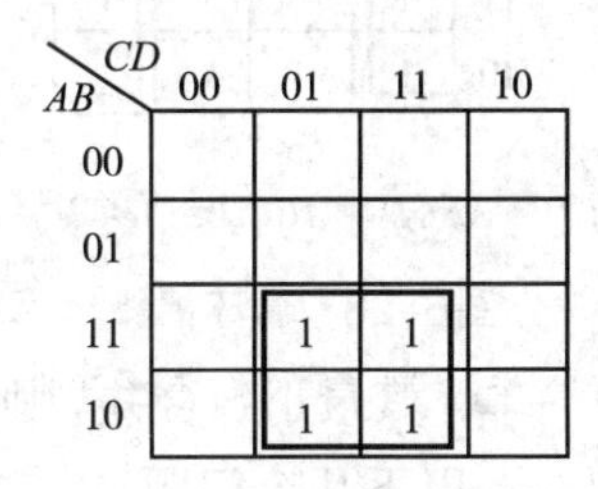

$AB\bar{C}D+ABCD+A\bar{B}\bar{C}D+A\bar{B}CD=AD$

图6-19　四个最小项组成一个大方格

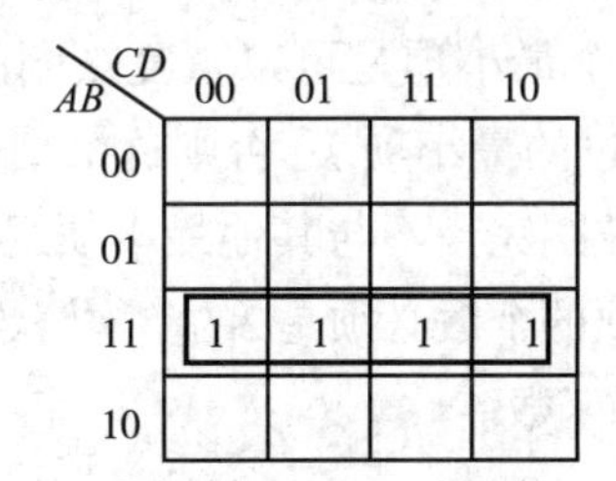

$AB\bar{C}\bar{D}+AB\bar{C}D+ABCD+ABC\bar{D}=AB$

图6-20　四个最小项组成一行

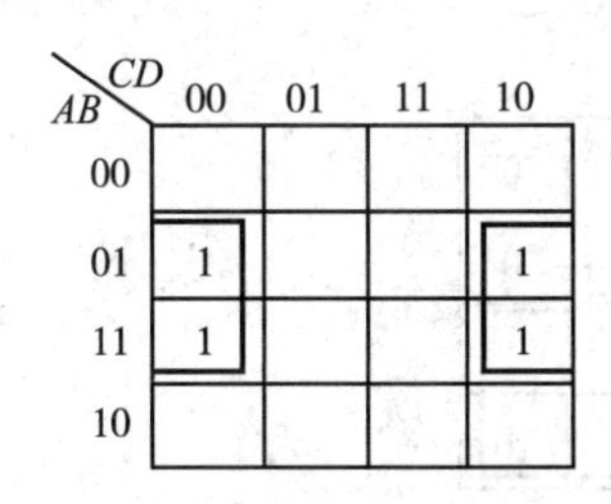

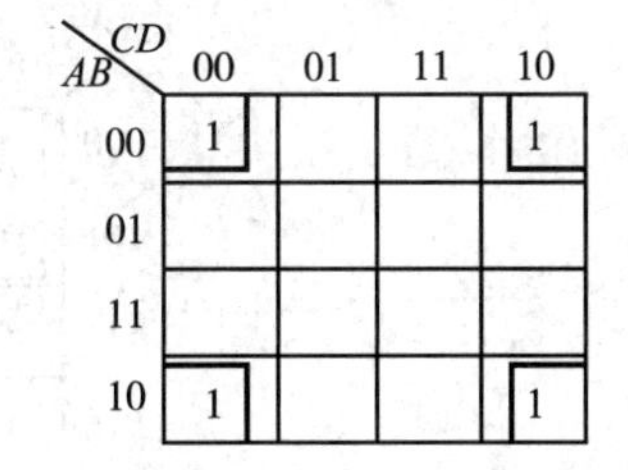

(a) $\bar{A}B\bar{C}\bar{D}+AB\bar{C}\bar{D}+\bar{A}BC\bar{D}+ABC\bar{D}=B\bar{D}$　　(b) $\bar{A}\bar{B}\bar{C}\bar{D}+\bar{A}\bar{B}C\bar{D}+A\bar{B}\bar{C}\bar{D}+A\bar{B}C\bar{D}=\bar{B}\bar{D}$

图6-21　循环相邻

八个逻辑相邻的小方格可以消去3个相反的因子，保留1个相同的变量合并为一个乘积项。八个逻辑相邻的小方格有以下两种情况：①八个小方格组成几何相邻的两行或两列，如图6-22所示；②八个小方格组成循环相邻的头、尾两行或两列，如图6-23所示。

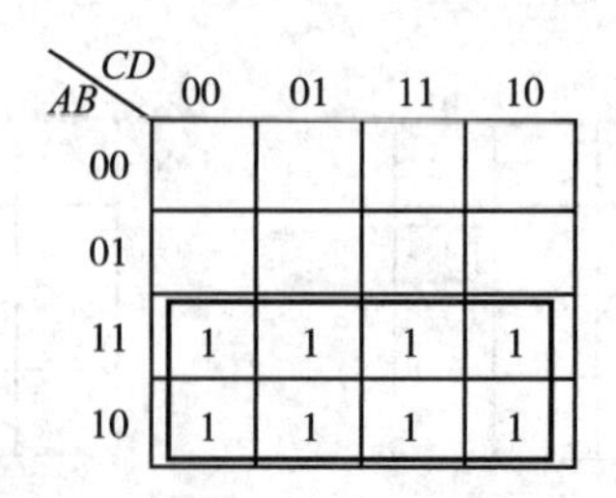

$$AB\overline{CD} + AB\overline{C}D + ABCD + ABC\overline{D} + A\overline{BCD} + A\overline{BC}D + A\overline{B}CD + A\overline{B}C\overline{D} = A$$

图6-22　几何相邻

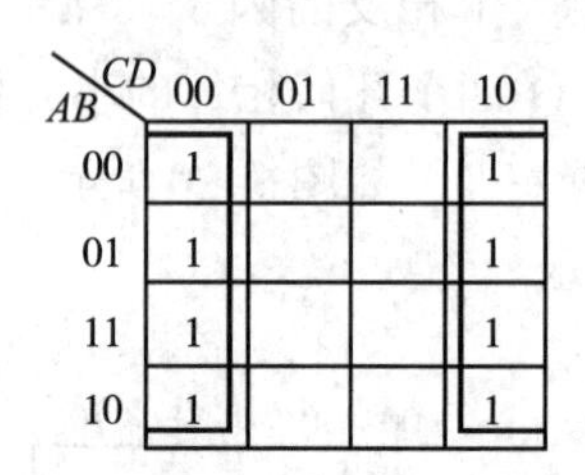

$$\overline{ABCD} + \overline{AB}C\overline{D} + \overline{A}B\overline{CD} + \overline{A}BC\overline{D} + AB\overline{CD} + ABC\overline{D} + A\overline{BCD} + A\overline{B}C\overline{D} = \overline{D}$$

图6-23　循环相邻

三变量卡诺图比四变量卡诺图更简单，其最小项合并规则可以自行总结。

圈组逻辑相邻的最小项时，需要注意以下几个问题：①在选择逻辑相邻的最小项时，圈的最小项越多越好，所圈的最小项越多，被消去的变量就越多，与该圈所对应的乘积项也就越简单。而且在圈最小项时不应该有拐点和遗漏的地方，以保证了所圈最小项的逻辑相邻性。②在选择逻辑相邻的最小项时，卡诺图中每一个最小项是可以重复被圈的，但是每一个圈都至少应该包括一个新的最小项（没有被其他圈圈过的最小项），否则这个圈就是多余的，不能使用（例6-25）。③卡诺图中是1的最小项必须全部被圈完。不与其他最小项逻辑相邻的最小项单独画一个圈，自己组成一个乘积项。④圈组内最小项的个数必须是2的整次幂，即2^n个。

【例6-23】 用卡诺图化简逻辑函数。

$$Y(ABCD) = \sum m(0,1,3,4,5,7,10,11,14,15)$$

解：(1)将最小项分别填入卡诺图，可得图6-24。

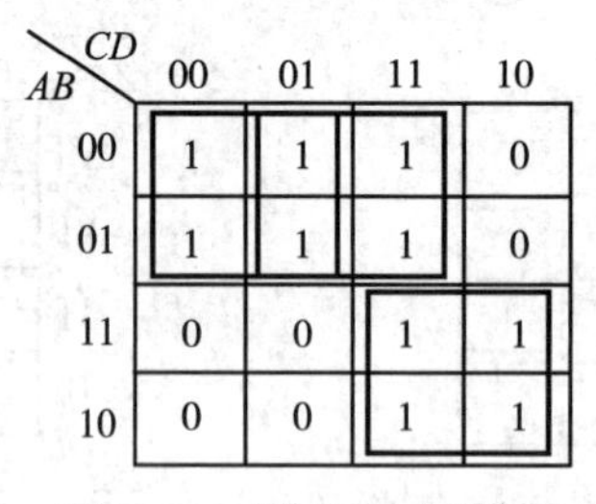

图6-24　例6-23卡诺图

(2)合并最小项可得函数的最简与-或表达式为

$$Y(ABCD) = \overline{AC} + \overline{A}D + AC$$

【例6-24】 用卡诺图法将下式化简为最简与-或形式。

$$Y = A\overline{B} + \overline{A}B + B\overline{C} + \overline{B}C$$

解：(1) 画出逻辑函数L的卡诺图形式，分别如图6-25（a）(b）所示。

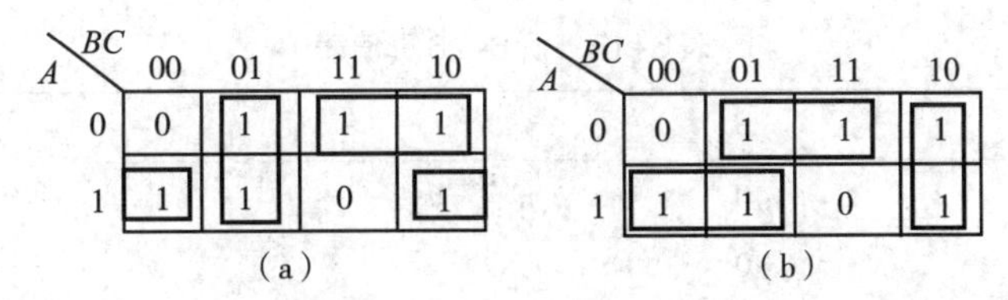

图6-25　例6-24卡诺图

熟练后，在填写卡诺图时，可不必将函数转换成最小项之和的形式，由于逻辑函数的与-或表达式中，每一个乘积项是所有包含该乘积项的最小项的公因子，所以可在相应的最小项中填入1。比如例题中$A\bar{B}$是所有包含A和$\bar{B}$的最小项的公因子，所有包含A和$\bar{B}$的最小项包括$A\bar{B}C$和$A\bar{B}\bar{C}$，即$A\bar{B}$是$A\bar{B}C$和$A\bar{B}\bar{C}$两个最小项相或的结果。因此可以直接在卡诺图中所有A=1、B=0的小方格内填入1。

（2）合并最小项，由图6-25可以看出，根据圈组原则，有两种可能的最小项的合并形式。由图6-25（a）得

$$Y = \bar{A}B + \bar{B}C + A\bar{C}$$

由图6-25（b）得

$$Y = A\bar{B} + B\bar{C} + \bar{A}C$$

两个结果与例6-20结果相同，都符合最简与-或表达式的标准。

很多情况下，圈组最小项的方法不止一种，因而所得到的与-或表达式也会各有不同，虽然它们同样囊括了该函数的所有最小项，但在所得到的与-或表达式中，哪一个是最简单的，必须要经过比较才能够确定。有时候可能几种结果都是最简与-或表达式，如例6-24所示。

【例6-25】 用卡诺图化简逻辑函数。

$$Y(A,B,C,D) = \sum m(1,5,6,7,11,12,13,15)$$

解：（1）将最小项填入卡诺图，可以得到图6-26所示结果。

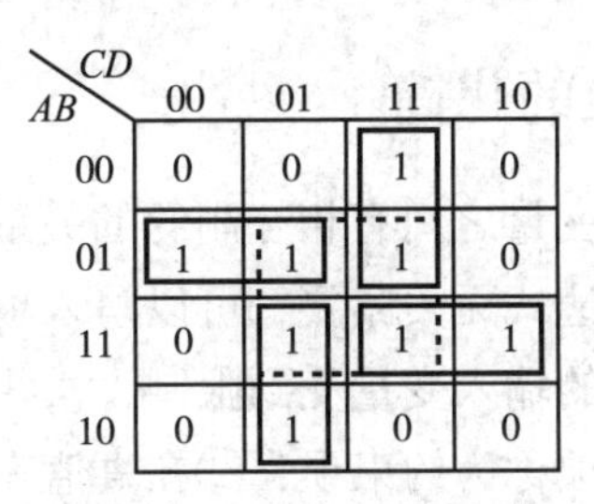

图6-26　例6-25卡诺图

（2）合并最小项，得到函数的最简与-或表达式为

$$Y(A,B,C,D) = \bar{A}\bar{C}D + \bar{A}BC + ACD + AB\bar{C}$$

本例比较特殊，一般在合并最小项时，先圈大圈，后圈小圈。以保证每一个乘积项中变量的个数最少，需要注意的是，有可能会出现原先所圈大圈中所包含的最小项已全部被后来其他圈所包含，在这种情况下，该大圈是多余的，应去除不要。在本例中，由m_5、m_7、m_{13}、m_{15}等最小项组成的圈虽然最大，但m_5、m_7、m_{13}、m_{15}已被其他圈圈过，应去除不要。

【例6-26】 已知逻辑函数的真值表如表6-15所示，请用卡诺图法化简该逻辑函数。

表6-15　例6-26真值表

A	B	C	L
0	0	0	0
0	0	1	0
0	1	0	0
0	1	1	1
1	0	0	1
1	0	1	0
1	1	0	0
1	1	1	1

解：（1）直接将真值表填入卡诺图，结果如图6-27所示。

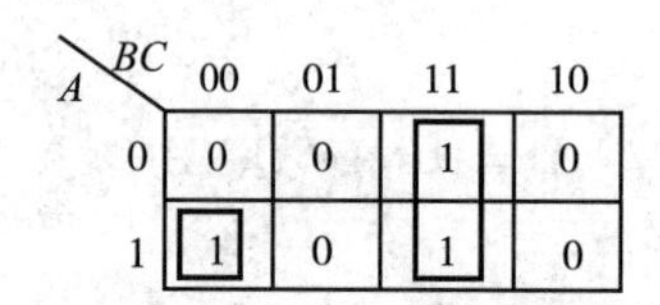

图6-27　例6-26卡诺图

（2）合并最小项，可得逻辑函数的最简与-或表达式为

$$L = BC + A\overline{B}\overline{C}$$

注意，m_4最小项不与其他任何最小项逻辑相邻，需要单独圈组。

使用卡诺图进行逻辑函数化简，有确定的化简步骤，可以方便地求出最简形式，克服了用公式法化简时的繁杂的运算以及难以判断最终结果是否最简的缺点。需要指出的是，对于五变量及以上的逻辑函数，其卡诺图变得非常复杂，各最小项之间的逻辑相邻性很难判断，因此卡诺图法化简法不再适用。

四、有约束项的逻辑函数的化简

约束项说明了逻辑函数中各个变量之间有相互制约的关系。约束项又称为无关项，所谓无关是指是否将这些最小项写入逻辑表达式无关紧要，可以写入也可以去除。包括两种情况：①由于实际工作中的具体要求，逻辑函数的输入变量受到限制，某些输入变量的取值不可能出现，这些不会出现的变量取值所对应的最小项称为约束项；②在真值表内，对应于输入变量的某些取值不可能取到，其对应的输出变量的值可以是任意的，是0是1均可，对逻辑关系没有影响。这些变量取值同样是约束项，又称为任意项。

由于是否将约束项写入逻辑表达式无关紧要，即约束项包含在逻辑函数式中，或者不包含在逻辑函数式中，对结果没有影响，那么在卡诺图中对应的位置既可以填入0也可以填入1。为了与正常的最小项区别，特别规定在卡诺图中约束项用 × 表示，在化简时根据化成最简的需要既可以认为它是1，也可以认为它是0。

对具有约束项的逻辑函数进行化简时，如果合理地利用约束项，一般可以得到更简单的结果。

【例6-27】 在十字路口有红绿黄三色交通信号灯，规定红灯亮停，绿灯亮行，黄灯亮等一等，信号灯系统运行正常。试分析车行与三色信号灯之间逻辑关系，并用最简与或表达式表示。

解：（1）根据题意可列出该逻辑问题的功能表如表6-16所示。

表6-16　例6-27功能表

红灯	绿灯	黄灯	可否通行	说明
灭	灭	灭		不能出现
灭	灭	亮	否	
灭	亮	灭	可	
灭	亮	亮		不能出现
亮	灭	灭	否	
亮	灭	亮		不能出现
亮	亮	灭		不能出现
亮	亮	亮		不能出现

注意，由于信号灯系统运行正常，不能出现两种以上颜色信号灯同时亮的情况，这种变量组合就是约束项。

根据题意作如下设定：红绿黄三种颜色的信号灯作为输入变量，用A、B、C表示，令灯亮时变量的值为1，灯灭时变量的值为0；车是否通行作为输出变量，用Y表示，令可以通行时Y=1，不能通行时Y=0；对于约束项的变量组合，输出用×表示，可得真值表如表6-17所示。

表6-17　例6-27真值表

A	B	C	Y
0	0	0	×
0	0	1	0
0	1	0	1
0	1	1	×
1	0	0	0
1	0	1	×
1	1	0	×
1	1	1	×

（2）将真值表中各个最小项填入卡诺图，如果不考虑约束项，可得卡诺图如图6-28所示。

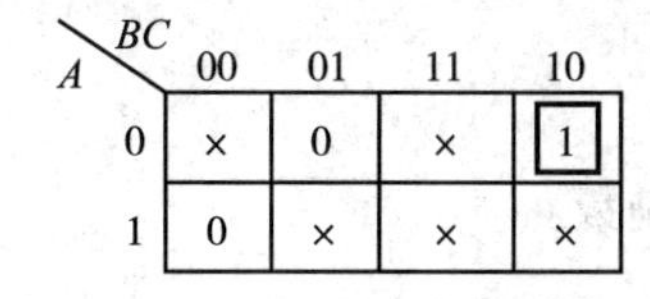

图6-28　例6-27不考虑约束项时卡诺图

所求逻辑关系为：$Y=\overline{A}B\overline{C}$。

考虑约束项后，可得卡诺图如图6-29所示。

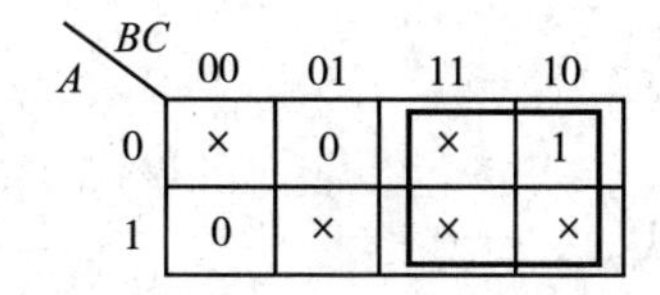

图6-29　例6-27考虑约束项时卡诺图

所求逻辑关系为：$Y=B$。

需要指出的是，在用卡诺图对具有约束项的逻辑函数化简时，约束项取0还是取1，应以使逻辑函数尽量得到简化而定，如例6-27。

注意，如果利用约束项对逻辑函数进行化简，在使用时就必须遵守约束，否则可能出现逻辑错误。

习题

一、选择题

1.与八进制数$(47.3)_8$等值的数为（　）。

A.$(100111.011)_2$　　B.$(27.6)_{16}$　　C.$(47.3)_{16}$　　D.$(100111.11)_2$

2.以下表达式中符合逻辑运算法则的是（　）。

A.C·C=2C　　B.1+1=10　　C.0<1　　D.A+1=1

3.输入相同，输出为0的逻辑关系为（　）。

A.异或逻辑　　B.同或逻辑　　C.异或非逻辑　　D.与或逻辑

4.符合或逻辑关系的表达式是（　）。

A.1+1=2　　B.1+1=1　　C.0+0=1　　D.1+0=0

5.所有最小项之和为（　）。

A.0　　B.1　　C.不确定　　D.最大值

二、简答题

1.数字信号和模拟信号各有何特点？数字电路和模拟电路有何区别与联系？

2.什么是约束项？约束项为什么可以根据化简的需要加上或者去掉？

三、计算题

1.将下列二进制数转换为十进制数。

（1）$(101.101)_2$

（2）$(0.0001001)_2$

（3）$(100.001)_2$

（4）$(11011)_2$

2.将下列十进制数转换为二进制数。

（1）$(191)_{10}$

（2）$(0.125)_{10}$

3.列出下列逻辑函数的真值表。

（1）$Y=AB+BC+\overline{A}C$

（2）$Y=\overline{AB}+BC+A\overline{C}$

（3）$Y=\overline{A}\overline{B}+AB$

（4）$Y=(A+B)(B+C)$

4.利用公式和定理证明下列等式。

（1）$(A+B)(\overline{A}+C)(B+C)=(A+B)(\overline{A}+C)$

（2）$A + \overline{A}\,\overline{B + C} = A + \overline{BC}$

（3）$\overline{A} + BC = \overline{AC} + \overline{AB} + BC + \overline{ACD}$

（4）$(AB + \overline{AB})(BC + \overline{BC})(CD + \overline{CD}) = \overline{A\overline{B} + B\overline{C} + C\overline{D} + D\overline{A}}$

5.请根据真值表（表6–17）画出描述该逻辑关系的逻辑图。

表6–17　计算题5真值表

A	B	C	Y
0	0	0	0
0	0	1	0
0	1	0	1
0	1	1	0
1	0	0	0
1	0	1	1
1	1	0	1
1	1	1	1

6.请用公式化简法化简下列逻辑函数。

（1）$Y = AB\overline{C} + \overline{A} + \overline{B} + C$

（2）$Y = A(\overline{A} + B) + B(B + \overline{C} + \overline{D})$

（3）$Y = \overline{AB}C + ABC + \overline{A}B\overline{D} + A\overline{BD} + \overline{A}BC\overline{D} + C\overline{D}E$

（4）$L = A + A\overline{BC} + \overline{A}CD + \overline{C}E + \overline{D}E$

7.请用卡诺图化简下列函数。

（1）$Y = (A\overline{B} + D)(A + \overline{B})D$

（2）$Y = \overline{(A \oplus B)}(B \oplus \overline{C})$

第七章 门电路和组合逻辑电路

知识目标

1. 掌握　基本逻辑门电路的逻辑功能、逻辑符号、逻辑状态表和逻辑表达式。
2. 熟悉　常用组合逻辑电路的工作原理和功能。
3. 了解　数字集成电路的使用方法。

能力目标

1. 学会分析组合逻辑电路。
2. 具备进行组合逻辑电路设计的能力。

组合逻辑电路是数字电路中最常见的电路之一，构成组合逻辑电路最基本的逻辑单元为门电路。本章首先介绍几种基本的逻辑门电路，然后对组合逻辑电路的分析和设计作详细的介绍，最后讨论组合逻辑电路的相关应用。

PPT

第一节　逻辑门电路

实现基本和常用逻辑运算的电路叫作逻辑门电路。在数字电路中，逻辑门电路作为组合逻辑电路中最基本的单元，其应用广泛。主要包括分立元件门电路和集成门电路，集成门电路又包括TTL集成门电路及MOS集成门电路。

逻辑门电路的输入信号和输出信号用0和1两个量来表示两个对立的逻辑状态。一般规定当逻辑门电路的输入信号、输出信号是高电平为1，低电平为0，称为正逻辑表示法。与此相反，负逻辑表示法规定高电平为0，低电平为1。实际工作中，如无特殊原因，一般采用正逻辑，在本书中，采用正逻辑表示法。

一、分立元件门电路

由于二极管和晶体管有开关作用，可利用二极管的单向导通特性以及晶体管的饱和、截止工作状态来设计逻辑门电路。常见的分立元件门电路大多是由二极管或双极型晶体管组成。下面介绍三种基本的分立逻辑门电路。

（一）与门电路

常见的与门电路是由二极管组成的，用来表示与逻辑关系。如图7-1所示是由二极管组成的两输入的与门电路，A和B是该电路的两个输入端，分别接入两个输入信号，Y是该电路的输出端，用来输出信号。

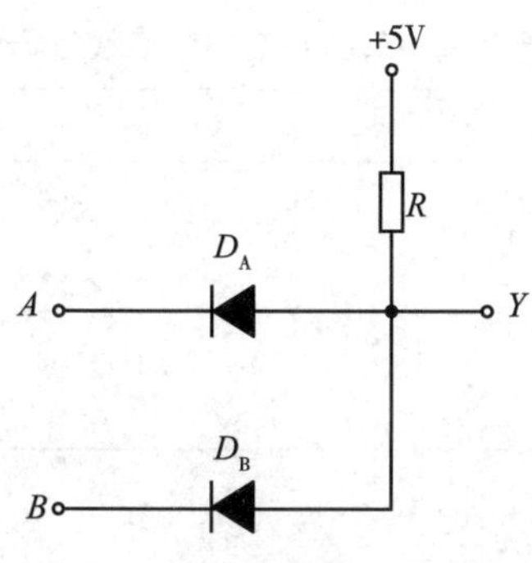

图7-1　二极管与门电路

当两个输入信号均为高电平时，两个二极管D_A和D_B均截止，输出信号处于高电平。当两个输入信号其中有一个为低电平时，二极管D_A和二极管D_B有且仅有一个导通，输出信号Y为低电平。当两个输入信号均为低电平时，二极管D_A和D_B均导通，输出信号Y为低电平，实现了与逻辑功能。其逻辑状态表如表7-1所示。

表7-1　二极管与门逻辑状态表

A	B	Y
0	0	0
0	1	0
1	0	0
1	1	1

（二）或门电路

如图7-2是由二极管组成的两输入的或门电路，A和B是该电路的两个输入端，分别接入两个输入信号，Y是该电路的输出端，用来输出信号。

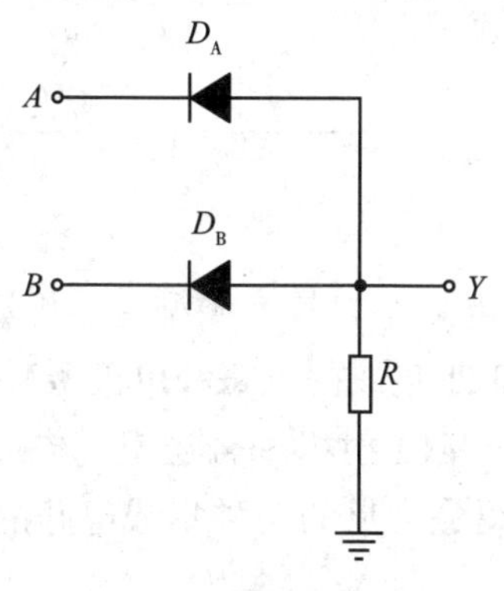

图7-2　二极管或门电路

当两个输入信号均为低电平时，两个二极管D_A和D_B均截止，输出信号Y处于低电平。当两个输入信号其中有一个为高电平时，二极管D_A和二极管D_B有且仅有一个导通，输出信号Y为高电平。当两个输入信号均为高电平时，二极管D_A和D_B均导通，输出信号Y为高电平。实现了或逻辑功能。其逻辑状态表如表7-2所示。

表7-2　二极管或门逻辑状态表

A	B	Y
0	0	0
0	1	1
1	0	1
1	1	1

（三）非门电路

如图7-3所示是由晶体管组成的非门电路，该电路只有一个输入端A，接输入信号，Y是该电路的输出端，用来输出信号。

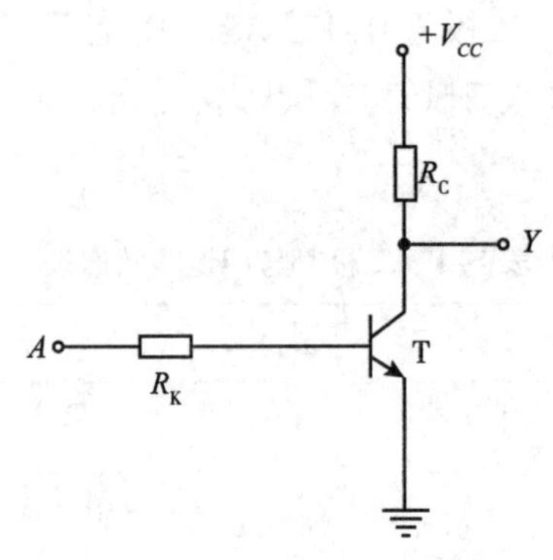

图7-3　分立元件非门电路

当输入信号为低电平时，晶体管截止，输出信号Y为高电平。当输入信号为高电平时，晶体管饱和，输出信号Y为低电平。实现非逻辑功能，其逻辑状态表如表7-3所示。

表7-3　分立元件非门逻辑状态表

A	Y
0	1
1	0

二、集成门电路

集成门电路区别于分立元件门电路，它具有微型化、可靠性等优点。集成门电路按内部有源器件的不同可分为双极型晶体管TTL集成门电路和单极型MOS集成门电路。双极型晶体管TTL集成门电路主要有TTL逻辑门电路、ECL射极耦合逻辑门电路等；单极型MOS集成电路主要有NMOS、PMOS和CMOS等。下面介绍最常见的两种集成电路的组成：TTL集成门电路和CMOS集成门电路。

（一）TTL集成门电路

TTL集成门电路是晶体管-晶体管逻辑门电路（Transistor–Transistor Logic）的英文缩写，具有品种多、功耗低、速度高等特点，常见的TTL集成门电路有HTTL、STTL、LSTTL、ASTTL、ALSTTL等。

1.TTL与非门电路　图7-4是典型的TTL与非门电路。该电路是由多发射极晶体管组成的2输入与非门电路，其中多发射极晶体管T_1的集电极看成是一个二极管，而把发射极可以看成与集电极背靠背的两个二极管。T_1的作用与二极管与门的作用相似。

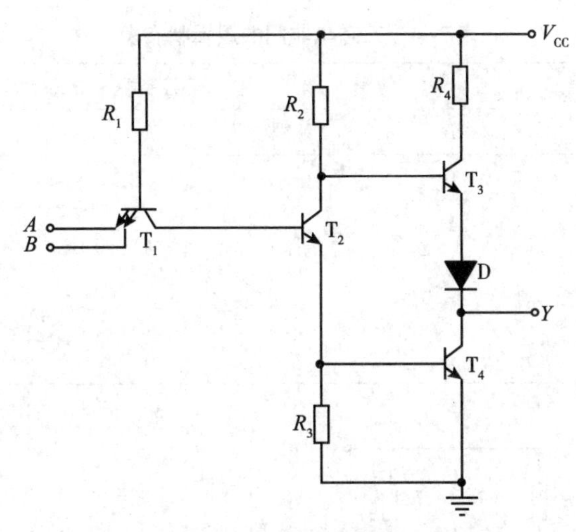

图7-4　TTL与非门电路

当输入端A和B不全为1时，T_1的集电极输出为低电平，T_2截止、T_4截止。T_3的基极与电源V_{cc}相连，因此T_3导通，输出信号Y为高电平。当输入端A和B全为1时，T_1的集电极输出为高电平，T_2导通、T_4导通。输出信号Y为低电平，实现了与非功能。

2.三态门电路　普通的TTL逻辑门电路只有两个输出状态：低电平和高电平，而三态门电路，除了这两个状态外，还有一个高输出阻抗的第三种状态，简称高阻状态或者禁止状态。

图7-5是TTL三态与非门逻辑电路图及其逻辑符号。其中A、B是输入端，E是使能端（控制端）。设E高电平有效，当E有效时（即E=1），三态电路的输出决定于A、B两个输入端，此时电路处于工作状态。当E无效时（即E=0），输出端开路，输出为高阻状态。TTL三态与非门的逻辑状态表如表7-4所示。

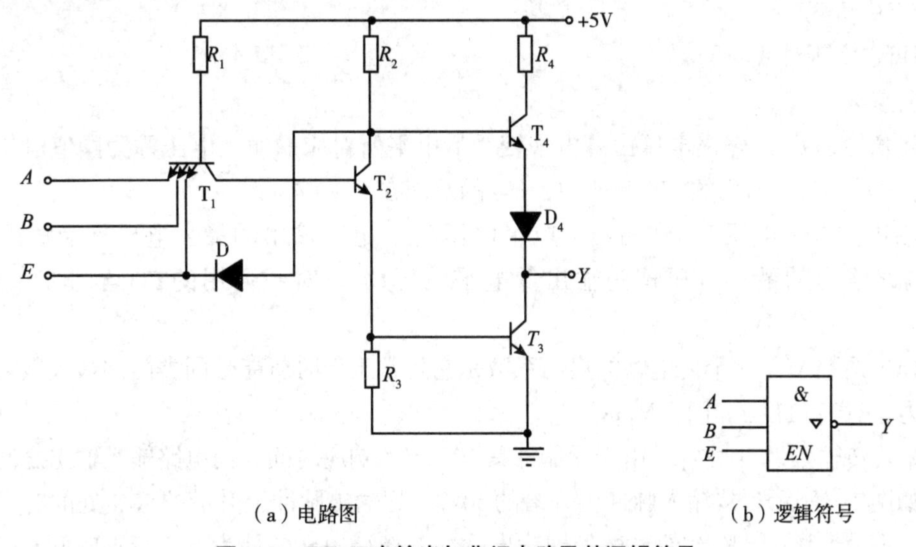

（a）电路图　　（b）逻辑符号

图7-5　TTL三态输出与非门电路及其逻辑符号

三态门可以实现总线上的数据或控制信号的传送。若同一时间只有一个门的控制端处于高电平，其余门的控制端都处于低电平，即高阻状态，这样就保证总线上每次只能传送一个门的输出，实现信号的分时传送。

3.集电极开路与非门电路　集电极开路与非门电路又称OC（Open Collector）门，其电路图及逻辑符号如图7-6所示。该电路中输出级晶体管T_3的集电极是开路的，电路若要正常工作，集电极需要外接电源和上拉电阻。外接电源和上拉电阻称为OC门的有源负载。

表7-4 三态与非门的逻辑状态表

输入端		控制端	输出端
A	B	E	Y
0	0	1	1
0	1		1
1	0		1
1	1		0
×	×	0	高阻

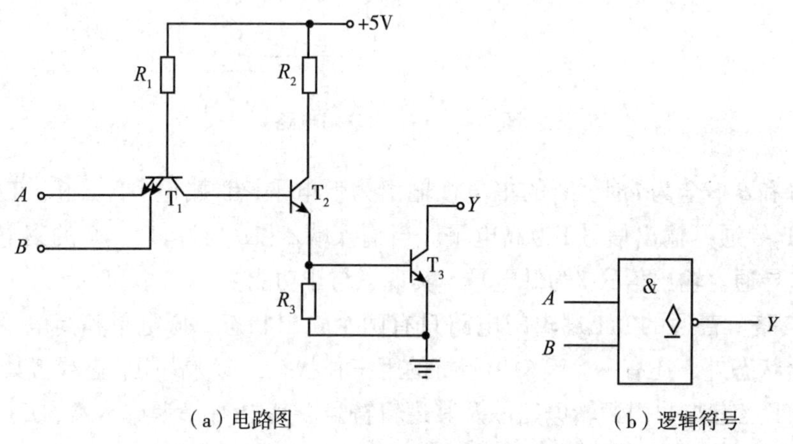

（a）电路图 （b）逻辑符号

图7-6 集电极开路与非门电路及其逻辑符号

OC门的输出端可以直接接指示灯、二极管、继电器等负载，但普通TTL与非门不允许接驱动电压高于5V的负载。

OC门可以实现“线与”。

4. 主要参数

（1）阈值电压U_{TH} 输出电压由高电平变为低电平所对应的输入电压称为阈值电压或门槛电压，用U_{TH}表示。对于通用的TTL与非门，U_{TH}的范围在1.3~1.4V。

（2）输出高电平电压U_{OH}和输出低电平电压U_{OL} 电路输出的最大电压称为输出高电平电压U_{OH}，电路输出的最小电压称为输出低电平电压U_{OL}。对于通用的TTL与非门，U_{OH}>2.4V，U_{OL}<0.4V。

（3）扇出系数N_0 一个门电路的扇出系数是它正常工作时所能带同类门的最大数目，它表示带负载能力。对于TTL与非门，N_0>8。

（4）平均传输延迟时间t_{pda} 由于元器件具有一定的响应时间，门电路输入输出之间会有一定的延时，如图7-7所示。从输入脉冲上升沿的50%处到输出脉冲上升沿的50%处的时间为上升延迟时间t_{pl}，从输入脉冲下降沿的50%处到输出脉冲下降沿的50%处为下降延迟时间t_{pd}，t_{pl}和t_{pd}的平均值称为平均传输延时时间t_{pda}。

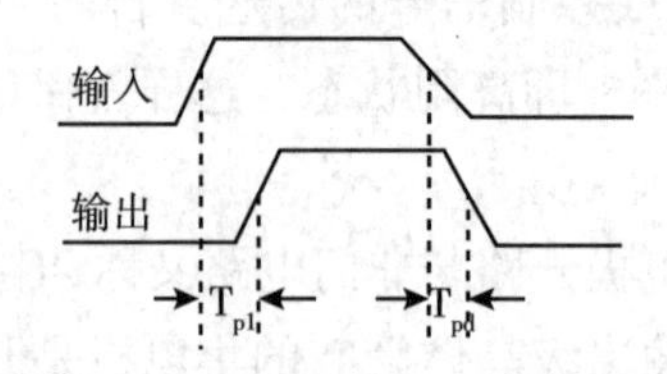

图7-7 门电路的输入输出波形图

（5）输入高电平电流I_{IH}和输入低电平电流I_{IL}　输入高电平电流I_{IH}是指若门电路所有输入端中只有一端接高电平，其余端均接低电平，则流入接高电平的这一输入端的电流。输入低电平电流I_{IL}是指若门电路所有输入端中只有一端接低电平，其余端均接高电平，则流入接低电平的这一输入端的电流。

（6）功耗　分为静态功耗和动态功耗。当电路的输出状态没有转换时电路所产生的功耗称为静态功耗。当电路的输出状态发生转换时电路所产生的功耗称为动态功耗。

（二）CMOS集成门电路

MOS门电路由单极型晶体管组成，它具有制作工艺简单、集成度高、功耗低、抗干扰能力强等优点，但速度较低。其中CMOS集成门电路（金属-氧化物-半导体互补逻辑门电路）应用最为广泛。

1.CMOS非门电路　CMOS非门电路又称为CMOS反相器，电路图如图7-8所示。

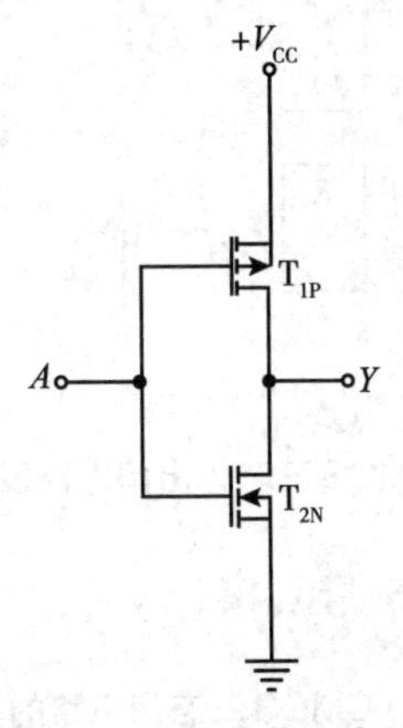

图7-8　CMOS非门电路

CMOS非门电路是由两个绝缘栅单极型晶体管T_{1P}和T_{2N}组成，其中T_{1P}为P沟道增强型，T_{2N}为N沟道增强型。T_{1P}和T_{2N}两管的栅极相连接输入端，漏极相连接输出端。当输入A为1时，T_{2N}导通，电阻很小，T_{1P}截止，电阻很大，因此输出Y为0；当输入A为0时，T_{2N}截止，电阻很大，T_{1P}导通，电阻很小，输出Y为1。即$Y=\overline{A}$，实现非门功能。

2.CMOS与非门电路　CMOS与非门电路如图7-9电路所示，是由四个绝缘栅单极型晶体管T_{1N}、T_{2N}、T_{3P}、T_{4P}组成，其中T_{1N}和T_{2N}作为驱动管串联，是N沟道增强型管，T_{3P}和T_{4P}作为负载管并联，是P沟道增强型管。

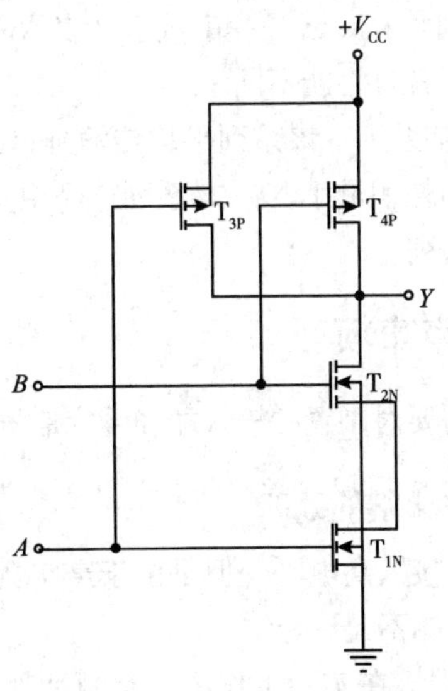

图7-9　CMOS与非门逻辑电路

分析CMOS与非门逻辑电路图：当A、B输入都为1时，T_{1N}、T_{2N}都导通，电阻很低；T_{3P}和T_{4P}都截止，电阻很高，因此输出Y为0。当A、B输入中有一个为0时，T_{1N}、T_{2N}都截止，电阻很高；T_{3P}和T_{4P}都导通，电阻很低，因此输出Y为1。即$Y=\overline{A \cdot B}$，实现与非门功能。

与非门的输入端越多，需要串联的驱动管就越多，导通时总电阻就越大，输出的低电平值会变高，因此不易接入太多输入。

3.CMOS三态输出门电路 和TTL三态门电路的输出相似，除了输出高、低电平外，还有第三种状态，即高阻状态。图7-10所示为CMOS三态输出门电路及其电路符号，A为输入端，Y为输出端，EN是使能端。当使能端高电平有效（EN=1）时，若A=0，输出端Y=0；若A=1，输出端Y=1；即当电路正常工作时，Y=A；当EN=0时，电路的输出端开路，呈高阻状态。

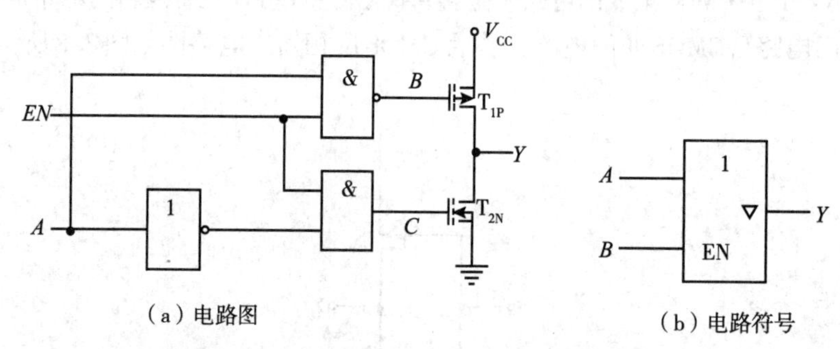

（a）电路图　　（b）电路符号

图7-10　CMOS三态输出门电路及其电路符号

CMOS三态门电路的真值表如表7-5所示。

表7-5　CMOS三态门电路的真值表

E	A	Y
0	×	高阻
1	0	0
1	1	1

（三）TTL数字集成电路系列

目前集成门电路的数字芯片种类很多，实际工作中主要使用的TTL数字集成电路系列是74系列中的74LS系列集成门电路。74系列的集成电路下又包含有74LS×××、74F×××、74C×××、74HC×××等子系列。×××是一串数字，表示芯片类型，不同子系列芯片只要该数字相同，其逻辑功能就相同，但各自性能不同。

74LS系列又称为低功耗肖特基系列，该系列平均传输延迟时间为3ns，平均功耗为2mW/门。74LS低功耗肖特基系列的延时-功耗积最小，在74系列产品中具有最佳的综合性能，是一般数字电路系统中使用较为广泛的一个系列。

三、集成门电路使用注意事项

集成门电路在使用过程中，需要对闲置的输入端和干扰信号加以处理。

（一）对集成门电路中闲置输入端的处理

1.TTL门 输入端悬空相当于接入高电平，但是由于悬空会引入干扰信号，使电路输出不稳定，所以通常情况下TTL门的输入端不允许悬空。

对与门、与非门多余的输入端，在实际工作中，有两种处理方式：①可直接接入+V_{CC}［图

7–11（a）] 或通过上拉电阻R（1~3kΩ）接$+V_{CC}$；②若前级有足够的驱动能力，也可以和信号输入端连接［图7–11（b）]。

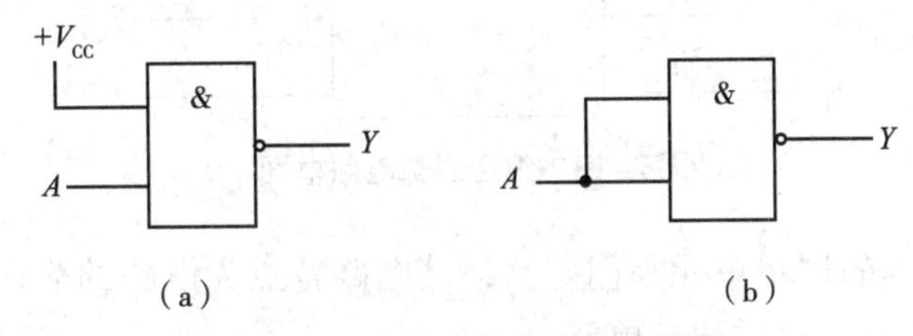

图7–11　与门多余输入端连接图

对于或门及或非门的多余输入端，实际工作中，可通过小于500Ω的电阻接地，也可直接接地，如图7–12所示。若前级有足够的驱动能力，也可以和有用输入端并联连接。

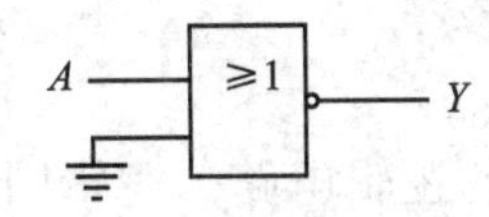

图7–12　或门多余输入端连接图

2.MOS门　MOS门的多余输入端处理方式基本上与TTL门相同。但需要注意的是：①由于MOS门的输入端是绝缘栅极，若通过一个电阻R将其接地时，不论R多大，该端都相当于接低电平。但MOS管的绝缘栅极与其他电极间的绝缘层很容易被击穿。②MOS门的多余端不允许悬空。CMOS输入端悬空会造成输入电平不确定。

（二）干扰信号处理

数字电路中，往往由同一个稳压电路对多片逻辑门电路供电。在实际工作中这种电源具有一定的内阻抗。该稳压电路在数字电路状态发生变化时，会产生尖峰电流或脉冲电流，对输出结果造成干扰，甚至使逻辑功能发生错乱。为了滤除干扰信号，一般在电源和地之间接一个大的电容，该电容通常称去耦合滤波电容。

第二节　组合逻辑电路

PPT

一、组合逻辑电路简介

根据逻辑功能特点的不同，数字电路可分为组合逻辑电路（简称组合电路）和时序逻辑电路（简称时序电路）两大类，两种电路在逻辑功能以及电路结构上有着很大差别。如果一个数字逻辑电路在任何时刻的输出状态只取决于该时刻的输入状态，而与电路原来的状态无关，该电路称为组合逻辑电路，组合逻辑电路框图如图7–13所示。图7–13中X_1、$X_2 \cdots X_n$表示输入变量，F_1、$F_2 \cdots F_m$表示输出变量，输入变量和输出变量的逻辑关系表达式可写为：

$$F_1 = f_1(X_1, X_2, X_3 \cdots X_n)$$
$$F_2 = f_2(X_1, X_2, X_3 \cdots X_n)$$
$$\vdots$$
$$F_m = f_m(X_1, X_2, X_3 \cdots X_n)$$

由图7-13可以看出，输出变量的值只与当前时刻的输入有关。

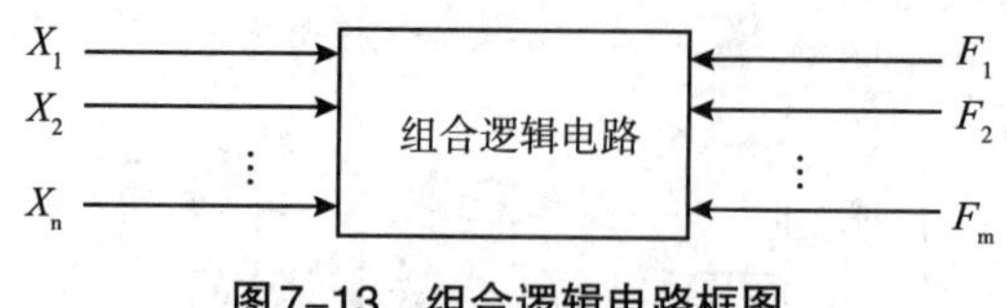

图7-13　组合逻辑电路框图

组合逻辑电路最基本的逻辑单元是门电路，其电路特点为电路的输入与输出之间无反馈途径，电路中也不包含可存储信号的记忆单元。

组合逻辑电路有很多，按照逻辑功能特点可分为编码器、译码器、加法器、数据选择器、数据比较器等；按照使用开关元器件区别可分为TTL、CMOS等多种类型。

组合逻辑电路的基本分析工具有真值表、逻辑表达式、卡诺图、逻辑图等。

二、组合逻辑电路分析

组合逻辑电路的分析指根据给定的逻辑电路（逻辑图），运用逻辑电路运算规律，确定其逻辑功能的过程。分析组合逻辑电路的主要目的是判断所给组合逻辑电路的逻辑功能是否符合要求。

（一）组合逻辑电路的分析方法

1.写逻辑表达式　根据给定的逻辑电路（逻辑图）写出各输出端的逻辑表达式。

2.化简　运用公式法或卡诺图法将逻辑表达式化简，化简所得到的逻辑表达式更加简单明了。

3.列真值表　根据化简以后的逻辑表达式列出真值表。将输入变量取值的所有可能的组合分别代入化简后的逻辑表达式，求出函数值，列成表格的形式，得到输出函数的真值表。

4.功能判断　分析真值表判断所给电路的逻辑功能。

（二）分析举例

【例7-1】 请根据图7-14所示逻辑图分析其逻辑功能。

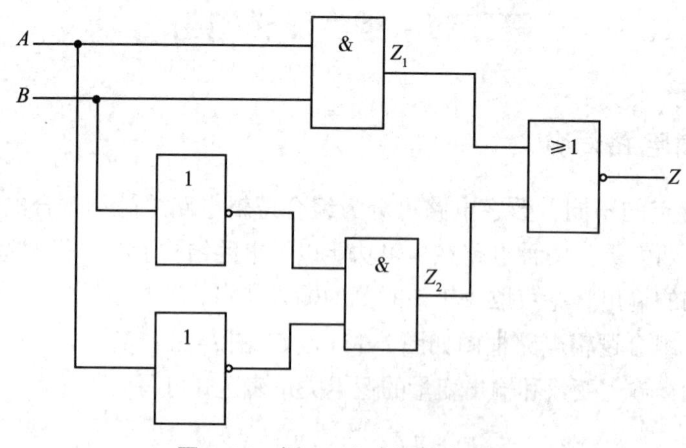

图7-14　例7-1组合逻辑电路图

解：

写逻辑表达式　由图7-14可知该电路为两输入，单输出电路。根据组合逻辑电路图，可写出相应的逻辑表达式

$$Z_1 = A \cdot B$$
$$Z_2 = \overline{A} \cdot \overline{B}$$
$$Z = \overline{Z_1 + Z_2} = \overline{A \cdot B + \overline{A} \cdot \overline{B}}$$

化简逻辑表达式可得

$$Z = \overline{A \odot B} = A \oplus B$$

写真值表　根据逻辑表达式，将输入变量A、B按照二进制数递增的顺序进行组合取值，将所有取值带入逻辑表达式中得出相应的输出变量Z的值，列出真值表，如表7–6所示。

表7–6　例7–1的真值表

A	B	Z
0	0	0
0	1	1
1	0	1
1	1	0

功能判断　分析真值表可知，当输入变量A、B取值相同时，输出变量Z为0；当输入变量A、B取值不同时，输出变量Z为1。该电路的逻辑功能为输入相同输出为0，输入相反输出为1，故该电路应为“异或”电路。“异或”电路，是构成加法器的基础，可实现基本的加法运算。

【例7–2】　请根据图7–15所示逻辑电路图分析其逻辑功能。

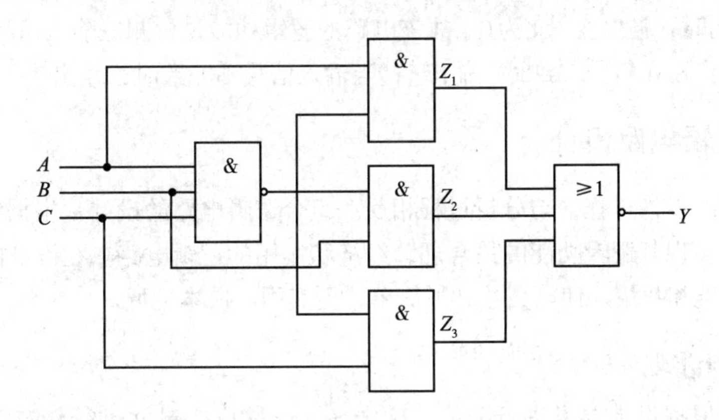

图7–15　例7–2组合逻辑电路图

解：

写逻辑表达式　由图7–15可知该电路为三输入，单输出电路。根据逻辑电路图可写出相应的逻辑表达式

$$Z = \overline{A \cdot B \cdot C}$$
$$Z_1 = A \cdot Z$$
$$Z_2 = B \cdot Z$$
$$Z_3 = C \cdot Z$$
$$Y = \overline{Z_1 + Z_2 + Z_3} = \overline{A \cdot Z + B \cdot Z + C \cdot Z}$$

化简将Z带入输出变量Y中，运用公式法化简逻辑表达式可得

$$
\begin{aligned}
Y &= \overline{A \cdot Z + B \cdot Z + C \cdot Z} \\
&= \overline{Z(A + B + C)} \\
&= \overline{\overline{A \cdot B \cdot C}(A + B + C)} \\
&= A \cdot B \cdot C + \overline{A + B + C} \\
&= A \cdot B \cdot C + \overline{A} \cdot \overline{B} \cdot \overline{C}
\end{aligned}
$$

列真值表 根据最简逻辑表达式，将输入变量A、B、C按照二进制数递增的顺序进行组合取值，将所有组合取值带入逻辑表达式中得出相应的输出变量Y的值，列出真值表，如表7-7所示。

表7-7 例7-2的真值表

A	B	C	Y
0	0	0	1
0	0	1	0
0	1	0	0
0	1	1	0
1	0	0	0
1	0	1	0
1	1	0	0
1	1	1	1

微课

功能判断 分析真值表可知，当输入变量A、B、C取值相同时，输出变量Y为1；当输入变量A、B、C取值不同时，输出变量Y为0。故该电路的逻辑功能是检测三输入信号是否一致的电路，即判不一致电路，当输入信号一致时，输出1；当输入信号不一致时，输出0。

三、组合逻辑电路设计

组合逻辑电路的设计过程，与分析过程相反。组合逻辑电路的设计是根据给定的实际逻辑问题，按照要求求出实现其逻辑功能的最合理、经济和实用的逻辑电路。在设计的过程中应尽可能减少所用门电路种类和数量，使电路达到最简单、更实用、成本更低。

（一）基本设计步骤

1.状态赋值 根据设计要求进行分析，确定输入、输出变量并进行状态赋值。在实际工作中，很多情况下给出的设计要求是用文字描述的一个具有一定因果关系的逻辑命题，这就需要设计者通过逻辑抽象的方法，得到输入信号和输出信号的因果关系，并用一个逻辑函数描述出来。可以通过以下两步来完成这一工作：首先分析所给出的设计要求或逻辑命题，将引发事件的原因确定为输入信号，用输入变量表示；将事件所产生的各种结果确定为输出信号并用输出变量表示。其次将输入变量和输出变量的两种不同状态分别用逻辑0和逻辑1赋值。注意：0和1具体如何赋值，并无特别规定，由设计者根据需要确定。

2.列真值表 将已赋值的输入变量和输出变量根据设计要求给出的因果关系填入到表格中，列出真值表。

3.写逻辑表达式并化简 按照第六章当中所讲的方法由真值表写出对应的逻辑表达式。利用公式法、卡诺图法对该逻辑表达式进行化简。对于以小规模集成电路为组件的逻辑电路设计，如果没有特殊要求，可以化简为最简“与或”形式，如果有特殊要求，需要根据需要来变换逻辑表达式。例如，要求电路用“与非”门实现，必须将电路化简为最简“与非”形式。

4.画出逻辑电路图　根据化简后的逻辑表达式，结合设计需求，画出相应的逻辑图。

（二）设计举例

【例7-3】 请设计一个三人表决电路，当三人表决某一提案时，两人或者两人以上同意，该提案通过，否则不通过。请用“与非”门来设计该电路。

1.设计过程

（1）状态赋值　根据实际问题分析可确定三人表决电路应有三个输入变量，三个输入变量分别代表三个人的意见，用A、B、C来表示。若同意则输入变量为1，若不同意则输入变量为0。输出变量用Y来表示，当两人或者两人以上同意该提案时输出变量Y为1，反之输出变量为0。从而将实际问题转换为相应的逻辑问题。

（2）列真值表　将输入变量A、B、C按照二进制数递增的顺序取值进行组合，根据题目描述情况对应A、B、C取值可得出输出变量Y的值，列出真值表如表7-8所示。

表7-8　例7-3的真值表

A	B	C	Y
0	0	0	0
0	0	1	0
0	1	0	0
0	1	1	1
1	0	0	0
1	0	1	1
1	1	0	1
1	1	1	1

（3）写逻辑表达式并化简　分析真值表，将真值表中输出变量Y为1的最小项进行逻辑相加可列出相应的逻辑表达式

$$Y = \overline{A}BC + A\overline{B}C + AB\overline{C} + ABC$$

将该表达式利用公式法进行化简可得

$$\begin{aligned}Y &= (\overline{A} + A)BC + A\overline{B}C + AB\overline{C}\\ &= BC + A\overline{B}C + AB\overline{C}\\ &= (B + A\overline{B})C + AB\overline{C}\\ &= (B + A)C + AB\overline{C}\\ &= BC + AC + AB\overline{C}\\ &= BC + A(C + B\overline{C})\\ &= BC + A(B + C)\\ &= BC + AC + AB\end{aligned}$$

利用卡诺图法（图7-16）化简同样可以得到：

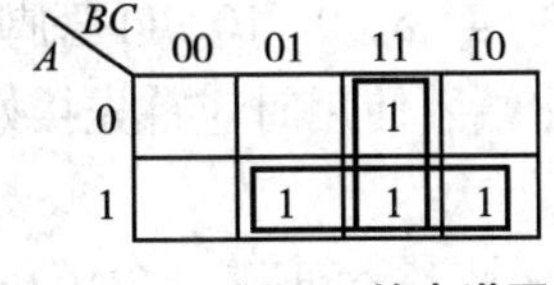

图7-16　例7-3的卡诺图

$$Y = \bar{A}BC + A\bar{B}C + AB\bar{C} + ABC$$
$$= BC + AC + AB$$

由题目要求可知该电路需由“与非”门来实现，运用公式法可将输出变量Y的表达式变换为最简“与非”式。

$$Y = BC + AC + AB$$
$$= \overline{\overline{BC + AC + AB}}$$
$$= \overline{\overline{BC} \cdot \overline{AC} \cdot \overline{AB}}$$

（4）画逻辑图　根据化简后的最简与非式$Y = \overline{\overline{BC} \cdot \overline{AC} \cdot \overline{AB}}$可得出，该电路可由三个两输入“与非”门和一个三输入“与非”门来实现，画出相应的逻辑图如图7–17所示。

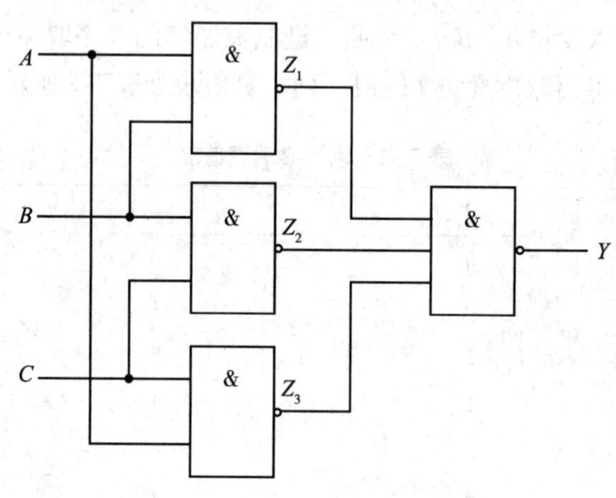

图7–17　例7–3组合逻辑电路图

2.具体电路实现

（1）所需设备及器件

1）四2输入与非门数字集成电路74LS00一片　数字集成电路74LS00是常用的具有四组两输入端14管脚的“与非”门集成电路，可实现“与非”门功能。管脚图如图7–18所示。

由管脚图7–18可看出1、2，4、5，9、10，12、13管脚分别为四个“与非”门的输入端，3、6、8、11管脚分别为四个输出端。使用时首先应接好电源和地，V_{cc}为接电源管脚，GND为接地管脚。

2）三3输入与非门数字集成电路74LS10一片　数字集成电路74LS10是常用的具有三组三输入端14管脚的“与非”门集成电路。管脚图如图7–19所示。

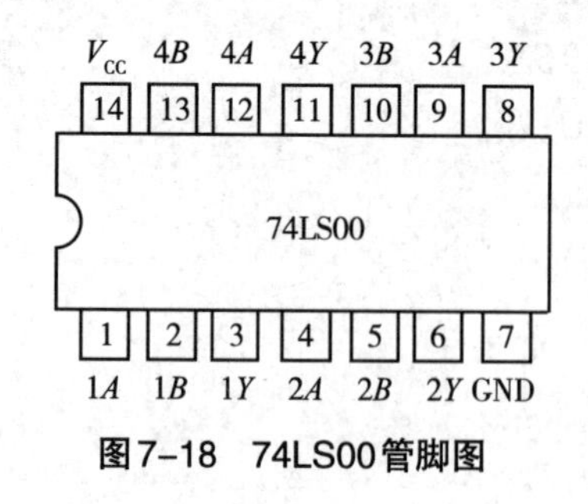

图7–18　74LS00管脚图

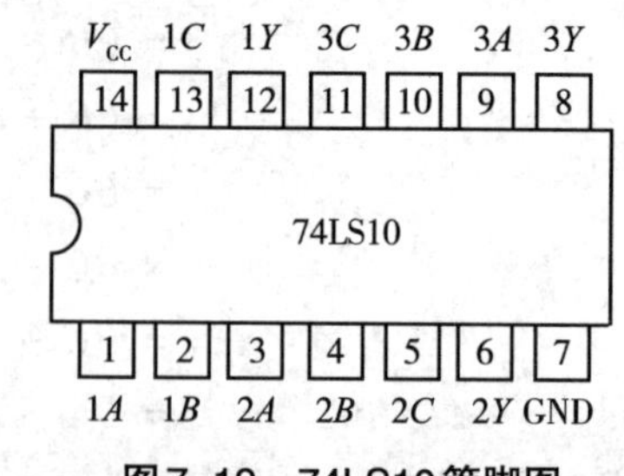

图7–19　74LS10管脚图

由管脚图7–18可看出1、2、13，3、4、5，9、10、11管脚分别为三个“与非”门的输入端，6、8、12管脚分别为三个“与非”门输出端。使用时应首先接好电源和地，V_{cc}为接电源管脚，GND为接地管脚。

3）数字电路实验箱　数字电路实验箱在使用过程中应注意，连接电路时电源开关应置于

“关断”的状态，使用过程中不可带电操作。不可随意乱动元器件，以保证操作安全。

（2）电路搭建步骤

1）熟悉数字电路实验箱　找出数字电路实验箱电源开关、输入变量电平开关接线端、输出变量逻辑电平接线端、14脚集成电路插座、电源连接端、接地连接端等。

2）按照组合逻辑电路图7–24从输入到输出依次进行电路连接　输入变量A、B、C分别由输入变量电平开关K_1、K_2、K_3来控制，输入变量A对应K_1、输入变量B对应K_2、输入变量C对应K_3，三个电平开关对应三个发光二极管。当电平开关打到“H”位置时，所对应的发光二极管灯亮，表示输入信号为“1”；当电平开关打到“L”位置时，所对应的发光二极管灯灭，表示输入信号为“0”。输出变量Y由输出变量逻辑电平所对应的发光二极管来表示，当发光二极管灯亮时，表示输出信号为“1”；当发光二极管灯灭时，表示输出信号为“0”。

3）验证电路功能　完成电路的搭建后通上+5V的电源，按照真值表顺序进行组合取值，对应输入变量A、B、C所有取值按下电平开关K_1、K_2、K_3，观察输出端发光二极管的亮灭，分析验证该电路逻辑功能。

观察输出端发光二极管可得，当同时按下电平开关K_1、K_2或K_2、K_3或K_1、K_3或K_1、K_2、K_3时，输出端发光二极管均能点亮，当分别按下电平开关K_1、K_2、K_3中的任意一个时，输出端发光二极管均不能点亮。通过观察输出端发光二极管亮灭变化可测出：若输入中的多数人同意（电路中用“1”表示），发光二极管灯亮，输出为“1”，表决结果为同意；若输入中的多数人不同意（电路中用“0”表示）时，发光二极管灯灭，输出为“0”，表决结果为不同意。该电路为使用“与非”门设计的三输入表决电路。

注意事项：①每块数字集成电路在插入实验箱接口时，一定要注意型号以及插接位置是否正确。数字集成电路管脚识别时，将文字、符号标记正放（一般集成电路上有一圆点或缺口，将圆点或缺口置于左方）由顶部俯视，从左下脚起，按照逆时针方向数，管脚排列依次为1、2、…n。②在标准的TTL集成电路中，电源端V_{cc}一般排列在左上端，接地端GND一般排列在右下端，如74LS00系列有14个管脚，14脚为V_{cc}，7脚为GND。若集成电路芯片引脚上的功能标号为NC，则表示该引脚为空脚，和内部电路不连接。

【例7–4】 学生参加专升本考试，共三门课程有如下要求：文化课程及格得2分，不及格得0分；专业理论课程及格得3分，不及格得0分；专业技能课程及格得5分，不及格得0分，三门课程加起来共10分。若总分大于6分则可顺利过关，请根据上述要求设计相应的组合逻辑电路。

解：

状态赋值　根据实际问题分析可确定三门课程为三个输入变量，输入变量用A、B、C来表示，其中A代表文化课程得分、B代表专业课程得分、C代表专业技能课程得分。若文化课程及格则输入变量A=1不及格则A=0，专业理论课程及格输入变量B=1不及格则B=0，专业技能课程及格输入变量C=1不及格则C=0。输出变量用Y来表示，若该生三门课程总分大于6分则该生及格输出变量Y=1，否则Y=0。

列真值表　将输入变量A、B、C按照二进制数递增的顺序取值进行组合，根据题目描述情况对应A、B、C取值可得出输出变量Y的值，列出真值表如表7–9所示。

表7–9　例7–4的真值表

A	B	C	Y
0	0	0	0
0	0	1	0

续表

A	B	C	Y
0	1	0	0
0	1	1	1
1	0	0	0
1	0	1	1
1	1	0	0
1	1	1	1

写逻辑表达式并化简 分析真值表，将真值表中输出变量Y为逻辑1的最小项进行逻辑相加可列出相应的逻辑表达式，逻辑表达式表示如下。

$$Y = \overline{A}BC + A\overline{B}C + ABC$$

利用卡诺图7-20化简可得（公式法可得到同样结果）：

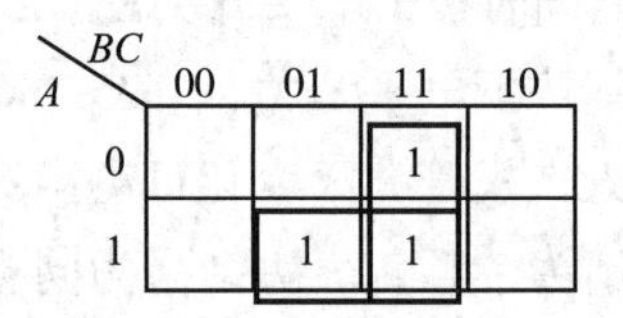

图7-20 例7-4的卡诺图

$$\begin{aligned} Y &= \overline{A}BC + A\overline{B}C + ABC \\ &= BC + AC \end{aligned}$$

画逻辑图 根据化简后的最简式$Y=BC+AC$可得出，该电路可由两个“与”门和一个“或”门来实现，画出相应的逻辑电路图如图7-21所示。

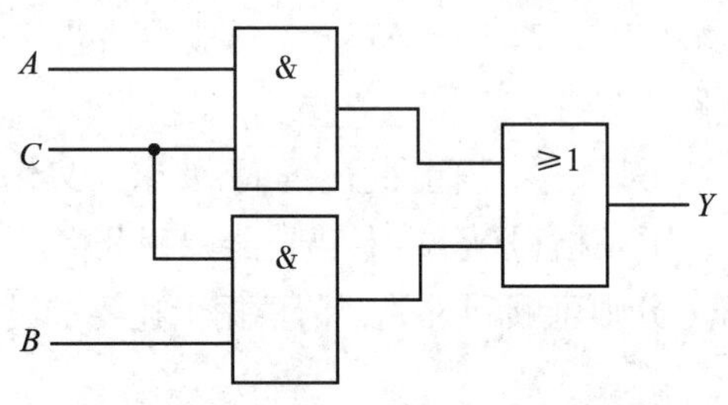

图7-21 例7-4的组合逻辑电路图

【例7-5】 请设计一个四输入两输出的奇偶校验电路。

解：

状态赋值 根据设计要求分析，奇偶校验电路是一种校验代码传输正确性的电路。奇校验电路，当输入有奇数个1时，输出为1；偶校验电路当输入有偶数个1时，输出为1。由题目可确定输入变量由A、B、C、D表示，输出变量由Y和Z表示，其中输出变量Y表示奇校验电路输出，输出变量Z表示偶校验电路输出。输入、输出状态用0或1来表示，当输入变量A、B、C、D取值为1的个数为奇数时，输出变量Y为1，否则为0；当输入变量A、B、C、D取值为1的个数为偶数时，输出变量Z为1，否则为0。从而将实际问题变换为相应的逻辑问题。

列真值表 将输入变量A、B、C、D按照二进制数递增的顺序进行组合，根据题目要求并对应A、B、C、D所有取值可得出输出变量Y和输出变量Z的值，从而列出真值表如表7-10所示。

表7-10　例7-5的真值表

A	B	C	D	Y	Z
0	0	0	0	0	1
0	0	0	1	1	0
0	0	1	0	1	0
0	0	1	1	0	1
0	1	0	0	1	0
0	1	0	1	0	1
0	1	1	0	0	1
0	1	1	1	1	0
1	0	0	0	1	0
1	0	0	1	0	1
1	0	1	0	0	1
1	0	1	1	1	0
1	1	0	0	0	1
1	1	0	1	1	0
1	1	1	0	1	0
1	1	1	1	0	1

写逻辑表达式并化简　分析真值表，将真值表中输出变量Y取值为1的最小项进行逻辑相加可列出相应的逻辑表达式如下。

$$Y = \overline{A}\,\overline{B}\,\overline{C}D + \overline{A}\,\overline{B}C\overline{D} + \overline{A}B\,\overline{C}\,\overline{D} + \overline{A}BCD + A\,\overline{B}\,\overline{C}\,\overline{D} + A\overline{B}CD + AB\overline{C}D + ABC\overline{D}$$

运用公式法进行化简可得

$$\begin{aligned} Y &= \overline{A}\,\overline{B}(\overline{C}D + C\,\overline{D}) + \overline{A}B(\overline{C}\,\overline{D} + CD) + A\overline{B}(\overline{C}\,\overline{D} + CD) + AB(\overline{C}D + C\overline{D}) \\ &= (\overline{A}\,\overline{B} + AB)(\overline{C}D + C\overline{D}) + (\overline{A}B + A\overline{B})(\overline{C}\,\overline{D} + CD) \\ &= (\overline{A \oplus B})(C \oplus D) + (A \oplus B)(\overline{C \oplus D}) \\ &= A \oplus B \oplus C \oplus D \end{aligned}$$

观察真值表可得，输出变量Z取值与输出变量Y相反，故Z的表达式可写为

$$Z = \overline{Y} = \overline{A \oplus B \oplus C \oplus D}$$

画逻辑图　根据输出变量Y和Z的逻辑表达式的最简式可知，输出变量Y的逻辑表达式等于输入变量A异或B异或C异或D，输出变量Z的逻辑表达式等于输出变量Y的非。故奇校验电路可由三个“异或”门构成，偶校验电路可在奇校验电路的基础上加一个“非”门。根据最简式画出相应逻辑电路图，如图7-22所示。

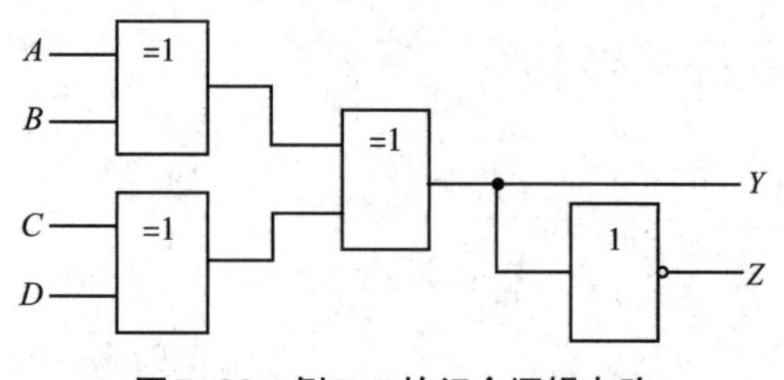

图7-22　例7-5的组合逻辑电路

第三节 常用的组合逻辑电路

一、编码器和译码器

编码是使用特定的代码来表示某一信号的过程。具有编码功能的电路称为编码器。译码是将代码按照一定规律译成所对应的信号。译码是编码的相反过程。

（一）编码器

在数字电路中常用二进制编码器。二进制编码器的结构如图7-23所示。2^n个输入信号对应n位二进制码输出。

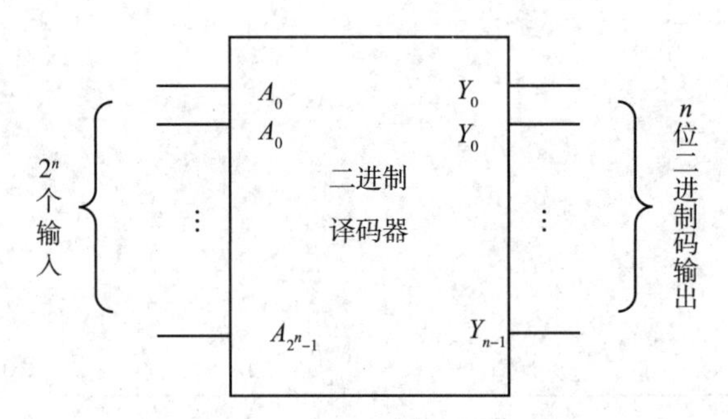

图7-23 二进制编码器结构图

1.二进制编码器的设计步骤

（1）确定二进制代码的位数n 设待编码的信号个数为m，则n与m需满足$2^n \geq m$，且取n的最小值。

（2）列编码表 编码表是将待编码信号和对应的二进制码列成的表格。同一个二进制码只能对应唯一的编码信号，但对应的方式不唯一。一般的编码方式都遵循一定的规律。

（3）写出逻辑表达式 将编码后的每位二进制码作为一个输出，根据编码表写出逻辑表达式并化简。

（4）画出逻辑图 根据化简后逻辑表达式画出逻辑电路图。

2. 3位二进制编码器的设计 一个3位二进制编码电路将对应8个输入信号Q_0、Q_1、Q_2、Q_3、Q_4、Q_5、Q_6、Q_7转为3位二进制编码，在以下设计中，该编码器用与非门实现。

将输入信号和所对应的二进制码列成编码表，输入信号和所对应的二进制代码具有唯一对应关系，如表7-11所示。

表7-11 3位二进制编码器的编码表

输入	输出		
	Y_2	Y_1	Y_0
Q_0	0	0	0
Q_1	0	0	1
Q_2	0	1	0
Q_3	0	1	1
Q_4	1	0	0
Q_5	1	0	1
Q_6	1	1	0
Q_7	1	1	1

根据编码表列出逻辑表达式并化简为与非门形式：

$$
\begin{aligned}
Y_2 &= Q_4 + Q_5 + Q_6 + Q_7 \\
&= \overline{\overline{Q_4 + Q_5 + Q_6 + Q_7}} \\
&= \overline{\overline{Q_4} \cdot \overline{Q_5} \cdot \overline{Q_6} \cdot \overline{Q_7}} \\
Y_1 &= Q_2 + Q_3 + Q_6 + Q_7 \\
&= \overline{\overline{Q_2} \cdot \overline{Q_3} \cdot \overline{Q_6} \cdot \overline{Q_7}} \\
Y_0 &= Q_1 + Q_3 + Q_5 + Q_7 \\
&= \overline{\overline{Q_1} \cdot \overline{Q_3} \cdot \overline{Q_5} \cdot \overline{Q_7}}
\end{aligned}
$$

根据逻辑表达式，画出用与非门实现的3位二进制编码器如图7–24所示。

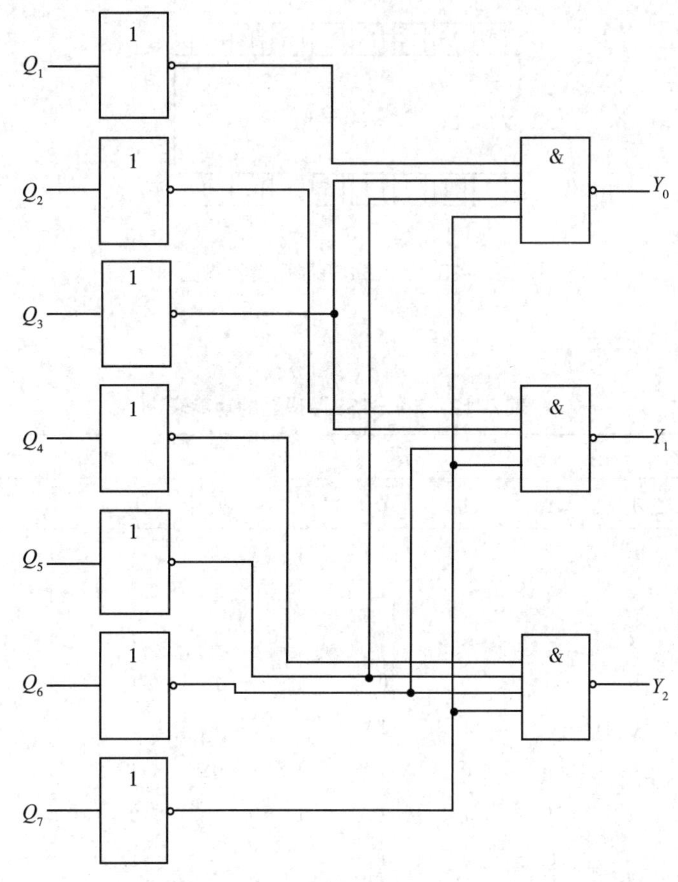

图7–24　3位二进制编码器逻辑图

（二）译码器

二进制译码器是数字系统中最常用的译码器。是将二进制代码转换成相对应的输出信号的电路。二进制译码器的结构图如图7–25所示。n个二进制数码的输入可以最多对应2^n个输出信号。

以下通过几个典型的TTL译码器，介绍二进制译码器的原理及功能。

1.74LS138译码器　是3线–8线译码器，图7–26是其管脚图，其中S_1、$\overline{S}_2$、$\overline{S}_3$是使能端，使能端有效，译码器才正常工作。A_0、A_1、A_2是三个二进制输入端，$\overline{Y}_0$–$\overline{T}_7$是输出端。

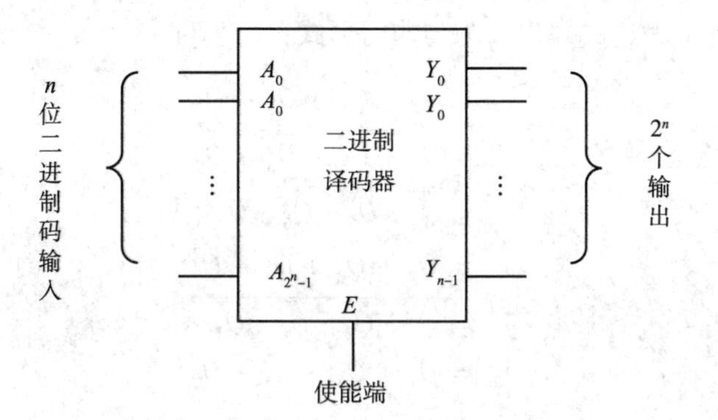

图7-25　二进制译码器的结构图

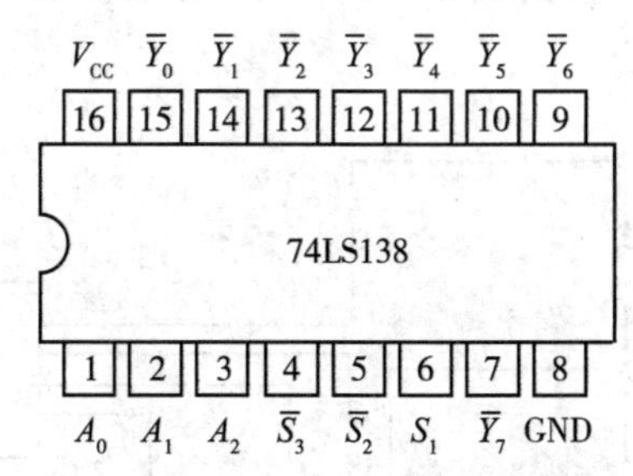

图7-26　74LS138译码器管脚图

其功能表如表7-12所示。

表7-12　74LS138译码器的功能表

输入						输出							
S_1	$\overline{S}_2$	$\overline{S}_3$	A_2	A_1	A_0	$\overline{Y}_0$	$\overline{Y}_1$	$\overline{Y}_2$	$\overline{Y}_3$	$\overline{Y}_4$	$\overline{Y}_5$	$\overline{Y}_6$	$\overline{Y}_7$
×	1	×	×	×	×	1	1	1	1	1	1	1	1
×	×	1	×	×	×	1	1	1	1	1	1	1	1
0	×	×	×	×	×	1	1	1	1	1	1	1	1
1	0	0	0	0	0	0	1	1	1	1	1	1	1
1	0	0	0	0	1	1	0	1	1	1	1	1	1
1	0	0	0	1	0	1	1	0	1	1	1	1	1
1	0	0	0	1	1	1	1	1	0	1	1	1	1
1	0	0	1	0	0	1	1	1	1	0	1	1	1
1	0	0	1	0	1	1	1	1	1	1	0	1	1
1	0	0	1	1	0	1	1	1	1	1	1	0	1
1	0	0	1	1	1	1	1	1	1	1	1	1	0

从功能表上可以看出，只有使能端有效时，即S_1=1，$\overline{S}_2$=0，$\overline{S}_3$=0时，译码器才会工作。当译码器工作时，每次只有一个输出有效。根据逻辑功能表可列出逻辑表达式为

$$\overline{Y}_0=\overline{\overline{A}_2\cdot\overline{A}_1\cdot\overline{A}_0}$$

$$\overline{Y}_1=\overline{\overline{A}_2\cdot\overline{A}_1\cdot A_0}$$

$$\overline{Y}_2=\overline{\overline{A}_2\cdot A_1\cdot\overline{A}_0}$$

$$\overline{Y}_3=\overline{\overline{A}_2\cdot A_1\cdot A_0}$$

$$\overline{Y}_4 = \overline{A_2 \cdot \overline{A}_1 \cdot \overline{A}_0}$$

$$\overline{Y}_5 = \overline{A_2 \cdot \overline{A}_1 \cdot A_0}$$

$$\overline{Y}_6 = \overline{A_2 \cdot A_1 \cdot \overline{A}_0}$$

$$\overline{Y}_7 = \overline{A_2 \cdot A_1 \cdot A_0}$$

2.74LS139译码器　是双2线-4线译码器，即它内部集成两个独立的译码器，每个独立的译码器都有2个二进制代码的输入端和4个输出端，图7-27为其管脚图。其中1A、1B和2A、2B分别是两个独立译码器的2个输入端，$1Y_0$、$1Y_1$、$1Y_2$、$1Y_3$和$2Y_0$、$2Y_1$、$2Y_2$、$2Y_3$分别是两个译码器的4个输出端。

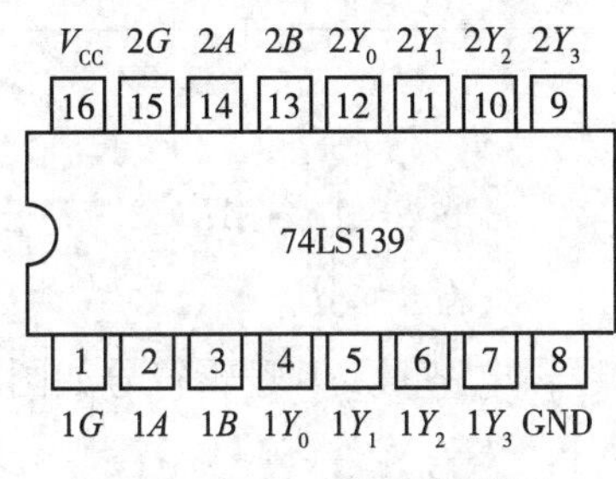

图7-27　74LS139管脚图

表7-13是74LS139型译码器的功能表，由该功能表可得到逻辑表达式为

$$\overline{Y}_0 = \overline{\overline{G} \cdot \overline{A} \cdot \overline{B}}$$

$$\overline{Y}_1 = \overline{\overline{G} \cdot \overline{A} \cdot B}$$

$$\overline{Y}_2 = \overline{\overline{G} \cdot A \cdot \overline{B}}$$

$$\overline{Y}_3 = \overline{\overline{G} \cdot A \cdot B}$$

表7-13　74LS139型译码器的功能表

输入			输出			
$\overline{G}$	A	B	$\overline{Y}_0$	$\overline{Y}_1$	$\overline{Y}_2$	$\overline{Y}_3$
1	×	×	1	1	1	1
0	0	0	0	1	1	1
0	0	1	1	0	1	1
0	1	0	1	1	0	1
0	1	1	1	1	1	0

二、加法器

在计算机数字系统中，二进制加法是它的基本运算。半加器和全加器均能够实现一位二进制的加法运算。两者区别在于半加器不考虑来自低位的进位，可应用于最低位的加法运算；全加器考虑了来自低位的进位，可用于其他位的加法运算。将半加器和全加器组合，可以实现不同进制的多位数的加法运算。本节主要介绍半加器和全加器的原理及其典型电路。

（一）半加器

半加器是用来实现两个一位二进制数加法运算的器件，所谓半加就是输入不考虑进位的加

法，只求本位和。

假设输入为加数A和B；输出为本位和S_i、向高位的进位C_i。则可写出半加器的逻辑状态表如表7–14。

表7–14　半加器的逻辑状态表

A	B	S_i	C_i
0	0	0	0
0	1	1	0
1	0	1	0
1	1	0	1

由逻辑状态表得出逻辑表达式为

$$S_i = \overline{A}B + A\overline{B}$$

$$C_i = AB$$

根据逻辑表达式画出半加器的逻辑电路图及其逻辑符号如图7–28所示。

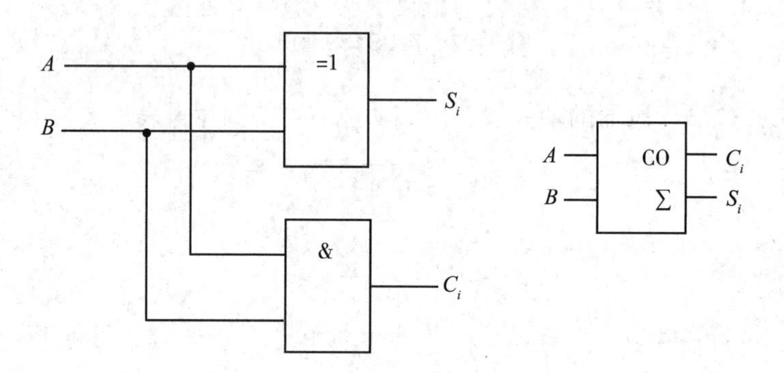

图7–28　半加器逻辑电路图及其逻辑符号

（二）全加器

全加器是用来实现两个一位二进制数加法运算，并能够处理低位进位的器件。

假设输入为加数A和B，来自低位的进位C_{i-1}；输出为本位和S_i、向高位的进位C_i。则可写出全加器的逻辑状态表（表7–15）。

表7–15　全加器的逻辑状态表

A	B	C_{i-1}	S_i	C_i
0	0	0	0	0
0	0	1	1	0
0	1	0	1	0
0	1	1	0	1
1	0	0	1	0
1	0	1	0	1
1	1	0	0	1
1	1	1	1	1

由逻辑状态表得出逻辑表达式为

$$
\begin{aligned}
S_i &= \overline{A}\,\overline{B}C_{i-1} + \overline{A}B\overline{C}_{i-1} + A\overline{B}\,\overline{C}_{i-1} + ABC_{i-1} \\
&= A \oplus B \oplus C_{i-1} \\
C_i &= AB + A\overline{B}C_{i-1} + \overline{A}BC_{i-1} \\
&= (A \oplus B)\ C_{i-1} + AB
\end{aligned}
$$

根据逻辑表达式画出全加器的逻辑电路图，全加器的逻辑电路图和逻辑符号如图7-29所示。

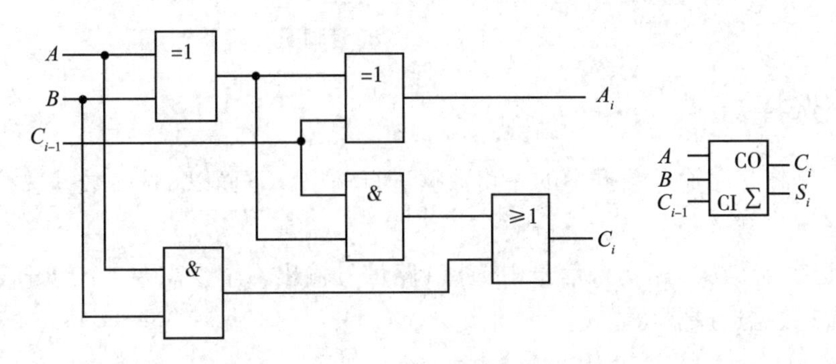

图7-29　全加器逻辑图及其逻辑符号

（三）全加器的应用

1.串行进位二进制全加器　图7-30是由四个1位二进制全加器构成的4位二进制全加器，该电路每一位的相加都用一个1位二进制全加器，从最低位开始相加，依次将进位传到高位的全加器，从低位到高位依次实现求和。该电路实现简单，但依次传递进位，每一位的求和都不能同步（串行进位），因此会增加运算时间。

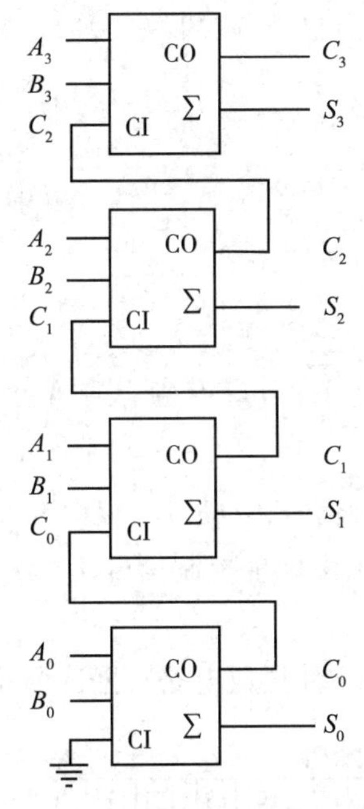

图7-30　4位二进制全加器逻辑电路图

2.超前进位二进制全加器　74LS283超前进位加法器是一种4位二进制全加器。超前进位加法器不用等着来自低位的进位，每位的进位只和加数、被加数有关。超前进位二进制全加器运算速度快，被广泛使用。图7-31是74LS283管脚图，A_1–A_4运算输入端，B_1–B_4运算输入端，C_0进位输入端，Σ_1–Σ_4和输出端，C_4进位输出端。

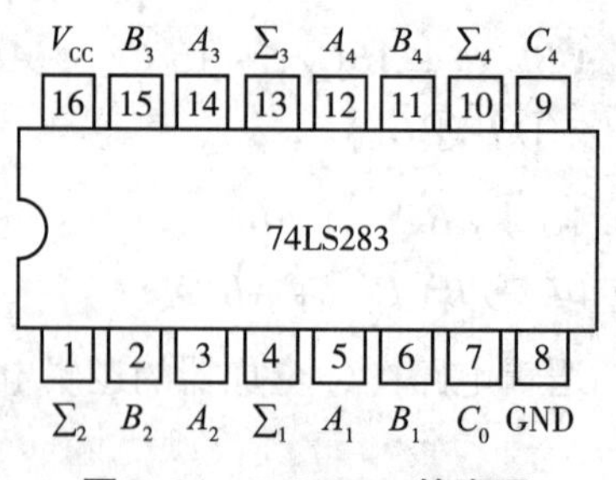

图7-31 74LS283管脚图

三、数据选择器

数据选择器是将多路输入数据中的一路数据进行输出。下面以8选一数据选择器介绍数据选择器的工作原理。

8选1数据选择器是从8路输入信号中选择1路信号输出，至少需要3个地址控制信号。如表7-16所示为8选1数据选择器功能表。

表7-16 8选1数据选择器功能表

输入				输出
地址			控制	
A_2	A_1	A_0	$\overline{EN}$	Y
0	0	0	0	D_0
0	0	1	0	D_1
0	1	0	0	D_2
0	1	1	0	D_3
1	0	0	0	D_4
1	0	1	0	D_5
1	1	0	0	D_6
1	1	1	0	D_7
×	×	×	1	0

根据其功能表写出逻辑表达式为

$$Y=\overline{A_2}\cdot\overline{A_1}\cdot\overline{A_0}\cdot D_0+\overline{A_2}\cdot\overline{A_1}\cdot A_0\cdot D_1+\overline{A_2}\cdot A_1\cdot\overline{A_0}\cdot D_2+\overline{A_2}\cdot A_1\cdot A_0\cdot D_3$$
$$+A_2\cdot\overline{A_1}\cdot\overline{A_0}\cdot D_4+A_2\cdot\overline{A_1}\cdot A_0\cdot D_5+A_2\cdot A_1\cdot\overline{A_0}\cdot D_6+A_2\cdot A_1\cdot A_0\cdot D_7$$

其中，A_2、A_1、A_0为3个地址控制信号，D_0、D_1、D_2、$D_3\cdots D_7$是8路输入信号。$\overline{EN}$为使能端，低电平有效，当$\overline{EN}$为低电平时，输出由地址控制信号A_2、A_1、A_0决定，当$\overline{EN}$为高电平时，输出Y都为0，地址控制端失效。

74LS151型数据选择器是常用的8选1集成电路数据选择器，其管脚图如图7-32所示。

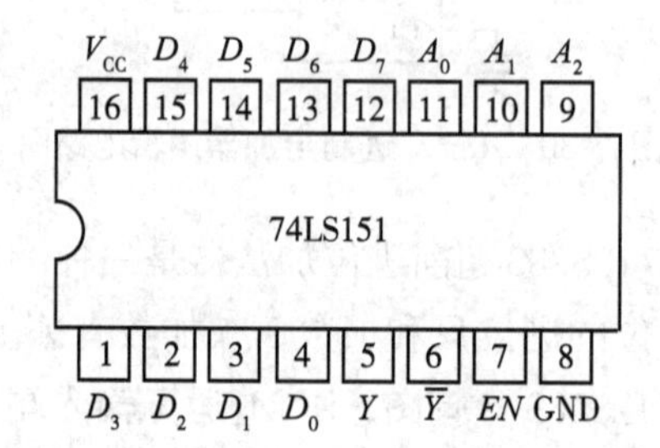

图7-32 74LS151数据选择器管脚图

若需要输出多路数据时，可以将上述几个1路输出数据选择器并联。

四、数值比较器

数值比较器是对两个二进制数进行大小比较的逻辑电路。

（一）1位数值比较器

比较两位二进制数的大小，比较器的输出结果有三种情况：$A>B$，$A<B$，$A=B$。数值比较器的功能表如表7–17所示。

表7–17　一位数值比较器的功能表

输入		输出		
A	B	$Y_{A<B}$	$Y_{A>B}$	$Y_{A=B}$
0	0	0	0	1
0	1	1	0	0
1	0	0	1	0
1	1	0	0	1

由功能表得到逻辑表达式为

$$Y_{A<B} = \overline{A} \cdot B$$
$$Y_{A>B} = A \cdot \overline{B}$$
$$Y_{A=B} = \overline{A} \cdot \overline{B} + A \cdot B$$

其逻辑图如图7–33所示。

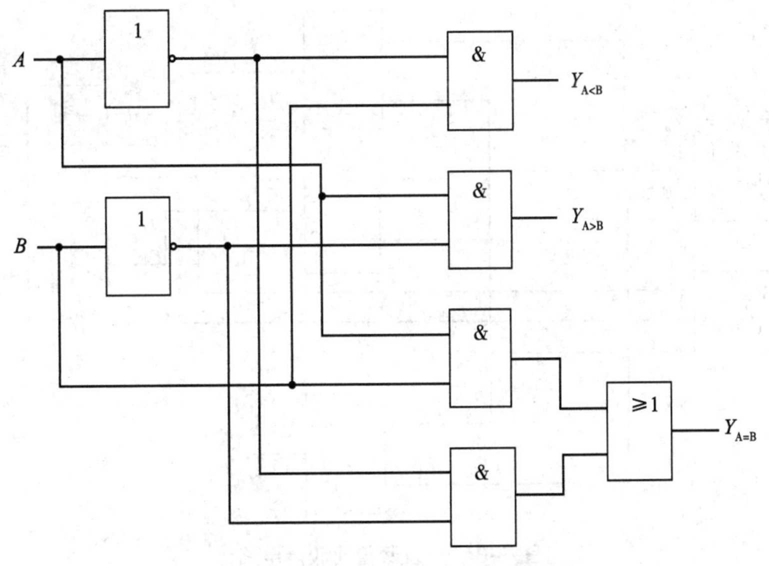

图7–33　1位数值比较器的电路图

（二）多位数值比较器

当比较多位二进制数据时，先从高位开始比较，若高位相等，再寻找次高位比较，以此类推。以下以2位数值比较器为例，介绍多位数值比较器。

表7–18为2位数值比较器的功能表，从高位开始比较，若高位可确定大小，则不需要比较低

位值。若高位相等，再比较下一位。

表7-18 2位数值比较器的功能表

B_1	A_1	B_0	A_0	$Y_{A<B}$	$Y_{A>B}$	$Y_{A=B}$
$B_1<A_1$		×		0	1	0
$B_1>A_1$		×		1	0	0
$B_1=A_1$		$B_0<A_0$		0	1	0
$B_1=A_1$		$B_0>A_0$		1	0	0
$B_1=A_1$		$B_0=A_0$		0	0	1

根据功能表写出逻辑表达式为

$$Y_{A>B} = A_1\overline{B_1} + (\overline{A_1}\,\overline{B_1} + A_1 B_1) A_0 \overline{B_0}$$
$$Y_{A<B} = \overline{A_1} B_1 + (\overline{A_1}\,\overline{B_1} + A_1 B_1) \overline{A_0} B_0$$
$$Y_{A=B} = (\overline{A_1}\,\overline{B_1} + A_1 B_1) \cdot (\overline{A_0}\,\overline{B_0} + A_0 B_0)$$

多位数值比较器的电路可以用几个1位数值比较器进行设计，表7-17所示的2位数值比较器的逻辑表达式还可以写成

$$Y_{A>B} = Y_{A_1>B_1} + Y_{A_1=B_1} \cdot Y_{A_0>B_0}$$
$$Y_{A<B} = Y_{A_1<B_1} + Y_{A_1=B_1} \cdot Y_{A_0<B_0}$$
$$Y_{A=B} = Y_{A_1=B_1} \cdot Y_{A_0=B_0}$$

如图7-34是利用1位数值比较器实现2位数值比较器的电路。

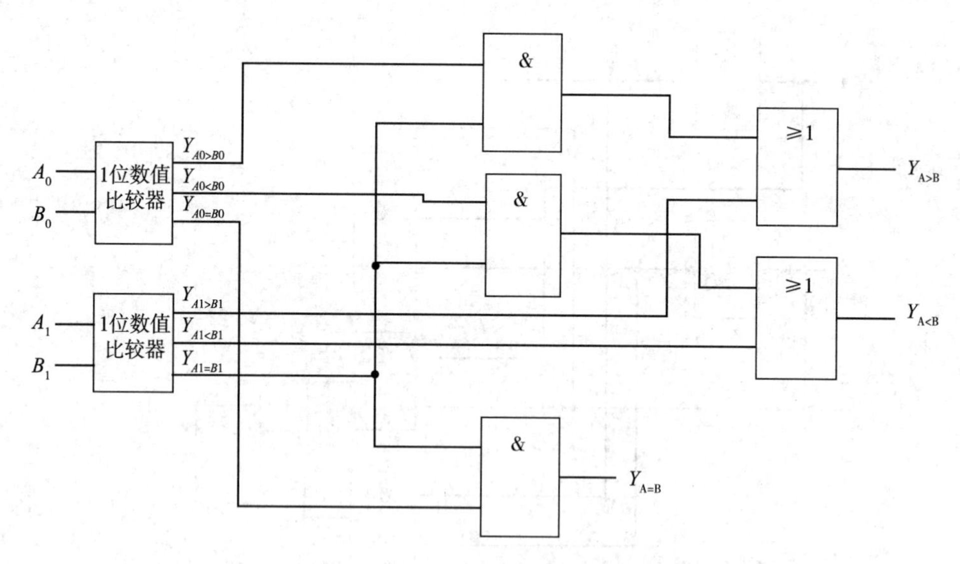

图7-34 2位数值比较器电路

（三）集成数值比较器

在计算机系统中常用的数值比较器是集成数值比较器，74LS85是一种常用的集成数值比较器，它是4位数值比较器，其功能表如表7-19所示。

表7-19　74LS85比较器的功能表

A_3　B_3	A_2　B_2	A_1　B_1	A_0　B_0	$S_{A>B}$	$S_{A<B}$	$S_{A=B}$	$Y_{A<B}$	$Y_{A>B}$	$Y_{A=B}$
$A_3>B_3$	×	×	×	×	×	×	0	1	0
$A_3<B_3$	×	×	×	×	×	×	1	0	0
$A_3=B_3$	$A_2>B_2$	×	×	×	×	×	0	1	0
$A_3=B_3$	$A_2<B_2$	×	×	×	×	×	1	0	0
$A_3=B_3$	$A_2=B_2$	$A_1>B_1$	×	×	×	×	0	1	0
$A_3=B_3$	$A_2=B_2$	$A_1<B_1$	×	×	×	×	1	0	0
$A_3=B_3$	$A_2=B_2$	$A_1=B_1$	$A_0>B_0$	×	×	×	0	1	0
$A_3=B_3$	$A_2=B_2$	$A_1=B_1$	$A_0<B_0$	×	×	×	1	0	0
$A_3=B_3$	$A_2=B_2$	$A_1=B_1$	$A_0=B_0$	1	0	0	0	1	0
$A_3=B_3$	$A_2=B_2$	$A_1=B_1$	$A_0=B_0$	0	1	0	1	0	0
$A_3=B_3$	$A_2=B_2$	$A_1=B_1$	$A_0=B_0$	×	×	1	0	0	1
$A_3=B_3$	$A_2=B_2$	$A_1=B_1$	$A_0=B_0$	1	1	0	0	0	0
$A_3=B_3$	$A_2=B_2$	$A_1=B_1$	$A_0=B_0$	0	0	0	1	1	0

其中A_0、B_0、A_1、B_1、A_2、B_2、A_3、B_3是比较器的输入，$Y_{A>B}$、$Y_{A<B}$、$Y_{A=B}$为输出。$S_{A>B}$、$S_{A<B}$、$S_{A=B}$是三个扩展输入端。4位数值比较器同样从最高位开始比较，若相等，再比较次高位，以此类推。它的比较原理与2位数值比较器原理相同。通过数值比较器的串联和并联可以完成位数较多的二进制数据比较。

习题

一、选择题

1. 下面不属于分立门电路所用到的原理是（　　）。

A. 二极管的单向导通特性　　B. 三极管的饱和工作特性

C. 三极管的截止工作特性　　D. 三极管的放大特性

2. 下列说法错误的是（　　）。

A.TTL与非门多余输入端可以直接$+V_{CC}$

B.CMOS与非门的多余输入端可以悬空

C.TTL门电路由双极型晶体管组成

D.CMOS门电路由单极型晶体管组成

3. 设计一个4输入的二进制码奇校验电路，需要（　　）个“异或”门。

A.2　　B.3　　C.4　　D.5

4. 组合逻辑电路的分析是指（　　）。

A. 已知逻辑图，求解逻辑表达式的过程　　B. 已知真值表，求解逻辑功能的过程

C. 已知逻辑图，求解逻辑功能的过程　　D. 已知逻辑功能，求逻辑图的过程

5. 将10个信息进行编码，至少需要（　　）位二进制码。

A.2　　B.3　　C.4　　D.5

6.4位二进制译码器最多能译码（　）个输出信号。

A.10　　B.12　　C.14　　D.16

7.OC门电路的输出状态不包括（　）。

A.高电平　　B.低电平　　C.开门电平　　D.高阻态

8.在TTL门电路中，能实现“线与”逻辑功能的门为（　）。

A.三态门　　B.OC门　　C.与非门　　D.异或门

9.TTL或非门多余的输入端在使用时（　）。

A.应该接高电平1　　B.应该接低电平0

C.可以接高电平1也可以接低电平0　　D.可以与其他有用端并联也可以悬空

二、分析题

1.试分析图7-35所示电路的逻辑功能。

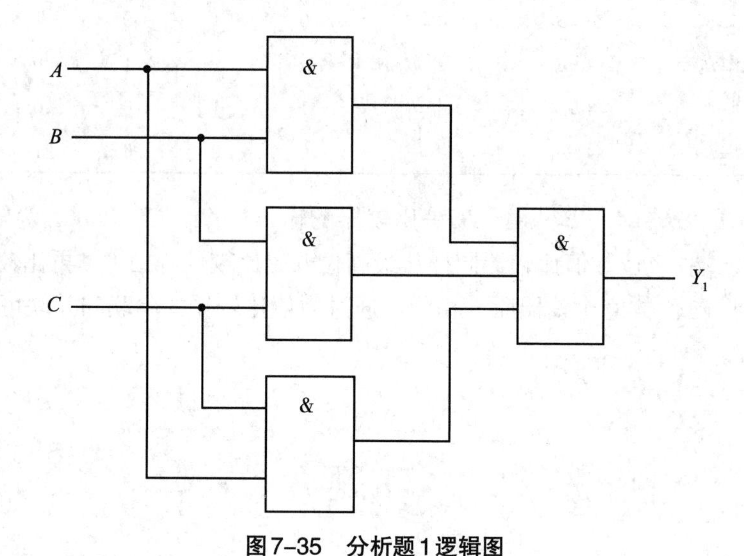

图7-35　分析题1逻辑图

2.试分析图7-36所示电路的逻辑功能。

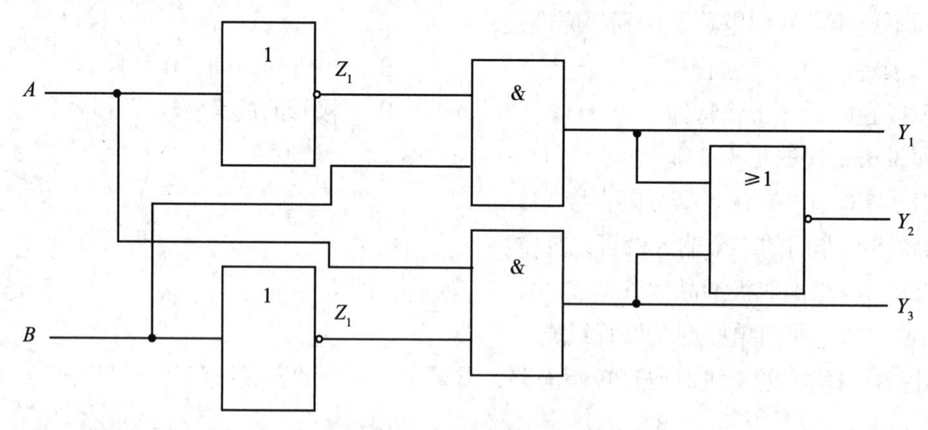

图7-36　分析题2逻辑图

3.有红、黄、绿三个指示灯，用来指示三台设备的工作情况，当三台设备都正常工作时，绿灯亮；当有一台设备故障时，黄灯亮；当有两台设备同时发生故障时，红灯亮；当三台设备同时发生故障时，黄灯和红灯同时亮。请设计该逻辑电路。

第八章　时序逻辑电路

知识目标

1. 掌握　RS触发器、D触发器、JK触发器的逻辑功能，各种触发器间的转换；同步时序逻辑电路的分析方法；二进制计数器的功能与分析方法。

2. 熟悉　异步时序逻辑电路的分析方法；寄存器的功能与分析方法。

3. 了解　RS触发器、D触发器、JK触发器的电路结构；N进制计数器的分析方法。

能力目标

1. 学会分析常用触发器的电路结构和逻辑功能。

2. 具备对计数器电路、寄存器电路进行分析的能力。

第一节　触发器

PPT

触发器是数字逻辑电路的基本单元电路，它有两个稳态输出（双稳态触发器），具有记忆功能，可用于存储二进制数据、记忆信息等。

从结构上来看，触发器由逻辑门电路组成，有一个或几个输入端，两个互补输出端，通常标记为Q和$\overline{Q}$。触发器的输出有两种状态，即0态（Q=0、$\overline{Q}$=1）和1态（Q=1、$\overline{Q}$=0）。触发器的这两种状态都为相对稳定状态，只有在一定的外加信号触发作用下，才可从一种稳态转变到另一种稳态。

微课

触发器的种类很多，大致可按以下几种方式进行分类。

根据是否有时钟脉冲输入端，可将触发器分为基本触发器和钟控触发器。

根据逻辑功能的不同，可将触发器分为RS触发器、D触发器、JK触发器、T和T'触发器。

根据电路结构的不同，可将触发器分为基本触发器、同步触发器、主从触发器、边沿触发器。

根据触发方式的不同，可将触发器分为电平触发、主从触发、边沿触发。触发器的逻辑功能可用功能表（特性表）、特性方程、状态图（状态转换图）和时序图（时序波形图）来描述。

一、RS 触发器

（一）基本RS触发器

RS触发器由两个与非门的输入、输出端交叉连接而成，其逻辑图和逻辑如图8-1所示。它的两个输入端$\overline{R}$和$\overline{S}$分别称为直接置0端和直接置1端；它有两个输出端Q和$\overline{Q}$。一般规定触发器Q端的状态作为触发器的状态，即当Q=0、$\overline{Q}$=1时，称触发器处于0状态；当Q=1、$\overline{Q}$=0时，称触发器处于1状态。由图8-1可以看出，$\overline{R}$端和$\overline{S}$端分别是与非门两个输入端的其中一端，若二者均为

1，则两个与非门的状态只能取决于对应的交叉耦合端的状态。如Q=1、$\overline{Q}$=0时，与非门G_1由于Q=0而保持为1，而与非门G_2则由于Q=1而继续为0，可以看出，如果输入端状态不变触发器维持状态不变，当触发器，工作在如下两种状态时，将进行状态转换。

（1）令$\overline{R}$=0（$\overline{S}$=1）时，$\overline{R}$=0使$\overline{Q}$=1 $\xrightarrow{\overline{S}=1}$ Q=0，触发器被置为0态。

（2）令$\overline{S}$=0（$\overline{R}$=1）时，$\overline{S}$=0使$\overline{Q}$=1 $\xrightarrow{\overline{R}=1}$ $\overline{Q}$=0，触妇器被置为1态。

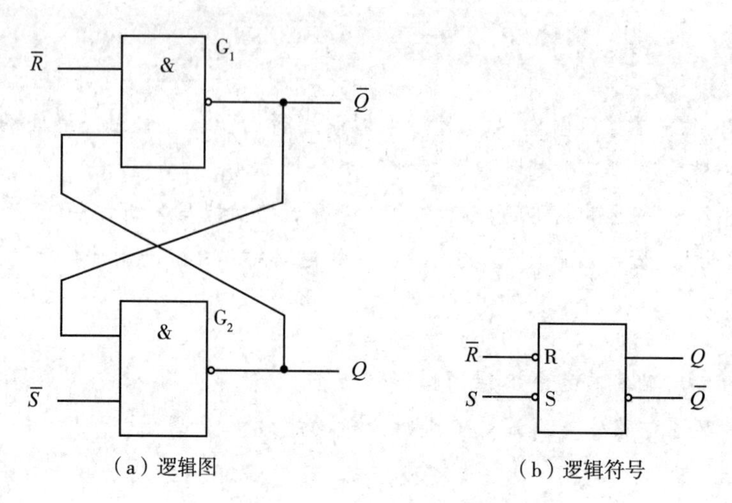

（a）逻辑图　　（b）逻辑符号

图8-1　基本RS触发器

可见，在$\overline{R}$端加有效输入信号（低电位0)，触发器为0态，在$\overline{S}$端加有效输入信号（低电位0）触发器为1态。

如果触发器置0（或置1）后，输入端恢复到全高状态，则根据前面所得，触发器仍能保持0态（或1态）不变。

若$\overline{R}$端和$\overline{S}$端同时为0，则此时由于两个与非门都是低电平输入而使Q端和$\overline{R}$端同时为1，这对于触发器来说，是一种不正常状态。此后，如果$\overline{R}$和$\overline{S}$又同时为1，则新状态会由于两个门延迟时间的不同，当时所受外界干扰不同而无法判定，即会出现不定状态，这是不允许的，应尽量避免。若将接受信号之前触发器的输出状态称为现态，用Q^n表示；接收信号之后触发器的输出状态称为次态，用Q^{n+1}表示，则根据基本RS触发器的逻辑图可直接写出其特性方程（即输出函数表达式）为：

$$\begin{aligned} Q^{n+1} &= \overline{\overline{S}\,\overline{\overline{R}Q^n}} = S + \overline{R}Q^n \\ \overline{R} + \overline{S} &= 1（约束条件） \end{aligned} \tag{8-1}$$

式中，$\overline{R}$+$\overline{S}$=1，是因为$\overline{R}$=$\overline{S}$=0这种输入状态是不允许的，应该禁止，所以输入状态必须约束在$\overline{R}$+$\overline{S}$=1，故称为约束条件。基本RS触发器的特性表（即真值表，在时序电路中称为特性表）如表8-1所示。基本RS触发器的工作波形如图8-2所示（设初始状态Q^n=0）。

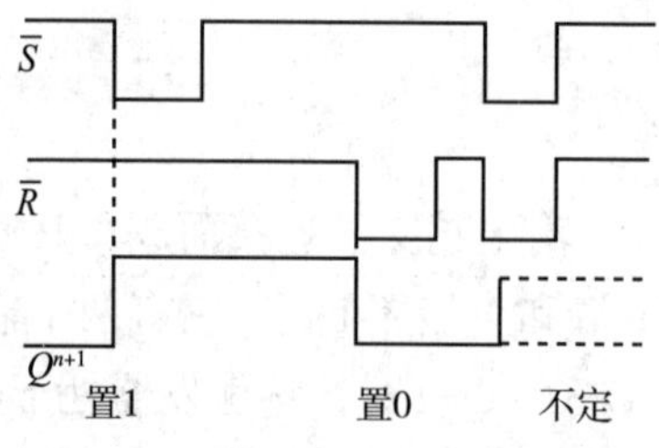

图8-2　基本RS触发器工作波形

表8-1　基本RS触发器特性表

Q^n	$\overline{R}$	$\overline{S}$	Q^{n+1}	说明
	0	1	0	触发器置0
×	1	0	1	触发器置1
	0	0	1	$\overline{R}$，$\overline{S}$的0同时消失后，Q^{n+1}状态不变
1 0	1	1	1 0 } Q^n	触发器状态不变

由或非门组成的基本RS触发器逻辑图及逻辑符号如图8-3所示。图中，R和S端为置0端和置1端，但高电平有效，即当它们同时为0时，触发器为保持状态。而若使触发器改变状态（称为触发器翻转），则必须在相应端加高电位，具体功能表见表8-2。

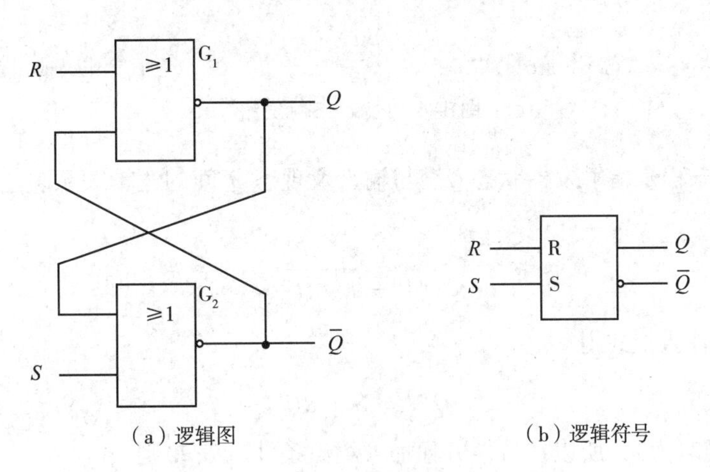

（a）逻辑图　　（b）逻辑符号

图8-3　用或非门组成的基本RS触发器

表8-2　用或非门组成的基本RS触发器特性表

Q^n	$\overline{R}$	$\overline{S}$	Q^{n+1}	说明
	0	1	0	触发器置1
×	1	0	1	触发器置0
	0	0	1	$\overline{R}$，$\overline{S}$的0同时消失后，Q^{n+1}状态不变
1 0	1	1	1 0 } Q^n	触发器状态不变

（二）同步RS触发器

在由与非门组成的基本RS触发器基础上，增加两个控制门G_3和G_4，并加入时钟脉冲输入端CP，便组成了同步RS触发器，图8-4所示为逻辑图和逻辑符号。

由图中可见G_3和G_4两个与非门被时钟脉冲CP所控制，即只有当CP高电位时，才允许RS输入，而当CP低电位时，G_3和G_4输出为1，使触发器处于保持状态。当CP=1时，根据逻辑图，可得出RS时钟触发器功能表见表8-3。

表8-3　同步RS触发器功能表

R	S	Q^{n+1}
0	0	Q^n不变
0	1	1
1	0	0
1	1	不定

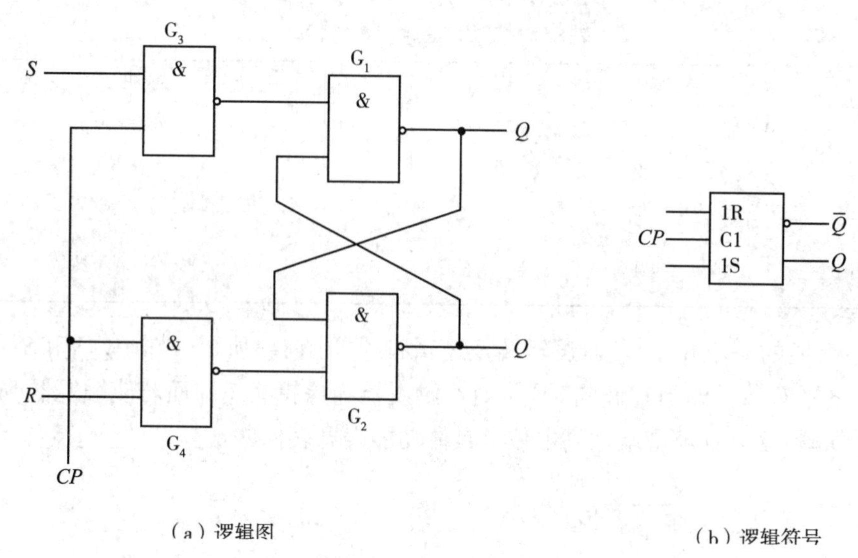

图8-4　同步RS触发器

触发器的特性方程是指触发器状态 Q^{n+1} 与输入及现态 Q^n 间的逻辑关系表达式，由图8-4可得出如下表达式。

$$Q^{n+1} = \overline{\overline{R} \cdot \overline{Q^n}}$$

将 $\overline{Q}^n = \overline{\overline{R} \cdot Q^n}$ 代入上式得

$$Q^{n+1} = S + \overline{R}Q^n$$

因 R 和 S 不能同时为1，所以在特性方程加入约束条件。RS=0则

RS触发器特性方程为

$$Q^{n+1} = S + \overline{R}Q^n$$
$$RS = 0(\text{约束条件})$$

RS触发器存在着当 R=S=1时状态不定情况，这在使用中是极其不便的。所以将进行改进，演变成D触发器和JK触发器。

（三）典型芯片

通用的集成基本RS触发器目前有74LS279、CC4044和CC4043等几种型号。下面以74LS279为例来讨论基本RS触发器的应用情况。

基本RS触发器，可用于开关去抖及键盘输入电路。在图8-5所示电路中，当开关S接通时，由于机械开关的接触可能出现抖动，即可能要经过几次抖动后电路才处于稳定；同理，在断开开关时，也可能要经过几次抖动后才彻底断开，从其工作波形可见，这种波形在数字电路中是不允许的。若采用图8-5（c）所示的加有一级RS触发器的防颤开关，则即使机械开关在接通或断开中有抖动，但因RS触发器的作用，使机械开关的抖动不能反映到输出端，即在开关第一次接通（或第一次断开）时，触发器就处于稳定的工作状态，有效地克服了开关抖动带来的影响。

同步RS触发器虽然有 CP 控制端，但它仍然存在一个不定的工作状态，而且在同一个 CP 脉冲作用期间（即 CP=1期间），若输入端 R、S 状态发生变化，会引起 Q、$\overline{Q}$。状态也发生变化，产生空翻现象，即在一个 CP 期间，可能会引起触发器多次翻转，所以单独的同步RS触发器没有形成产品的价值。

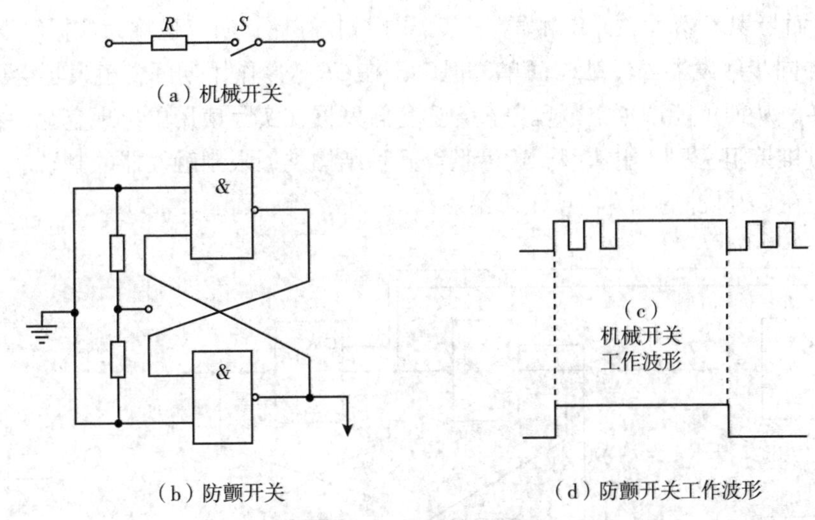

（a）机械开关

（b）防颤开关

（d）防颤开关工作波形

图8-5　开关及工作波形

二、D触发器

在同步RS触发器前加一个非门，使$S=\overline{R}$便构成了同步D触发器，在D触发器中原来的S端改称为D端。同步D触发器的逻辑图及逻辑符号如图8-6所示。

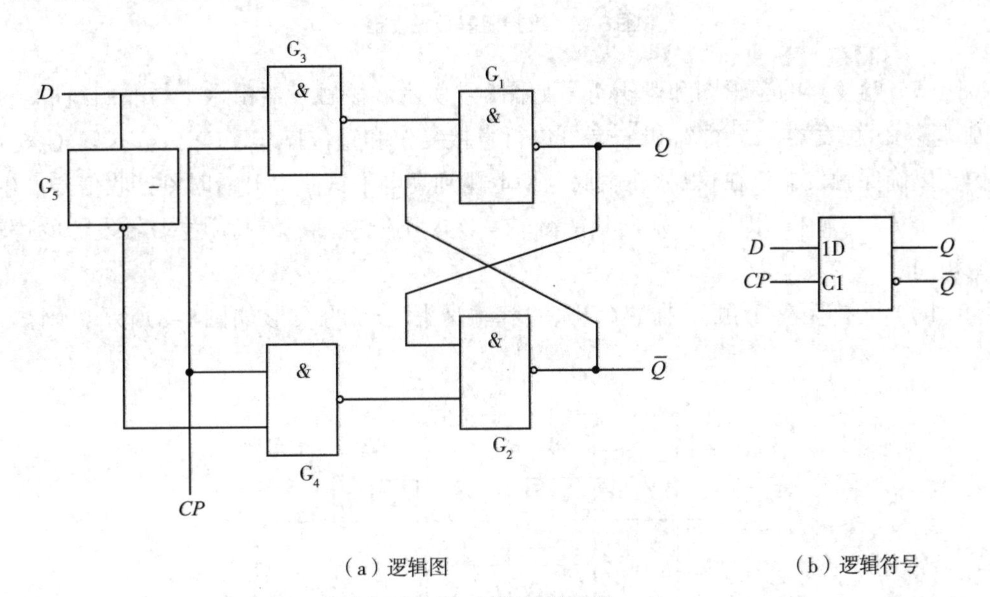

（a）逻辑图

（b）逻辑符号

图8-6　同步D触发器

令$D=S=\overline{R}$，带入RS触发器特性方程8-1中，可得到D触发器特性方程为

$$Q_{n+1}=D \tag{8-2}$$

由于$S=\overline{R}$，故D触发器不再有不定状态。D触发器的功能表见表8-4。

表8-4　D触发器功能表

D	Q^{n+1}
0	0
1	1

从功能表和特性方程可看出，D触发器的次态总是与输入端D保持一致，即状态Q^{n+1}仅取决

于控制输入D，而与现态Q^n无关。D触发器广泛用于数据存储，所以也称为数据触发器。

以上讨论的同步触发器虽然结构简单，但由于在*CP*脉冲作用期间，触发器会随时接受输入信号而产生翻转，从而可能产生空翻现象。为避免触发器在实际使用中出现空翻，在实际的触发器产品中是通过维持阻塞型、主从型、边沿型等几种结构类型限制触发器的翻转时刻，使触发器的翻转时刻限定在*CP*脉冲的上升沿或下降沿。

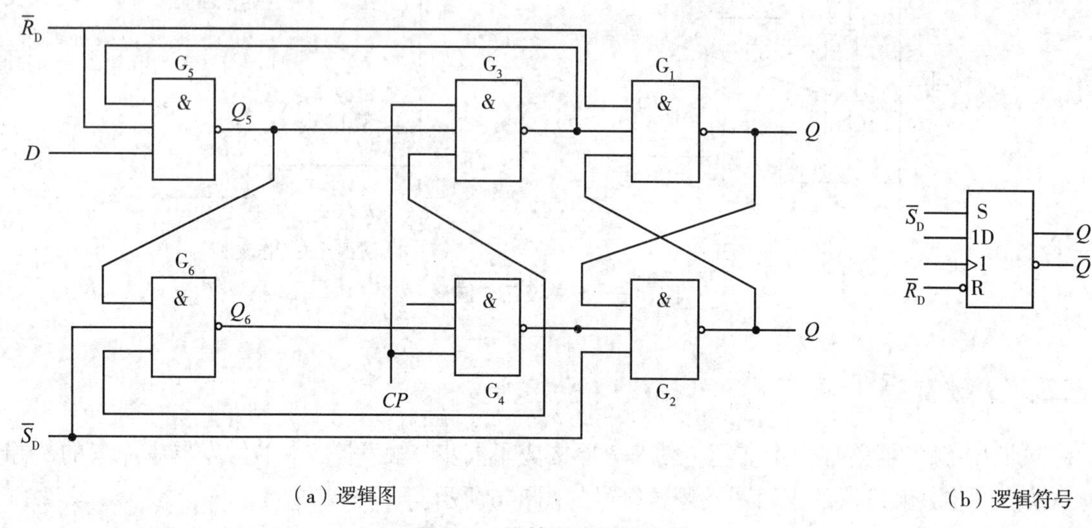

（a）逻辑图　　（b）逻辑符号

图8-7　维持阻塞D触发器

维持阻塞D触发器的逻辑图和逻辑符号如图8-7所示。该触发器由六个与非门组成，其中G_1和G_2构成基本RS触发器，通过$\overline{R}_D$和$\overline{S}_D$端可进行直接复位和置位操作。G_3、G_4、G_5、G_6构成维持阻塞结构，以确保触发器仅在*CP*脉冲由低电平上跳到高电平这一上升沿时刻接收信号产生翻转，因此，在一个*CP*脉冲作用下，触发器只能翻转一次，不能空翻。维持阻塞D触发器的逻辑功能与同步型相同。

【例8-1】 维持阻塞D触发器的*CP*脉冲和输入信号*D*的波形如图8-8所示，画出*Q*端的波形。

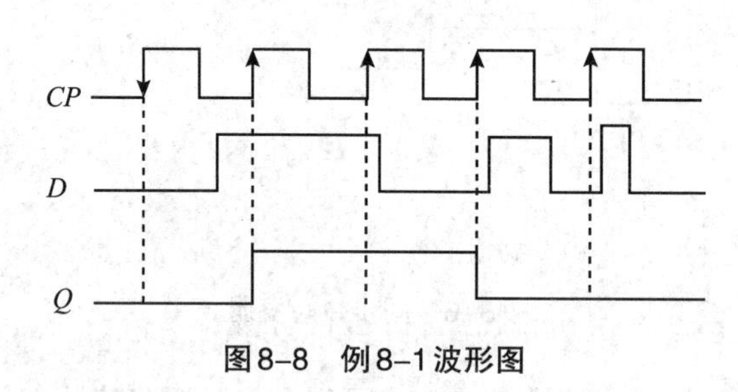

图8-8　例8-1波形图

解：触发器输出*Q*的变化波形取决于*CP*脉冲及输入信号*D*，由于维持阻塞D触发器是上升沿触发，故作图时首先找出各*CP*脉冲的上升沿，再根据当时的输入信号*D*得出输出*Q*，做出波形，如图8-9所示。由图8-9可得出上升沿触发器输出*Q*的变化规律：仅在*CP*脉冲的上升沿有可能翻转，如何翻转取决于当时的输入信号*D*。

集成D触发器的典型品种是74LS74，它是TTL维持阻塞结构。该芯片内含两个D触发器，它们具有各自独立的时钟触发端（*CP*）及置位（$\overline{S}_D$）、复位（$\overline{R}_D$）端，图8-9示出了74LS74管脚图，表8-5给出了功能表。

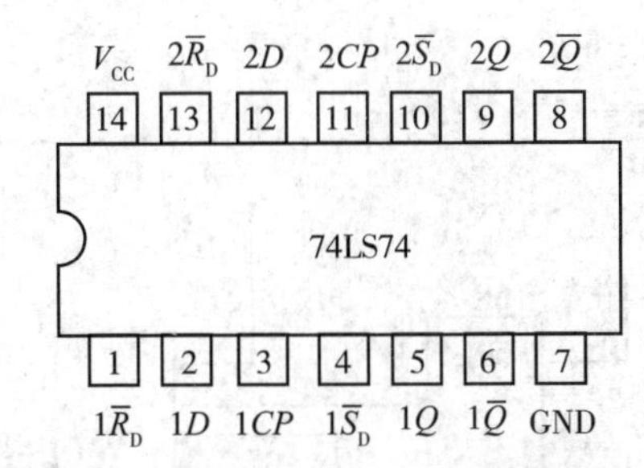

图8-9　74LS74双上升沿D触发器管脚图

表8-5　74LS74功能表

输入				输出	
$\overline{S}_D$	$\overline{R}_D$	CP	D	Q	$\overline{Q}$
L	H	×	×	H	L
H	L	×	×	L	H
L	L	×	×	-	-
H	H	↑	H	H	L
H	H	↑	L	L	H
H	H	L	×	Q_0	$\overline{Q}_0$

分析功能表得出，前两行是异步置位（置1）和复位（清0）工作状态，它们无需在CP脉冲的同步下而异步工作。其中$\overline{R}_D$、$\overline{S}_D$均为低电平有效。第三行为异步输入禁止状态；第四、五行为触发器同步数据输入状态，在置位端和复位端均为高电平的前提下，触发器在CP脉冲上升沿的触发下，将输入数据D读入。最后一行无CP上升沿触发，为保持状态。

三、JK触发器

JK触发器的系列品种较多，可分为两大类型：主从型和边沿型。早期生产的集成JK触发器大多数是主从型的，但由于主从型工作方式的JK触发器工作速度慢，容易受噪声干扰，尤其是要求在CP=1的期间不允许J、K端的信号发生变化，否则会产生逻辑混乱。所以我国目前只保留有CT2072、CT1111两个品种的主从型JK触发器。随着工艺的发展，JK触发器大都采用边沿触发工作方式，其具有抗干扰能力强、速度快、对输入信号的时间配合要求不高等优点。下面以74HC112为例介绍JK触发器的工作原理。

在集成D触发器的基础上，加三个逻辑门G_1~G_3，如图8-10（a）所示，就构成集成JK触发器。图8-10（b）所示是JK触发器的逻辑符号。

在图8-10（a）中，D触发器输入端的表达式为

$$D = \overline{\overline{Q^n + J} + KQ^n} = (Q^n + J)\,\overline{KQ^n} = (J + Q^n)(\overline{K} + \overline{Q}^n) = J\,\overline{Q^n} + \overline{K}Q^n$$

即

$$Q^{n+1} = D = J\,\overline{Q^n} + \overline{K}Q^n(CP\downarrow \text{有效}) \tag{8-3}$$

其中，在CP末端有一个小“○”，表示CP下降沿有效。表8-6是JK触发器简化真值表，图8-11是JK触发器工作波形。

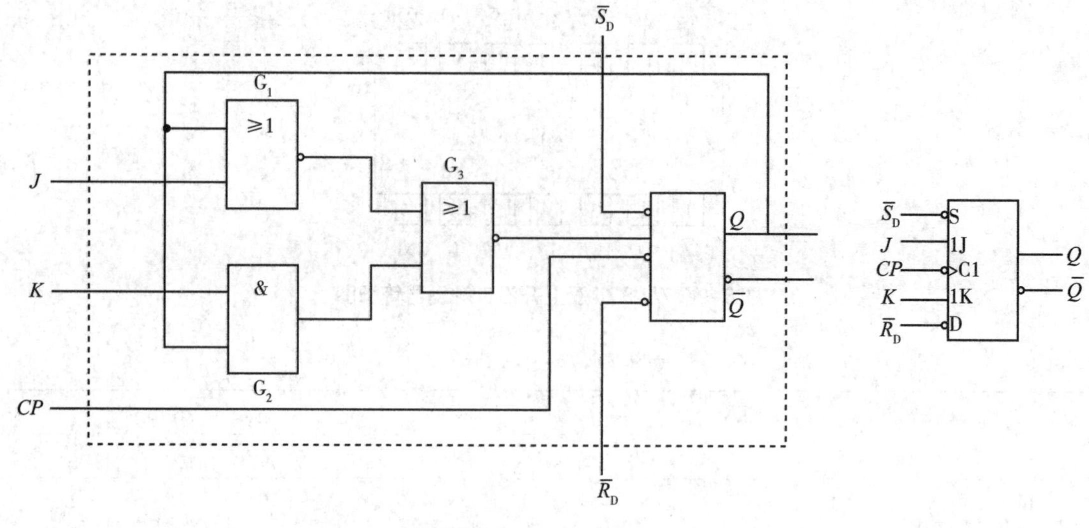

（a）逻辑图　　（b）逻辑符号

图8-10　JK触发器

表8-6　JK触发器真值表

J	K	Q^{n+1}
0	0	Q^n（不变）
0	1	0
1	0	1
1	1	$\overline{Q^n}$（翻转）

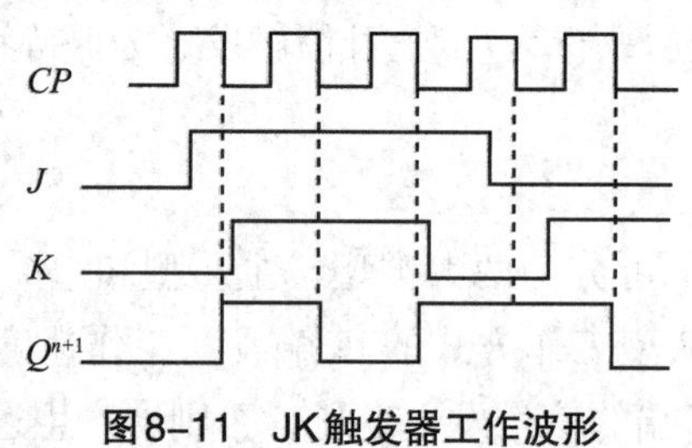

图8-11　JK触发器工作波形

74HC112内含两个独立的JK下降沿触发的触发器，每个触发器有数据输入（J、K）、置位输入（$\overline{S}_D$）、复位输入（$\overline{R}_D$），时钟输入（$\overline{CP}$）和数据输出（Q、$\overline{Q}$）。$\overline{R}_D$或$\overline{S}_D$的低电平使输出预置或清除，而与其他输入端的电平无关。

【例8-2】 下降沿有效JK触发器的CP脉冲和输入信号J、K的波形如图8-12所示，试画出Q端的波形。

解：由于负边沿JK触发器是下降沿触发，故作图时首先找出各CP脉冲的下降沿，再根据当时的输入信号J、K得出输出Q，作出波形。由图8-12可得出下降沿触发器输出Q的变化规律：仅在CP脉冲的下降沿有可能翻转，如何翻转取决于当时的输入信号J和K。

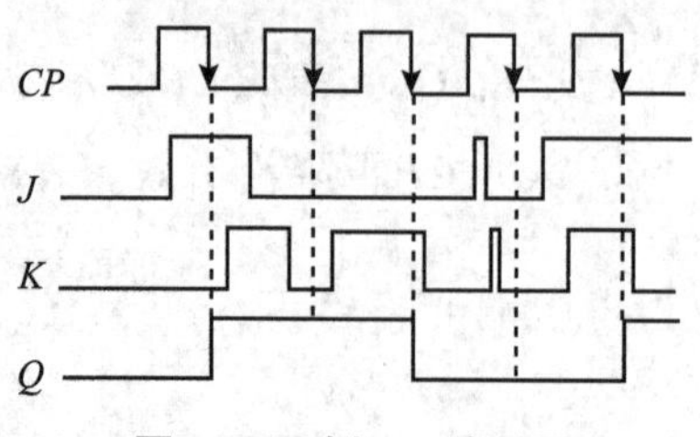

图8-12　例8-2波形图

四、T触发器

JK触发器令$J=K=1$，或D触发器令$D=\overline{Q}^n$既可以得到T触发器。将$J=K=1$代入JK触发器的特性方程，或将入D触发器的特性方程，可得T触发器的特性方程为

$$Q^{n+1} = T\overline{Q}^n + \overline{T}Q^n \quad (8\text{–}4)$$

即每来一个CP脉的有效沿时触发器就要翻转一次。

如果将T触发器的T端接高电平，即成为T′触发器。它的逻辑功能为次态是现态的反，即此时的特性方程为

$$Q^{n+1} = \overline{Q}^n \quad (8\text{–}5)$$

T′触发器也称为翻转触发器。

这两种结构在CMOS集成计数器中被广泛应用，但并无单独的T触发器产品。

五、各种触发器间的转换

RS、D和JK三种触发器各有特色，如JK触发器有两个数据输入端，使用灵活；而D触发器只有一个数据输入端，使用简单等。在实际电子电路设计中应根据不同的电路需要选择不同的触发器。不同触发器之间的逻辑功能是可以互相转换的。

（一）D触发器转换为JK触发器

已知D触发器的特性方程为

$$Q^{n+1} = D$$

JK触发器的方程为

$$Q^{n+1} = J\overline{Q}^n + \overline{K}Q^n$$

由以上两式可知，只要使这个D触发器的输入端为$D = J\overline{Q}^n + \overline{K}Q^n$就可以实现将D触发器转换为JK触发器，电路如图8–13所示。

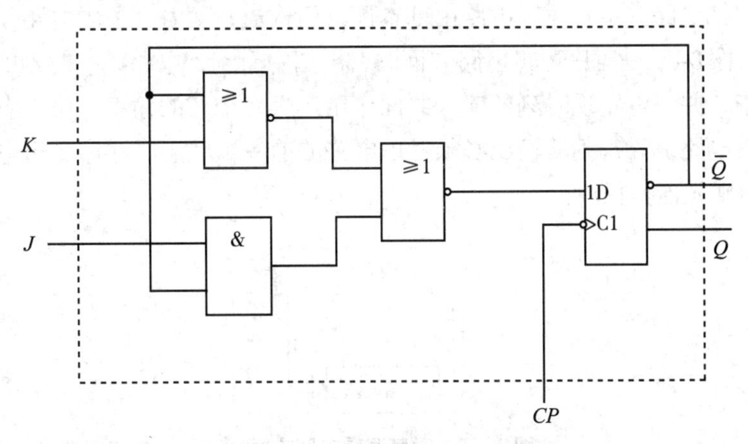

图8–13　D触发器转换为JK触发器

（二）JK触发器转换为D触发器

已知JK触发器的特性方程为

$$Q^{n+1} = J\overline{Q}^n + \overline{K}Q^n$$

而D触发器的特性方程为

$$Q^{n+1} = D = D(\overline{Q}^n + Q^n) = DQ^n + D\overline{Q}^n$$

令：$J = D$、$K = \overline{D}$

$$Q^{n+1} = J\overline{Q}^n + \overline{K}Q^n = \overline{\overline{D}}Q^n + D\overline{Q}^n = D$$

等效的D触发器如图8-14所示。

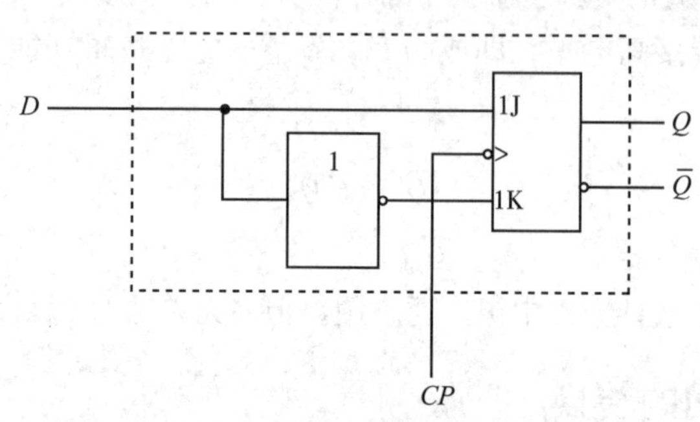

图8-14　JK触发器转换为D触发器

触发器之间逻辑功能的转换，不仅局限于以上两种，其他触发器逻辑功能之间同样可以互相转换。

PPT

第二节　时序逻辑电路简介

一、时序逻辑电路的分类与结构

数字逻辑电路分为两大类：组合逻辑电路与时序逻辑电路，在组合逻辑电路中，任何一个给定时刻的稳定输出仅仅取决于该时刻的输入，而与以前各时刻的输入无关。而在时序逻辑电路中，某一给定时刻的输出不仅取决于该时刻的输入，而且还取决于该时刻电路所处的状态。故时序电路是一种有记忆电路。组合逻辑电路由基本逻辑门构成，而时序逻辑电路是由组合逻辑电路和存储电路构成。图8-15是时序逻辑电路方框图，由图中看到，电路某一时刻的输出状态，通过存储电路记忆下来，并与电路现时刻的输入共同作用产生一个新的输出。由于有了有记忆的存储电路，使时序逻辑电路每时每刻的输出必须考虑电路的前一个状态。时序逻辑电路中有记忆功能的存储电路通常由触发器担任。

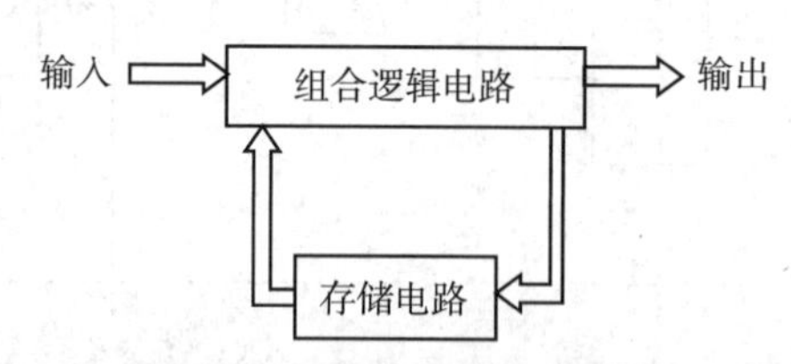

图8-15　时序逻辑电路方框图

时序逻辑电路按其触发器翻转的次序可分为同步时序逻辑电路和异步时序逻辑电路。在同步时序逻辑电路中，所有触发器的时钟端均连在一起由同一个时钟脉冲触发，使之状态的变化都与输入时钟脉冲同步。在异步时序逻辑电路中，只有部分触发器的时钟端与输入时钟脉冲相连而被触发，而其他触发器则靠时序电路内部产生的脉冲触发，故其状态变化不同步。

时序逻辑电路的基本功能电路是计数器和寄存器，时序逻辑电路的分析主要是根据逻辑图得出电路的状态转换规律，从而掌握其逻辑功能。时序逻辑电路的输出状态可通过状态表、状态图及时序图来表示。

同步时序电路的工作速度高于异步时序电路，但其电路结构往往比异步时序电路复杂。

二、时序逻辑电路分析

（一）时序逻辑电路的分析步骤

1.确定时序电路工作方式　时序电路有同步电路和异步电路之分，同步电路中各触发器的时钟端均与总的时钟相连，即CP_1=CP_2=…=CP，这样在分析电路时每一个触发器所受时钟控制是相同的，可总体考虑，而异步电路中各触发器的时钟脉冲是不完全相同的，故在分析电路时必须分别考虑，以确定触发器的翻转条件。

2.写驱动方程　驱动方程即为各触发器控制输入端的逻辑表达式，它们决定着触发器的未来状态，驱动方程必须根据逻辑图的连线得出。

3.确定状态方程　状态方程也称次态方程，它表示触发器次态与现态之间的逻辑关系。状态方程是将各触发器的驱动方程代入特性方程而得到的。

4.写输出方程　若电路有外部输出，如计数器的进位输出，则要写出这些输出的逻辑表达式，即输出方程。

5.列状态表　状态表即状态转换真值表，它是将电路所有现态依次列举出来，分别代入各触发器的状态方程中求出相应的次态并列成表。通过状态表可分析出时序电路的转换规律。

6.列状态图和时序图　状态图和时序图分别是描述时序电路逻辑功能的另外两种方法。状态图是将状态表变成了图形的形式，而时序图即为电路的时序波形图，其特点是对于时序电路的描述更为直观。

（二）同步时序电路的分析

分析图8-16所示逻辑电路的逻辑功能。

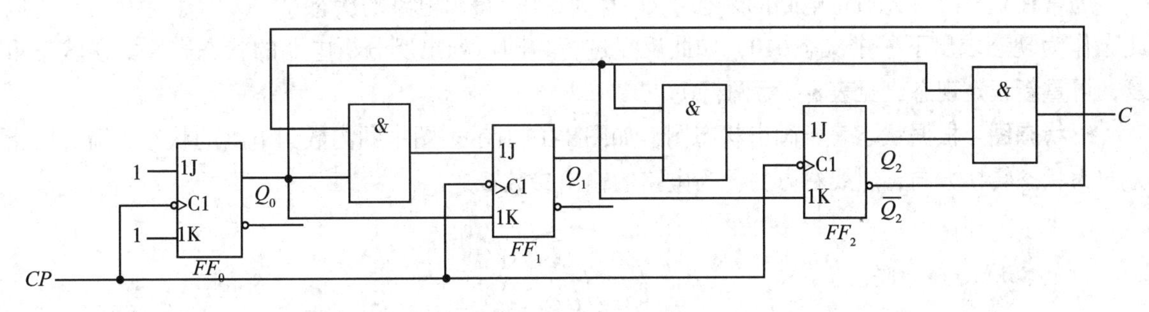

图8-16　逻辑电路

1.电路时钟脉冲方程　该电路由三个JK触发器和三个与门构成。时钟脉冲CP分别连接到每个触发器的时钟脉冲输入端，此电路是一个同步时序逻辑电路。所以：

$$CP_1 = CP_2 = CP_3 = CP$$

2.驱动方程　计数器各触发器输入端的逻辑函数式（又称为驱动方程、激励方程），它们决定了触发器次态的去向。由图可知其各触发器的驱动方程为

$$K_0 = 1 \qquad J_0 = 1$$

$$K_1 = Q_0^n \qquad J_1 = \overline{Q_2^n} Q_0^n$$

$$K_2 = Q_0^n \qquad J_2 = Q_1^n Q_0^n$$

3. 状态方程 将上述驱动方程代入JK触发器的特性方程 $Q^{n+1} = J\overline{Q^n} + \overline{K}Q^n$ 得此电路的状态方程为

$$Q_0^{n+1} = \overline{Q_0^n}$$

$$Q_1^{n+1} = \overline{Q_2^n}\,\overline{Q_1^n}Q_0^n + Q_1^n\overline{Q_0^n}$$

$$Q_2^{n+1} = \overline{Q_2^n}Q_1^nQ_0^n + Q_2^n\overline{Q_0^n}$$

4. 输出方程

$$C = Q_2^nQ_0^n$$

5. 状态表 将计数器所有现态依次列举出来，再分别代入状态方程余输出方程中，可得状态转换表如表8-7所示。

表8-7 状态表

现态			次态			输出
Q_2^n	Q_1^n	Q_0^n	Q_2^{n+1}	Q_1^{n+1}	Q_0^{n+1}	C
0	0	0	0	0	0	0
0	0	1	0	1	0	0
0	1	0	0	1	1	0
0	1	1	1	0	0	0
1	0	0	1	0	1	0
1	0	1	0	0	0	1
1	1	0	1	1	1	0
1	1	1	0	0	0	1

通常在列表时首先假定电路的现态 $Q_2^nQ_1^nQ_0^n$ 为000，得出电路的次态 $Q_2^{n+1}Q_1^{n+1}Q_0^{n+1}$ 为001，再以此态作为现态求出下一个次态010，如此反复进行，即可列出所分析电路的状态表（如遇状态重复，可重新设定现态，见表8-7后两行）。

6. 状态图 根据状态表可画出状态图，如图8-17所示。图中圈内数为电路的状态，箭头所指方向为状态转换方向，斜线右方的数为电路的输出参数C。

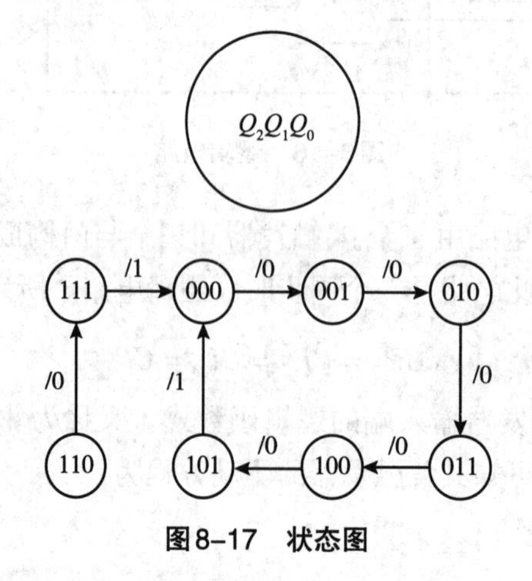

图8-17 状态图

7.时序图　设电路的初始状态 $Q_2^nQ_1^nQ_0^n$ 为000，根据状态表和状态图，可画出时序图（图8-18）。

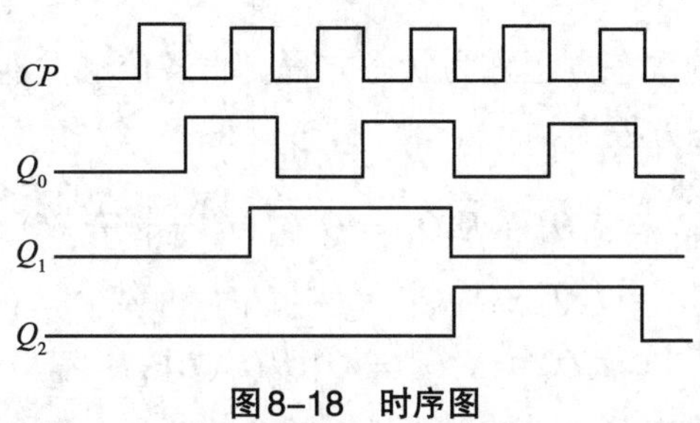

图8-18　时序图

8.逻辑功能分析　由状态表、状态图、时序图均可看出，此电路有6个有效工作状态，在时钟脉冲*CP*的作用下，电路状态有000~101反复循环，同时输出端*C*配合输出进位信号，所以此电路为同步六进制计数器。分析中发现还有110和111两个状态不在有效状态之内，正常工作时是不出现的，故称为无效状态。如果由于某种原因使电路进入无效状态中，则此电路只有在时钟脉冲的作用下可自动过渡到有效工作状态中（见表8-7后两行），故称此电路可以自启动。

（三）异步时序电路的分析

异步时序电路的分析与同步时序电路的分析基本相同，但由于在异步时序电路中并不是所有触发器的CP端均与总的时钟脉冲相连，所以在分析时要特别注意每个触发器的时钟脉冲的连接方式，这样才能正确确定触发器的翻转情况。

图8-19所示是74LS290中的主体部分电路，试分析这部分电路的逻辑功能。

1.电路时钟脉冲　观察此逻辑图，它的CP端不是同一个信号，所以是异步工作的，其输出端为$Q_3Q_2Q_1$；$\overline{R}_D$是清零端，用低电平清0。

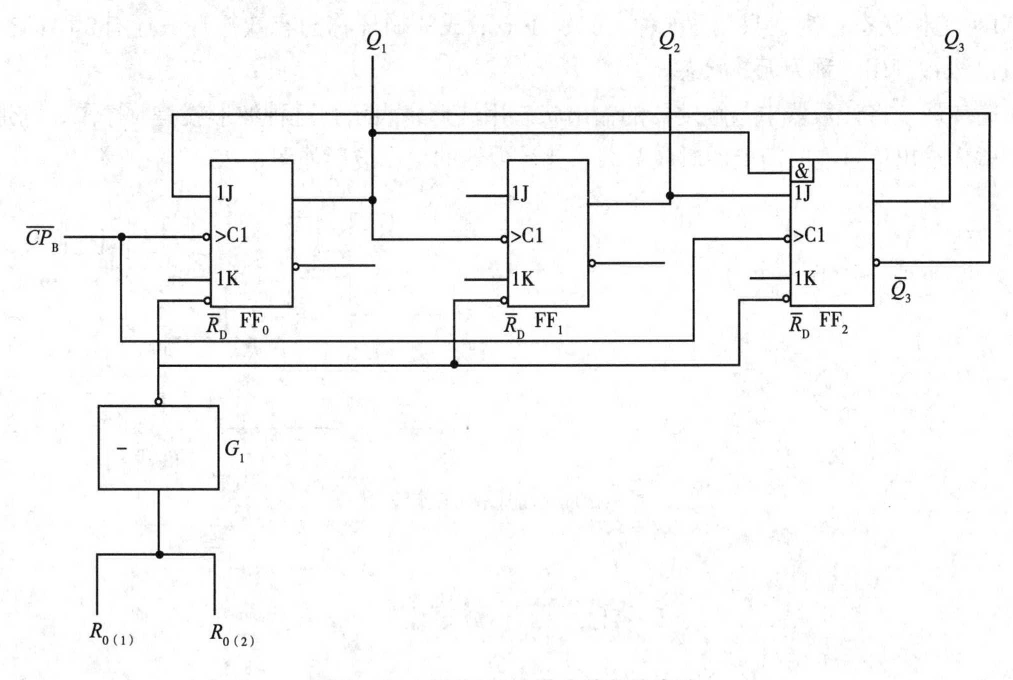

图8-19　74LS290中的主体部分电路

2.驱动方程　由逻辑图可知其各触发器的驱动方程为

$$\begin{cases} J_1 = \overline{Q_3^n} \\ K_1 = 1 \end{cases} \quad \begin{cases} J_2 = 1 \\ K_2 = 1 \end{cases} \quad \begin{cases} J_3 = Q_2^n Q_1^n \\ K_3 = 1 \end{cases}$$

3.状态方程 各触发器的次态方程称为状态方程。将各位触发器的驱动方程代入触发器的特征方程中，可得触发器的状态方程为

$$\begin{aligned} Q_1^{n+1} &= J_1\overline{Q_1^n} + \overline{K_1}Q_1^n = \overline{Q_3^n}\,\overline{Q_1^n}(CP_B\downarrow \text{有效}) \\ Q_2^{n+1} &= J_2\overline{Q_2^n} + \overline{K_2}Q_2^n = \overline{Q_2^n}(Q_1\downarrow \text{有效}) \\ Q_3^{n+1} &= J_3\overline{Q_3^n} + \overline{K_3}Q_3^n = \overline{Q_3^n}Q_2^nQ_1^n(CP_B\downarrow \text{有效}) \end{aligned}$$

4.状态表 将计数器所有现态依次列举出来，再分别代入状态方程中，可得状态转换真值表如表8-8所示。其中清0后各触发器现态为000，下一个状态即其次态为001，它就是在下一个状态的“现态”，以此类推。由表已经可以看出，这是一个五进制计数器，以000~100五种工作状态，称模数为五。

表8-8 状态表

Q_3^{n+1}	Q_2^n	Q_1^n	Q_3^{n+1}	Q_2^{n+1}	Q_1^{n+1}
0	0	0	0	0	1
0	0	1	0	1	0
0	1	0	0	1	1
0	1	1	1	0	0
1	0	0	0	0	0

5.状态图 将计数器状态转换用图形方式来描述，这种图形称作状态图，如图8-20（a）所示。图中箭头示出转换方向，斜线右下方的数码是转换过程中产生的进位信号。3个触发器有8（即2^3）种工作状态，现在只用了5种，000~100形成的循环称为有效循环，还有3种状态101、110、111未被利用，称为无效状态。

6.时序图 将计数器中各触发器的输出状态用波形来表示，这种波形就是时序图，它形象地表示了输入输出信号在时间上的对应关系。此计数器的工作波形如图8-20（b）所示。

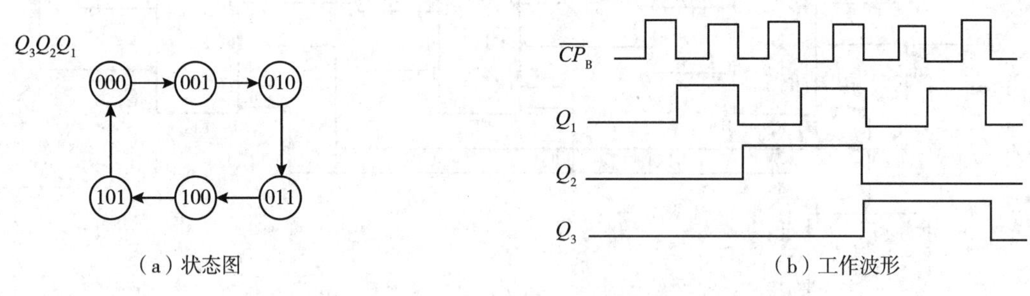

（a）状态图　（b）工作波形

图8-20 状态图和工作波形

PPT

第三节 计数器

计数是一种最简单的基本运算，计数器就是实现这种运算的逻辑电路。在数字系统中，对脉冲的个数进行计数，以实现数字测量、运算和控制的数字部件，称为计数器。计数器是数字电路中广泛使用的时序逻辑电路之一。计数器可以有不同的分类方式。

按照计数器中按触发器状态的变化是否受同一时钟脉冲控制，可分为同步计数器和异步计数器两种。

按照计数方式，可分为加法计数器、减法计数器和可逆计数器三种。随时钟信号递增的称为加法计数器，递减的称为减法计数器，可增可减的称为可逆计数器。

按计数进制，可分为二进制计数器、二－十进制计数器（或称十进制计数器）、任意进制（或称N进制）计数器三种。如果构成计数器的触发器个数为n，二进制计数器在计数脉冲作用下，有效循环的状态数为2^n个；十进制计数器有效循环的状态数为10个；状态数不等于2^n和10的，就是任意进制计数器。

一、同步计数器

（一）同步二进制加法计数器

同步计数器中各触发器由同一时钟脉冲控制。如图8-21为JK触发器构成的4位同步二进制加法计数器。每个JK触发器接成T触发器，当T=1时，为计数状态；当T=0时，保持状态不变。

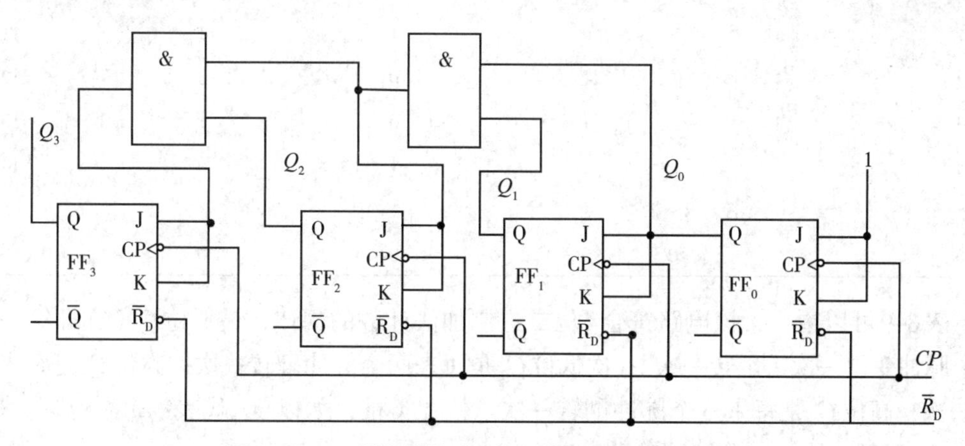

图8-21　JK触发器构成4位同步二进制加法计数器

从电路中可以得到

驱动方程：

$$T_0=J_0=K_0=1\text{；}T_1=J_1=K_1=Q_0^n\text{；}T_2=J_2=K_2=Q_1^nQ_0^n\text{；}T_3=J_3=K_3=Q_2^nQ_1^nQ_0^n$$

状态方程：

$$Q_0^{n+1}=J_0\overline{Q_0^n}+\overline{K_0}Q_0^n=\overline{Q_0^n}(CP_0\downarrow)$$
$$Q_1^{n+1}=J_1\overline{Q_1^n}+\overline{K_1}Q_1^n=Q_0^n\overline{Q_1^n}+\overline{Q_0^n}Q_1^n(CP_0\downarrow)$$
$$Q_2^{n+1}=J_2\overline{Q_2^n}+\overline{K_2}Q_2^n=Q_0^nQ_1^n\overline{Q_2^n}+\overline{Q_0^nQ_1^n}Q_2^n(CP_0\downarrow)$$
$$Q_3^{n+1}=J_3\overline{Q_3^n}+\overline{K_3}Q_3^n=Q_0^nQ_1^nQ_2^n\overline{Q_3^n}+\overline{Q_0^nQ_1^nQ_2^n}Q_3^n(CP_0\downarrow)$$

工作过程：除最低位其余JK触发器接成T触发器。令各触发器初始状态为$Q_3Q_2Q_1Q_0$=0000。当第一个CP脉冲下降沿到来时，$Q_0^{n+1}=\overline{Q_0^n}=\overline{0}=1$；此时$Q_1^{n+1}=Q_1^n=0$（保持）；$Q_2^{n+1}=Q_2^n=0$（保持）；$Q_3^{n+1}=Q_3^n=0$（保持），$Q_3Q_2Q_1Q_0$=0001。第二个CP脉冲下降沿到来时，$Q_0^{n+1}=\overline{Q_0^n}=\overline{1}=0$；此时$Q_1^{n+1}=Q_0^n\overline{Q_1^n}+\overline{Q_0^n}Q_1^n=1\overline{0}+\overline{1}0=1$（翻转）；$Q_2^{n+1}=0$（保持）；$Q_3^{n+1}=0$（保持），$Q_3Q_2Q_1Q_0$=0010。以下分析类同，各触发器状态从0000→0001→…→1111→0000循环往复。表8-9给出4位二进制加法计数器的计数状态表。

表8-9 4位二进制加法计数状态表

计数顺序	电路状态				等效十进制数
	Q_3	Q_2	Q_1	Q_0	
0	0	0	0	0	0
1	0	0	0	1	1
2	0	0	1	0	2
3	0	0	1	1	3
4	0	1	0	0	4
5	0	1	0	1	5
6	0	1	1	0	6
7	0	1	1	1	7
8	1	0	0	0	8
9	1	0	0	1	9
10	1	0	1	0	10
11	1	0	1	1	11
12	1	1	0	0	12
13	1	1	0	1	13
14	1	1	1	0	14
15	1	1	1	1	15
16	0	0	0	0	0（循环）

分析表8-9可以看出，该电路符合4位二进制加法计数的规律，最低位Q_0（亦即第一位）是每来一个脉冲变化一次（翻转一次）；次低位Q_1是每来两个脉冲翻转一次；高位Q_2是每来四个脉冲翻转一次；高位Q_3是每来八个脉冲翻转一次。依此类推，如以Q_{i-1}代表第i位，则每来2^i个脉冲，该位Q_{i-1}翻转一次。

根据T触发器的翻转规律，可依次画出$Q_0Q_1Q_2Q_3$在一系列计数脉冲作用下的波形，即计数器的时序图，如图8-22所示，图8-23为状态转换图。

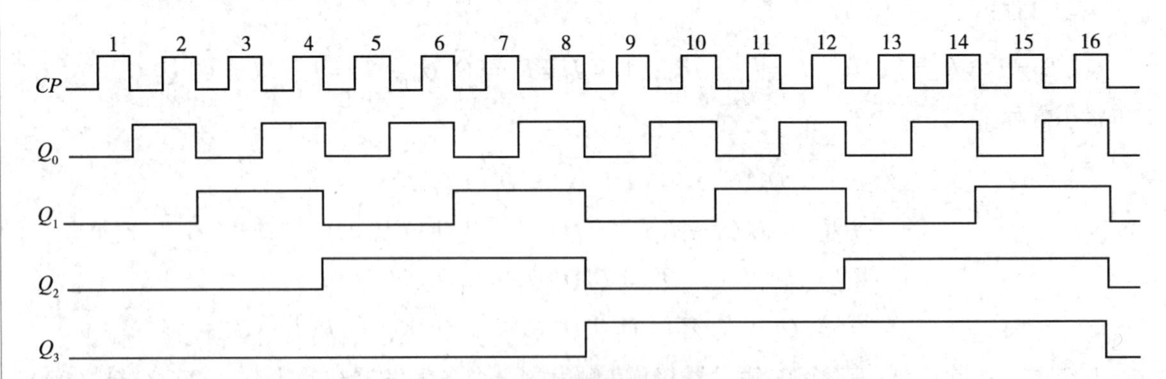

图8-22 4位二进制加法计数器时序图

由图8-22可以看到，如果计数脉冲CP_0的频率为f_0，那么Q_0、Q_1、Q_2、Q_3的频率分别为$\frac{1}{2}f_0$、$\frac{1}{4}f_0$、$\frac{1}{8}f_0$、$\frac{1}{16}f_0$，说明计数器具有分频作用，所以计数器也叫分频器。即每经过一级T触发器，输出脉冲的频率就被二分频，即相对于CP_0的频率而言，各级依次称为二分频、四分频、八分频和十六分频。

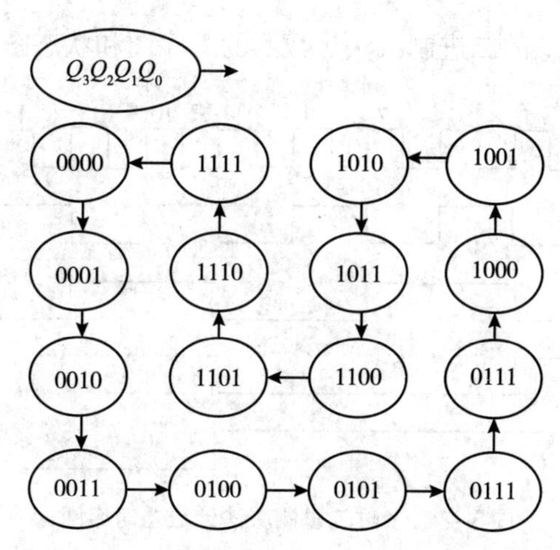

图8-23　4位二进制加法计数器状态转换图

（二）同步二进制减法计数器

以4位二进制减法计数器为例，其递减计数的规律如表8-10所示。根据二进制减法计数状态转换的规律，最低位触发器FF_0与递增（加法）计数中FF_0相同，亦是每来一个计数脉冲翻转一次，应有$J_0 = K_0 = 1$。其他触发器的翻转条件是所有低位触发器的Q端全为0，高位的Q端在下一个CP脉冲到来时翻转，应有$J_1 = K_1 = \overline{Q}_0$、$J_2 = K_2 = \overline{Q}_0\overline{Q}_1$、$J_3 = K_3 = \overline{Q}_0\overline{Q}_1\overline{Q}_2$。因此只要将8-21加法计数器中$FF_1$~$FF_3$的$J$、$K$端由原来接低位$Q$端改为接$\overline{Q}$端，即可实现上述功能，构成二进制减法计数器。

表8-10　4位二进制减法计数器的计数状态表

计数顺序	电路状态				等效十进制数
	Q_3	Q_2	Q_1	Q_0	
0	0	0	0	0	0
1	1	1	1	1	15
2	1	1	1	0	14
3	1	1	0	1	13
4	1	1	0	0	12
5	1	0	1	1	11
6	1	0	1	0	10
7	1	0	0	1	9
8	1	0	0	0	8
9	0	1	1	1	7
10	0	1	1	0	6
11	0	1	0	1	5
12	0	1	0	0	4
13	0	0	1	1	3
14	0	0	1	0	2
15	0	0	0	1	1
16	0	0	0	0	0（循环）

图8-24、图8-25为相对应的二进制减法计数器的时序图和状态图。

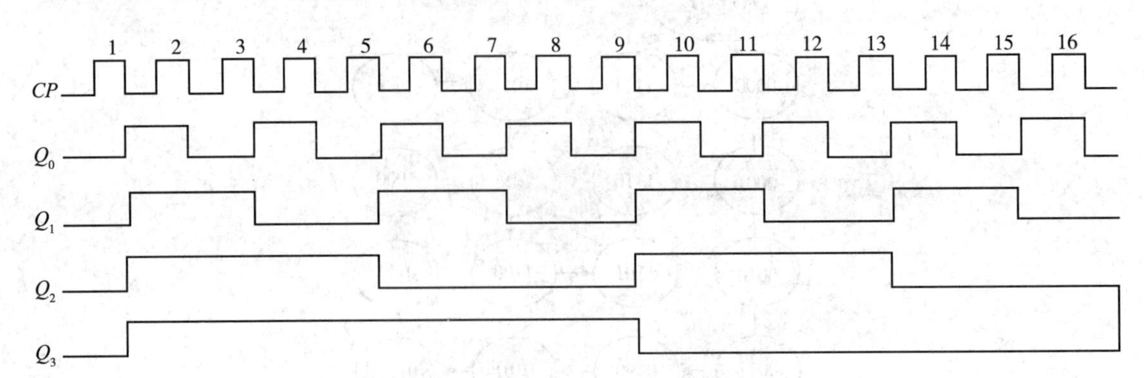

图8-24　4位二进制减法计数器时序图

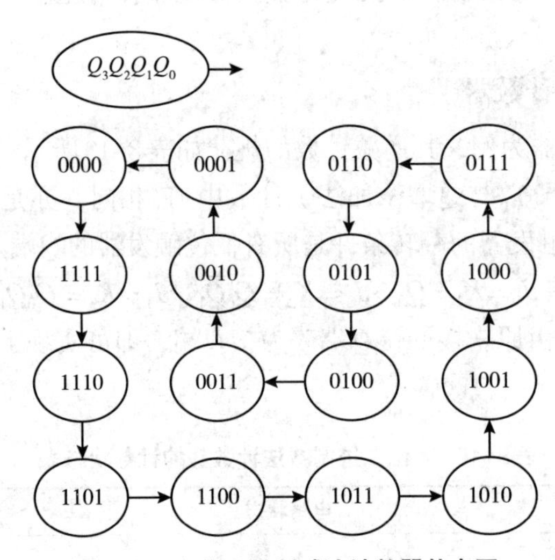

图8-25　4位二进制减法计数器状态图

（三）集成同步二进制计数器

图8-26为74LS161管脚图。74LS161是可预置四位同步二进制加法计数器，它可以灵活地运用在各种数字电路中实现分频器等重要功能。

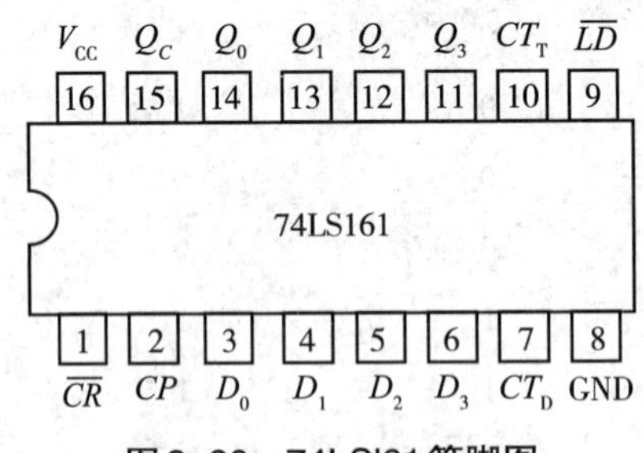

图8-26　74LSI61管脚图

管脚功能：①时钟信号CP上升沿触发；②四个数据输入端D_3、D_2、D_1、D_0；③异步清零端$\overline{CR}$；④同步置数端$\overline{LD}$；⑤使能端CT_P、CT_T；⑥输出端Q_3、Q_2、Q_1、Q_0；⑦进位输出端CO。

功能表如表8-11所示。

表8-11　74LS161功能表

序号	输入									输出			
	清零	使能		置数	时钟	并行输入				Q_0	Q_1	Q_2	Q_3
	$\overline{CR}$	CT_P	CT_T	$\overline{LD}$	CP	D_0	D_1	D_2	D_3				
1	0	×	×	×	×	×	×	×	×	0	0	0	0
2	1	×	×	0	↑	D_0	D_1	D_2	D_3	D_0	D_1	D_2	D_3
3	1	1	1	1	↑	×	×	×	×	计数			
4	1	0	×	1	×	×	×	×	×	保持			
5	1	×	0	1	×	×	×	×	×	保持			

74LS161是具有清零、置数、计数和保持等功能的四位同步二进制加法计数器，通过正确级联可以构成8位以上二进制计数器，功能如下。

（1）清零　$\overline{CR}$是具有最高优先级别的异步清零端。当$\overline{CR}$=0时，计数器清零，$Q_3Q_2Q_1Q_0$=0000，该操作不受其他输入端影响。$\overline{CR}$不依靠CP驱动，故称$\overline{CR}$为异步清零。

（2）置数　当$\overline{CR}$=1，$\overline{LD}$=0时，输入一个CP上升沿，计数器置数，即$Q_3Q_2Q_1Q_0=D_3D_2D_1D_0$。$\overline{LD}$的置数功能依靠$CP$来驱动，故$\overline{LD}$为同步置数。

（3）计数　当$\overline{CR}=\overline{LD}$=1，$CT_PCT_T$=1时，在$CP$上升沿触发下，计数器进行计数。

（4）保持　当$\overline{CR}=\overline{LD}$=1，且$CT_PCT_T$=0时，$CP$将不起作用，计数器保持原状态不变。

（5）实现二进制计数的位扩展　进位输出$CO=Q_3Q_2Q_1Q_0CT_T$，即当计数到$Q_3Q_2Q_1Q_0$=1111，且使能信号CT_T=1时，产生一个高电平，作为向高4位级联的进位信号，以构成8位以上二进制的计数器。

（四）集成同步十进制计数器

集成十进制同步加/减计数器主要有两类：一类是单时钟控制的加/减计数器；另一类是双时钟控制的加/减计数器，即加计数和减计数时钟是分开控制的。常用的同步十进制集成芯片很多，现以74LS192为例介绍。

74LS192是一个同步十进制双时钟控制的可逆计数器，既可作加计数，又可作减计数。管脚图如图8-27所示，功能表如表8-12。

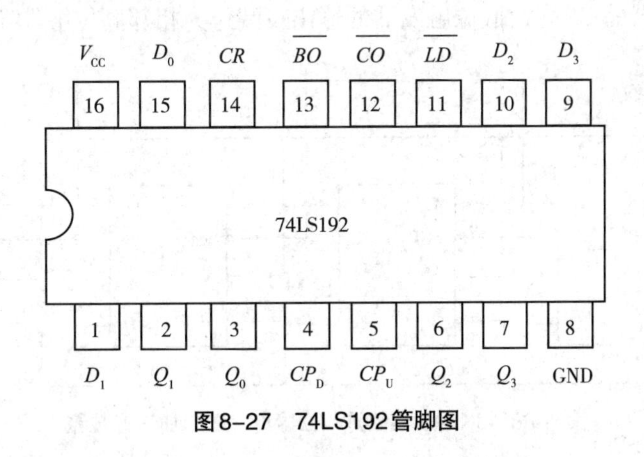

图8-27　74LS192管脚图

管脚功能如下。①时钟输入信号CP_D和CP_U：CP_U上升沿触发加法计数时钟输入端；CP_D上升沿触发减计数时钟输入端；②并行数据输入端D_3、D_2、D_1、D_0；③异步置零端CR，高电平有效；④异步并行置数端$\overline{LD}$，低电平有效；⑤输出端Q_3、Q_2、Q_1、Q_0；⑥进位输出端$\overline{CO}$；⑦借位输出端$\overline{BO}$。

表8-12　74LSI92功能表

输入								输出			
CR	CP_U	CP_D	$\overline{LD}$	D_3	D_2	D_1	D_0	Q_3	Q_2	Q_1	Q_0
1	×	×	×	×	×	×	×	0	0	0	0
0	×	×	0	D_3	D_2	D_1	D_0	D_3	D_2	D_1	D_0
0	↑	1	1	×	×	×	×	递增计数			
0	1	↑	1	×	×	×	×	递减计数			
0	1	1	1	×	×	×	×	保持			

根据表8-12可以得到74LS192功能如下：①CR为异步清零端，高电平有效，且优先权最高。当CR=1时，$Q_3Q_2Q_1Q_0$=0000。②$\overline{LD}$为异步置数控制端，当CR=0、$\overline{LD}$=0时，$Q_3Q_2Q_1Q_0$=$D_3D_2D_1D_0$。③当CR和$\overline{LD}$均无有效输入时，即CR=0和$\overline{LD}$=1，CP_D=1，计数脉冲CP_U上升沿到来，进行加法计数；CP_U=1，计数脉冲CP_D上升沿到来进行减法计数。④当CR=0、$\overline{LD}$=1（无有效输入），且当CP_U=CP_D=1时，计数器处于保持状态。

加法时进位输出条件为$\overline{CO}=\overline{\overline{CP_U}Q_3Q_0}$，减法时借位输出条件为$\overline{BO}=\overline{\overline{CP_D}\,\overline{Q_3}\,\overline{Q_2}\,\overline{Q_1}\,\overline{Q_0}}$。这说明，进行加法计数，当$Q_3$、$Q_0$均为1且$CP_U$=0，即在计数状态为1001时，给出进位信号；进行减法计数，当$Q_3Q_2Q_1Q_0$均为0且CP_D=0，即在计数状态为0000时，给出借位信号。符合十进制计数规律。

如构成2位以上的十进制计数器，只需将低位的$\overline{CO}$和$\overline{BO}$分别接到高位的CP_U和CP_D即可。$\overline{CO}$和$\overline{BO}$在处于低电平时，低位CP到来将输出一个上升沿，使高位计数器进行加1或减1运算。

二、异步计数器

在异步计数器中，没有统一的时钟脉冲，各触发器状态的改变不是同时进行的，分析时要特别注意各触发器翻转所对应的有效时钟条件。

（一）异步二进制加法计数器

如图8-28为由JK触发器构成的4位异步二进制加法计数器，JK触发器接成T′触发器，计数脉冲加到最低位触发器的CP端，低位触发器的输出Q端作为相邻高位触发器的时钟脉冲。

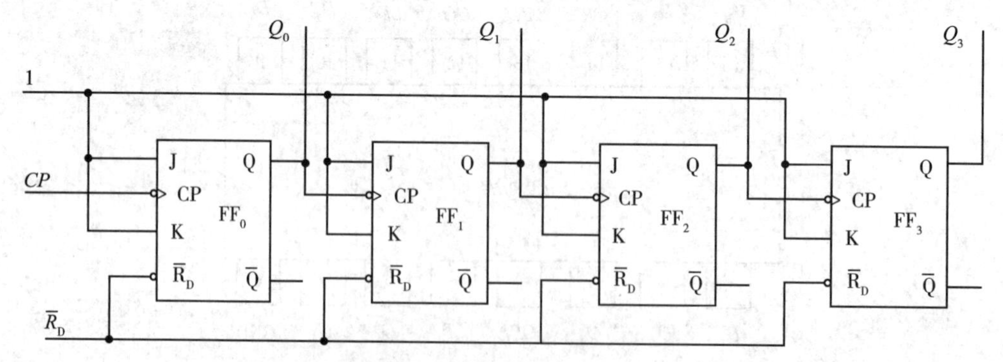

图8-28　JK触发器构成4位异步二进制加法计数器

时钟方程式：CP_0=计数脉冲；CP_1=Q_0；CP_2=Q_1；CP_3=Q_2。

驱动方程：

$$J_0=K_0=J_1=K_1=J_2=K_2=J_3=K_3=1$$

即每个JK触发器接成T′触发器。

状态方程

$$Q_0^{n+1}=\overline{Q_0^n}\,,\ Q_1^{n+1}=\overline{Q_1^n}\,,\ Q_2^{n+1}=\overline{Q_2^n}\,,\ Q_3^{n+1}=\overline{Q_3^n}$$

即
$$Q_i^{n+1}=\overline{Q_i^n}$$

工作过程：令各触发器初始状态为$Q_3Q_2Q_1Q_0$=0000。当第一个CP脉冲下降沿到来时，$Q_0^{n+1}=\overline{Q_0^n}=\overline{0}=1$；此时$Q_0$是从0→1（↑上升沿），对于$FF_1$来说无下降沿，故$Q_1^{n+1}=Q_1^n=0$（保持）；$FF_2$的时钟信号是$Q_1$，$Q_1$状态未变，那么$FF_2$也无下降沿到来，故$Q_2^{n+1}=Q_2^n=0$（保持）；同理$Q_3^{n+1}=Q_3^n=0$（保持）。以下分析类同，各触发器状态从0000→0001→…→1111→0000循环往复。根据分析过程可以列出异步二进制加法计数器的状态表，如表8-13所示。

表8-13　异步二进制加法计数器状态表

计数顺序	时钟信号				电路状态				等效十进制数
	CP_3	CP_2	CP_1	CP_0	Q_3	Q_2	Q_1	Q_0	
0	0	0	0	0	0	0	0	0	0
1	0	0	↑	↓	0	0	0	1	1
2	0	↑	↓	↓	0	0	1	0	2
3	0	1	↑	↓	0	0	1	1	3
4	↑	↓	↓	↓	0	1	0	0	4
5	1	0	↑	↓	0	1	0	1	5
6	1	↑	↓	↓	0	1	1	0	6
7	1	1	↑	↓	0	1	1	1	7
8	↓	↓	↓	↓	1	0	0	0	8
9	0	0	↑	↓	1	0	0	1	9
10	0	↑	↓	↓	1	0	1	0	10
11	0	1	↑	↓	1	0	1	1	11
12	↑	↓	↓	↓	1	1	0	0	12
13	1	0	↑	↓	1	1	0	1	13
14	1	↑	↓	↓	1	1	1	0	14
15	1	1	↑	↓	1	1	1	1	15
16	↓	↓	↓	↓	0	0	0	0	0（循环）

异步二进制计数器的时序图和状态转换图与同步二进制计数器相同，请自行分析。

上升沿触发的触发器构成异步二进制计数器，也是将触发器接成T′触发器，而后只要将高位CP信号接低位触发器的$\overline{Q}$输出端即可，如图8-29所示。

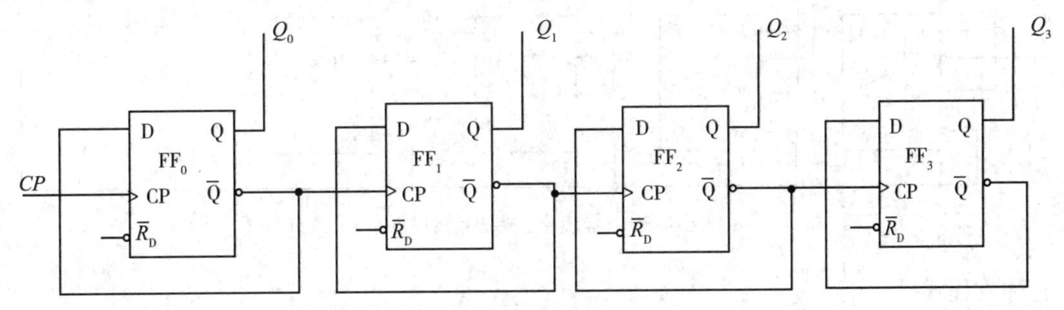

图8-29　D触发器构成4位异步二进制加法计数器

（二）异步二进制减法计数器

图8-30为下降沿触发的JK触发器构成的4位异步二进制减法计数器。从电路结构看，每个触发器也是接成T′触发器，将低位触发器的一个输出送至相邻高位触发器的*CP*端，但与加法计数相反，异步二进制减法计数器对下降沿动作的T′触发器来说，由低位$\overline{Q}$端与相邻高位*CP*相连；对上升沿动作的T′触发器来说要由低位*Q*端与相邻高位*CP*相连。上升沿触发的*D*触发器构成的4位异步二进制减法计数器电路如图8-31所示。异步二进制减法计数器的时序图和状态图与同步二进制减法计数器相同。

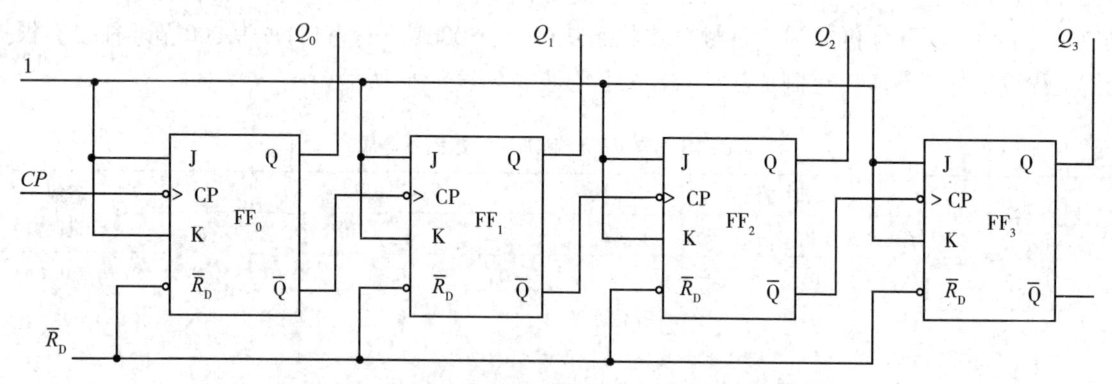

图8-30　下降沿触发构成4位异步二进制减法计数器

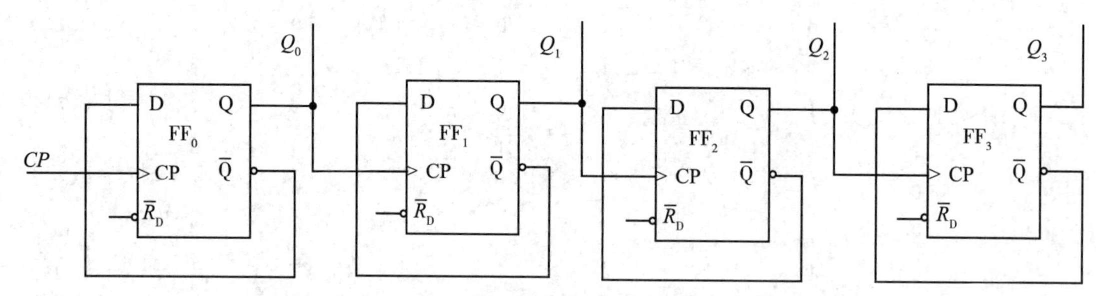

图8-31　上升沿触发构成4位异步二进制减法计数器

（三）异步十进制计数器

图8-32是常用8421BCD码异步十进制加法计数器的典型电路，它是由4位异步二进制加法计数器修改而成的。

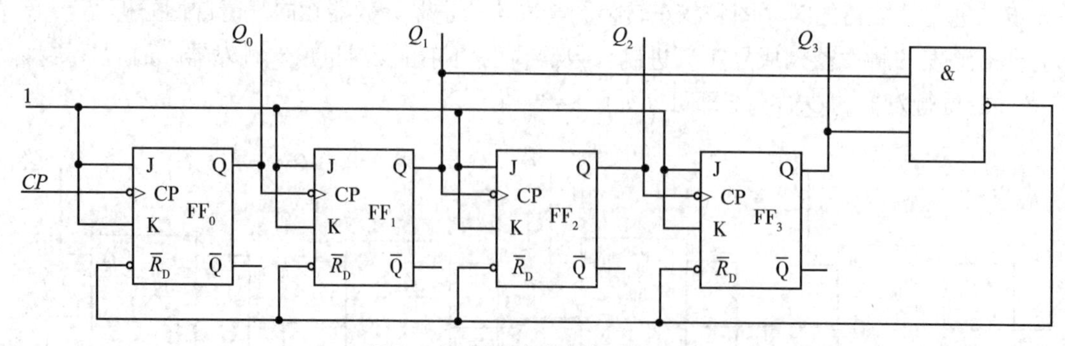

图8-32　异步十进制加法计数器

时钟方程式：

CP_0=计数脉冲；$CP_1=Q_0$；$CP_2=Q_1$；$CP_3=Q_2$。

驱动方程：

$$J_0=K_0=J_1=K_1=J_2=K_2=J_3=K_3=1$$

即每个JK触发器接成T′触发器。

输出方程：

$$Q_0^{n+1}=\overline{Q_0^n},\ Q_1^{n+1}=\overline{Q_1^n},\ Q_2^{n+1}=\overline{Q_2^n},\ Q_3^{n+1}=\overline{Q_3^n},\ \overline{R}_D=\overline{Q_3^nQ_1^n}$$

工作过程：令各触发器初始状态为$Q_3Q_2Q_1Q_0$=0000。当第一个CP脉冲下降沿到来时，$Q_0^{n+1}=\overline{Q_0^n}=\overline{0}=1$；此时$Q_0$是从0→1（↑上升沿），对于$Q_0$来说无下降沿，故$Q_1^{n+1}=Q_1^n=0$（保持）；$FF_2$的时钟信号是$Q_1$，$Q_1$状态未变，那么$FF_2$也无下降沿到来，故$Q_2^{n+1}=Q_2^n=0$（保持）；同理$Q_3^{n+1}=Q_3^n=0$（保持）。以下分析类同，到十个脉冲到来，各触发器状态为$Q_0^{n+1}=\overline{Q_0^n}=\overline{0}=1$，$Q_1^{n+1}=Q_1^n=0$，$Q_2^{n+1}=Q_2^n=0$，$Q_3^{n+1}=Q_3^n=1$，到十一个脉冲到来，各触发器状态为$Q_0^{n+1}=\overline{Q_0^n}=0=0$，$Q_1^{n+1}=Q_1^n=1$，$Q_2^{n+1}=Q_2^n=0$，$Q_3^{n+1}=Q_3^n=1$，此时由于$\overline{R}_D=\overline{Q_3^nQ_1^n}=\overline{11}=0$，触发器复位，$Q_3Q_2Q_1Q_0$=0000，当计数器变为0000状态后，$\overline{R}_D$又迅速由0变为1状态，清零信号消失，重新开始计数。1010状态存在的时间极短（通常只有10ns左右），触发器状态由1001变为0000，而不是1010，从而使四个触发器跳过1010~1111六个状态而复位到原始状态0000。各触发器状态从0000→0001→…→1001→0000循环往复。根据分析过程可以列出状态表，如表8-14所示。

表8-14　8421BCD加法计数状态表

计数顺序	时钟信号				电路状态				等效十进制数
	CP_3	CP_2	CP_1	CP_0	Q_3	Q_2	Q_1	Q_0	
0	0	0	0	0	0	0	0	0	0
1	0	0	↑	↓	0	0	0	1	1
2	0	↑	↓	↓	0	0	1	0	2
3	0	1	↑	↓	0	0	1	1	3
4	↑	↓	↓	↓	0	1	0	0	4
5	1	0	↑	↓	0	1	0	1	5
6	1	↑	↓	↓	0	1	1	0	6
7	1	1	↑	↓	0	1	1	1	7
8	↓	↓	↓	↓	1	0	0	0	8
9	0	0	↑	↓	1	0	0	1	9
10	0	0	0	↓	0	0	0	0	0（循环）

其时序图和状态转换图分别如图8-33和图8-34所示。

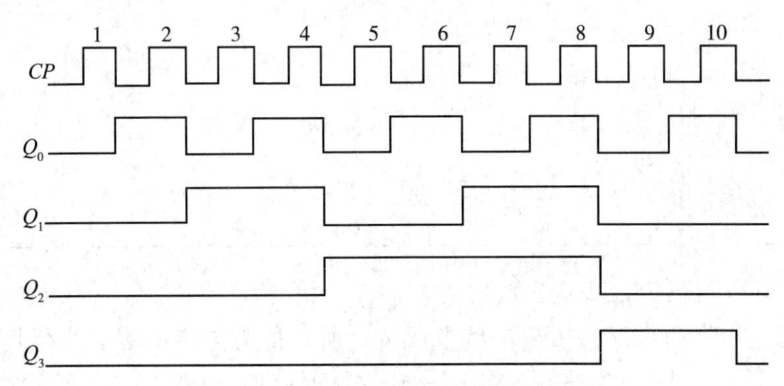

图8-33　异步十进制加法计数器时序图

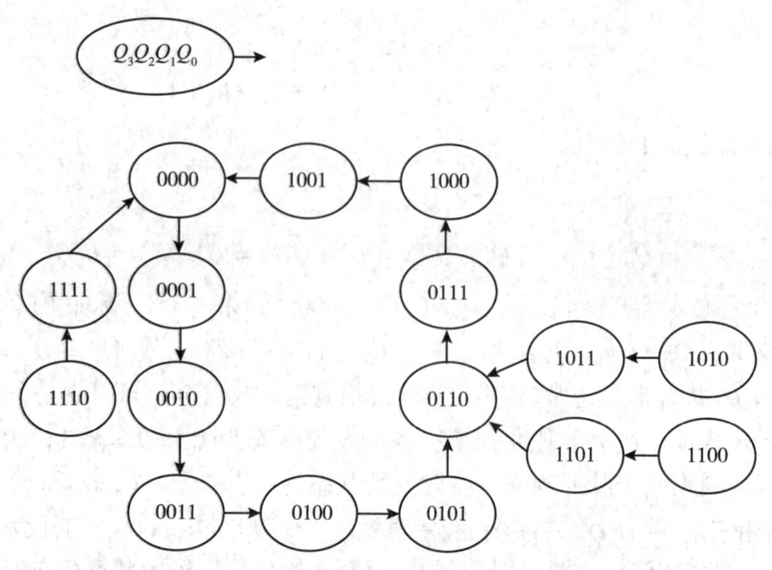

图8-34　异步十进制计数器状态转换图

（四）集成异步计数器

图8-35为74LS290的管脚图，74LS290是可预置的二-五-十进制异步加法计数器，功能表如表8-15所示。

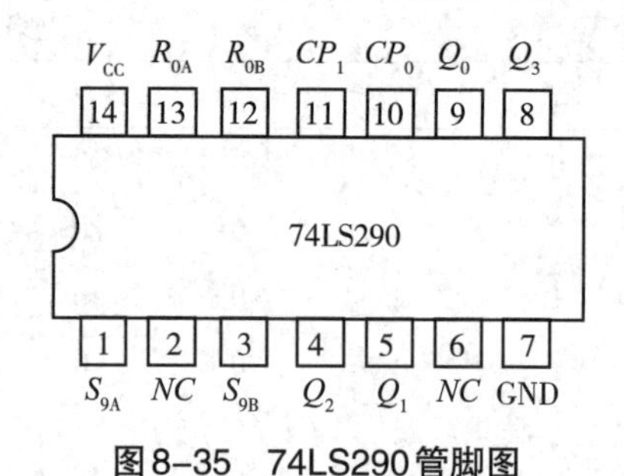

图8-35　74LS290管脚图

表8-15　74LS290功能表

输入					输出				功能
$R_{0A}\,R_{0B}$	$S_{9A}\,S_{9B}$	CP			Q_3	Q_2	Q_1	Q_0	
		CP_0	CP_1	计数					
1	0	×	×	-	0	0	0	0	异步清0
×	1	×	×	-	1	0	0	1	异步置9
0	0	↓	↓	0	0	0	0	0	
0	0	↓	↓	1	0	0	1	1	
0	0	↓	↓	2	0	1	0	0	2-5进制计数器
0	0	↓	↓	3	0	1	1		
0	0	↓	↓	4	1	0	0		
0	0	↓	↓	5	0	0	0		

根据表8-15可以得到74LS290逻辑功能。①异步清零：当 $R_{0A}R_{0B}=1$，置9端 $S_{9A}S_{9B}=0$，$Q_3Q_2Q_1Q_0=0000$，与时钟端CP_0、CP_1的状态无关，所以称为异步清零。执行其他功能时$R_{0A}R_{0B}$必须置0。②异步置九：当$R_{0A}R_{0B}=0$，$S_{9A}S_{9B}=1$，$Q_3Q_2Q_1Q_0=1001$，与时钟端CP_0、CP_1的状态

无关，所以称为异步置九。③计数：当 $R_{0A}R_{0B}=0$，$S_{9A}S_{9B}=0$，在时钟端CP_0、CP_1下降沿作用下进行计数。

具体工作方式如下：计数脉冲由CP_0输入，由Q_0输出，构成二进制计数器，如图8-36所示，状态表见表8-16；计数脉冲由CP_1输入，由Q_3、Q_2、Q_1输出，构成五进制计数器，如图8-37所示，状态表见表8-17；将Q_0与CP_1相连，计数脉冲由CP_0输入，输出$Q_3Q_2Q_1Q_0$，构成8421BCD码异步十进制加法计数器，如图8-38所示，状态表见表8-18；将CP_0和Q_3相连，计数脉冲由CP_1输入，输出$Q_0Q_3Q_2Q_1$，构成5421BCD码异步十进制加法计数器，这里要注意输出顺序为$Q_0Q_3Q_2Q_1$，即Q_0为最高位，Q_1为最低位，Q_0位的位权为5，Q_3、Q_2、Q_1位的位权依次为4、2、1，这样读出才能符合5421BCD码的计数状态，如图8-39所示，状态表见表8-19。

表8-16　二进制计数器状态表

输入				输出			
R_{0A} R_{0B}	S_{9A} S_{9B}	计数顺序		Q_3	Q_2	Q_1	Q_0
		CP_0	CP_1				
0	0	0	×	–	–	–	0
0	0	1	×	–	–	–	1
0	0	2	×	–	–	–	0

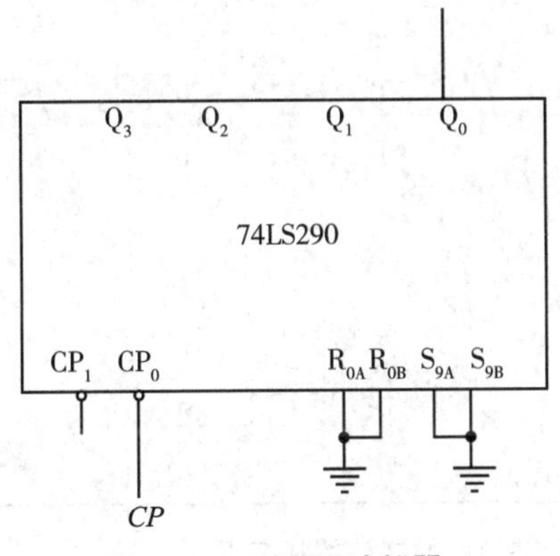

图8-36　二进制计数器

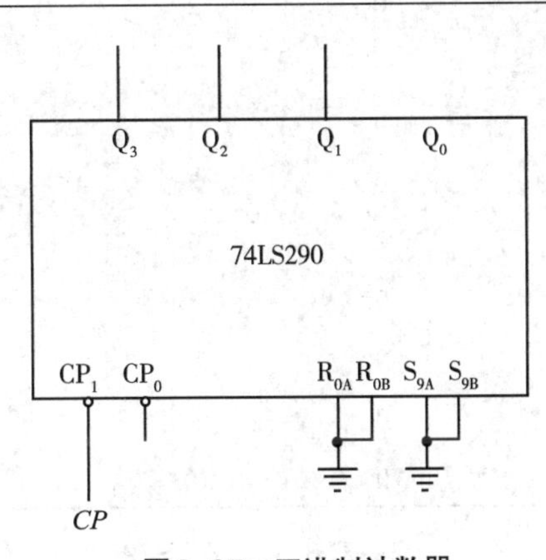

图8-37　五进制计数器

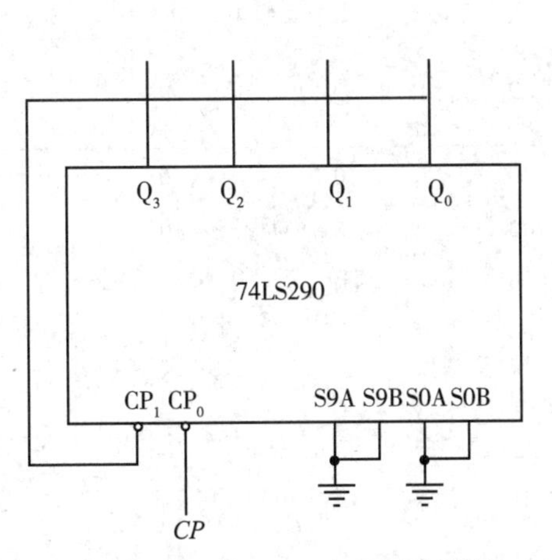

图8-38　8421BCD码十进制计数器

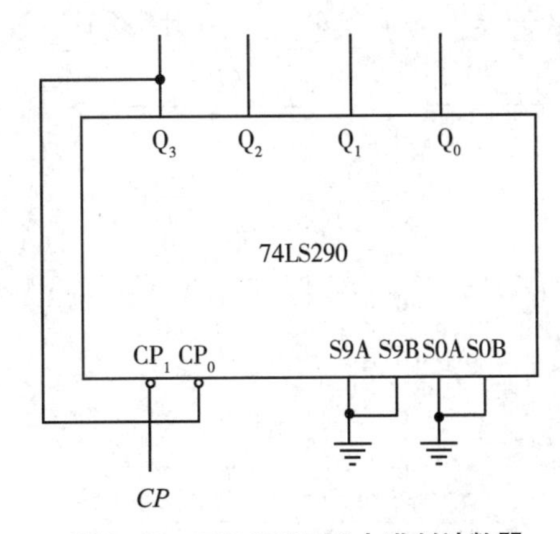

图8-39　5421BCD码十进制计数器

表 8-17　74LS290 构成异步五进制计数器状态表

输入				输出			
$R_{0A}\,R_{0B}$	$S_{9A}\,S_{9B}$	计数顺序		Q_3	Q_2	Q_1	Q_0
		CP_0	CP_1				
0	0	×	0	0	0	0	–
0	0	×	1	0	0	1	–
0	0	×	2	0	1	0	–
0	0	×	3	0	1	1	–
0	0	×	4	1	0	0	–
0	0	×	5	0	0	0	–

表 8-18　74LS290 构成 8421BCD 码异步十进制计数器计数状态表

输入				输出			
$R_{0A}\,R_{0B}$	$S_{9A}\,S_{9B}$	计数顺序		Q_3	Q_2	Q_1	Q_0
		CP_0	CP_1				
0	0	0		0	0	0	0
0	0	1		0	0	0	1
0	0	2		0	0	1	0
0	0	3		0	0	1	1
0	0	4		0	1	0	0
0	0	5	Q_0	0	1	0	1
0	0	6		0	1	1	0
0	0	7		0	1	1	1
0	0	8		1	0	0	0
0	0	9		1	0	0	1
0	0	10		0	0	0	0

表 8-19　74LS290 构成 5421BCD 码异步十进制计数器计数状态表

输入				输出			
$R_{0A}\,R_{0B}$	$S_{9A}\,S_{9B}$	计数顺序		Q_0	Q_3	Q_2	Q_1
		CP_1	CP_0				
0	0	0		0	0	0	0
0	0	1		0	0	0	1
0	0	2		0	0	1	0
0	0	3		0	0	1	1
0	0	4		0	1	0	0
0	0	5	Q_3	1	0	0	0
0	0	6		1	0	0	1
0	0	7		1	0	1	0
0	0	8		1	0	1	1
0	0	9		1	1	0	0
0	0	10		0	0	0	0

三、N进制计数器

N进制计数器指$m \neq 2^n$，即模非2^n和10计数器，也称为任意进制计数器。在有些数字系统中，任意进制计数器也是常用到的，如十二进制、二十四进制、六十进制等。

构成N进制计数器的方法大致分三种：第一种是利用触发器直接构成的，称为反馈阻塞法；第二种是用移位寄存器构成的，称为串行反馈法；第三种是用集成计数器构成的，称为反馈清零法和反馈置数法。本节只讨论第三种。

（一）反馈清零法

反馈清零法是指利用计数器清零端的清零作用，截取计数过程中的某一个中间状态控制清零端，使计数器由此状态返回到零重新开始计数。这样就把模较大的计数器改成了模较小的计数器。

控制清零端的信号称为清零信号，清零信号的选择与芯片的清零方式有关。在集成计数器中，由于各集成计数器引脚、功能的不同，辅助控制端的不同，清零端的控制方式也不同，有同步清零和异步清零。同步清零的芯片有74LS162、74LS163，异步清零的芯片有74LS160、74LS161、74LS192、74LS196、74LS290等。

设产生清零信号的状态称为反馈识别码S_N。当芯片清零方式为异步时，可用状态N作为反馈识别码，$S_N=N$，通过门电路组合输出清零信号，使芯片瞬间清零，即第S_N个的状态存在时间极短，故其有效循环状态从0~（S_N-1）共N个，构成了N进制计数器；当芯片为同步清零方式时，可用$S_N=N-1$作识别码，通过门电路组合输出清零信号，使芯片在CP到来时清零，所保留的有效状态是0~S_N，同样构成N进制计数器。

用反馈清零法构成N进制计数器过程：①确定清零方式；②求出反馈识别码S_N，并转化成二进制代码，清零方式为异步时$S_N=N$，清零方式为同步时$S_N=N-1$；③写出归零逻辑，即求出清零端的逻辑表达式，清零信号高电平有效为与逻辑关系，清零端信号低电平有效为与非逻辑关系；④画接线图。

【例8-3】 试利用计数芯片74LS161和74LS163构成七进制计数器。

解：74LS161和74LS163都为同步二进制加法计数器，所不同的是清零方式，现在要求计数器的模N=7，用1片就能完成。74LS163引脚功能和74LS161相同。

1. 用74LS161来实现七进制计数器　74LS161清零方式为异步，则反馈识别码$S_N=N=7=(0111)_2$，清零端信号低电平有效，则清零端与反馈识别码的关系为与非逻辑关系，可以得到：$\overline{CR}=\overline{Q_2Q_1Q_0}$，由此可以画出电路如图8-40所示。

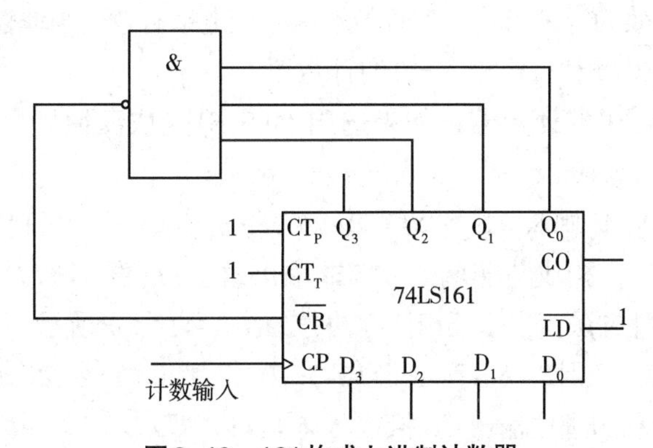

图8-40　161构成七进制计数器

2.用74LS163来实现七进制计数器 74LS163清零方式为同步，则反馈识别码 $S_N=N-1=6=(0110)_2$，清零端信号低电平有效，则清零端与反馈识别码的关系为与非逻辑关系，可以得到：$\overline{CR}=\overline{Q_2Q_1}$，由此可以画出电路如图8-41所示。

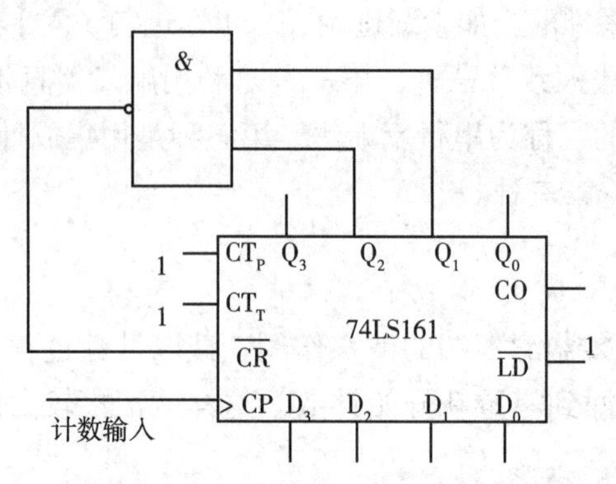

图8-41 163构成七进制计数器

由上例可知，在芯片的各使能端都置于正确状态的前提下，确定置0所取输出代码是个关键，这与芯片的清零方式有关（同步清零还是异步清零）。异步清零以N作为置0的输出代码，同步清零以$N-1$作为置0的输出代码。此外还要注意清零端的有效电平，以确定反馈引导门是与门还是与非门。低电平有效用与非门，高电平有效用与门。

（二）反馈置数法

反馈置数法是指利用具有置数功能的计数器，截取从S_M到S_N之间的N个有效状态，构成N进制计数器。事先将并行置数数据输入端置成S_M的状态，当置数指令到来时，计数器输出端被置成S_M，再来计数脉冲，计数器在S_M基础上进行计数，直至循环到S_N，S_N作为反馈信号提供给置数指令，进行新一轮置数、计数。

这里仍可将提供置数反馈信号S_N称为反馈识别码（或称反馈置数码），它的确定与计数器置数方式（是异步置数还是同步置数）有关。对于异步置数在输入第N个计数脉冲CP后，通过控制电路，利用状态S_N产生一个有效置数信号，送给异步置数端，使计数器立刻返回到初始的预置数状态S_M，即实现了S_M~S_{N-1}计数。对于同步置数在输入第$N-1$个计数脉冲CP时，利用状态S_{N-1}产生一个有效置数信号，送给同步置数控制端，等到输入第N个计数脉冲CP时，计数器返回到初始的预置数状态S_M，从而实现S_M~S_{N-1}计数。

分析方法与用反馈清零法构成N进制计数器过程类似：①确定置数方式；②求出反馈识别码S_N，并转化成二进制代码，异步置数$S_N=S_M+N$，同步置数$S_N=S_M+N-1$；③求出置数端的逻辑表达式，置数端信号高电平有效为与逻辑关系，置数端信号低电平有效为与非逻辑关系；④画接线图。

【例8-4】 用74LS161设计一个模N=10的计数器。

解：根据题意，模N=10的计数器，如果选用74LS161采取反馈置数法实现，令反馈置数码$S_N=S_M+N-1=S_M+10-1=S_M+9$。

令$S_M=(0)_{10}=(0000)_2$，则$S_N=S_M+N-1=0+10-1=9=(1001)_2$，由于置数端$\overline{LD}$为低电平有效，令$D_3D_2D_1D_0$=0000。将$Q_3$、$Q_0$构成与非函数，与非输出送至$\overline{LD}$端，即$\overline{LD}=\overline{Q_3Q_0}$，其他使能端正常接线$CT_T=CT_P=1$即可。这种方法相当于反馈清零法，如图8-42（a）所示。

令$S_M=(6)_{10}=(0110)_2$，则$S_N=S_M+N-1=6+10-1=10=(1111)_2$，令$CT_T=CT_P=1$，$D_3D_2D_1D_0=0110$，$\overline{LD}=\overline{Q_3Q_2Q_1Q_0}$，此处易可利用进位输出$CO$拾取状态1111，即$\overline{LD}=\overline{CO}$，接线如图8-42（b）所示。

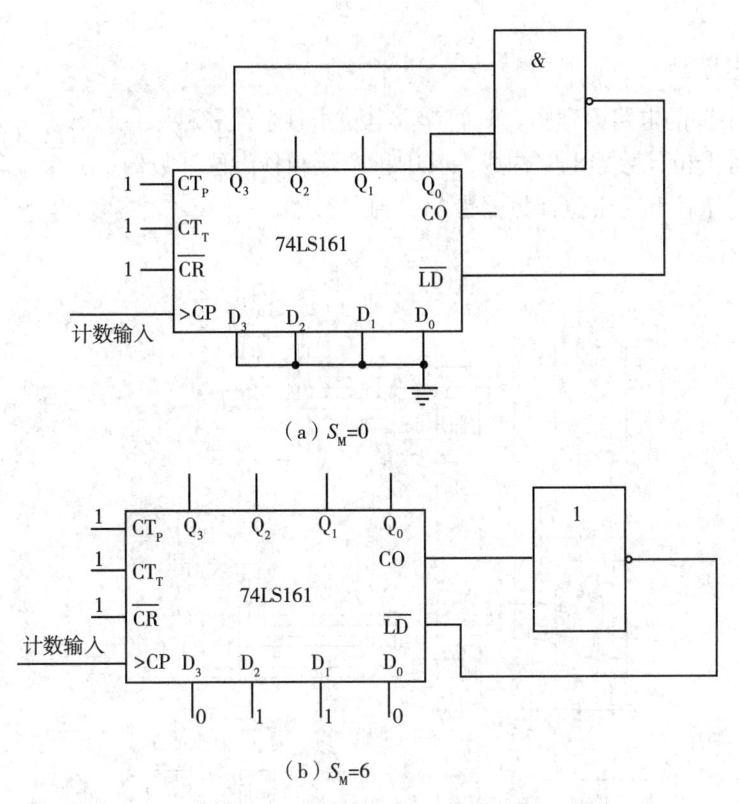

图8-42 161构成十进制计数器

四、数字钟电路功能分析

数字钟是一种用数字电路技术实现时、分、秒计时的装置，与机械式时钟相比具有更高的准确性和直观性，且无机械装置，具有更长的使用寿命，因此得到了广泛的使用。

数字钟从原理上讲是一种典型的数字电路，其中包括了组合逻辑电路和时序逻辑电路。

（一）数字钟的构成

数字钟是一个对标准频率（$1H_Z$）进行计数的计数电路。本例只对时分秒计数进行分析，对校时电路和报时功能不作分析。数字钟的一般构成框图如图8-43所示。

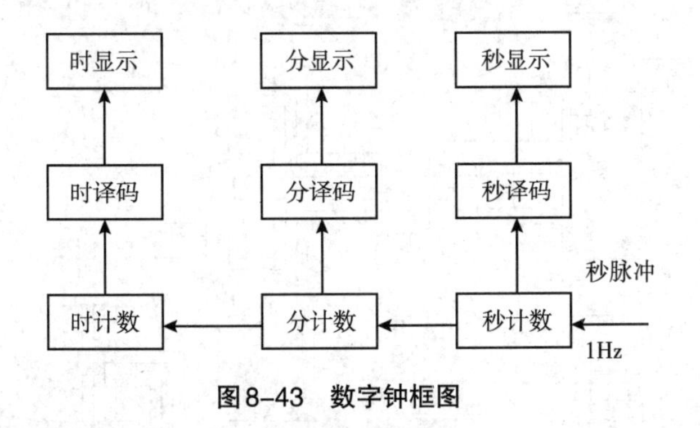

图8-43 数字钟框图

从框图中可以看出数字钟的主电路就是时、分、秒的计数和显示两部分。1Hz秒脉冲信号可以由后面将要学到的555定时器电路构成，也可以由晶体振荡器电路构成。但标准的1Hz时间信号必须做到准确稳定，通常使用石英晶体振荡器电路构成。

（二）电路组成

图8-44为数字钟的电路原理图。时间计数电路由秒个位和秒十位计数器、分个位和分十位计数器及时个位和时十位计数器电路构成，其中秒个位和秒十位计数器、分个位和分十位计数器为60进制计数器，时个位和时十位计数器为24进制计数器。

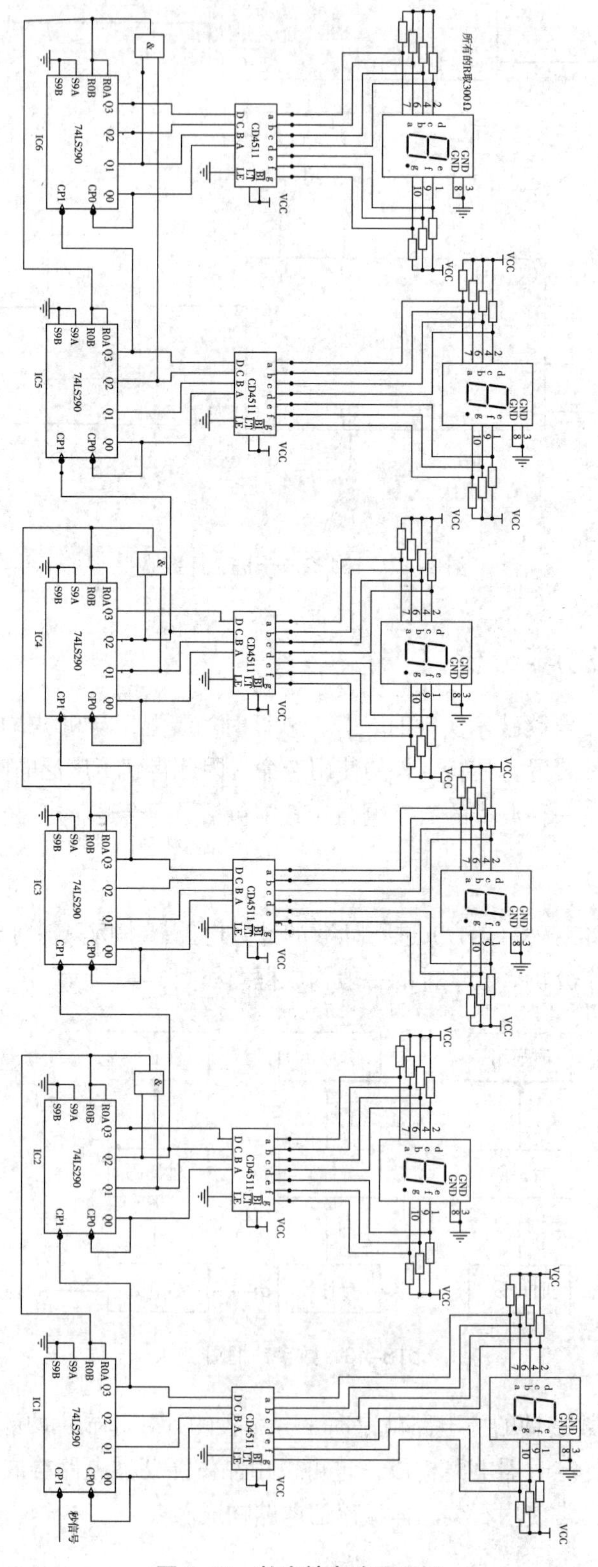

图8-44　数字钟电路原理图

（三）功能分析

1.秒脉冲信号产生 秒信号发生电路产生频率为1Hz的时间基准信号。可以采用32768（2^{15}）Hz石英晶体振荡电路，经过15级二分频，获得1Hz的秒脉冲，也可以用时基电路555构成多谐振荡器提供。

2.时间计数电路 由异步十进制加法计数器74LS290构成60进制和24进制计数器，然后进行级联组成秒、分、时计数。秒和分的计数电路完全相同，都是60进制计数器。时的计数电路是24进制计数器。由电路原理图可以看出以上计数器都是采用8421BCD码反馈清零法构成的计数器。

（1）秒计数电路由集成芯片IC_1和IC_2构成 从图8-44可以得到反馈识别码为：S_N=（0110 0000）$_{8421BCD}$，而74LS290的清零方式为异步，所以$N=S_N$=（0110 0000）$_{8421BCD}$=（60）$_{10}$，构成60进制计数器，由于74LS290的清零端为高电平有效，故采用与门为反馈门电路。IC_2的Q_2端是秒计数的进位信号，连接到分计数器的个位脉冲信号端IC_3的CP_0端，从而实现每60秒向分计数器进位。

（2）分计数器分析同秒，分计数器IC_4的输出端Q_2连接到时计数器的个位脉冲信号端IC_5的CP_0端，从而实现每60分向时计数器进位。

（3）时计数电路由集成芯片IC_5和IC_6构成 从图8-44可以得到反馈识别码为：S_N=（010 0100）$_{8421BCD}$，$N=S_N$=（010 0100）$_{8421BCD}$=（24）$_{10}$，构成24进制计数器。

3.译码显示电路 是由显示译码器CD4511和共阴型数码管组成。

CD4511是一个用于驱动共阴型LED数码管的BCD码－七段码显示译码器，其特点是具有BCD转换、消隐和锁存控制、七段译码及驱动功能的CMOS电路，可直接驱动LED显示器。

对于数字钟的各位计数译码显示部分连接完全相同，只需将计数器的各位输出对应于译码显示器的输入端，从电路原理图中可以看出。

（四）功能调试及故障分析

根据电路原理图正确选择元器件，安装电路，确认无误后，接通电源，逐级调试，逐级排查故障。

调节微调电容C_2，使振荡频率为32768Hz。检查CD4060工作是否正常，使其引脚3输出的频率为2Hz。将秒脉冲送入秒计数器，检查秒个位、十位是否按10秒、60秒进位。采用同样方法检测分和时计数器。调试好时、分、秒计数器后，数字钟正常走时。

第四节 寄存器

PPT

寄存器存储二进制代码，由具有存储功能的触发器构成。因为一个触发器只有0和1两个状态，只能存储1位二值代码，所以N个触发器构成的寄存器能存储N位二值代码。寄存器还应有执行数据接收的控制电路，控制电路一般由门电路构成的。

寄存器分类有数码寄存器和移位寄存器。

寄存器的功能是存放数码、运算结果或指令。数码寄存器具有接收、存放、输出和清除数码的功能。在接收指令（在计算机中称为写指令）控制下，将数据送入寄存器存放；需要时可在输出指令（读出指令）控制下，将数据由寄存器输出。移位寄存器不但可以存放数码，而且在移位脉冲作用下，寄存器中的数码可以根据需要向左或向右移位。寄存器是数字系统和计算机中常用的基本逻辑部件，应用很广。

一、数码寄存器

如图8–45用D触发器构成数码寄存器。这种电路将接收指令直接加至触发器CP端即可，无须门电路。当$CP\uparrow$到来时，触发器更新状态，即接收输入数码并保存。四位寄存器用一片集成四D触发器74LS175或HC175就可实现。

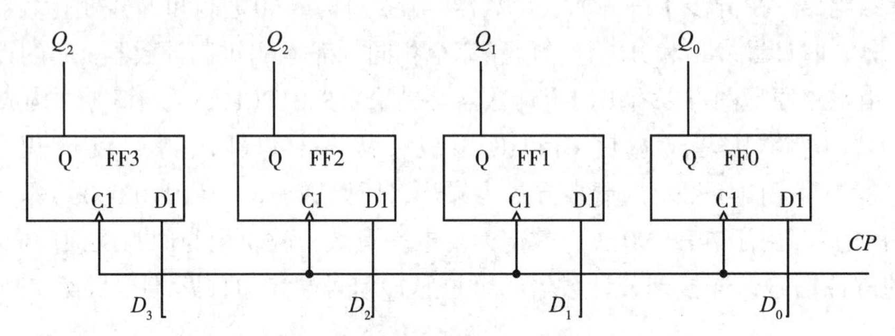

图8–45 D触发器组成数码寄存器

图8–45为4个边沿D触发器组成的4位数码寄存器，D_3、D_2、D_1、D_0为并行数码输入端，Q_3、Q_2、Q_1、Q_0为并行数码输出端，CP为时钟信号。当时钟信号$CP\uparrow$上升沿到达时，D_3、D_2、D_1、D_0被并行置入触发器中，这时$Q_3Q_2Q_1Q_0=D_3D_2D_1D_0$。其他情况下触发器状态保持不变，即寄存器中数码保持不变。

注意：①一个触发器能存放一位二进制数码；N个触发器可以存放N位二进制数码。②寄存器与存储器区别是寄存器内存放的数码经常变更，要求存取速度快，一般无法存放大量数据（类似于宾馆的贵重物品寄存、超级市场的存包处）。存储器存放大量的数据，因此最重要的要求是存储容量（类似于仓库）。

二、移位寄存器

微课

移位寄存器不但具有存储代码的功能，而且具有移位功能。移位功能就是在移位指令脉冲的作用下将存储的代码左移或右移。移位寄存器可以用于存储代码，也可用于数据的串行–并行转换、数据的运算和数据的处理等。在数字电路系统中，由于运算（如二进制的乘除法）的需要，常常要求实现移位功能。

移位寄存器又分为单向移位寄存器和双向移位寄存器，单向移位寄存器又分为左移移位寄存器和右移移位寄存器。

1.单向移位寄存器 是指在移位指令脉冲的作用下使寄存器里存储的代码只向左移或右移。

（1）右移移位寄存器

1）电路结构 如图8–46所示是由D触发器构成的右移移位寄存器，从图中可以看出触发器前一级的输出端Q依次接到下一级的数据输入端D，仅由第一个触发器FF_0的输入端D_0接收外来的输入代码，D_0为串行输入端，Q_3~Q_0为并行输出端，Q_3为串行输出端。

2）原理分析 分析将数据1011送入移位寄存器的情况，即输入串行数据$D_0=D_{SR}$=1011，数码输入的先后顺序依次为1、0、1、1，同时设寄存器的原始状态$Q_3Q_2Q_1Q_0$=0000。当第一个移位脉冲CP上升沿到来时，第一个数码1存入触发器FF_0，触发器FF_1、FF_2、FF_3的状态仍保持0，寄存器状态为$Q_3Q_2Q_1Q_0$=0001；第二个移位脉冲CP上升沿到达时，第二个数据0进入FF_0，$Q_0=0$，FF_0中原来的数码1存入FF_1，$Q_1=1$，触发器FF_2、FF_3的状态仍保持0，寄存器的状态为$Q_3Q_2Q_1Q_0$=0010，数码右移了一位；第三个移位脉冲CP上升沿到达时，第三个数据1进入FF_0，$Q_0=1$，FF_0

中原来的数码0存入FF_1，$Q_1=0$，FF_1中原来的数码1存入FF_2，$Q_2=1$，触发器FF_3的状态仍保持0，寄存器的状态为$Q_3Q_2Q_1Q_0=0101$，数码再右移了一位；第四个移位脉冲CP上升沿到达时，第三个数码1存入FF_0，$Q_0=1$，FF_0中原来的数码1存入FF_1，$Q_1=1$，FF_1中原来的数码0存入FF_2，$Q_2=0$，FF_2中原来的数码1存入FF_3，$Q_3=1$，寄存器的状态为$Q_3Q_2Q_1Q_0=1101$，数码再次右移了一位。这样，经过4个移位脉冲CP作用，输入的4位串行数码1011全部存入移位寄存器中，完成了将4位数码由串行输入转换为并行输出的过程。图8-47为4位右移移位寄存器将数码1011存入的时序图。移位情况如表8-20为4位右移移位寄存器的状态表。如果实现从Q_3串行输出，则需要继续输入4个移位脉冲才能从寄存器中取出存放的4位数码1011。

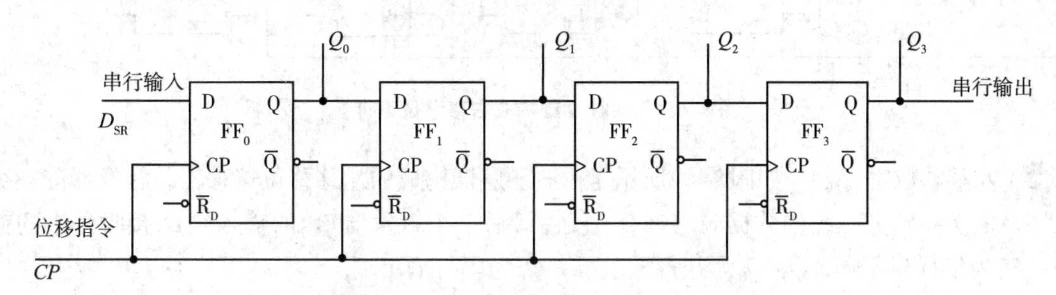

图8-46　D触发器构成右移移位寄存器

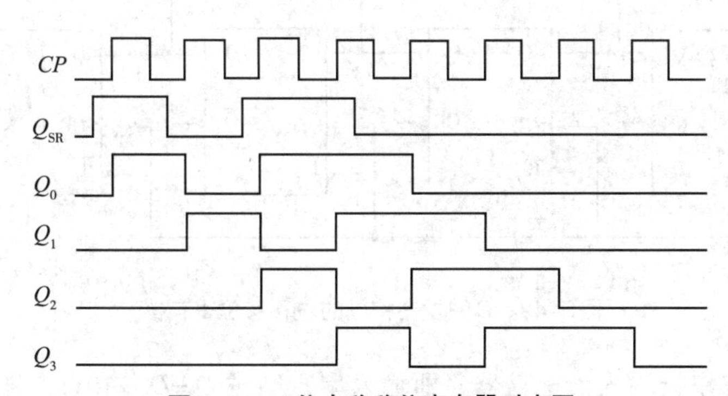

图8-47　4位右移移位寄存器时序图

表8-20　4位右移移位寄存器的状态表

移位脉冲 CP	输入 D_{SR}	输出			
		Q_0	Q_1	Q_2	Q_3
0	1	0	0	0	0
1	0	1	0	0	0
2	1	0	1	0	0
3	1	1	0	1	0
4	0	1	1	0	1
5	0	0	1	1	0
6	0	0	0	1	1
7	0	0	0	0	1
8	0	0	0	0	0

如果是由JK触发器构成的右移移位寄存器，图中每个JK触发器都接成D触发器的形式（J与K相反），高位J端接低位Q端，高位K端接低位$\overline{Q}$端，如图8-48所示。电路分析如同D触发器构成的右移移位寄存器，请自行分析。

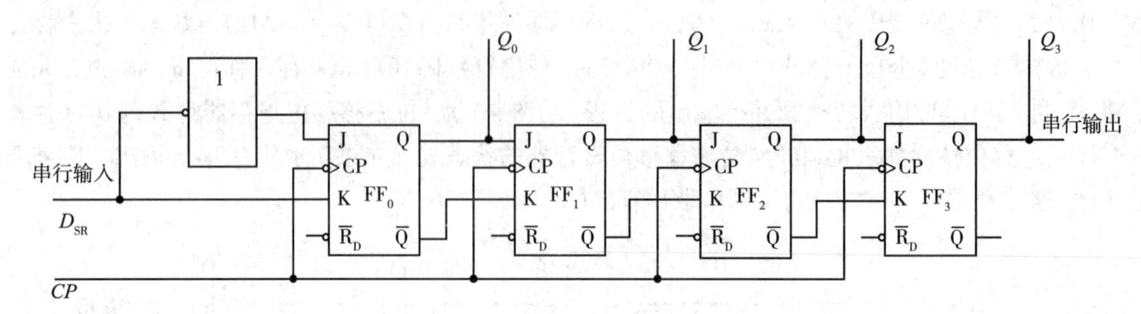

图8-48　JK触发器构成右移移位寄存器

（2）左移移位寄存器　如图8-49所示是由D触发器构成的左移移位寄存器，触发器前一级的输入端D依次接到下一级的数据输出端Q，仅由最后一个触发器FF_3的输入端D_3接收外来的输入代码，D_3为串行输入端，Q_3~Q_0为并行输出端，Q_0为串行输出端。

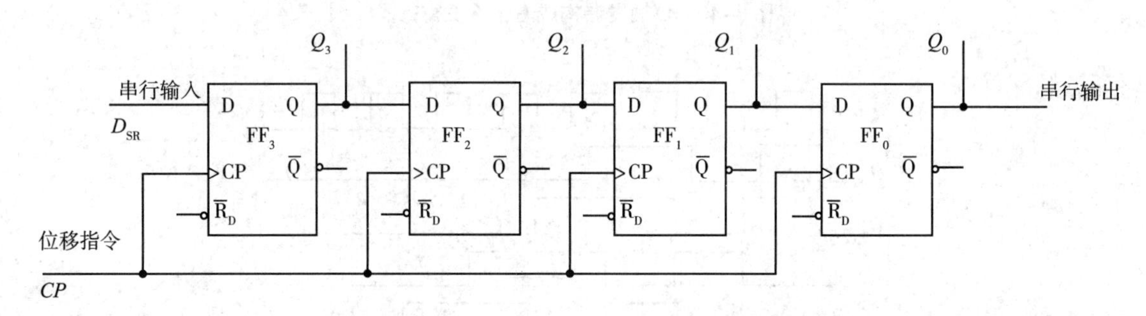

图8-49　D触发器构成的左移移位寄存器

将数码1011左移串行输入给寄存器。即输入串行数据D_3=D_{SL}=1011，数码输入的先后顺序依次为1、0、1、1，在接收数码前清零，即$Q_3Q_2Q_1Q_0$=0000。当第一个移位脉冲CP上升沿到来时，第一个数码1存入高位触发器FF_3，触发器FF_1、FF_2、FF_0的状态仍保持0，寄存器状态为$Q_3Q_2Q_1Q_0$=0001，此时D_2=Q_3=1；第二个移位脉冲CP上升沿到达时，第二个数据0进入FF_3，Q_3=0，FF_3中原来的数码1左移存入FF_2，Q_2=1，触发器FF_0、FF_1的状态仍保持0，寄存器的状态为$Q_3Q_2Q_1Q_0$=0010，数码左移移了一位，此时D_2=Q_3=0，D_1=Q_2=1；第三个移位脉冲CP上升沿到达时，第三个数据1进入FF_3，Q_3=1，FF_3中原来的数码0左移存入FF_2，Q_2=0，FF_2中原来的数码1左移存入FF_1，Q_1=1，触发器FF_0的状态仍保持0，寄存器的状态为$Q_3Q_2Q_1Q_0$=0101，数码再左移了一位，此时D_2=Q_3=1，D_1=Q_2=0，D_0=Q_1=1；第四个移位脉冲CP上升沿到达时，第三个数码1存入FF_3，Q_3=1，FF_3中原来的数码1左移存入FF_2，Q_2=1，FF_2中原来的数码0左移存入FF_1，Q_1=0，FF_1中原来的数码1左移存入FF_0，Q_0=1，寄存器的状态为$Q_3Q_2Q_1Q_0$=1101，数码再次左移了一位。这样，经过4个移位脉冲CP作用，输入的4位串行数码1011全部存入移位寄存器中，完成了将4位数码由串行输入转换为并行输出的过程。图8-50所示为4位左移移位寄存器时序图，移位情况如表8-21为4位左移移位寄存器的状态表。如果实现从Q_0串行输出，则需要继续输入4个移位脉冲才能从寄存器中取出存放的4位数码1011。

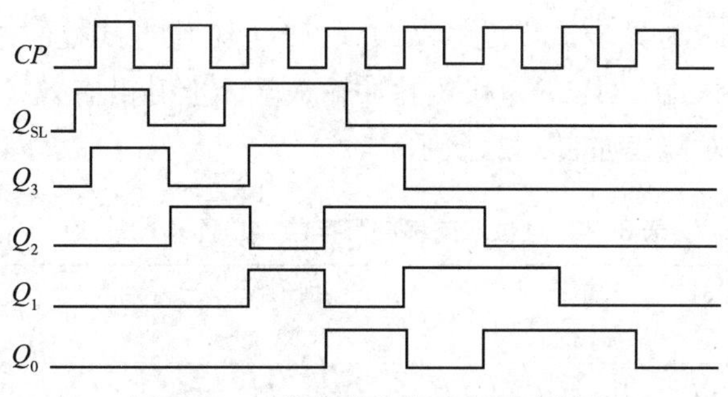

图8-50 4位左移移位寄存器时序图

表8-21 4位左移移位寄存器状态表

CP顺序	输入 D_{SL}	输出 Q_0	Q_1	Q_2	Q_3
0	1	0	0	0	0
1	0	0	0	0	1
2	1	0	0	1	0
3	1	0	1	0	1
4	0	1	0	1	1
5	0	0	1	1	0
6	0	1	1	0	0
7	0	1	0	0	0
8	0	0	0	0	0

如果是由JK触发器构成的左移移位寄存器，每个JK触发器都接成D触发器的形式（J与K相反），低位J端接高位Q端，低位K端接高位$\overline{Q}$端，如图8-51所示。电路分析如同D触发器构成的左移移位寄存器，请自行分析。

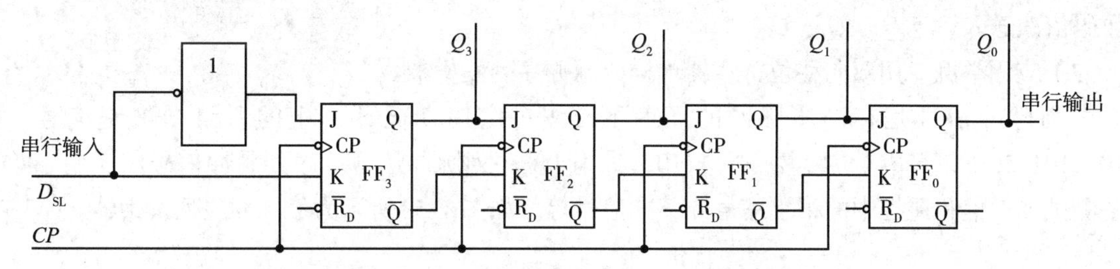

图8-51 JK触发器构成的左移移位寄存器

2.双向移位寄存器 在单向移位寄存器的基础上，增加适当的控制电路和控制信号，就可以将左移移位寄存器和右移移位寄存器结合在一起，构成双向移位寄存器。现以74LS194为例分析，图8-52为74LS194管脚图。

图8-52 74LS194管脚图

（1）管脚功能　① $\overline{CR}$ 为异步清零端；② M_0 、M_1 为工作方式控制端；③ D_{SL} 为左移串行输入端，D_{SR} 为右移串行输入端；④ CP 为移位脉冲输入端，上升沿有效；⑤ D_3~D_0 为并行输入端；⑥ Q_3~Q_0 为并行输出端。功能表如表8-22所示。

表8-22　4位双向移位寄存器74LS194功能表

序号	清零	控制信号		时钟	串行输入		并行输入				输出				功能
	$\overline{CR}$	M_1	M_0	CP	D_{SL}	D_{SR}	D_0	D_1	D_2	D_3	Q_0	Q_1	Q_2	Q_3	
1	0	×	×	×	×	×	×	×	×	×	0	0	0	0	清零
2	1	×	×	0	×	×	×	×	×	×	Q_0	Q_1	Q_2	Q_3	保持
3	1	1	1	↑	×	×	D_0	D_1	D_2	D_3	D_0	D_1	D_2	D_3	置数
4	1	0	1	↑	×	1	×	×	×	×	1	Q_0	Q_1	Q_2	右移
5	1	0	1	↑	×	0	×	×	×	×	0	Q_0	Q_1	Q_2	右移
6	1	1	0	↑	1	×	×	×	×	×	Q_1	Q_2	Q_3	1	左移
7	1	1	0	↑	0	×	×	×	×	×	Q_1	Q_2	Q_3	0	左移
8	1	0	0	×	×	×	×	×	×	×	Q_0	Q_1	Q_2	Q_3	保持

74LS194功能如下：①置零功能，当 $\overline{CR}$=0时，$Q_3\ Q_2\ Q_1\ Q_0$ =0000。清零端 $\overline{CR}$ 为低电平有效，清零时不需要 CP 的作用，为异步清零。$\overline{CR}$=1时，允许工作，$\overline{CR}$=0时，禁止工作，不能进行置数和移位。②保持功能，当 $\overline{CR}$=1，CP=0，或 $\overline{CR}$=1，M_1M_0=00时，双向移位寄存器保持原状态不变。③并行置数功能，当 $\overline{CR}$=1，M_1M_0=11时，在 CP 上升沿作用下，将 D_3~D_0 输入端的数码 D_3~D_0 并行送入寄存器，此时 $Q_3Q_2Q_1Q_0 = D_3D_2D_1D_0$，是同步并行置数。④右移串行输入功能，当 $\overline{CR}$=1，M_1M_0=01时，在 CP↑作用下，执行右移功能，DSR 输入端的数码依次送入 Q_0、Q_1、Q_2、Q_3。⑤左移串行输入功能，当 $\overline{CR}$=1，M_1M_0=10时，在 CP 上升沿作用下，执行左移功能，D_{SL} 输入端的数码依次送入 Q_3、Q_2、Q_1、Q_0。

（2）应用举例　用双向移位寄存器可构成脉冲序列发生器。

序列脉冲信号是在同步脉冲的作用下，按一定周期循环产生的一组二进制信号。如111011101110…，每隔4位重复一次1110，称为4位序列脉冲信号。序列脉冲信号广泛用于数字设备测试、通信和遥控中的识别信号或基准信号等。如图8-53所示为负脉冲序列发生器。

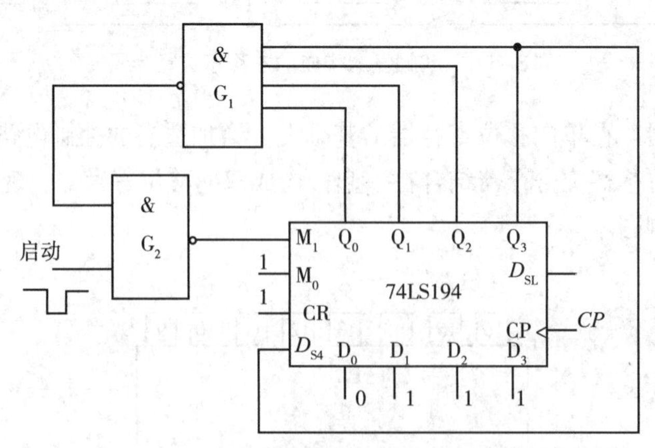

图8-53　负脉冲序列发生器电路

工作原理如下：当启动信号输入负脉冲时，使 G_2 输出为1，M_0=M_1=1，寄存器执行并行输入功能，$Q_0Q_1Q_2Q_3$=$D_0D_1D_2D_3$=1110。启动信号消除后，由于寄存器输出端 Q_0=0，使 G_1 出1，G_2 出0，

M_1M_0=01，开始执行右移功能。在移位过程中，因为G_1输入端总有一个为0，所以能保证G_1出1，G_2出0，维持M_1M_0=01，而Q_3与DSR相连，在每一个CP作用下送入Q_0，这样向右移位不断进行下去。移位情况如表8-23所示，图8-54为4位负脉冲序列发生器时序图。

表8-23　4位负脉冲序列发生器状态表

输入		输出			
移位脉冲CP	$D_{SR}(Q_3)$	Q_0	Q_1	Q_2	Q_3
1	1	0	1	1	1
2	1	1	0	1	1
3	1	1	1	0	1
4	0	1	1	1	0
5	1	0	1	1	1

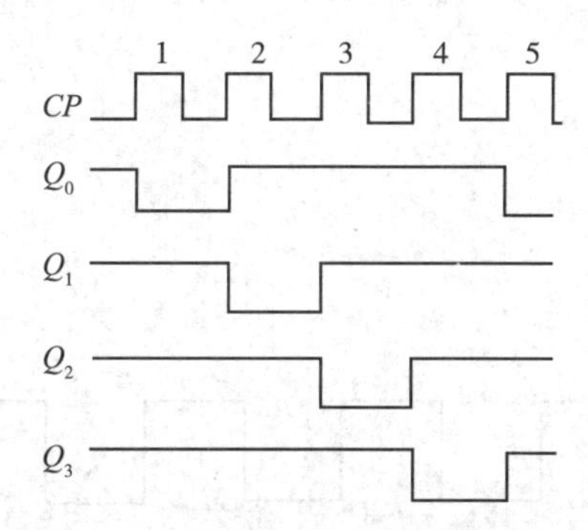

图8-54　4位负脉冲序列发生器时序图

由时序图可知，该电路为一个四相序列脉冲发生器，寄存器各输出端按固定时序轮流输出低电平脉冲。显然，如果预置数3位是0，1位是1，将输出序列高电平脉冲。

一、选择题

1.用与非门的基本RS触发器处于置1状态时，其输入信号$\overline{R}$、$\overline{S}$应为（　）。

A.$\overline{RS}$=0　　B.$\overline{RS}$=01　　C.$\overline{RS}$=10　　D.$\overline{RS}$=11

2.用与非门构成的基本RS触发器，当输入信号$\overline{S}$= 0、$\overline{R}$= 1时，其逻辑功能为（　）。

A.置1　　B.置0　　C.保持　　D.不定

3.具有直接复位端$\overline{R}_d$和置位端$\overline{S}_d$的触发器，当触发器处于受CP脉冲控制的情况下工作时，这两端所加的信号为（　）。

A.$\overline{R}_d\overline{S}_d$=00　　B.$\overline{R}_d\overline{S}_d$=01　　C.$\overline{R}_d\overline{S}_d$=10　　D.$\overline{R}_d\overline{S}_d$=11

4.输入信号高电平有效的RS触发器中，不允许的输入是（　）。

A.RS=00　　B.RS=01　　C.RS=10　　D.RS=11

5.下列触发器中，具有置0、置1、保持、翻转功能的是（　）。

A.RS触发器　　B.D触发器　　C.JK触发器　　D.T触发器

6.异步二进制计数器将（　）触发器的一个输出端接到（　）触发器的（　）端。

A.高位、低位、*CP*　　B.低位、高位、*CP*

C.高位、低位、JK　　D.低位、高位、JK

7.用二进制异步计数器从0做加法，计到十进制数178，则最少需要（　）个触发器。

A.2　　B.6　　C.7　　D.8

8.一位8421BCD码计数器至少需要（　）个触发器。

A.3　　B.4　　C.5　　D.10

9.N个触发器可以构成最大计数长度（进制数）为（　）的计数器。

A.N　　B.2N　　C.N^2　　D.2^N

二、分析题

1.设一边沿JK触发器的初始状态为0，*CP*、*J*、*K*信号如图8-55所示，试画出触发器*Q*端的波形。假定触发器的$\overline{R}_D\overline{S}_D$=11。

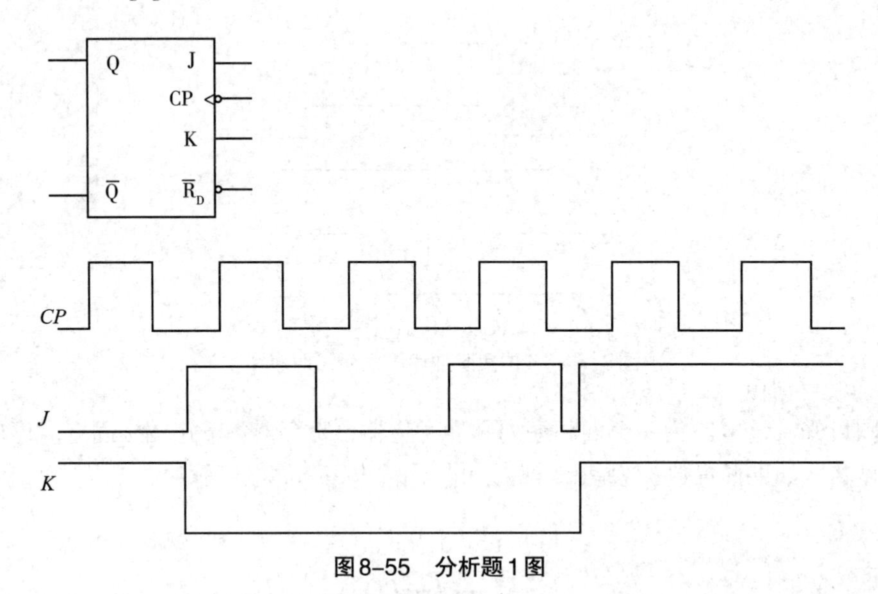

图8-55　分析题1图

2.已知维持阻塞D触发器的*D*和*CP*端电压波形如图8-56所示，试画出*Q*和$\overline{Q}$端的电压波形。假定触发器的初始状态为*Q*=0，$\overline{R}_D\overline{S}_D$=11。

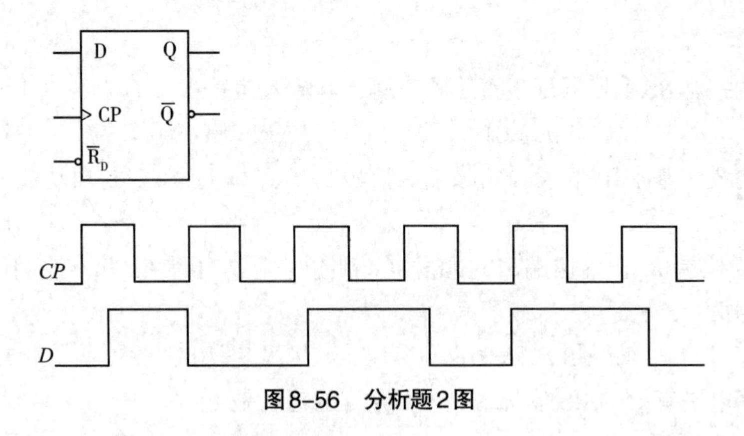

图8-56　分析题2图

3.逻辑电路图如图8-57所示，请回答下列问题。

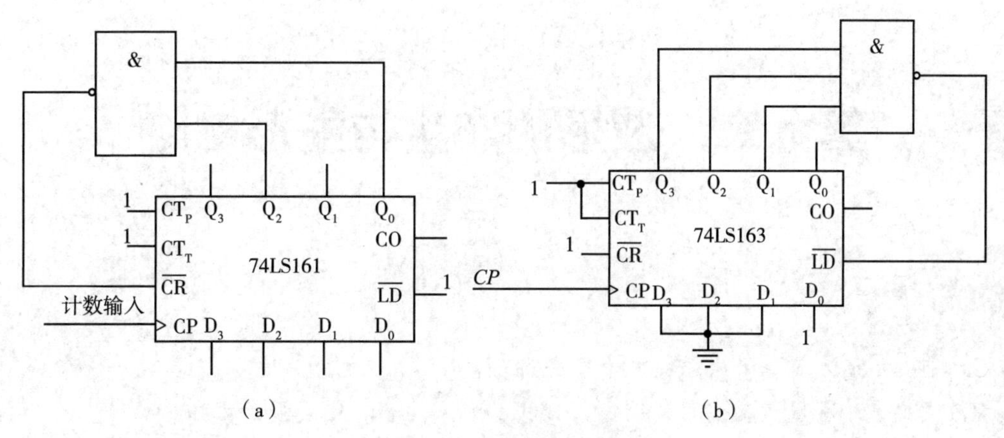

图8-57　分析题3逻辑图

（1）电路构成方式是什么？

（2）电路的初始状态是多少？反馈识别码是多少？

（3）构成几进制计数器？

4.现有芯片74LS196，它的逻辑功能如表8-24所示，请根据它的逻辑功能，绘出构成二进制、五进制、8421BCD码十进制和5421BCD码十进制计数器电路图，并列出它们的状态表。

表8-24　54LS196　二-五-十进制计数器功能表

输入							输出			
$\overline{CR}$	$CT/\overline{LD}$	$\overline{CP}$	D_0	D_1	D_2	D_3	Q_0	Q_1	Q_2	Q_3
0	×	×	×	×	×	×	0	0	0	0
1	0	×	D_0	D_1	D_2	D_3	D_0	D_1	D_2	D_3
1	1	↓	×	×	×	×	加计数			

第九章　波形的产生与整形电路

知识目标

1. **掌握**　555定时器的电路结构和工作原理。
2. **熟悉**　555构成单稳态触发器、多谐振荡器和施密特触发器的方法。
3. **了解**　单稳态触发器、多谐振荡器和施密特触发器的应用。

能力目标

1. 学会用555定时器构成单稳态触发器、多谐振荡器和施密特触发器的方法。
2. 具备根据波形分析简单的脉冲电路的能力。

脉冲信号是数字电路中最常用的工作信号，是在短暂时间间隔内发生突变或跃变的电压或电流信号。脉冲信号的获得可以利用振荡电路直接产生需要的矩形脉冲，如多谐振荡器；也可以利用整形电路，将已有的脉冲信号变换为需要的矩形脉冲，如单稳态触发器和施密特触发器。

PPT

第一节　单稳态触发器

单稳态触发器有稳态和暂稳态两个不同的工作状态。不加触发信号时，它始终处于稳态。在外界触发脉冲作用下，能从稳态翻转到暂稳态，在暂稳态维持一段时间以后，再自动返回稳态。实际工作中常使用555定时器构成单稳态触发器。555定时器是一种多用途的数字-模拟混合集成电路，它还可以构成多谐振荡器和施密特触发器。

一、555定时器的电路结构

如图9-1(a)所示为555定时器的内部结构图，图9-1(b)为其外部引脚排列图。由图9-1(a)可以看出，555定时器电路基本由四大部分组成：3个5kΩ等值电阻串联组成的分压器，为比较器C_1和C_2提供参考电压；由C_1和C_2组成的比较器用于将输入信号与参考信号进行比较；由G_1和G_2两个与非门组成基本RS触发器；由双极型晶体管T构成放电开关。

微课

图9-1（a）中，CO端为控制端，TH端为阈值输入端，$\overline{TR}$端为触发输入端，DIS端为放电端，$\overline{R}_D$为外部复位端，OUT端为输出端。

由图9-1（a）可看出，当CO端悬空时，比较器C_1的基准电压为$\frac{2}{3}V_{CC}$，而比较器C_2的基准电压为$\frac{1}{3}V_{CC}$；当CO端外接固定电压，则可改变两个比较器C_1和C_2的参考电压大小。当CO端不用时，一般外接一个0.01μF的电容接地，抑制干扰。

二、555定时器的工作原理

集成555定时器的功能取决于在两个比较器的输入端所加信号的电平。

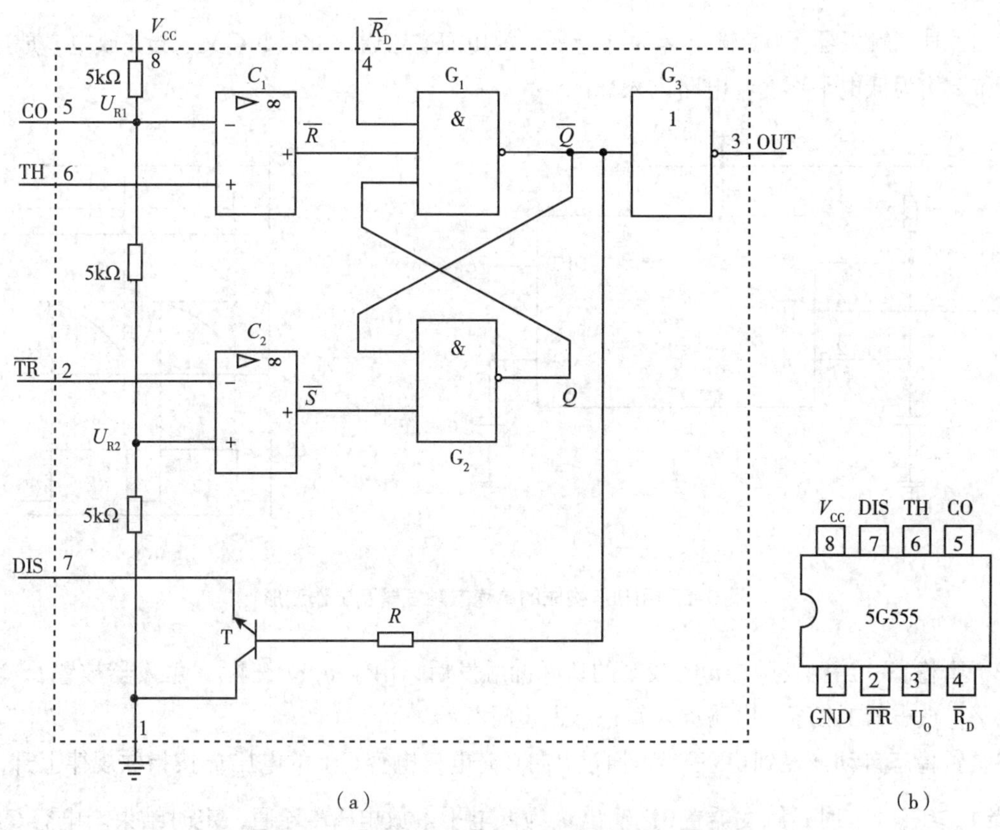

（a）　　　　　　　　　　　　　　（b）

图9-1　集成555定时器的电路结构及引脚排列

当 $U_{TH}>\frac{2}{3}V_{CC}$、$U_{TR}>\frac{1}{3}V_{CC}$ 时，比较器 C_1 输出为0，C_2 输出为1，基本RS触发器被置0，T饱和导通，第3引脚OUT输出低电平。

当 $U_{TH}<\frac{2}{3}V_{CC}$、$U_{TR}<\frac{1}{3}V_{CC}$ 时，比较器 C_1 输出为1，C_2 输出为0，基本RS触发器被置1，T截止，第3引脚OUT输出高电平。

当 $U_{TH}<\frac{2}{3}V_{CC}$、$U_{TR}>\frac{1}{3}V_{CC}$ 时，比较器 C_1 输出为1，C_2 输出为1，基本RS触发器状态保持不变，T和第3引脚OUT输出状态也保持不变。

综上所述，列出555定时器的功能表如表9-1所示。

表9-1　555定时器电路功能表

$\overline{R}_D$	TH	$\overline{TR}$	OUT	T
0	×	×	0	导通
1	$<\frac{2}{3}V_{CC}$	$<\frac{1}{3}V_{CC}$	1	截止
1	$>\frac{2}{3}V_{CC}$	$>\frac{1}{3}V_{CC}$	0	导通
1	$<\frac{2}{3}V_{CC}$	$>\frac{1}{3}V_{CC}$	保持	保持

三、555定时器构成的单稳态触发器

1.电路结构　由555定时器构成的单稳态触发器如图9-2（a）所示。R、C为外接定时元件，0.01μF电容为滤波电容。

2.工作原理

（1）稳态　当输入信号 u_i 为高电平时，接通电源后，V_{CC} 首先通过 R 对 C 充电，使 u_C 上升，当

$u_c \geq \frac{2}{3}V_{CC}$时，触发器置0，输出$u_0$为低电平，放电管T导通，此后，$C$又通过T放电，放电完毕后，$u_c$和$u_0$均为低电平不变，电路进入稳态。

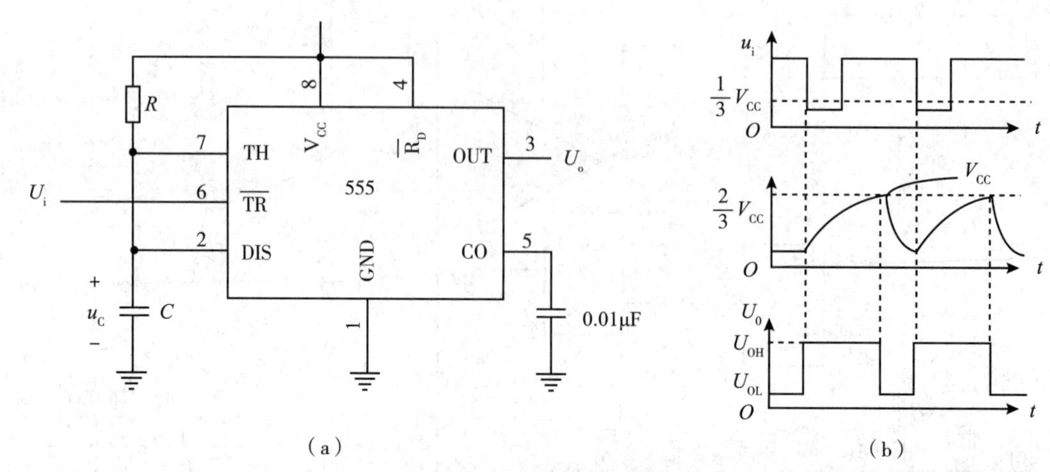

图9-2　用555构成的单稳态触发器及工作波形

（2）暂稳态　当触发脉冲u_i的较窄的负脉冲触发后，由于$u_i < \frac{1}{3}V_{CC}$，触发器被置1，输出u_0为高电平，放电管T截至，电路进入暂稳态，定时开始。

（3）暂稳态自动恢复到稳态　V_{CC}通过R向C充电，电容C上的电压u_C按指数规律上升，趋向V_{CC}。当$u_c \geq \frac{2}{3}V_{CC}$时，触发器置0，输出$u_0$为低电平，放电管T导通，定时结束。电容$C$经T放电，$u_C$下降到低电平，$u_0$维持在低电平，电路恢复稳态。

当第二个触发信号到来时，重复上述工作过程。其工作波形如图9-2（b）所示。

3.输出脉宽t_W的计算　输出脉宽t_W等于电容C上的电压u_C从0充电到$\frac{2}{3}V_{CC}$所需的时间。

$$t_W = RC\ln\frac{V_{CC} - 0}{V_{CC} - \frac{2}{3}V_{CC}} = 1.1RC$$

由上式可以看出，输出脉宽t_W仅与定时元件R、C值有关，与输入信号无关。但为了保证电路正常工作，要求输入的触发信号的负脉冲宽度小于t_W并且低电平小于$\frac{1}{3}V_{CC}$。

四、单稳态触发器的应用

1.定时电路　单稳态触发器可以构成定时电路，与继电器或驱动放大电路相配合，可以实现自动控制、定时开关等功能，图9-3是一种典型的定时电路。

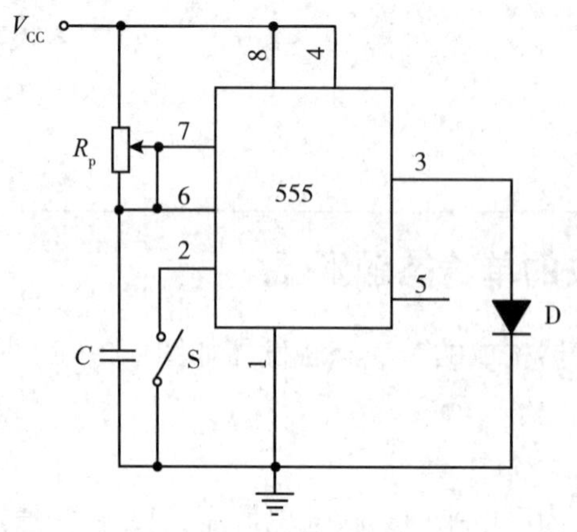

图9-3　单稳态触发器定时电路

定时器工作原理如下：启动电路，定时器开始工作，当工作到所设时间时，定时器停止工作。

当按下开关S时，触发输入端电压为0，导致输出为高电平，同时发光二极管亮，表示定时器开始工作，同时，内部三极管T截止，电源V_{CC}通过R_P对电容C充电，当电容C上电压$u_c \geqslant \frac{2}{3}V_{CC}$时，定时器翻转，发光二极管灭，定时结束。电位器$R_P$可用来调节定时周期的长短。

2.延时电路　由单稳态触发器的工作原理知，输出脉冲的下降沿比输入脉冲的下降沿滞后了t_W的时间，所以单稳态触发器也可用作延时电路。图9-4是一种开机延时接通电源的电路。

接通电源后，由于电容两端电压不能突变，所以555定时器的第2、6脚电位处于高电平，第3脚处于低电平。随着电容C被充电，555定时器的第2、6脚电位开始下降，直到第2脚电位低于$\frac{1}{3}V_{CC}$时，输出端u_0由低电平变为高电平，并一直保持下去，可以驱动后续电路或其他负载，延迟时间为t_W，二极管D是为电源断电后电容C放电而设置的。这种电路一般用来控制高压电源的延迟接通，故又称为开机高压延时电路。

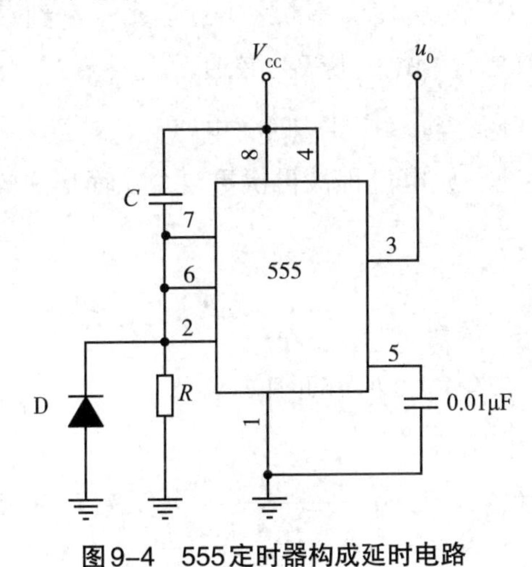

图9-4　555定时器构成延时电路

单稳态触发器还可用于波形的整形和信号的分频，这里不再赘述。

第二节　多谐振荡器

PPT

多谐振荡器是一种自激振荡电路，它没有稳定状态，只有两个暂稳态。电路工作时，无需加触发信号，接通电源后，电路就能在两个暂稳态之间互相转换，自动产生矩形脉冲信号。由于矩形脉冲除基波外，还含有丰富的谐波分量，因此，常将矩形脉冲产生电路称作“多谐振荡器”。

一、电路组成

用555定时器构成的多谐振荡器如图9-5（a）所示。其中电容C经R_2、定时器内部的三极管T构成放电回路，而电容C的充电回路却由R_1和R_2串联组成。为了提高定时器的比较电路参考电压的稳定性，通常在5脚与地之间接有0.01μF的滤波电容以消除干扰。

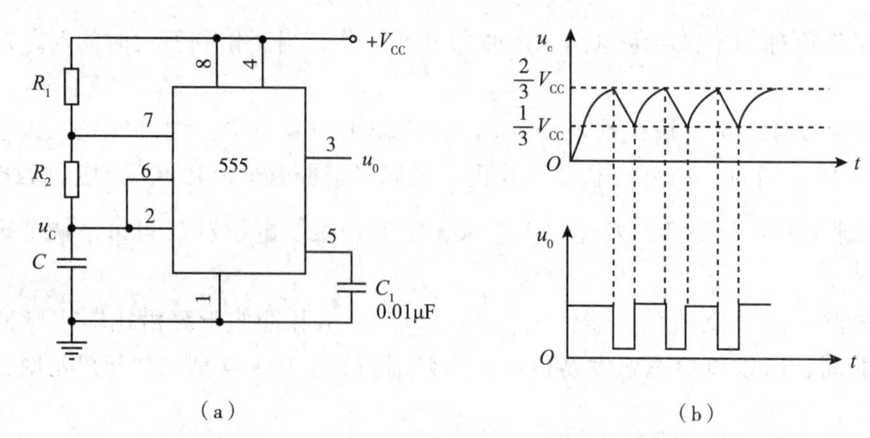

图9-5 用555构成的多谐振荡器及工作波形

二、工作原理

电源V_{CC}刚接通时，电容C上的电压u_C为0，电路输出u_C为高电平，放电管T截止，处于第1暂稳态。之后V_{CC}经R_1和R_W对C充电，使u_C不断上升，当u_C上升到$u_c \geqslant \frac{2}{3}V_{CC}$时，电路翻转置0，输出$u_0$变为低电平，此时，放电管T由截止变为导通，进入第2暂稳态。C经R_W和555定时器内部晶体管T开始放电，使u_C下降，当$u_c \leqslant \frac{1}{3}V_{CC}$时，电路又翻转置1，输出$u_0$回到高电平，T截止，回到第1暂稳态。然后，上述充、放电过程被再次重复，从而形成连续振荡。工作波形如图9-5（b）所示。

三、主要参数的计算

1.输出高电平的脉宽t_{W_1} 为C充电所需的时间：

$$t_{W_1} = (R_1 + R_w)\ln\frac{V_{CC} - \frac{1}{3}V_{CC}}{V_{CC} - \frac{2}{3}V_{CC}} = 0.7(R_1 + R_w)C$$

2.输出低电平的脉宽t_{W_2} 为C放电所需的时间：

$$t_{W_2} = R_w C\ln\frac{0 - \frac{2}{3}V_{CC}}{0 - \frac{1}{3}V_{CC}} = 0.7R_w C$$

3.振荡周期

$$T = t_{W_1} + t_{W_2} = 0.7(R_1 + 2R_w)C$$

4.振荡频率

$$f = \frac{1}{T} = \frac{1}{0.7(R_1 + 2R_w)C}$$

5.占空比

$$q = \frac{t_{W_1}}{t_{W_1} + t_{W_2}} = \frac{R_1 + R_w}{R_1 + 2R_w} > 50\%$$

四、路灯自动控制电路

所谓路灯自动控制电路，应该满足如下工作原理：白天，光照很强时，路灯不亮；傍晚，光照减弱到一定程度时，路灯开始工作。该电路的原理图如图9-6所示。

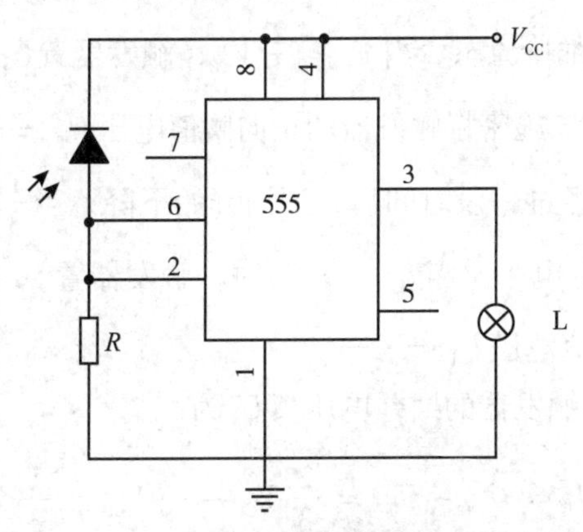

图9-6　555定时器构成的路灯自动控制电路

由图9-6可知，光照强时，光敏二极管反向电阻很小，TH端电压大于$\frac{2}{3}V_{CC}$，定时器输出为低电平，灯泡L不亮；光照减弱时，光敏二极管反向电阻增大，导致TH端电压小于$\frac{2}{3}V_{CC}$，定时器输出为高电平，灯泡发亮。

第三节　施密特触发器

施密特触发器是一种双稳态触发器，它有两个稳定状态，在触发电平作用下，电路能从第一稳态翻转到第二稳态，然后再由第二稳态翻转到第一稳态，而两次翻转所需要的触发电平是不同的。

一、电路组成

用555定时器构成施密特触发器，电路如图9-7（a）所示。将555定时器的第2脚触发输入端$\overline{TR}$和第6脚阈值输入端TH短接并作为外加触发信号输入端，就可以构成施密特触发器。CO端一般通过一个0.01μF的电容接地，DIS端外接电阻R和正电源可以获得另一路矩形脉冲输出，$\overline{RD}$端接高电平$+V_{CC}$。

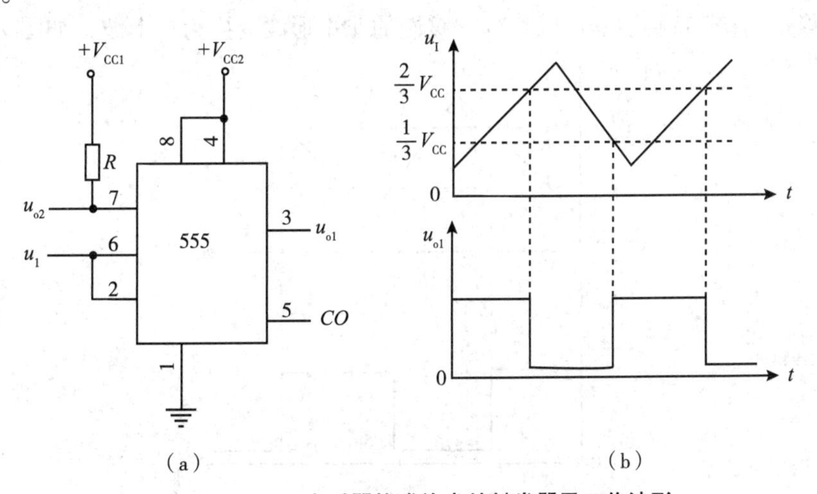

图9-7　用555定时器构成施密特触发器及工作波形

二、工作原理

设在电路的输入端输入三角波。接通电源后，输入电压u_I较低，使6管脚电压< $\frac{2}{3}V_{CC}$，2管脚电压< $\frac{1}{3}V_{CC}$，触发器置1，输出u_{o1}为高电平，放电管T截止，随输入电压u_I的上升，当满足$\frac{1}{3}V_{CC} < u_I < \frac{2}{3}V_{CC}$时，电路维持原态。当$u_I \geqslant \frac{2}{3}V_{CC}$，触发器置0，输出$u_{o1}$为低电平，放电管T导通，电路状态翻转。可见，该施密特触发器的正向阈值电压$U_{T+} = \frac{2}{3}V_{CC}$。

当输入电压$u_I > \frac{2}{3}V_{CC}$，经过一段时间后，逐渐开始下降，当$\frac{1}{3}V_{CC} < u_I < \frac{2}{3}V_{CC}$时，电路仍维持不变的状态。输出$u_{o1}$为低电平。当$u_I \leqslant \frac{2}{3}V_{CC}$时，触发器置1，输出$u_{o1}$变为高电平，放电管T截止，可见，该电路负向阈值电压$U_{T-} = \frac{1}{3}V_{CC}$。

由以上分析可得出施密特触发器的回差电压ΔU_T为

$$\Delta U_T = U_{T+} - U_{T-} = \frac{2}{3}V_{CC} - \frac{1}{3}V_{CC} = \frac{1}{3}V_{CC}$$

工作波形如图9-7（b）所示。

根据这个变化过程，可以画出输入电压和输出电压的关系曲线，称为施密特触发器的电压传输特性曲线，又称为回差特性曲线或迟滞特性曲线，如图9-8所示，从曲线可以看到电路的滞后特性。

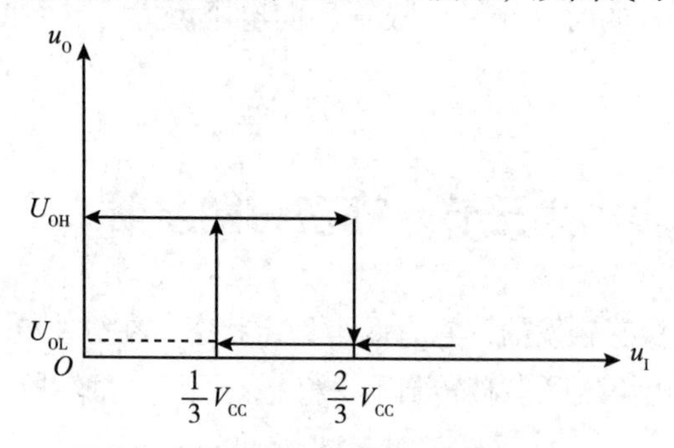

图9-8　施密特触发器的传输特性曲线

由传输特性可以看出施密特触发器的特点为：电路有两个稳定状态，输出高电平和输出低电平；输出状态与输入信号u_I的变化方向和电路的回差电压有关。

三、施密特触发器的应用

1.波形变换u_i　施密特触发器可以将变化缓慢的非矩形波变换为矩形波，如图9-9所示。

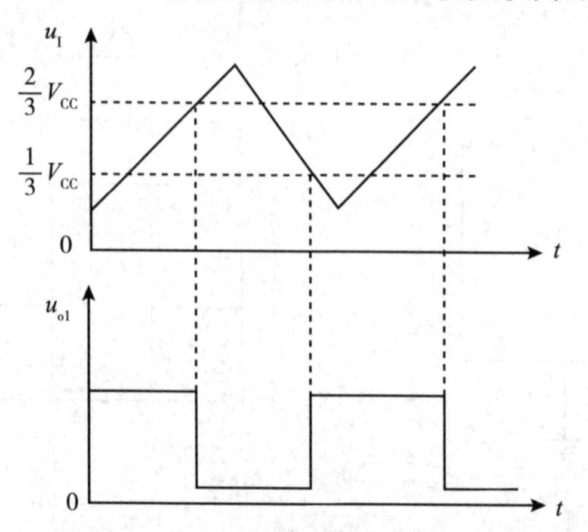

图9-9　施密特触发器进行波形变换

2.脉冲波形整形　施密特触发器可以将一个不规则的波形进行整形，得到一个良好的波形，如图9-10所示。

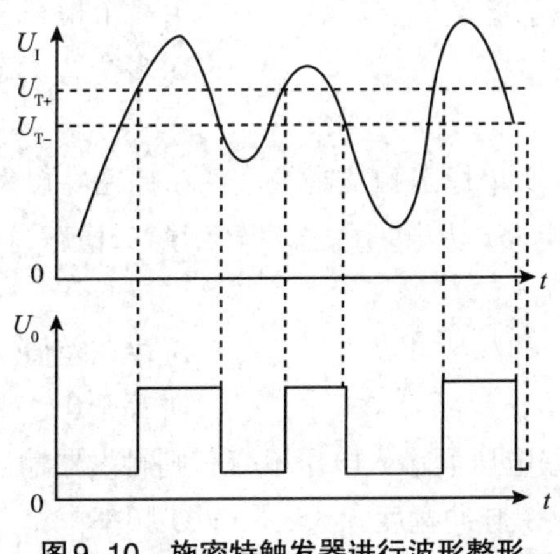

图9-10　施密特触发器进行波形整形

3.脉冲幅度鉴别　施密特触发器可用作阈值电压检测，如图9-11所示。幅度超过U_{T+}的脉冲将使施密特触发器发生动作，在输出端得到一个矩形波，从而能够鉴别输入信号的幅度是否超过规定值U_{T+}。

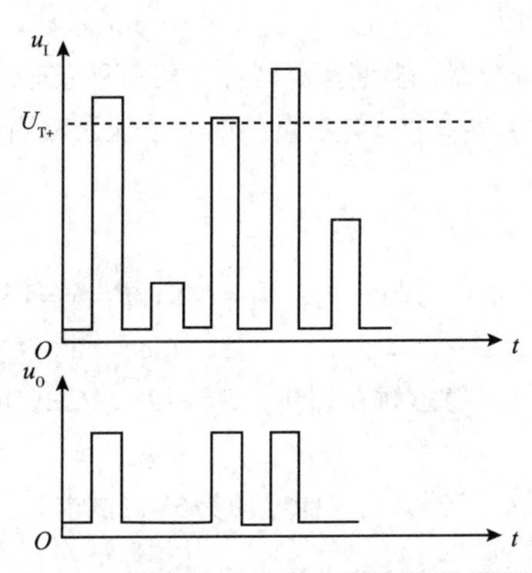

图9-11　施密特触发器进行脉冲幅度鉴别

习题

习题

一、选择题

1.能对输入信号进行脉冲整形电路有（　　）。

A.多谐振荡器　　B.计数器　　C.施密特触发器　　D.555定时器

2.多谐振荡器可产生（　　）。

A.正弦波　　B.矩形脉冲　　C.三角波　　D.矩形波

3.单稳态触发器有（　　）。

A.两个稳态　　B.一个稳态和一个暂稳态

C.两个暂稳态　　D.多个暂稳态

4.多谐振荡器有（　）。

A.两个稳态　　B.一个稳态和一个暂稳态

C.两个暂稳态　　D.多个暂稳态

5.555定时器不可以组成（　）。

A.多谐振荡器　　B.单稳态触发器　　C.施密特触发器　　D.JK触发器

6.施密特触发器是双稳态电路，从第一稳态翻转到第二稳态，而后再由第二稳态翻回第一稳态，两次所需的触发电平（　）。

A.相等　　B.存在差值

C.有时想等有时不等　　D.等于0

7.改变施密特触发器的回差电压而输入电压不变，则触发器输出（　）要发生变化。

A.幅度　　B.脉冲宽度　　C.频率　　D.周期

8.以下（　）不属于施密特触发器的应用。

A.用于脉冲幅度鉴别　　B.用于脉冲整形

C.用于产生脉冲　　D.用于波形变换

二、简答题

1.555定时器由哪几部分组成?

2.施密特触发器、单稳态触发器、多谐振荡器各有几个暂稳态，几个稳定状态?

3.回差电压是施密特触发器的一个重要参量，如何才能调整由555定时器构成的施密特触发器的回差电压?

三、计算题

1.已知由555定时器构成的多谐振荡器中，V_{CC}=12V，R_1=R_2=5.1KΩ，C=0.01μF，试计算振荡频率。

2.已知由555定时器构成的单稳态触发器中，V_{CC}=12V，C=0.1μF，R=12KΩ，试计算脉冲宽度t_W。

3.用555定时器构成施密特触发器，若电源电压为5V，试求V_{T+}、V_{T-}的值。

第十章　电子工艺学简介

知识目标

1.掌握　识图的基础知识；手工焊接的基本知识。

2.熟悉　常用电子元器件的图形符号及电子工程图的功能识图方法；手工焊接的工具与方法；电子线路计算机辅助设计基础知识。

3.了解　焊点的质量检查方法；Altium Designer电子线路设计的步骤。

能力目标

1.学会识读电子工程图。

2.具备手工焊接的能力；使用电子线路辅助设计软件设计电路的能力。

PPT

第一节　电子工程图识图基础

电子工程图是用图形符号表示电子元器件，用连线表示导线所形成的一个具有特定功能或用途的电子电路原理图。包含电路组成、元器件型号参数、具备的功能和性能指标等。

一、电子工程图简介

（一）基本要求

根据国家标准GB/T 4728.1~13《电气简图用图形符号》的规定，在研制电路、设计产品、绘制电子工程图时要注意元器件图形、符号等要符合规范要求，使用国家规定的标准图形、符号、标志及代号。但由于国外技术的引进，在实际工作中，电子工程图中还包括一些已约定俗成的非国标内容。

（二）特点

电子工程图主要描述元器件、部件和各部分电路之间的电气连接及相互关系，应力求简化。随着集成电路以及微组装混合电路等技术的发展，传统的象形符号已不足以表达其结构与功能，象征符号被大量采用。而许多新元件、器件和组件的出现，又会用到新的名词、符号和代号。因此要及时掌握新器件的符号表示和性能特点。

（三）图形符号及说明

1.图形符号　电子工程图中各种电气设备、装置及元器件不可能以实物表示，只能以一系列符号来表示，这就是图形符号。掌握常用的电气图形符号是识图的基础，电子工程图常用的电气图形符号已在本教材中陆续给出，其余的电气图形符号参见有关资料。

2.图形符号的基本规定　在电子工程图中，符号所在的位置、线条的粗细、符号的大小以及

符号之间的连线画成直线或斜线并不影响其含义，但表示符号本身的直线和斜线不能混淆。

在元器件符号的端点加上“°”不影响符号原义，但在逻辑电路的元件中，“°”另有含义，例如区分上升沿或下降沿触发。在开关元件中，“°”表示接点，一般不能省去。

3. 元器件代号 在电路中，代表各种元器件的图形符号旁边，一般都标志文字代号，用一个或几个字母表示元件的类型，这是该元器件的标志说明。常见元器件的代号见表10–1，其中，括号外字母为常用的代号，括号内为非常用代号。在同一电路图中，不应出现同一元器件使用不同代号，或者一个代号表示一种以上元器件的现象。

表10–1 部分元器件代号

名称	代号	名称	代号
电阻器	R	晶体振荡器	Y（XTAL、SJT）
电位器	RP	开关	S（K、DK）
电容器	C	插头	T（CT）
二极管	D（VD）	插座	CZ（J、Z）
双极型晶体管	Q、VT（BG）	继电器	K（J）
集成电路	U、IC（JC）	传感器	MT
运算放大器	A（OP）	接线柱	JX
晶闸管	SCR（Q）	指示灯	ZD
变压器	T	按钮	SB（AN）
光电管、光电池	V	互感器	H
天线	ANT（E、TX）	保险丝	FU（BX、RD）

4. 电子工程图中的元器件标注 在一般情况下，用于生产的电子工程图，通常不把元器件的参数直接标注出来，而是另附文件详细说明；但在说明性的电路图纸中，则要求在元器件的图形符号旁标注规格参数、型号或电气性能。

二、电子工程图的种类介绍

电子工程图可分为原理图和工艺图两大类，原理图包括方框图、电原理图、逻辑图等，工艺图包括印制电路板图、装配图、布线图等，以下重点介绍方框图、电原理图、逻辑图、接线图以及印制电路板装配图。

1. 方框图 是使用简单的方框表示系统或分系统的基本组成、相互关系及其主要特征，用连线表达信号通过电路的途径或电路的动作顺序，比较简单明确、应用广泛。

2. 电原理图 也称电路原理图，是采用国家标准规定的电气图形符号并按功能布局绘制的一种工程图，用以说明设备的电气工作原理。有时在比较复杂的电路中，常采取公认的省略方法简化图形，使画图、识图方便，电原理图是编制接线图、用于测试和分析寻找故障的依据。

3. 逻辑图 是用二进制逻辑单元图形符号绘制的数字系统产品的逻辑功能图，采用逻辑符号来表达产品的逻辑功能和工作原理，主要是用编制接线图、分析检查电路单元故障。在数字电路中，电路图通常由电原理图和逻辑图混合组成。

4. 接线图和接线表 接线图是用来表示电子产品中各个项目（元器件、组件、设备等）之间的连接以及相对位置的一种工程工艺图，是在电路图和逻辑图基础上绘制的，是整机装配的主要依据。如果以表格的形式提供上述装接信息，这种表称为接线表。由于这种图和表主要用于安装接线和查线，故又称为安装接线图和安装接线表。

5. 印制电路板装配图　是表示各种元器件和结构件等与印制板连接关系的图样，用于指导工人装配、焊接印制电路板。通常使用CAD软件设计印制电路板，设计结果通过打印机或绘图仪输出。印制电路板装配图一般分为画出印制导线（图10-1）和不画出印制导线（图10-2）两类。

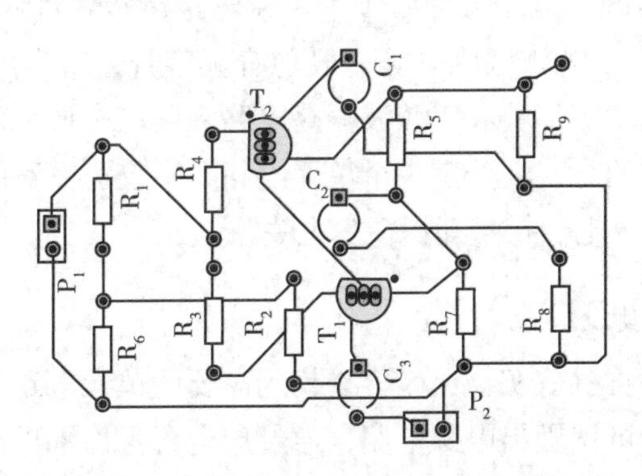

图10-1　二级放大电路印制电路板装配图

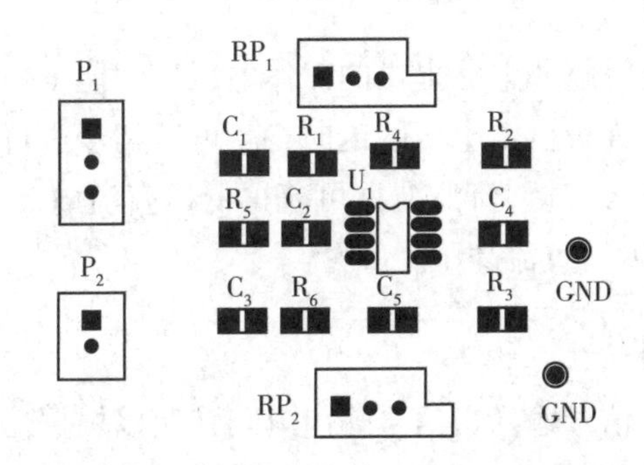

图10-2　50Hz带阻滤波器电路装配图

6. 实物装配图　是工艺图中最简单的图，它以实际元器件的形状及其相对位置为基础，画出产品的装配关系。这种图一般只用于教学说明或指导初学者制作入门。但与此同类性质的局部实物图，则在产品生产装配中仍有使用。

在上述6种工程图中，方框图、电原理图和逻辑图主要表明工作原理，而接线图（表）（也称布线图）、印制电路板装配图、实物装配图主要表明工艺内容。

三、电子工程图的识图方法

识图就是对电路进行分析，识图能力体现了对知识的综合应用能力。通过识图，不仅可以开阔视野，提高评价电路性能的能力，而且为电子电路的应用提供有益的帮助。

分析复杂电路图应按照从局部到整体、从输入到输出、化整为零、聚零为整的思路和方法进行，用整机电路的工作原理指导单元电路，利用单元电路分析整机工作原理，以下是识图的一些常见方法。

（一）根据产品功能识图

进行电路识图前，要清楚需要识图的电子产品的功能是什么，有什么特点。例如按键控制蜂鸣器发声电路的主要功能是当按下操作按键后，连接操作键的微处理器的I/O端口就会得到键控脉冲，被微处理器识别、处理后，I/O端口输出控制信号。控制信号再经放大电路进行放大，从而驱动蜂鸣器发声。因此，想要控制蜂鸣器发声，就需要设置电源电路、单片机（微处理器）、操作键、放大电路、蜂鸣器，了解产品功能可以帮助理解电路的构成工作原理。

（二）通过化整为零识图

先将整机电路根据不同的功能划分为若干个单元电路，然后对划分后的单元电路进行分类，并根据它们的特点进行分析。例如稳压电源一般均有调整管、基准电压电路、输出电压取样电路、比较放大电路和保护电路等部分。正弦波振荡电路一般均有放大电路、选频网络、正反馈网络和稳幅环节等。需要注意的是，划分多少个单元电路，不仅与电路的结构和复杂程度有关，而且与读者所掌握的识图能力及电子技术知识多少有关。

（三）根据元器件特点识图

通过电子元器件的电路符号或实物比较容易找到需要的单元电路。例如在对心电图机电路进行识图时，通过电源变压器可识别出电源电路，通过放电管可识别出高压保护电路，通过大规模集成电路和晶振可识别出微处理器电路，通过电机可识别出走纸马达转速控制电路。

（四）根据供电走向识图

任何电子产品都需要在获得电源电路提供的工作电压后才能工作。而许多复杂的电子产品采用了多种供电方式，所以通过查看供电电压的走向，就可以初步进行电路识图。例如，除颤监护仪通常采用220V交流电供电，经过整流滤波后可获得低压直流电（12~15V），经过高频变压器、高压整流将低压转变为3.5~6kV的直流高压。

（五）根据信号流程识图

任何信号处理电路都会有信号输入、信号输出电路，所以根据信号流程就可以将电路分解成多个单元电路，并可以对它进行分析。例如，直流稳压电源电路可以根据信号流程划分为变压电路、整流电路、滤波电路、稳压电路。

另外，根据电路输入、输出信号之间的变化规律及它们之间的关系可识别出基本单元电路是放大电路，还是振荡电路、脉冲电路、解调电路。

（六）根据等效电路识图

在第二章基本放大电路所提到的通过交、直流等效电路进行分析。

综上所述，在识图时，应首先分析电路主要组成部分的功能和性能，必要时再对次要部分作进一步分析。

PPT

第二节　手工焊接技术

焊接技术是电子技术不可分割的重要组成部分，现代科技飞速发展，电子产业高速增长，驱动着焊接方法和设备不断推陈出新。在现代化的生产中早已摆脱手工焊接的传统方法，但在电子产品的样机小批量生产或设备进行维修时，主要还是靠手工操作完成，本节将对手工焊接技术进行介绍。

手工焊接是利用电烙铁实现金属之间牢固连接的一项工艺技术，它是连接各电子元器件及导线的主要手段。焊接过程是在已加热的工件金属之间，熔入低于工件金属熔点的焊料，借助助焊剂的作用，依靠毛细现象，使焊料浸润工件金属表面，发生化学变化，生成合金层，从而使工件金属与焊料结合为一体。由于常采用锡铅焊料，故称为锡铅焊，简称锡焊，它是使用最早、目前

使用范围最广的一种焊接方法。

一、焊接工具与焊接材料

（一）焊接工具

常用的焊接工具包括电烙铁、烙铁架、镊子、剪刀、斜口钳、吸锡器等。电烙铁作为手工焊接主要的工具，以下作主要介绍。

电烙铁是手工焊接主要的工具，它将电能转换成热能，对焊接点部位进行加热焊接。熟悉烙铁分类及功率情况，选择合适的烙铁，合理地使用，是保证焊接质量的基础。

1. 电烙铁的种类　由于用途、结构的不同，有各式各样的电烙铁。通用的电烙铁按加热方式可分为内热式电烙铁和外热式电烙铁两大类，根据功能的不同又分为恒温电烙铁、吸锡电烙铁、热风枪等。

（1）外热式电烙铁　外形如图10–3所示，一般由烙铁头、烙铁芯、外壳、手柄、插头等部分所组成。其特点是结构简单、价格便宜、使用寿命长，但热效率低、升温较慢且烙铁温度不能有效控制。

（2）内热式电烙铁　外形如图10–4所示，它是由手柄、连接杆、弹簧夹、烙铁芯、烙铁头五部分组成。烙铁芯安装在烙铁头内，升温快，热效率高。

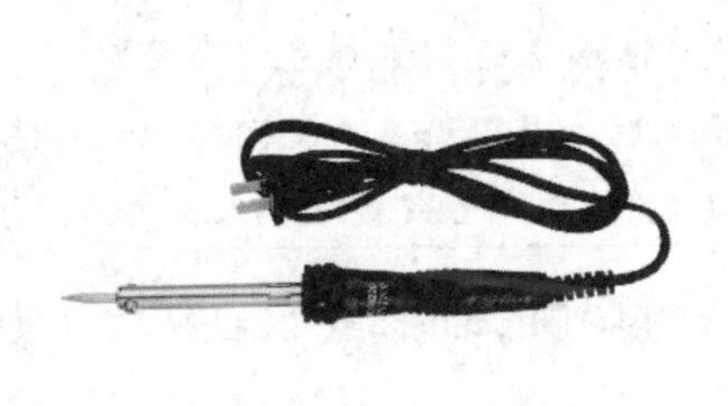

图10–3　外热式电烙铁

图10–4　内热式电烙铁

（3）恒温电烙铁　外形如图10–5所示，它的烙铁头温度可以控制，工作温度可在260~450℃任意选取，并能始终保持在某一设定的温度。根据控制方式不同，可分为电控恒温电烙铁和磁控恒温电烙铁两种。

图10–5　恒温电烙铁

图10–6　吸锡电烙铁

（4）吸锡电烙铁　外形如图10–6所示，主要用于拆焊，与普通电烙铁相比，其烙铁头是空心

的，但多了一个吸锡装置。在操作时，加热焊点，待焊锡熔化后，按动吸锡装置，焊锡被吸走，使元器件与印制电路板脱焊。

（5）热风拆焊台　外形如图10–7所示，专门用于表面贴片安装电子元器件的焊接和拆卸。它由控制电路、空气压缩泵和热风枪喷头等组成，各种喷嘴用于装拆不同的表面贴片元器件。

图10–7　热风拆焊台

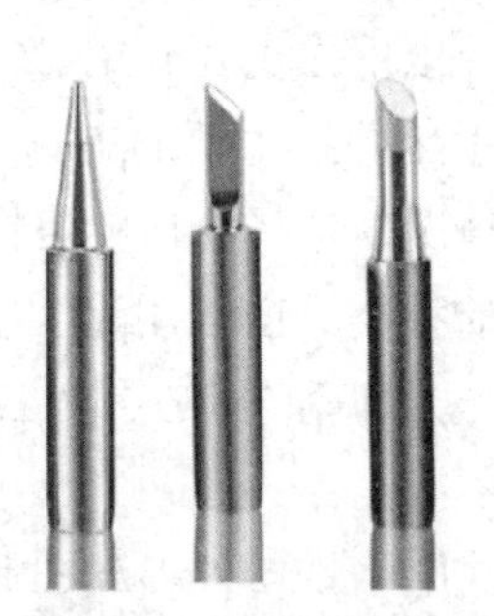

图10–8　烙铁头形状

2.电烙铁的功率选择　表10–2为各种功率电烙铁的适用范围。

表10–2　各种功率电烙铁的适用范围

烙铁功率（W）	适用范围
20~50	超小型元器件、电阻、电容、电感、光敏元件、集成电路块、晶体管、晶体印制板
75	体积较大的变压器、各种类型的管座、接插件上的焊片、各类底座的焊片
100~150	电源接线柱、1.5mm以上裸铜线地线、电缆防波套、薄壁镀锡（银）零件的连接
200~300	机架地线、大回路封盖子、大电缆加工、中型或大型镀锡（银）结构件的连接

3.烙铁头的形状　常见烙铁头的形状有锥形、刀头、圆斜面形（马蹄形）等，如图10–8所示。锥形烙铁由于头尖受热面积小，适合焊接小零件，对于焊接面积比较大的焊接工作则选用马蹄形的烙铁头，刀头电烙铁不仅适合焊接细小的元器件，也适合大引脚的器件。

（二）焊接材料

焊接材料包括焊料和助焊剂，它们是焊接电子产品必不可少的材料。

1.焊料　是易熔金属，熔点低于被焊金属，它的作用是在熔化时能在被焊金属表面形成合金而将被焊金属连接到一起。按焊料组成成分有锡铅焊料、银焊料、铜焊料等；按其熔点可分为软焊料（熔点在450℃以下）和硬焊料（熔点在450℃）。在一般电子产品装配中，通常选用锡铅焊料，又称为焊锡丝，它是一种软焊料，具有熔点低、机械强度高、表面张力小和抗氧化能力强等优点。焊锡丝的直径有0.5、0.8、0.9、1.0、1.2、1.5、2.0、2.5、3.0、4.0、5.0mm等多种规格。

2.助焊剂　在焊接过程中，由于金属在加热的情况下会产生一薄层氧化膜，这将阻碍焊锡的浸润，影响焊接点合金的形成，容易出现虚焊、假焊现象，使用助焊剂可改善焊接性能。助焊剂由活化剂、树脂、扩散剂、溶剂四部分组成，用于清除焊件表面的氧化膜，增强焊料与焊件的活性，提高焊料浸润能力。

常用的助焊剂有焊膏、焊粉、松香等。焊膏它的金属特性提供了相对高的电导率和热导率，但具有一定的腐蚀性，不可用于焊接电子元器件和电路板。电子制作时所用的焊剂以松香为主，它在焊接过程中有清除氧化物和杂质的作用，而且能在焊接后形成膜层，具有覆盖和保护焊点不被氧化的作用。

3.阻焊剂 为了提高印制板的焊接质量，常在印制基板上，除焊盘以外的印制线条上全部涂上防焊材料，这种材料称为阻焊剂。阻焊剂是一种耐高温的涂料，可将不需要焊接的部分保护起来，致使焊接只在所需要的部位进行，以防止焊接过程中的桥连、短路等现象发生，对高密度印制电路板尤为重要。还可降低返修率，节约焊料，减小焊接时印制电路板受到的热冲击，板面不容易起泡或分层。人们常见的印制电路板上的绿色涂层即为阻焊剂。

二、装配前的准备

（一）装配前的准备事项

1.筛选元器件与导线 熟悉相关印制电路板的装配图，并按图纸检查所有元器件的型号、规格及数量以及导线型号、规格是否符合图纸的要求。

2.清洁印制电路板的表面 主要是去除氧化层、检查焊盘和印制导线是否有断线、缺孔等不足。

3.选用合适的电烙铁 检查烙铁是否接地良好，烙铁头与地线之间的电压是否小于5V，电烙铁是否正常发热，能否正常吃锡，如果吃锡不良，应进行去除氧化层和预镀锡工作。

4.将被焊元器件的引线进行清洁和预镀锡 元件经过长期存放，会在元件表面形成氧化层，不但使元件难以焊接，而且影响焊接质量，因此当元件表面存在氧化层时，应首先清除元件表面的氧化层。注意用力不能过猛，以免使元件引脚受伤或折断。

5.根据安装位置的特点及技术要求，对焊接元器件、导线进行加工处理，例如，元器件引线的弯制、导线剪裁、剥头等加工。

（二）装焊顺序

元器件装焊的顺序原则是先低后高、先轻后重、先耐热后不耐热。一般的装焊顺序依次是电阻器、电容器、二极管、晶体管、集成电路、大功率管等。

三、焊接的操作方法

（一）焊接操作的正确姿势

1.电烙铁的握法 手工焊接握电烙铁的方法一般有反握、正握和握笔式三种，如图10-9所示，可以因人而异，灵活掌握。通常正握法适用于弯烙铁头操作或直烙铁在大型机架上焊接。反握法对被焊件压力较大，适用于较大功率电烙铁（一般大于75W）的场合。握笔法适用于小功率烙铁焊接印制电路板。

（a）反握法

（b）正握法

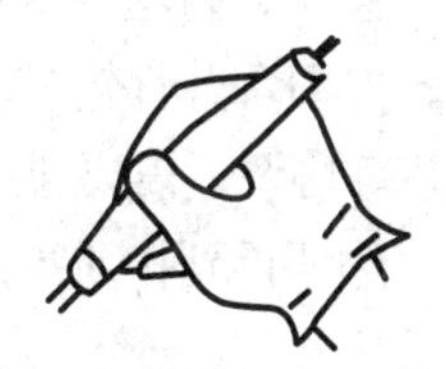
（c）握笔法

图10-9 握电烙铁的手法示意图

2.焊锡丝的拿法 焊锡丝一般有两种拿法，如图10-10所示。

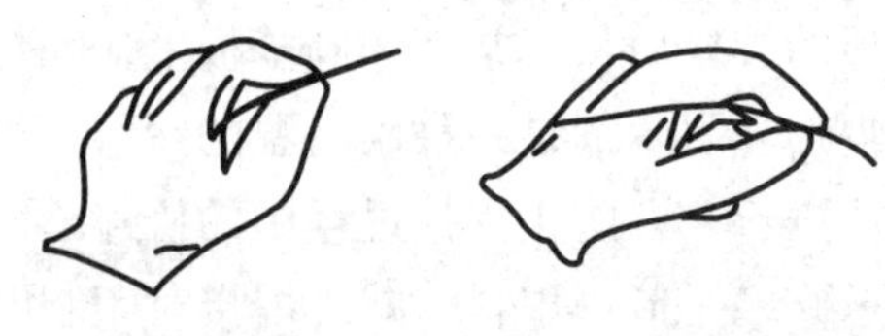

（a）连续焊接时　　（b）断续焊接时

图10-10　焊锡丝的拿法示意图

焊锡丝中含有对人体有害的铅，焊锡丝加热时会挥发出有害气体，为减少吸入量，一般烙铁到鼻子的距离应不少于30cm，通常以40cm为宜。在焊接结束后更应清洁手掌，避免食入有害物质。

3.电烙铁的放置　使用电烙铁要配置烙铁架，一般放置在工作台右前方。电烙铁暂时不用或使用结束后一定要稳妥放于烙铁架上，并注意导线等其他杂物不要碰到烙铁头，以免烫伤导线，导致漏电。

（二）焊接的操作步骤及操作要领

1.焊接操作步骤　如图10-11所示为常规的焊接步骤即焊接五步法，其具体步骤如下。

（1）准备　左手拿焊丝，右手握烙铁，进入备焊状态。要求烙铁头保持干净，无焊渣等氧化物，并在表面镀有一层焊锡。

（2）加热焊件　烙铁头靠在两焊件的连接处，加热整个焊件全体，时间为1~2秒。

（3）送入焊锡丝　焊件的焊接面加热到一定温度时，焊锡丝从烙铁对面接触焊件。注意，不要把焊锡丝送到烙铁头上。

（4）移开焊锡丝　当焊丝融化一定量后，立即向左上45°方向移开焊锡丝。

（5）移开烙铁　焊锡浸润焊盘和焊件的施焊部位以后，向右上45°方向移开烙铁，结束焊接。从送焊锡丝到移开烙铁，时间为1~2秒。

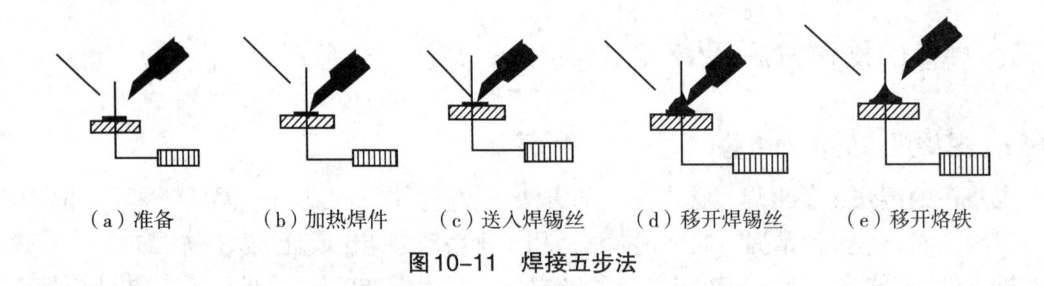

（a）准备　（b）加热焊件　（c）送入焊锡丝　（d）移开焊锡丝　（e）移开烙铁

图10-11　焊接五步法

上述过程对一般焊点而言耗时2~4秒。对于热容量较小的焊点，有时可简化成三步操作，即准备、加热与送焊锡丝、移开焊锡丝与烙铁。烙铁头放在焊件上后即放入焊锡丝，焊锡在焊接面上扩散达到预期范围后，立即拿开焊锡丝并移开电烙铁。操作时注意掌握准确的顺序以及各步骤时间的控制，达到动作熟练协调，需要通过大量的练习实践。

2.焊接操作要领　为保证得到优质焊点的目标，具体的焊接操作手法可以有所不同，但在焊接过程中要注意以下几点。

（1）掌握好加热时间，加热时间不足会造成焊料不能充分浸润焊件形成夹渣（松香）、虚焊。加热时间过长的话可能又会造成元器件损坏。

（2）烙铁头把热量传给焊点主要靠增加接触面积，禁止用烙铁对焊件施力，否则会加速烙铁头的损耗，而且会对元器件造成损坏或不易察觉的隐患。另外，加热时应让焊件上需要焊锡浸润

的各部分均匀受热。

（3）烙铁头保持合适的温度，一般经验是烙铁头温度比焊料熔化温度高50℃较为合适。温度过高则容易导致焊锡丝中的焊剂没有足够的时间在被焊面上漫流，而过早发挥失效。

（4）不要用烙铁头作为运载焊料的工具，否则会造成焊料的氧化、助焊剂的挥发。

（5）焊接时当焊料融化后，烙铁应及时撤离，过早或过晚撤离都会造成焊点的质量问题。掌握好电烙铁的撤离方向，可带走多余的焊料，一般经验是烙铁头从斜上方约45°角的方向撤离，可使焊点圆滑。

（6）焊锡量适中，过量的焊锡不仅造成浪费，还容易造成不易察觉的短路。而焊锡过少不能形成牢固的结合，降低了焊点机械强度。

（7）适量的助焊剂对焊接有利。过量使用松香焊剂，焊接以后需要擦除多余的焊剂，更严重时容易造成夹渣、接触不良等。对于使用松香芯焊丝的焊接，基本上不需要再涂助焊剂。对出厂前已进行过松香水喷涂处理的印制板进行焊接时，无需再加助焊剂。

（8）焊接时可以用湿布、浸水海绵擦拭烙铁头，以保持烙铁头良好的挂锡，并可防止残留助焊剂对烙铁头的腐蚀。

（9）焊接时在焊锡未凝固前不得摇动元件的引线，以免造成虚焊或假焊。当焊点一次焊接不成功或上锡量不够时，要重新焊接。重新焊接时，必须等上次的焊锡一同熔化并融为一体时，才能把电烙铁移开。焊接时应该尽量避免重复焊接。

（10）焊接全部完毕时，烙铁头上的残留焊锡应该继续保留，以防止再次加热时出现氧化层。

四、表面组装技术

表面组装技术又称表面贴装技术（surface mount technology，SMT），自20世纪70年代初问世以来，已逐步取代了传统的穿孔插装技术，被称之为电子组装技术的二次革命。它是一种将无引脚或短引线表面组装元器件（surface mounted devices，SMD）安装在印制电路板或其他基板表面的装接技术。

（一）SMT的优点

1.组装密度高　SMT使得电子产品更加小、轻、薄，它可以把以前安装在一块或多块PCB上的电路元器件缩小到一块芯片上。

2.可靠性高、高频特性好、抗干扰能力强　SMT用的元器件通常为无引线或短引线，极大缩短了信号传输线路的长度，降低了寄生电感和寄生电容的影响，有效地改善了电子产品的电性能，有利于高频、高速信号的传输。贴装牢固，抗撞击性强，大大提高了产品的可靠性。另外，SMT将一些对电磁波敏感的电路装在一块很小的印刷板上，便于进行全屏蔽，起到抗电磁干扰和防止信号泄漏的作用。

3.成本低　SMT元器件尺寸非常小，在生产制作过程中，印制板使用面积减小，并且缩减了印制电路板的打孔工序，不需要引线打弯、修剪引脚等。SMT可以实现生产高度自动化，产品一致性好，生产效率高，适用于大批量生产，同样可以降低成本。

当然，SMT也存在一些问题，如：元器件上的标称数值看不清，维修工作困难；维修调换器件困难，需要专用工具；元器件与印制板之间热膨胀系数一致性差。但这些问题均是发展中的问题，随着专用拆装设备的出现，以及新型低膨胀系数印制板的出现，均已不再成为阻碍SMT深入发展的障碍。

（二）SMT的工艺流程

贴片元器件焊接与插装元器件焊接有着本质的区别。插装元器件的焊接是通过引线插入通孔焊接，焊接时不会产生移位，且元器件与焊盘分别在印制板的两侧，焊接较容易。而贴片元器件在焊接的过程中容易移位，焊盘与元器件在印制板的同侧，焊接端子形状不一，焊盘细小，焊接技术要求高，因此贴片焊接时必须细心谨慎。

1.简单贴片元器件的焊接 电阻器、电容器、二极管、双极型晶体管等引脚较少的元器件可采用以下方法。

（1）固定印制电路板，将印制电路板固定在合适的位置，以防焊接时电路板移动。如果没有固定位置，可在焊接时用手固定，但需要注意不能用手碰触印制电路板上的焊点。

（2）用电烙铁在其中的一个焊盘上加锡，熔化少量焊锡到焊点上即可。

（3）用镊子夹住需要焊接的元器件，将其放在需要焊接的位置上，注意不能碰到元器件端部可焊位置。

（4）用电烙铁在已经镀锡的焊点上加热，使焊锡熔化将贴片元器件的一端先焊接上，撤走电烙铁。注意撤走电烙铁时不能同时移动镊子，也不能碰触贴片元器件，直到焊锡凝固为止，否则可能会导致元器件错位，焊点不合格。

（5）焊接剩余引脚，直到所有引脚焊接结束后元器件焊接结束。

两端贴片元件的焊接过程如图10-12所示。

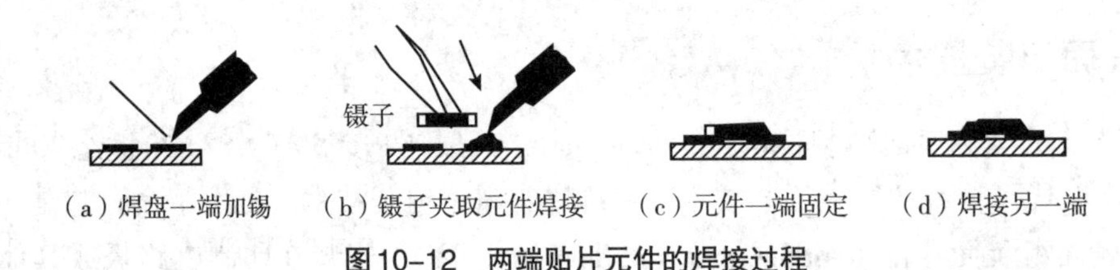

图10-12 两端贴片元件的焊接过程

2.贴片集成电路的焊接 由于集成电路引脚较多，对于大批量SMT产品的生产装配中，必须使用自动化的装备。如果进行手工焊接时可以采用电烙铁拉焊。

五、焊点的质量检查

（一）焊点的技术要求

对焊点的技术要求主要从电气连接、机械强度和外观等三方面考虑。

1.可靠的电气连接 良好的焊点应该具有可靠的电气连接性能，要求焊点内部焊料和焊件之间润湿良好，电流能够可靠通过，应避免出现虚焊、桥接等现象。

2.足够的机械强度 焊接不仅起到电气连接的作用，同时也要固定元器件、保证机械连接，焊点的结构、焊接质量、焊料性能都对焊点的机械强度有很大的影响。一般焊料多，机械强度大；焊料少，机械强度小。

3.光洁整齐的外观 一个良好焊点的外观应该是明亮、清洁、平滑、焊锡量适中并呈裙状拉开，焊锡与被焊件之间没有显著的分界。

（二）焊点的检查

焊点的检查通常采用目视检查、手触检查和通电检查的方法。

1.目视检查 是指目测或借助于放大镜、显微镜进行观察检查焊接质量是否合格，焊点是否

有缺陷。除检查焊点光泽和焊锡量外，还包括检查是否有漏焊、桥接、裂纹、拉尖、焊盘起翘或脱落、残留焊剂、导线漏出芯线等现象。

2.手触检查　主要是用手指触摸元器件，查看焊点有无松动、焊接不牢的现象，也可用镊子轻轻拨动检查有无松动、导线断开等缺陷。

3.通电检查　必须是在外观检查及连线检查无误后才可进行的工作，因为通电检查有损坏设备仪器，造成安全事故的危险。通电检查可以发现许多微小的缺陷，例如用目测观察不到的电路桥接，但对于内部虚焊的隐患就不容易觉察。表10-3列出了通电检查时可能的故障与焊接缺陷的关系。

表10-3　通电故障与焊接缺陷原因分析

通电检查结果		原因分析
元器件损坏	失效	成型时元器件受损、焊接过热损坏
	性能降低	焊接过热损坏
导电不良	短路	桥接、错焊、金属渣（焊料、剪下的元器件引脚或导线引线等）引起的短路等
	断路	焊点开裂、焊盘脱落、松香夹渣、虚焊、漏焊、印制导线断裂、插座接触不良等
	接触不良、时通时断	虚焊、松香焊、导线断丝、焊盘脱落等

4.常见焊点的缺陷及分析　常见焊点的缺陷有虚焊、冷汗、拉尖、桥接等，表10-4列出了一些印制电路板焊接缺陷的外观特点、危害及产生原因。

表10-4　常见焊点的缺陷与分析

焊点缺陷	外观特点	危害	原因分析
焊料过多	焊料面呈凸形	浪费焊料，容易造成不易察觉的短路	焊丝撤离过迟
焊料过少	焊料未形成平滑面	机械强度不足	焊丝撤离过早；焊接时间过短
虚焊	焊料与焊件交界面接触角过大，不平滑	强度低，不通或时通时断	焊件清理不干净；助焊剂不足或质量差；焊件未充分加热
冷焊	表面呈豆腐渣状颗粒，有时可有裂纹	强度低，导电性不好	焊料未凝固时焊件抖动或烙铁功率不够
拉尖	出现尖端	容易造成桥接现象	助焊剂过少而加热时间过长；烙铁撤离角度不当
桥接	相邻导线搭接	电气短路	焊锡过多；烙铁撤离角度不当
焊盘翘起	焊盘的铜箔从印制板上剥离	印制电路板已被损坏	焊接时间太长，温度过高

六、拆焊

拆焊又称解焊，在调试、维修或者焊错的情况下，常常需要将已焊接的连线或元器件拆卸下来，这个过程就是拆焊。在实际操作中，拆焊比焊接难度高，如果拆焊不得法，就会损坏元器件及印制电路板。拆焊是焊接中一个重要的工艺手段。

（一）拆焊原则

拆焊的步骤一般与焊接的步骤相反。拆焊前，一定要弄清楚原焊接点的特点，查看元器件是否有特殊要求，如温度要求、装配方式要求等，不要轻易动手，应做到以下几点。

（1）不损坏拆除的元器件、导线、原焊接部位的结构件。

（2）拆焊时不可损坏印制电路板上的焊盘与印制导线。

（3）对已判断为损坏的元器件，可先行将引线剪断，再行拆除，这样可减小其他损伤的可能性。

（4）在拆焊过程中，应该尽量避免拆除其他元器件或变动其他元器件的位置。若确实需要，则要做好复原工作。

（二）拆焊要点

1. 严格控制加热的温度和时间 拆焊的加热时间和温度较焊接时间要长、要高，所以要严格控制温度和加热时间，以免将元器件烫坏或使焊盘翘起、断裂。宜采用间隔加热法来进行拆焊。

2. 拆焊时不要用力过猛 在高温状态下，元器件封装的强度都会下降，尤其是对塑封器件、陶瓷器件、玻璃端子等，过分的用力拉、摇、扭都会损坏元器件和焊盘。

3. 吸去拆焊点上的焊料 拆焊前，用吸锡工具吸去焊料，有时可以直接将元器件拔下。即使还有少量锡连接，也可以减少拆焊的时间，减小元器件及印制电路板损坏的可能性。如果在没有吸锡工具的情况下，则可以将印制电路板或能够移动的部件倒过来，用电烙铁加热拆焊点，利用重力原理，让焊锡自动流向烙铁头，也能达到部分去锡的目的。

4. 清除焊盘插线孔内焊料 在插装新的元器件时，必须保证拆掉元器件的焊孔是通的，否则，在插装新元器件引线时，将造成印制电路板的焊盘翘起。如果拆焊时焊孔被锡堵住，可以用合适的缝衣针或钢丝做成“通针”，将通针插入孔内，然后用电烙铁对准焊盘插线孔加热，待焊料熔化时，通针便从孔中穿出，从而清除了孔内焊料。需要指出的是，这种方法不宜在一个焊点上多次使用，焊盘经过反复加热、拆焊，很容易脱落。

（三）拆焊方法

通常电阻、电容、晶体管等引脚不多，且每个引线可相对活动的元器件可用烙铁直接解焊。把印制板竖起来夹住，一边用烙铁加热待拆元件的焊点，一边用镊子或尖嘴钳夹住元器件引线轻轻拉出。

图10-13给出了小型贴片元器件的拆卸方法。在拆卸时，先用电烙铁在贴片器件的一端加热，待焊锡熔化后，用吸锡器或吸锡材料将焊锡吸走，然后再用电烙铁加热贴片器件另一端的同时，用镊子夹着器件并上提即可将贴片器件拆卸下来。

（a）加热吸锡线将焊锡吸走

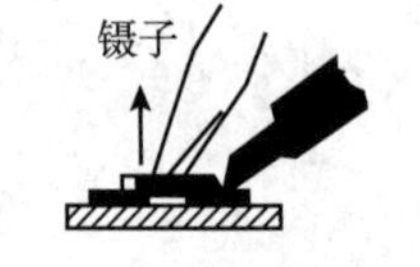

（b）加热元器件另一端并上提

（c）吸锡线清理焊盘

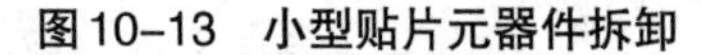

图10-13 小型贴片元器件拆卸

当拆焊多个引脚的集成电路或多管脚元器件时，一般有以下几种方法。

1.选择合适孔径的医用空心针头拆焊　拆焊时一边用电烙铁熔化焊点，一边把磨平的针头套在被焊元器件的引线上，直至焊点熔化后，将针头迅速插入印制电路板的孔内，使元器件的引脚与印制电路板的焊盘分开。

2.采用吸锡材料拆焊　可用作吸锡材料的有屏蔽线编织网、细铜网或多股铜导线等。将吸锡材料浸上松香助焊剂，用烙铁加热放置在焊点处的吸锡材料，吸锡材料将焊点上的焊料吸走后，焊点被拆开。

3.采用吸锡烙铁或吸锡器进行拆焊　吸锡烙铁对拆焊是很有用的，既可以拆下待换的元件，又可同时不使焊孔堵塞，而且不受元器件种类限制。但它必须逐个焊点除锡，效率不高，而且必须及时排除吸入的焊锡。

微课

4.采用专用拆焊工具进行拆焊　采用专用加热头等工具可将所有焊点同时加热熔化后取出插孔内的引脚。这种方法速度快，但需要制作专用工具，并要使用较大功率的电烙铁；同时，拆焊后的焊孔容易堵死，重新焊接时还必须清理；对于不同的元器件，需要不同种类的专用工具，有时并不是很方便。

5.用热风枪或红外线焊枪进行拆焊　热风枪或红外线焊枪可同时对所有焊点进行加热，待焊点熔化后取出元器件。对于表面安装元器件，用热风枪或红外线焊枪进行拆焊效果最好。用此方法拆焊的优点是拆焊速度快，操作方便，不易损伤元器件和印制电路板上的铜箔。

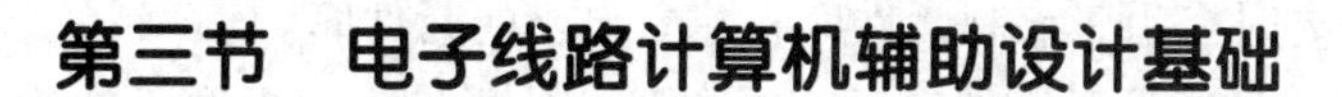

第三节　电子线路计算机辅助设计基础

PPT

一、电子线路计算机辅助设计

（一）概述

电子线路计算机辅助设计（Computer Aided Design，CAD），简称电子线路辅助设计，是利用计算机及其图形处理设备帮助设计人员进行设计工作，包括电路原理图的编辑、电路功能仿真、工作环境模拟、印制电路板（Printed Circuit Board，PCB）的自动布局、自动布线及检测等。

（二）常用软件

目前，电子线路计算机辅助设计软件种类繁多，层出不穷，在我国具有广泛影响的电子线路计算机辅助设计软件有：Altium Designer、EWB、PSpice、OrCAD、PCAD、Viewlogic、Mentor、Graphics、Synopsys、LSIlogic、Cadence等。其中Altium Designer（简称AD）具有操作简单、方便、易学等特点，自动化程度较高，是目前较流行的电子线路计算机辅助设计软件之一。

二、Altium Designer简介

Altium Designer基于一个软件集成平台，把电子产品开发所需的工具全部整合在一个应用软件中。目前比较常用的Altium Designer版本有AD9、AD10、AD13~AD19，2019年，Altium公司推出了新版软件AD20。Altium Designer的统一特性使得设计数据可以从一个设计领域到下一个设计领域无缝传递。它的功能主要包括电路原理图设计、印制电路板设计、电路仿真设计、电路的信号完整性分析、可编程逻辑器件（FPGA）设计等，经过数次版本更新逐渐改进增加了许多高端功能。

三、Altium Designer 电子线路设计一般步骤

使用Altium Designer设计某一个项目时，一般包括项目分析、电路原理图设计和PCB设计三大步骤。

1.项目分析 是项目设计者根据设计要求对项目的工作原理进行分析，经过方案比较、选择，最终确定项目原理图以及元器件型号、参数等。项目分析是开发项目中最重要的环节。它不仅决定电路原理图设计，同时也影响PCB设计。若在项目分析阶段，对某一部分电路设计或元件参数并不十分确定时，可通过Altium Designer软件的电路仿真功能进行验证。在使用软件进行电路原理图设计前，应建立工程文件。

2.电路原理图设计 电路原理图设计的好坏直接决定最终PCB能否正常工作。一张好的原理图首先得保证原理图的元件选择及连线准确无误；其次还要保证原理图结构清断，布局合理便于设计人员阅读。原理图设计最基本的要求是正确性，其次是布局合理，最后是在正确性和布局合理的前提下力求完美。电路原理图设计包括以下几个步骤。

（1）启动 启动原理图设计服务器，添加电路原理图设计文件。

（2）设置 设置原理图编辑界面的系统参数和工作环境。例如设置网格的大小和类型、鼠标指针类型、图纸尺寸以及参数设置等。

（3）元件库的加载 根据所需的元件加载必要的元件库，Altium Designer软件自带“Miscellaneous Devices.IntLib”通用元件库和“Miscellaneous Connectors.IntLib”通用接插件库两个最常用的元件库。必要时需手工绘制元件库，建立自己的元件库。

（4）绘制原理图 包括放置元件和原理图布线，从元件库中提取元件放置到原理图纸上，合理布局后，按一定宽度放置导线和其他电气符号，构成一个完整的原理图。

（5）检查、仿真、校对及线路调整 完成原理图绘制后，用户还需要利用系统所提供的各种工具对项目进行编译，找出原理图中的错误，进行原理图电路修改。如果需要，也可以在绘制好的电路图中添加信号进行软件模拟仿真，检验原理图的功能。

（6）生成网络表并保存 网络表文件是电路原理图或者印刷电路板元件连接关系的文本文件，它是对电路或者电路原理图的一个完整描述，描述的内容包括两个方面：电路原理图中的所有元件的信息（包括元件标识、元件引脚、PCB封装形式等）与网络的连接信息（包括网络名称、网络节点等）。原理图校对结束后，用户可利用系统提供的各种报表生成服务模块创建各种报表，例如网络列表、元件列表等。对原理图设计进行保存设置。注意，生成网络表并不是必备操作，可以省略。

3.PCB设计 电路原理图的设计最终目的是为了设计出生产所需的PCB，PCB设计是电子产品设计过程中的关键环节，电子产品的功能由原理图决定，但电子产品的许多性能指标，如稳定性、可靠性、抗震强度等不仅与原理图设计、元器件质量、生产工艺有关，而且很大程度上取决于印制电路板的布局、布线是否合理。

Altium Designer可以非常简单地从原理图设计转入到PCB设计，为设计者提供了一个完整电路板设计环境，使电路设计更加的方便有效、快捷。PCB设计包括以下几个步骤。

（1）启动 启动印制电路板服务器。

（2）PCB编译环境的参数设置 主要包括PCB电路板的结构及尺寸、板层数目、通孔的类型、网格的大小等。实际工作中，既可以用系统提供的PCB设计模板进行设计，也可以手动设计PCB板。

（3）加载封装库 Altium Designer同样不能提供所有元件的封装。必要时需自行设计并建立

新的元件库。

（4）PCB转换　将电路原理图信息转换并加载到PCB编辑器，可以通过原理图编辑器内更新PCB文件实现，也可以通过在PCB编辑器内导入原理图的变化来完成。

（5）元件布局　将元件封装按一定的规则排列和摆放在电路板内合适的位置，使电路布局合理。PCB编辑器中元件布局有自动布局和手动布局两种。

（6）布线　当元件布局结束后，对整个系统进行布线，布线总体上分为自动布线和手动布线两种。

（7）DRC（Design Rule Check，DRC）检查　在输出设计文件之前，还要进行一次完整的设计规则检查。如果有违反设计规则的信息出现，进行修改，可以有效地排除PCB板设计中的所有错误。

（8）生成报表文件，并保存。

习题

一、选择题

1.下列元器件代号中表示保险丝的是（　）。

A.SB　　B.T　　C.FU　　D.IC

2.下列元器件代号中表示电位器的是（　）。

A.RP　　B.MT　　C.CZ　　D.SCR

3.用来表示电子产品中各个项目（元器件、组件、设备等）之间的连接以及相对位置的一种工程工艺图的是（　）。

A.电路原理图　　B.接线图　　C.方框图　　D.逻辑图

4.采用国家标准规定的电气图形符号并按功能布局绘制的工程图是（　）。

A.电路原理图　　B.接线图　　C.方框图　　D.逻辑图

5.手工焊接时，焊接时间一般以（　）为宜。

A.3秒左右　　B.3分钟左右　　C.越快越好　　D.不定时

6.一般烙铁到鼻子的距离应不少于（　）cm。

A.10　　B.20　　C.30　　D.40

7.焊接完成后移走电烙铁的最佳方向是电烙铁以基于被焊元件约（　）度角移开。

A.35　　B.45　　C.60　　D.90

8.下列不属于常见影响焊点好坏因素的是（　）。

A.焊锡材料　　B.烙铁的温度　　C.工具的清洁　　D.烙铁的牌子

9.如果焊接时间太长，最可能发生（　）。

A.焊盘剥离　　B.桥接　　C.拉尖　　D.虚焊

10.Altium Designer是用于（　）的设计软件。

A.电气工程　　B.电子线路　　C.机械工程　　D.建筑工程

二、简答题

1.简述常见电子工程图的识图方法。

2.手工焊接有哪些步骤？应注意哪些焊接要领？

3.焊点质量的基本要求是什么？

4.请描述出在手工焊接中不合格的焊点包括哪几种（至少描述6种以上）？

5.Altium Designer电子线路设计的一般步骤是什么？

附 录

附录一 半导体分立器件型号命名方法

半导体分立器件型号由五个部分组成，其各组成部分的基本意义如附录图1-1所示。

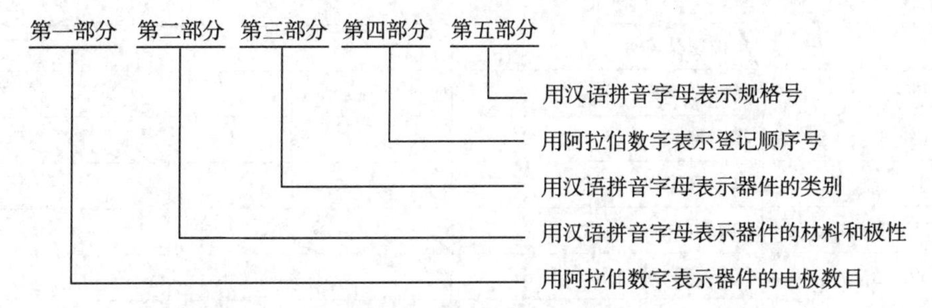

附录图1-1 半导体分立器件型号各组成部分的基本意义

分立器件的型号一般由第一部分到第五部分组成，也可以由第三部分到第五部分组成。附录表1-1给出了第一部分到第五部分的具体符号及其具体含义。

附录表1-1 第一部分到第五部分器件型号的符号及其意义

第一部分		第二部分		第三部分		第四部分	第五部分
用阿拉伯数字表示器件的电极数目		用汉语拼音字母表示器件的材料和极性		用汉语拼音字母表示器件的类别		用阿拉伯数字表示登记顺序号	用汉语拼音字母表示规格号
符号	意义	符号	意义	符号	意义		
2	二极管	A	N型，锗材料	P	小信号管		
		B	P型，锗材料	H	混频管		
		C	N型，硅材料	V	检波管		
		D	P型，硅材料	W	电压调整管和电压基准管		
		E	化合物或合金材料	C	变容管		
3	双极型晶体管	A	PNP型，锗材料	Z	整流管		
		B	NPN型，锗材料	L	整流堆		
		C	PNP型，硅材料	S	隧道管		
		D	NPN型，硅材料	K	开关管		
		E	化合物或合金材料	N	噪声管		
				F	限幅管		
				X	低频小功率晶体管（$f_a<3MHz$，$P_C<1W$）		
				G	高频小功率晶体管（$f_a\geq 3MHz$，$P_C<1W$）		
				D	低频大功率晶体管（$f_a<3MHz$，$P_C\geq 1W$）		
				A	高频大功率晶体管（$f_a\geq 3MHz$，$P_C\geq 1W$）		
				T	闸流管		
				Y	体效应管		
				B	雪崩管		
				J	阶跃恢复管		

如果名字由第三部分到第五部分组成，其具体符号及具体含义由附录表1–2给出。

附录表1–2　由第三部分到第五部分组成的器件型号的符号及其意义

第三部分		第四部分	第五部分
用汉语拼音字母表示器件的类别		用阿拉伯数字表示登记顺序号	用汉语拼音字母表示规格号
符号	意义		
CS	单极型晶体管		
BT	特殊晶体管		
FH	复合管		
JL	晶体管阵列		
PIN	PIN二极管		
ZL	二极管阵列		
QL	硅桥式整流管		
SX	双向晶体管		
XT	肖特基晶体管		
CF	触发二极管		
DH	电流调整二极管		
SY	瞬态抑制二极管		
GS	光电子显示器		
GF	发光二极管		
GR	红外发射二极管		
GJ	激光二极管		
GD	光电二极管		
GT	光电晶体管		
GH	光电耦合器		
GK	光电开关管		
GL	成像线阵器件		
GM	成像面阵器件		

附录图1–2给出了锗PNP型低频小功率晶体管命名情况。

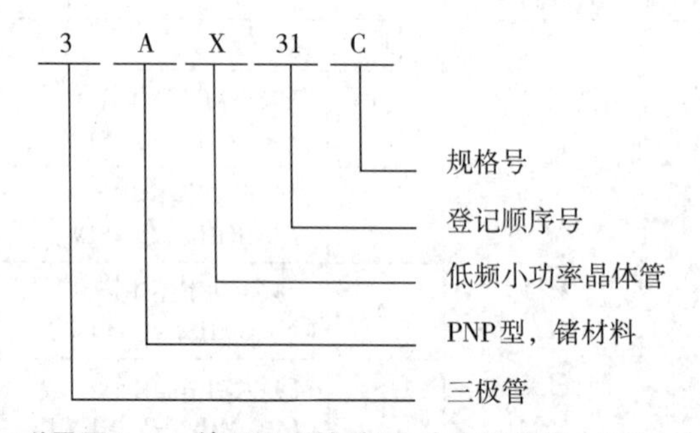

附录图1–2　锗PNP型低频小功率晶体管3AX31C

附录图1–3给出了单极型晶体管命名情况。

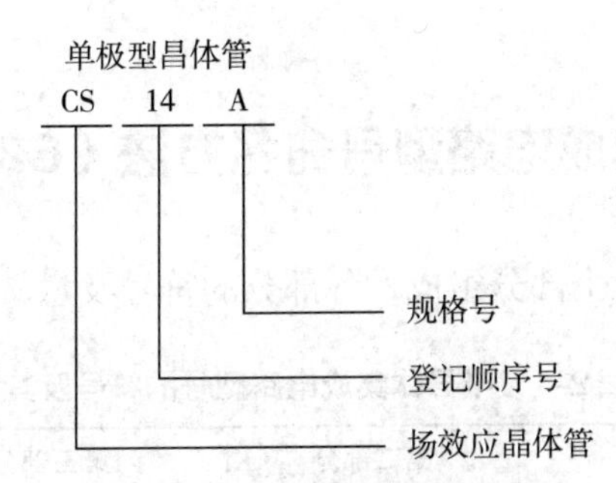

附录图1-3 单极型晶体管CS14A

注意：单极型管的型号有另一种命名方法。第一部分用数字3表示有3个电极，第二部分用字母代表材料，D是P型硅N沟道；C是N型硅P沟道。第三位部分J代表结型单极型晶体管，O代表绝缘栅单极型晶体管。例如，3DJ6D是结型P沟道单极型晶体管，3DO6C是绝缘栅型N沟道单极型晶体管。

附录二　半导体集成电路型号命名方法（GB/T 3430—1989）

半导体集成电路的型号由五个部分组成，各部分的符号及意义见附录表2-1。

附录表2-1　半导体集成电路型号的符号及其意义

第0部分		第一部分		第二部分	第三部分		第四部分	
用字母表示器件符合国家标准		用字母表示器件的类型		用阿拉伯数字和字符表示器件的系列和品种代号	用字母表示器件的工作温度范围		用字母表示器件的封装	
符号	意义	符号	意义		符号	意义	符号	意义
C	符合国家标准	T	TTL电路		C	0~70℃	F	多层陶瓷扁平
		H	HTL电路		G	-25~70℃	B	塑料扁平
		E	ECL电路		L	-25~85℃	H	黑瓷扁平
		C	CMOS电路		E	-40~85℃	D	多层陶瓷双列直插
		M	存储器		R	-55~85℃	J	黑瓷双列直插
		μ	微型机电路		M	-55~125℃	P	塑料双列直插
		F	线性放大器				S	塑料单列 直插
		W	稳压器				K	金属菱形
		B	非线性电路				τ	金属圆形
		J	接口电路				C	陶瓷片状载体
		AD	A/D转换器				E	塑料片状载体
		DA	D/A转换器				G	网格阵列
		D	音响、电视电路					
		SC	通讯专用电路					
		SS	敏感电路					
		SW	钟表电路					

例如肖特基TTL双4输入与非门CT54S20MD各部分所代表的具体意义如附录图2-1所示。

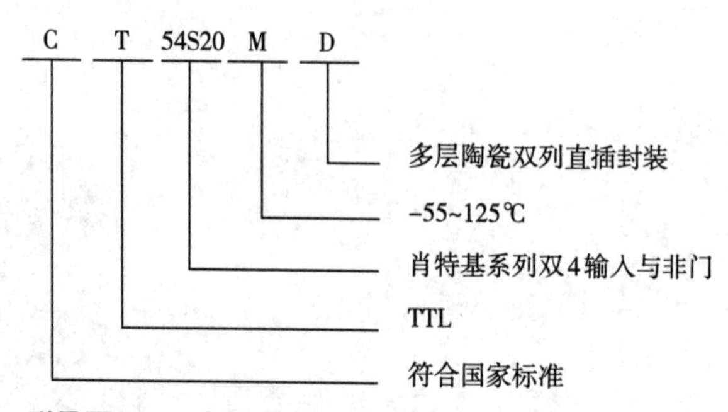

附录图2-1　肖特基TTL双4输入与非门CT54S20MD

CMOS四双向开关CC4066EJ各部分所代表的具体意义如附录图2-2所示。

C C 4066 E J

黑瓷双列直插封装

-40~85℃

4000系列四双向开关

CMOS电路

符合国家标准

附录图2-2 CMOS四双向开关CC4066EJ

通用型运算放大器CF741CT各部分所代表的具体意义如附录图2-3所示。

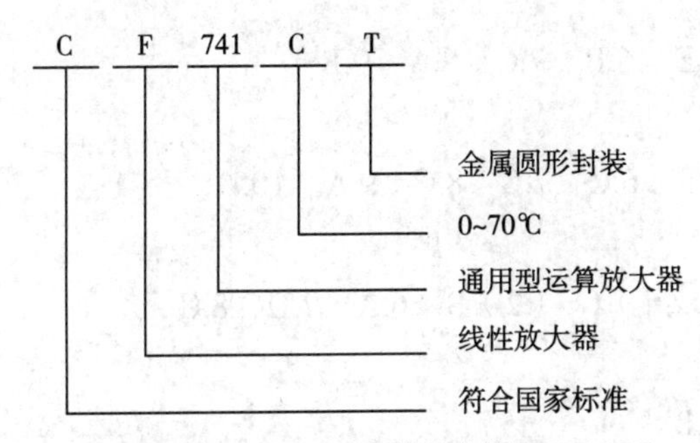

附录图2-3 通用型运算放大器CF741CT

参考答案

第一章

1.B　2.C　3.A　4.B　5.D　6.C　7.C　8.A　9.A　10.C

第二章

1.B　2.C　3.B　4.B　5.D　6.C　7.B　8.C　9.A　10.A　11.A

第三章

1.D　2.A　3.B　4.B　5.D　6.B　7.C　8.A　9.B

第四章

1.C　2.B　3.A　4.B　5.B　6.C　7.C　8.C　9.A　10.D

第五章

1.D　2.C　3.A　4.A　5.（1）C　（2）B　6.A　7.D　8.C

第六章

1.C　2.D　3.A　4.B　5.B

第七章

1.D　2.B　3.B　4.C　5.C　6.D　7.C　8.B　9.B

第八章

1.B　2.B　3.D　4.A　5.C　6.B　7.D　8.B　9.D

第九章

1.C　2.D　3.B　4.C　5.D　6.C　7.B　8.C

第十章

1.C　2.A　3.B　4.A　5.A　6.C　7.B　8.D　9.A　10.B

参考文献

[1] 童诗白，华成英.模拟电子技术.第5版.北京：高等教育出版社，2015.
[2] 康华光.电子技术基础–模拟部分.第6版.北京：高等教育出版社，2015.
[3] 张惠荣，王国贞.模拟电子技术项目式教程.第2版.北京：机械工业出版社，2019.
[4] 阎石，王红.数字电子技术基础.第6版.北京：高等教育出版社，2016.
[5] 沈任元.数字电子技术基础.第2版.北京：机械工业出版社，2019.
[6] 牛百齐.数字电子技术项目教程.第2版.北京：机械工业出版社，2017.
[7] 唐冶德.数字电子技术.第2版.北京：科学出版社，2019.
[8] 田培成，沈任元，吴勇，等.数字电子技术.第2版.北京：机械工业出版社，2017.
[9] 孙立群.电子电路识图完全掌握.北京：化学工业出版社，2014.
[10] 刘红.医用电子线路设计与制作.北京：人民卫生出版社，2019.
[11] Thomas L.Floyd.数字电子技术.第11版.北京：电子科技出版社，2019.
[12] 杨志忠.数字电子技术基础.第5版.北京：高等教育出版社，2018.